GERMAN TANKS OF WORLD WAR II

제2차 세계대전

독일 전차

우에다 신 지음

오광웅 옮김

AK TRIVIA SPECIAL

CONTENTS

영국과 프랑스에 뒤처졌던 초기의 전차 개발

2차 대전 이전의 독일 전차 4

1차 대전 이후의 첫 양산 전차

I 호 전차와 파생형 7

I 호 전차 A형/B형
I 호 전차의 파생형
I 호 지휘 전차
I 호 전차의 차대를 이용한 자주포
I 호 전차의 발전형

2cm 포를 탑재한 본격적인 경전차

II호 전차와 파생형 15

II 호 전차 a~c형/A~C형
II 호 전차 D~L형과 파생형
마르더 II 대전차 자주포
II 호 전차의 차대를 이용한 자주곡사포

체코슬로바키아에서 태어난 걸작 경전차

38(t) 전차와 파생형 29

35(t) 전차
38(t) 전차
마르더 III 대전차 자주포
15cm sIG33 탑재 자주 중보병포
38(t) 전차의 파생형
구축전차 38(t) 헤처
헤처의 파생형과 바펜트래거

2차 대전 전반기 독일의 주력 전차

III호 전차와 파생형 47

III호 전차 A~N형
III호 전차의 파생형
III호 돌격포와 돌격 곡사포

2차 대전 당시, 가장 널리 활약한 독일 전차

IV호 전차와 파생형 72

IV호 전차 A~J형
IV호 전차의 파생형
IV호 대전차 자주포
IV호 사주 곡사포
IV호 돌격전차와 돌격포
IV호 구축전차
IV호 대공 전차

2차 대전 최우수 전차

판터 전차와 파생형 99

판터 D~G형
판터의 파생형
야크트판터
차세대 판터 전차

연합군을 공포에 빠뜨린 무적전차

티거 I 와 파생형 115

VK4501(P)와 티거 I
티거 I 및 VK3001(H)의 파생형
포르셰 티거의 파생형

2차 대전 최강 전차
▶ **티거 II 와 파생형** 133
티거 II
야크트티거와 그릴레 자주포

마지노선 공략 비밀무기부터 무선유도차량까지
▶ **그 외의 궤도식 전투 차량** 145
자주포
폭약 운반차

독일 전차 기술의 집대성
▶ **계획 전차** 149
마우스
E 시리즈
그 외의 계획안

독일 기갑부대를 음지에서 지탱한 외국산 전차
▶ **노획 전차** 155
프랑스제 전차
이탈리아제 전차
소련제 전차
영국/미국제 전차

2차 대전 당시 최고 수준을 자랑하다
▶ **독일 전차의 화력과 방어력** 168
독일 전차의 차체 디자인과 장갑 두께의 변화
철갑탄의 종류와 구조
독일 전차의 주포 관통력
소련 전차의 주포 관통력
미국/영국 전차의 주포 관통력

철마를 모는 흑기사
▶ **독일 전차병** 173
판처 재킷
전차병의 스타일
독일 전차병의 헤드폰
휴대 화기
차내 장비 화기

독일 전차 vs 연합군 전차
▶ **주요 전장 개요도** 180
북아프리카 전선 가잘라 전투
북아프리카 전선 엘 알라메인 전투
동부전선 쿠르스크 전투「프로호로프카 대전차전」
서부전선 노르망디 전투
서부전선 아르덴 전투
독일 본토 공방전 베를린 포위전

영국과 프랑스에 뒤처졌던 초기의 전차 개발

2차 대전 이전의 독일 전차

'전차'라고하면 역시 독일이라는 이미지가 강하지만, 전차를 최초로 실전에 투입한 것은 영국이며, 360도 선회포탑을 갖춘 근대 전차의 디자인을 확립한 것은 프랑스였다. 1차 대전 당시 영국과 프랑스가 각기 다른 종류의 전차를 대량으로 생산, 실전에 투입했던 것과 대조적으로 독일의 전차 전력은 극히 적은 수의 자국산 A7V 전차와 노획차량 정도에 불과했다.

제1차 세계대전 당시의 독일 전차

세계에서 처음으로 전차를 개발하여 실전에 투입한 것은 영국이었다. 1차 대전 발발 후, 2년이 지난 당시의 서부전선은 양 측이 참호 진지를 구축한 채로 대치하는 교착상태에 빠져 있었다. 이러한 전황을 타개하기 위해, 영국은 1916년 9월 15일부터 시작된 제1차 솜 전투(Battle of the Somme)에서 비밀병기라 할 수 있었던 Mk. I 능형(菱形, 마름모꼴) 전차를 투입했는데, 이것이 바로 세계 최초로 궤도식 전차가 전투에 투입된 순간이었다.

하지만 이 역사적 무대의 주인공이라 할 60대의 투입 예정 차량 가운데, 실제로 전장에 도착한 것은 40대였으며, 이 가운데 작전에 투입된 것은 18대였다. 그나마 작전에 투입된 차량도 태반이 진격 도중에 탈락하고 말아, 독일군 진지를 공격해 들어간 것은 겨우 5대에 불과했다. Mk. I 전차는 첫 실전에서 큰 전과를 올리지 못했지만 독일군 측에 던진 충격은 단순한 수치로는 계산할 수 없는 것이었다.

독일군은 곧바로 영국군에 대항할 수 있는 전차의 개발에 착수했다. 독일군 사령부가 전쟁성 산하 일반 전쟁국 운송담당 7과(Allgemeines Kriegs departement, Abteilung 7 Verkehr-swesen)에 요구한 기본 사양을 살펴보면, 중량 40t, 차체 전방/후방에 화포 1문, 측면에는 기관총을 장비하며, 80~100hp의 엔진을 탑재, 모든 지형에 대응하여 시속 10~12km/h라는 주행 성능이었다. 개발 및 설계 책임자였던 요제프 폴머(Josef Vollmer)는 미국 홀트(Holt) 사의 독일 현지 대리인이었던 헤어 슈타이너(Herr Steiner)의 협력을 받아 홀트 트랙터를 참고하여 개발을 진행, 1917년 1월에 시제차 1호를 완성했는데, 이 시제차는 개발을 주도했던 일반 전쟁국의 운송담당 7과의 머리글자를 따서 A7V라 명명되었다.

■독일 최초의 전차 A7V

A7V의 생산은 다임러 사에서 담당했으며, 1917년 9월에 A7V의 첫 양산차가 완성되어, 같은 해 10월부터는 부대 배치가 시작되었다.

A7V는 홀트 트랙터를 참고하여 개발된 주행부 위에 15~30mm 두께의 장갑판으로 구성된 상자모양 차체를 올렸으며, 여기에 다시 작은 직사각형의 사령탑을 설치한 심플한 디자인이었다. 차체 전면 중앙 상부에는 러시아군으로부터 노획한 벨기에제 막심 노던펠트(Maxim-Nordenfelt) 57mm 포 또는 러시아제 소콜(Sokol) 57mm 포를 1문 탑재했으며, MG08 7.92mm 기관총을 좌우 차체 측면에 각 2정, 후면 좌우에 1정씩으로 모두 합쳐 6정을 장비하고 있었다.

승무원으로는 전차장, 조종수, 포수, 장전수, 기관총수(사수/급탄수 각 6명), 기관수까지 합계 18명이 탑승했다. 차내 중앙에는 다임러의 가솔린 엔진 2대(합계 출력 200hp)가 실려 있었다.

A7V의 첫 실전 투입은 1918년 3월

A7V

전장: 8.00m 전폭: 3.1m 전고: 3.3m 중량: 30t 승무원: 18명 무장: 57mm 포×1, MG08 7.92mm 기관총×6 최대 장갑두께: 30mm 엔진: 다임러 165 204×2(합계 200hp) 최대 속도: 9~15km/h

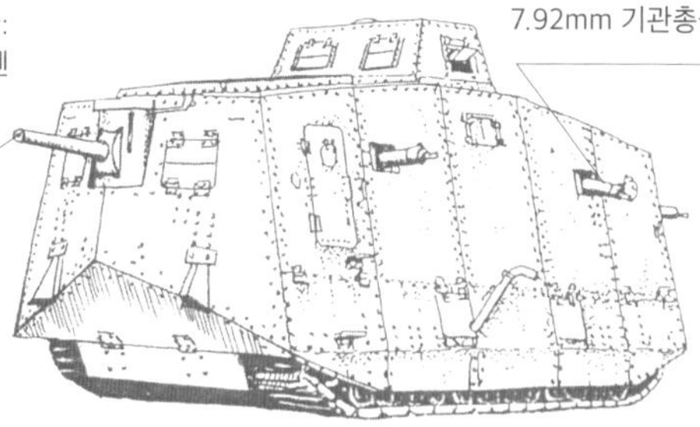

차체 양 측면 2개소와 후면 2개소, 도합 6개소에 MG08 7.92mm 기관총을 장비.

차체 앞부분에 57mm 포를 탑재.

차체 양 옆의 스폰슨에 57mm 포를 탑재.

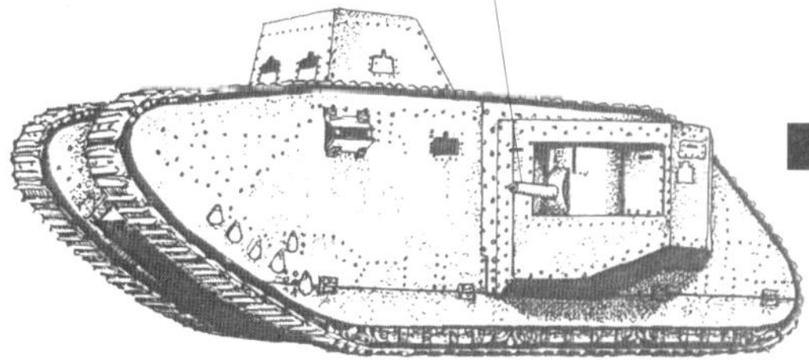

A7V/U

전장: 8.38m 전폭: 4.72m 전고: 3.20m 중량: 39t 승무원: 7명 무장: 57mm 포×2, MG08 7.92mm 기관총×4 최대 장갑두께: 30mm 엔진: 다임러 165 204×2(합계 200hp) 최대 속도: 12km/h

21일이었으며 4월 24일에는 영국의 Mk.Ⅳ와 세계 최초의 전차전을 치르기도 했다. 결국 A7V는 100대가 발주되었으나, 완성된 것은 21대에 불과해, 제1차 세계대전에서의 독일전차의 활약은 독일 공군 항공기의 화려했던 활약상에 비해 별 영향도 미치지 못한 채 끝나고 말았다.

■A7V/U 돌격전차

A7V는 독일 최초의 전차로 이름을 올리긴 했지만, 현가장치의 구조로 인해 초호능력이 낮다는 문제가 있었다. 그 때문에 독일 측에서는 영국의 능형 전차들을 참고하여 궤도가 차체를 한 바퀴 두르는 구조로 바꾸고, 차체 측면에 설치된 스폰슨(sponson, 측면 포탑)에 57mm 포와 MG08 기관총을 배치한 시제차량 A7V/U를 제작했다.

개발 당시, 다임러에서는 1918년 9월에 독일군으로부터 20대를 발주 받았으나, 끝내 양산차는 생산하지 못한 채, 시제차를 만드는 것에 그치고 말았다.

■K바겐 중전차

중량 148t, 차체에 7.7cm 포 4문, MG08 기관총 7자루를 장비했으며, 650hp 출력을 내는 항공기 엔진 2대가 탑재된 초대형 전차. 1919년 배치를 목표로 제작이 진행되었으나, 2대를 제작하고 있던 도중에 종전을 맞이했다.

■LK.I 경전차

1918년에 시제차가 완성된 LK.I (Leichter Kampfwagen)는 구조가 간단하고 생산성이 높은 차량을 목표로, 다임러의 자동차용 차대와 기존의 부품들을 유용하여 개발된 차량이다.

승무원은 3명으로, 차체 전방에 기관실, 그 뒤에 조종실이 배치되었으며, 가장 뒤쪽 차체 윗면에 MG08 기관총이 장비된 소형 포탑이 탑재되어 있었다.

LK.I

전장: 5.486m 전폭: 2.006m 전고: 2.493m 중량: 6.89t 승무원: 3명 무장: MG08 7.92mm 기관총×1 최대 장갑두께: 8mm 최대 속도: 12km/h

소형 포탑에 MG08 7.92mm 기관총을 1자루 장비.

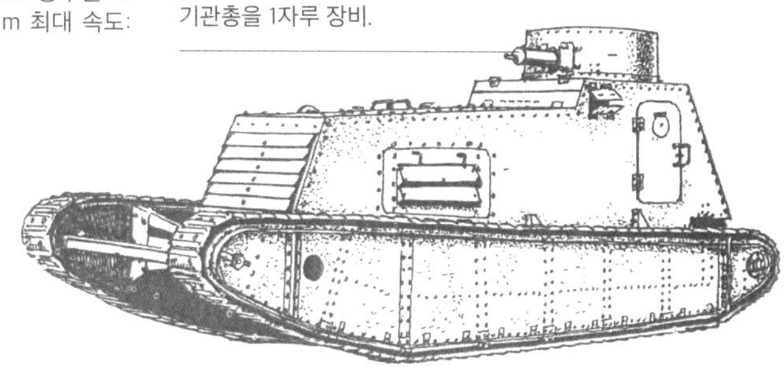

K바겐

전장: 12.978m 전폭: 6.096m 전고: 2.871m 중량: 148t 승무원: 22명 무장: 7.7cm 포×4, MG08 7.92mm 기관총×7 최대 장갑두께: 30mm

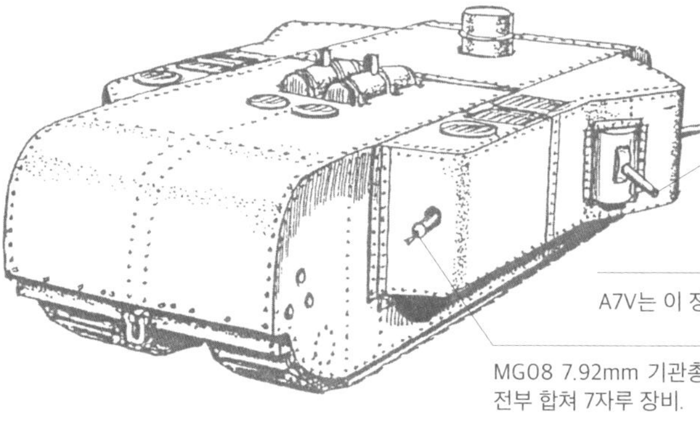

차체 좌우 스폰슨에 7.7cm 포를 2문씩 장비.

MG08 7.92mm 기관총을 전부 합쳐 7자루 장비.

A7V는 이 정도 크기.

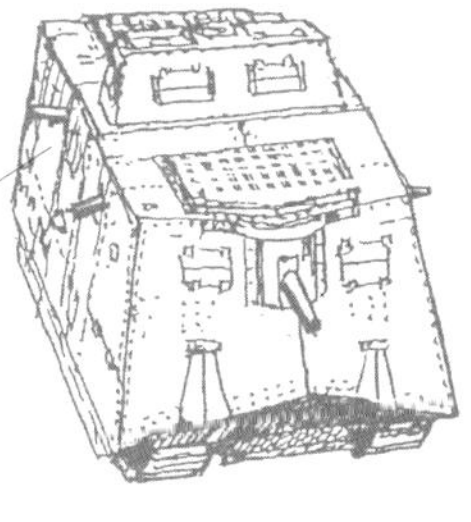

대형 트랙터 라인메탈 시제차량

전주선회식 포탑에 24구경장 7.5cm 전차포를 탑재.

전장: 6.65m 전폭: 2.81m 전고: 2.3m 중량: 19.32t 승무원: 6명 무장: 24구경장 7.5cm 포×1, MG08 7.92mm 기관총×3 최대 장갑두께: 13mm 엔진: BMW Va(250hp) 최대 속도: 40km/h

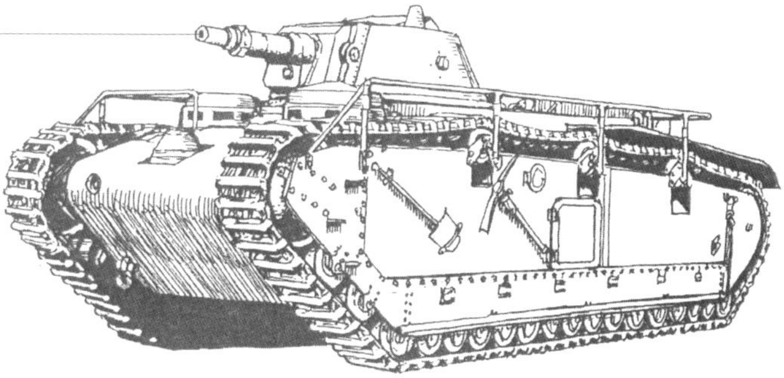

2차 대전 이전의 전차 개발

제1차 세계대전의 패전국인 독일은 1919년 6월 28일에 연합국과 맺은 베르사이유 조약에 따라 군비에 철저한 제한을 받게 되었다. 하지만 1920년대에 들어서면서 독일 군부는 비밀리에 병기 개발에 착수하였으며, 당시 경제 재건과 군의 재편을 진행하고 있던 소련과의 협력을 획책했다.

1922년 4월 14일에 소련과 라팔로 조약을 체결하면서 양국은 군사적으로 긴밀하게 연계하였으며, 독일군은 소련 영내에서 신병기의 시험을 진행할 수 있었다.

■대형 트랙터

1925년, 독일 국방군 병기본부는 「그로스트락토어(Großtraktor, 대형 트랙터)」라는 이름으로 위장하여 다임러-벤츠, 라인메탈, 그루프(Krupp)에 1차 대전 이후 첫 번째 전차의 개발을 요청했다. 1928~1930년에 걸쳐 각 메이커의 시제차가 완성, 소련의 카잔 시험장에서 테스트를 수행했다. 이 대형 트랙터는 영국의 능형전차의 분위기가 차량 주행부에 일부 남아 있었으나, 360도 선회 포탑을 갖춘 근대적 디자인의 중형 전차였다.

생산 계획이 세워지기는 했으나, 1929년에 발생한 세계 경제 공황의 직격탄을 맞은 독일에 전차를 생산할 여유가 없었기에, 결국 계획은 중지되고 말았다.

■경 트랙터

1929년에는 「라이히트트락토어(Leichttraktor, 경 트랙터)」라는 이름으로 위장한 경전차 개발을 결정, 라인메탈과 크루프가 개발을 담당하게 되었다.

1930~1932년에 걸쳐 양사의 시제차가 완성되어 테스트가 실시되었는데 그 결과, 무장과 기동성 모두가 충분치 못하다는 결론이 내려지면서 계획은 중지되었다.

■Nb.Fz.(노이바우파초이크)

독일군은 당시 각국에서 활발하게 개발 중이었던 다포탑 전차에 주목하여 1934년, 라인메탈에 다포탑 전차 Nb.Fz.(Neubaufahrzeug, 신형 차량)의 개발을 요청했다.

같은 해 연말, 2대의 시제차가 완성되었고 테스트를 실시한 결과, 주행성능에는 문제가 없었으나 상하로 종렬 배치된 주포와 부포의 조작성에 문제가 있었기에, 시제 2호차에 주포와 부포를 병렬로 배치한 크루프제 포탑을 탑재한 뒤 다시 테스트가 이루어졌다. 테스트 결과, 크루프에 3대를 추가로 발주하게 되었으며, 1935년에는 차체를 방탄강판제로 개수한 추가발주 시제차 3~5호차가 완성되었다.

크루프에서 생산한 Nb.Fz.는 1940년 4월, 노르웨이 침공을 위해 오슬로에 주둔 중이던 제40 특별 편성 전차 대대에 배치되어 전투에 참가했으나, 1대가 행동 불능에 빠져 폭파 처분되었다. 이후 남은 2대는 소련 침공에 참가하였으나, 1941년 6월에 소련의 KV-1 중전차의 공격으로 격파되었다.

Nb.Fz. 크루프 생산 차량

차체 전후의 소형 포탑에 MG13 7.92mm 기관총을 각 1자루씩 장비.

우측에는 주포인 24구경장 7.5cm 전차포 KwK, 좌측에는 부포인 45구경장 3.7cm 전차포 KwK가 탑재되었다.

전장: 6.6m 전폭: 2.19m 전고: 2.98m 중량: 23.41t 승무원: 6명 무장: 24구경장 7.5cm 전차포 KwK×1, 45구경장 3.7cm 전차포 KwK×1, MG13 7.92mm 기관총×2 최대 장갑두께: 20mm 엔진: BMW Va(300hp) 최대 속도: 30km/h

경 트랙터 크루프 시제차

3.7cm 포를 탑재.

프레임 안테나가 설치되었다.

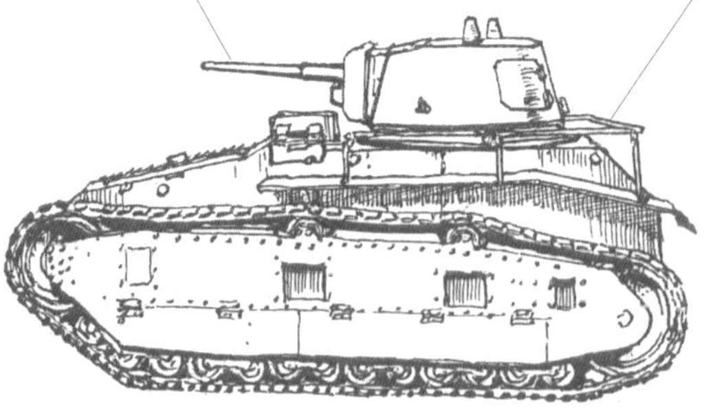

1차 대전 이후의 첫 양산 전차

I 호 전차와 파생형

1920년대부터 독일은 비밀리에 전차 개발을 진행하여 1934년 7월에 신생 독일 육군(독일 제3제국 육군)의 첫 제식 전차인 Ⅰ호 전차를 완성, 양산 및 부대 배치를 개시했다. Ⅰ호 전차는 주력 전차라기보다는 전차 개발에 필요한 기술 습득과 전차 승무원의 훈련을 목적으로 개발된 차량이었으나, 제2차 대전 개전 당시에는 전차 부대의 주력이 될 예정이었던 Ⅲ호 전차와 Ⅳ호 전차의 수량이 충분치 못했기에, 그 부족분을 보충하는 전력으로 Ⅰ호 전차 또한 실전에 투입되었다.

I 호 전차 A 형 / B 형

■경전차의 개발

1920년대 중반부터 전차 개발을 재개한 독일군은 20t급 차량인 대형 트랙터, 9t급인 경 트랙터를 제작하여 각종 테스트를 실시했다.

그리고 그 결과를 바탕으로 1930년 2월, 육군 병기국 제6과는 크루프에 중량 3t에 2cm 기관포탑을 탑재한 소형 전차인 클라인트락토어(Kleintraktor, 소형 트랙터)의 개발을 요청했다. 병기국의 요구사양에 맞추기 위해 여러 시행착오를 거친 뒤, 1932년 7월 29일에 이후 Ⅰ호 전차의 전신이라 할 수 있는 소형 트랙터의 1호차가 완성되었다.

하지만, 완성된 시제차는 차체 상부 구조물과 포탑이 설치되지 않고, 하부 차체만 존재하는 주행 시험 차량이었다. 차체 앞부분에 변속기, 그 왼쪽 뒷부분에 조종석이 위치했으며, 차체 뒷부분에는 52hp의 크루프제 M301 엔진이 탑재되었으며, 전방에 기동륜, 후방에 유도륜을 배치, 카텐로이드식 현가장치가 채용되었다. 주행 시험을 실시하는 한편으로 개발 계획의 재검토가 이루어지면서, 1934년에는 양산차에 2cm 기관포 대신 7.92mm 기관총 2자루를 장비하기로 결정되었다.

■La.S 시리즈

각 부위가 개량된 시제차와 선행 양산차가 소수 만들어진 뒤, 소형 트랙터의 양산형이 완성되었다. 이 완성차에는 대외적으로 전차 개발을 은폐하기 위한 목적으로 La.S(Landwirtschaftlicher Schlepper, 농업용 트랙터)라는 명칭이 부여되었다. 최초의 양산차인 La.S 시리즈 1은 1934년 1월 25일부터 전차 부대에 배치가 시작되었다. 하지만 이때 출고된 차량에는 차체 상면 구조물과 포탑이 장비되지 않은 상태였으며, 우선 훈련에 사용한 뒤, 나중에 상부 구조물과 포탑을 설치한다는 방안이 채용되었다.

La.S의 개발에는 크루프뿐만 아니라

소형 트랙터 선행 생산 차량

차체 상부 구조물이 설치되지 않은 오픈톱.

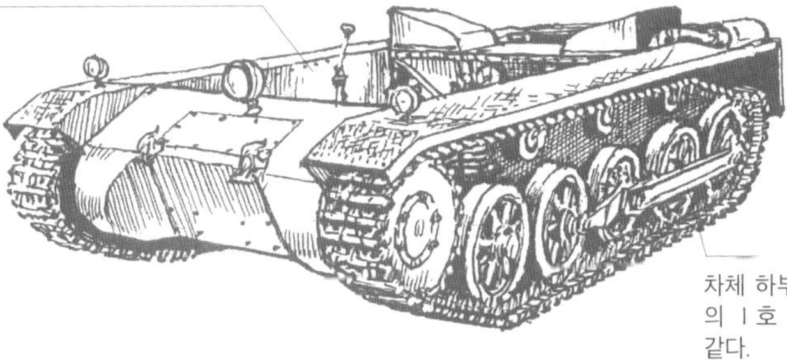

차체 하부, 주행부는 이후의 Ⅰ호 전차 A형과 거의 같다.

I 호 전차 A형

무장은 MG13 7.92mm 기관총 두 자루뿐.

전장: 4.02m 전폭: 2.06m 전고: 1.72m 중량: 5.47t 승무원: 2명 무장: MG13 7.92mm 기관총 ×2 장갑 두께: 차체 전면 13mm, 포탑 전면 14mm, 포방패 15mm 엔진: 크루프 M305(60hp) 최대 속도: 37km/h

이후 등장하는 B형과 비교해 차체 뒷부분이 짧고, 주행부 뒤쪽 형상도 조금 다르다.

전차 개발 기술의 습득을 위해 MAN, 헨셀, 다임러-벤츠, 라인메탈 등의 메이커도 참가했다. 1934년 7월부터 생산 개시된 시리즈 2 이후부터는 차체 상부 구조와 포탑까지 장비된 상태로 완성되었으며, 1936년 6월까지 시리즈 2~4로 단계적으로 개량하면서 1,190대가 만들어졌다. 생산이 한창 진행되던 1936년 4월, La.S 시리즈 2~4는 I호 전차 A형이라는 이름으로 독일군에 제식 채용되었다.

■ I호 전차 A형

1차 대전 이후, 독일군의 첫 양산형 전차가 된 I호 전차 A형은 전장 4.02m, 전폭 2.06m, 전고 1.72m, 중량 5.47t 크기인 경전차로, 차체 좌측 앞부분에 조종수, 포탑 안에 전차장이 탑승하는 2인승 차량이었다. 초기의 경전차였기에 장갑은 얇았는데, 자체의 장갑 두께가 전면이 13mm/25°(수직면에 대한 경사각), 전방 상면 8mm/70~72°, 상부 전면 13mm/21°, 상부 측면 13mm/21°, 하부 측면 13mm/0°, 후면 13mm/15~50°, 바닥면 5mm/90°였으며, 포탑 장갑의 두께는 전면 14mm/8°, 포방패 15mm/곡면, 측면~후면 13mm/22°, 상면 8mm/81~90°였다.

차체 앞부분에는 변속기, 그 왼쪽 뒤에는 조종석이 배치되었으며, 차체 후방에는 크루프의 60hp 출력의 M305 공랭 4기통 엔진을 탑재, 최대 시속 37km/h, 항속거리는 도로 주행 시 140km, 험지 주행 시에는 93km였다. 탑재 무장은 기관총뿐으로, 포탑의 포방패에 MG13 7.92mm 기관총이 두 자루 장비되었다.

■ I호 전차 B형

1,000대 이상이 생산되어, 신생 독일 육군 전차 부대의 편성과 육성에 충분히 역할을 다한 I호 전차 A형이었으나, 당초부터 주행 성능이 부족하다는 점이 지적되었기에, 보다 출력이 높은 엔진을 탑재하고 주행부를 더욱 개량한 양산 모델이 만들어지게 되었다. A형이 생산 중이던 1936년 1월에 B형의 개발을 결정, 1936년 7~8월부터 1937년 5월까지 약 330대(생산수에 대해서는 여러 이설이 존재함)가 생산되었다.

B형은 기본적으로 A형의 형상을 답습했으나, 최대 출력 100hp인 마이바흐의 NL38TR로 엔진을 교체하면서 기관실의 형상이 변경되었으며, 이에 따라 차체 뒷부분이 40cm 연장되었다. 또한 주행부도 새롭게 바뀌었는데, 차체 연장에 맞춰 보기륜과 지지륜이 하나씩 추가되었으며, 맨 뒤에 있던 유도륜이 독립식으로 바뀌었다. 차체 앞부분과 포탑은 A형과 거의 동일하며 각 부위의 장갑 두께와 무장도 달라지지 않았다. A형과 B형 모두가 생산 도중, 그리고 생산이 종료된 뒤에 약간씩의 변경과 개량이 이루어졌다.

I호 전차는 전차 개발 기술의 습득과 승무원의 훈련을 목적으로 개발된 차량이었지만, 2차 대전 당시에 원래 주력이 되었어야 할 Ⅲ호 및 Ⅳ호 전차의 수가 충분히 갖춰지지 않았기에, 초전인 폴란드와의 전쟁에서는 실질적으로 독일 전차 부대의 주력 차량 가운데 하나로 실전에 투입되었다. 이후, 서방 전격전, 발칸 반도전, 북아프리카 전선에서도 사용되었다.

I호 전차 B형

차체 앞부분과 포탑은 A형과 거의 같다.
A형과 비교해, 기관실의 형상이 바뀌었으며 보다 연장되었다.
보기륜, 지지륜이 하나씩 늘었고, 유도륜을 위쪽으로 설치.

전장: 4.42m 전폭: 2.06m 전고: 1.72m 중량: 5.8t 승무원: 2명 무장: MG13 7.92mm 기관총×2 장갑 두께: 차체 전면 13mm, 포탑 전면 14mm, 포방패 15mm 엔진: 마이바흐 NL38TR(100hp) 최대 속도: 40km/h

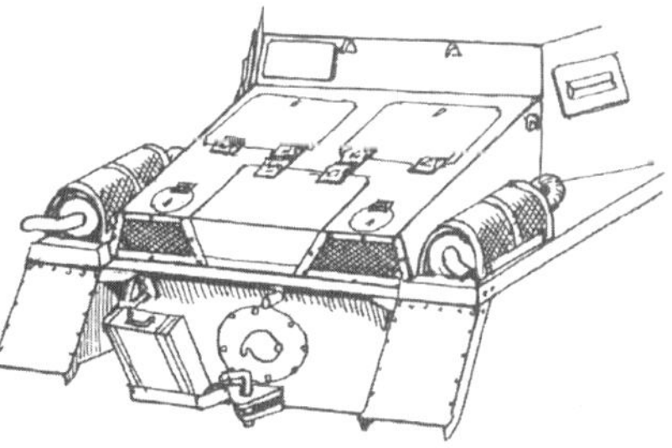

◉ I호 전차 A형의 기관실

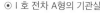

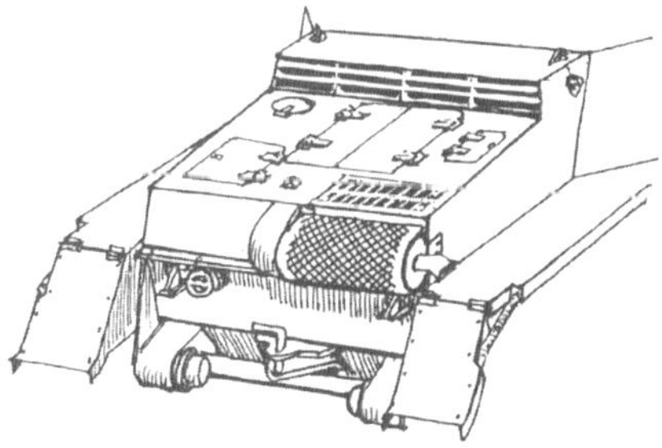

◉ I호 전차 B형의 기관실

⦿ I 호 전차 B형의 세부

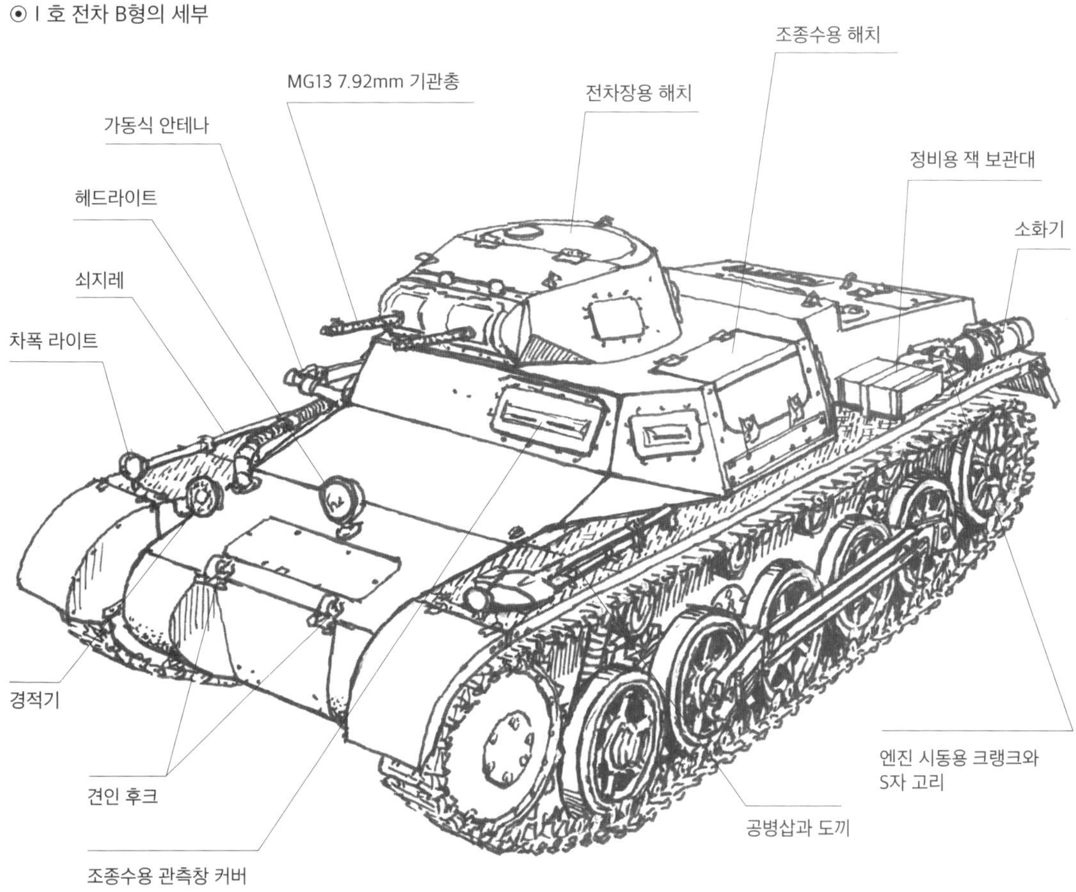

⦿ I 호 전차 B형의 내부 구조

❶ 조향 레버
❷ 변속 레버
❸ 무전기
❹ MG13 상하각 조정 핸들
❺ MG13 7.92mm 기관총
❻ 권총형 선회 손잡이
❼ 전차장석 헤드레스트
❽ 전차장석
❾ 냉각팬
❿ 마이바흐 NL38TR 엔진
⓫ 조종수석
⓬ ZF FG31 변속기
⓭ 조향장치

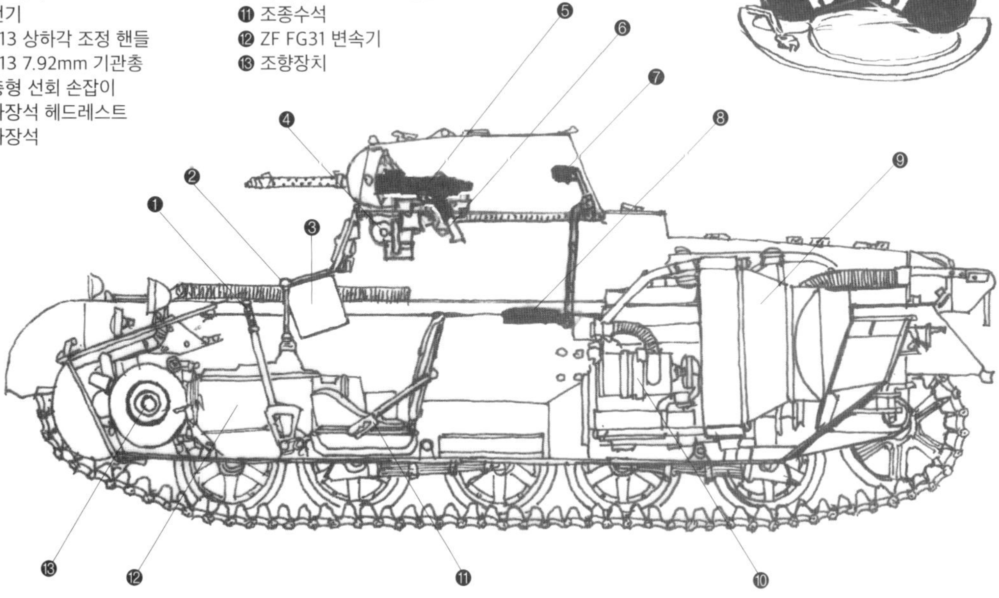

I 호 전차의 파생형

I 호 전차는 원래 훈련용으로 개발되었기에 실전에 사용된 기간은 짧았지만, 생산대수가 많았기에 I 호 전차의 차체를 이용한 여러 파생형이 제작되었다.

■ I 호 탄약 운반차

부대 배치된 전차에 포탄을 보급하기 위해 만들어진 탄약 운반차. I 호 전차 A형을 기반으로 삼아 포탑을 철거하고, 뻥 뚫린 포탑링 부분에는 2장의 강판으로 만든 여닫이식 대형 원형 해치가 설치되었다.

또한 1942년 봄 이후에는 전선에서 돌아온 I 호 전차를 개조, 다른 형식의 탄약 운반차도 만들어졌는데, 이쪽은 포탑을 철거하고 단순히 그 자리에 상자 모양의 짐칸을 설치했다. I 호 전차 A형을 기반으로 한 I a형 탄약 운반차와 B형을 기반으로 한 I b형 탄약 운반차가 존재했다.

■ I 호 폭약 설치차

최전선에서의 장해물 제거, 돌격부대의 진로 개척용으로 개발된 폭약 설치 차량으로, 기갑 사단 공병 대대의 공병 중대에 배치되었다. I 호 전차 B형의 기관실 윗면에 파이프 프레임을 설치, 그 뒷부분에 폭약 컨테이너를 장비했다. 목적 지점에 차량이 도착하면 그 자리에 컨테이너 안에 있던 폭약을 투하하고 차량 본체는 그대로 후퇴, 원격 조작으로 기폭하는 방식으로 운용되었다.

■ I 호 화염 방사 전차

북아프리카 전선 토브룩 공략전에서 제5 경기갑 사단의 공병부대가 I 호 전차 A형을 현지에서 개조한 차량. 오른쪽 MG13 기관총을 보병 휴대용 화염방사기로 바꿔 달았을 뿐, 큰 개조는 이뤄지지 않았다. 사정거리는 25m이며 10~12초 동안 방사가 가능했다.

■ I 호 교량 전차

I 호 전차 A형의 포탑을 철거하고 차체 위에 가동식 교량을 설치했다. 차체 크기와 강도 문제로 한정적인 운용밖에 할 수 없었기에 소수 제작에 그쳤다.

■그 외의 차량

I 호 전차 A형을 기반으로, 디젤 엔진을 탑재한 LKB1과 B형을 기반으로 액화 가스를 연료로 하는 정비 작업차 등이 만들어지기도 했다.

I 호 교량 전차

포탑을 철거하고 교량을 설치했다.

토대가 된 것은 I 호 전차 A형

I 호 전차 탄약 운반차

포탑을 철거하고 전투실 안을 탄약 수납고로 개조. 차체 위에는 상자형 짐칸이 설치되었다.

기본이 된 차체는 I 호 전차 A형

I 호 화염 방사 전차

우측의 MG13을 제거하고 보병용 화염방사기를 장비.

기본이 된 차체는 I 호 전차 A형

I 호 지휘 전차

전차의 개발과 함께 새로운 전차 전술을 확립한 독일군은 LaS. 전차의 개발 당시부터 송수신기를 갖춘 무전 차량의 개발도 진행하고 있었다.

■소형 무전 전차

1935년 중반에는 최초의 지휘 전차로 I 호 전차 A형을 기반으로 한 소형 무전 전차가 개발되었다. 이 차량은 포탑을 설치하지 않은 대신, I 호 전차 A형의 차체 위에 팔각형의 전투실이 설치되었다. 또한 전투실 오른쪽 뒤에는 가동식 안테나, 우측 펜더 앞부분에는 파이프형 프레임 안테나가 증설되었다. 전투실 안에는 송수신용 무전기가 장비(일반 전차에는 수신기만이 장비됨)되었다. 하지만 소형 무전 전차는 시험 차량이었기에 15대만이 만들어졌다.

■소형 장갑 지휘 차량

I 호 전차 A형을 기반으로 만든 소형 무전 전차의 운용 시험 결과를 바탕으로, I 호 전차 B형의 차체를 이용한 소형 장갑 지휘 차량의 개발이 새롭게 이루어졌다. 이 차량도 전작과 마찬가지로 포탑을 장비하지 않았는데, 이번에는 차체 상부를 그대로 위로 연장시킨 형상의 전투실이 설치되었다. 전투실 안에는 Fu6 송수신용 무전기와 Fu2 수신용 무전기가 장비되었으며, 전차장과 조종수에 더해 무전수석이 증설되었다. 전투실의 장갑 두께는 일반 전차 모델과 동일한 13mm였으며, 전투실 상면에는 좌우 여닫이식 해치가 설치되었다. 또한 방어용 무장이 필요했기에 전투실 전면 우측 윗부분에 MG34 7.92mm 기관총이 장비(탑재 탄약수 900발)되었다.

소형 장갑 지휘 차량은 1936년 7월~1937년 말까지 184대(이 중 4대는 스페인에 양도. 최초의 25대는 A/B 절충 차체)가 제작되었다. 생산 도중은 물론 생산 후에도 조금씩 개량이 이루어졌는데, 그중에서 가장 큰 변화는 1938년에 실시된 전차장용 큐폴라(Cupola)의 설치였다. 전차장용 큐폴라는 내탄 성능을 높이기 위해 장갑 두께를 14.5mm로 강화하였다.

또한 현지 부대에서 전투실의 무전기를 Fu8로 교체하거나 전투실 주위에 파이프 프레임 안테나를 증설하여 송수신 능력을 향상시킨 차량도 존재했다.

소형 무전 전차

포탑을 철거하고 전투실을 증설.
우측 펜더 앞부분에
프레임 안테나를 증설.
I 호 전차 A형을
기반으로 했다.

소형 장갑 지휘 차량(I 호 지휘 전차)

1938년부터 전차장용 큐폴라를 증설
차체 상부를 그대로 위로 확장시킨 형상의 전투실을 증설.
I 호 전차 B형을 기반으로 했다.

전장: 4.42m 전폭: 2.06m 전고: 1.99m 중량: 5.9t 승무원: 3명 무장: MG34 7.92mm 기관총×1 장갑 두께: 차체 전면 13mm, 큐폴라 14.5mm 엔진:마이바흐 NL38TR(100hp) 최대 속도: 40km/h

소형 장갑 지휘 차량 현지 개조차

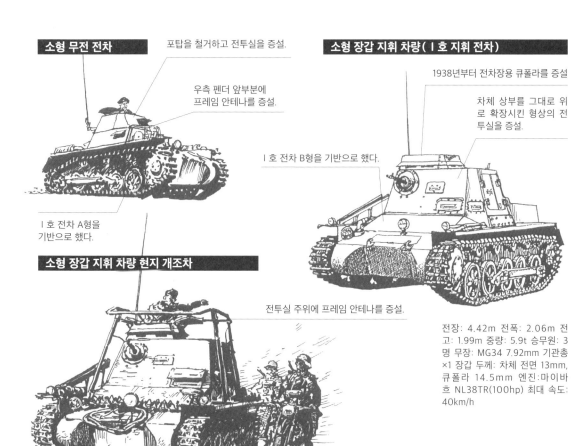

전투실 주위에 프레임 안테나를 증설.

Ⅰ호 전차의 차대를 이용한 자주포

■ 15cm sIG33 탑재 Ⅰ호 전차 B형(Ⅰ호 15cm 자주 중보병포)

처음으로 만들어진 것은 라인메탈의 15cm 중보병포 sIG33을 탑재한 자주포였다. 폴란드전 이후, 보병부대에 수반하여 이동하면서 지원 가능한 차량의 필요성이 제기되면서 견인식이었던 15cm 중보병포 sIG33을 자주화시키는 계획이 제안되었다.

자주포의 차체로는 Ⅰ호 전차 B형이 채택되었으며, 1940년 3월부터 알케트(Alkett)사에서 개발이 시작되었다. Ⅰ호 전차 B형의 전투실 상부를 철거하고, 두께 10mm 장갑판으로 전투실을 증설, 전투실 안에는 전용 가대를 설치하지 않고 15cm 중보병포 sIG33을 바퀴가 달린 포가까지 통째로 적재했다. 차체 크기에 비해 차고가 높아지면서 적에게 발각될 확률이 올라가기는 했으나, 개발 기간을 크게 단축시키는 데 성공했다.

전투실 안에는 전차장, 조종수에 더해 포수와 장전수(무전수를 겸임)이 탑승했다. 15cm 중보병포 sIG33은 최대 사거리 4,700m, 상하각 -4°~+73°, 좌우 각각 15° 수평각을 지니며, 고폭탄(HE) 외에도 연막탄, 파쇄탄(Demolition), 성형작약탄을 발사할 수 있었다.

15cm sIG33 탑재 Ⅰ호 전차 B형은 38대가 제작되어 제701~706 자주 중보병포 중대에 각 6대씩 배치(2대는 예비 차량)되어, 1940년 5월부터 시작된 프랑스전에 투입되었다.

■ 4.7cm PaK(t) 탑재 Ⅰ호 전차 B형(Ⅰ호 4.7cm 대전차 자주포)

독일군은 2차 대전 개전 이전인 1938년 후반부터 대전차 자주포 개발을 개시했다. 처음에는 Ⅰ호 전차 B형의 차체에 독일군의 주력 대전차포였던 3.7cm PaK36을 탑재할 계획이었으나, 1939년 3월에 독일이 체코슬로바키아를 병합하면서 PaK36보다 훨씬 강력한 슈코다(Skoda)사의 4.7cm 대전차포 KPÚV vz. 38을 대량으로 손에 넣게 되었고, 독일군이 이 체코제 대전차포를 4.7cm PaK(t)라는 이름으로 채용, Ⅰ호 대전차 자주포의 탑재포로 사용하게 되었다.

같은 해 9월부터는 알케트에서 개발이 시작되었고, 1940년 3월에 「4.7cm

15cm sIG33 탑재 Ⅰ호 전차 B형

전장: 4.67m 전폭: 2.06m 전고: 2.8m 중량: 8.5t 승무원: 4명 무장: 15cm 중보병포 sIG33×1 장갑 두께: 차체 전면 13mm, 전투실 10mm 엔진: 마이바흐 NL38TR(100hp) 최대 속도: 40km/h

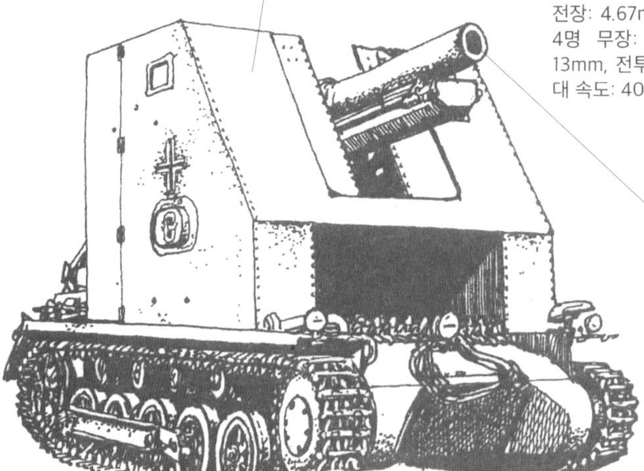

전투실 상부 구조를 철거하고 전투실을 증설.
15cm 중보병포 sIG33을 포가째로 올렸다.

15cm 중보병포 sIG33

15cm sIG33 탑재 Ⅰ호 전차 B형의 탑재포. 최대 사거리 4,700m, 상하각 -4°~+73°, 좌우 각각 15° 수평각을 지니며, 고폭탄, 연막탄, 파쇄탄, 성형작약탄을 발사할 수 있다.

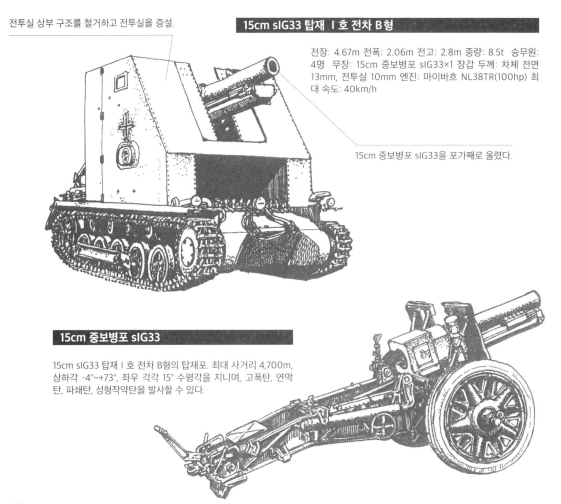

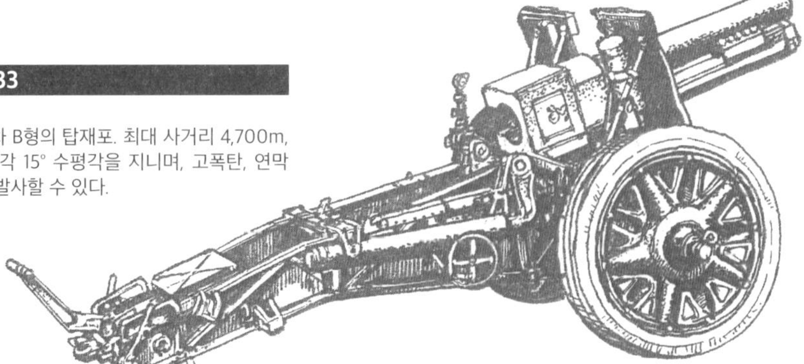

PaK(t) 탑재 I 호 전차 B형」이라는 이름의 자주포가 완성되었다. 이 자주포는 I 호 전차 B형의 차체 위에 상부 개방식 전투실을 새로 설치하고 4.7cm PaK(t)를 탑재한 것으로, 전투실의 장갑 두께는 14.5mm였으며, 포수를 겸하는 전차장과 장전수, 조종수까지 3명이 탑승했다. PaK(t)의 사각(射角)은 상하각 -8°~+10°, 좌우각 17.5°였으며, 유효사거리 1,500m, 사거리 500m에서 45mm 두께의 장갑을 관통할 수 있었다.

4.7cm PaK(t) 탑재 I 호 전차 B형은 단순한 구조였지만, 독일군의 첫 대전차 자주포로서는 완성도가 높은 차량이었다. 1940년 3~5월에 걸쳐 132대가 제조되어, 제521, 제616, 제643, 제670 전차 구축 대대에 배치, 프랑스전에 투입되었다.

프랑스전에서의 활약이 높이 평가되어, 1942년 2월에는 여기에 70대가 추가로 생산되었다. 추가 생산된 후기 생산차는 전투실의 측면 장갑판이 뒤쪽으로 연장되었다. 4.7cm PaK(t) 탑재 I 호 전차 B형은 독소전은 물론 북아프리카 전선에도 투입되어, 아직 강력한 대전차포를 탑재한 차량이 충분히 갖춰지지 않았던 당시의 독일군에 있어 상당히 귀중한 대전차 전력으로 쓰였다.

■ I 호 대공 전차

폴란드전~프랑스전에서 전차 부대에 수반하여 이동 가능한 대공 차량이 필요하다는 전훈을 얻은 독일군은 I 호 전차 A형의 차체에 2cm 대공 기관포인 FlaK38을 탑재한 I 호 대공 전차의 개발을 결정했다. 병기국에서는 다임러-벤츠에 차체를, 알케트에 대공 기관포용 포좌의 설계를 요청했다. 실제 개조 작업은 슈퇴버(Stoewer)사에서 진행되었는데, 1941년 중반에 완성된 24대가 모두 제614 (자주) 대공 대대에 배치되었다.

■그 외의 자주포

1945년 4~5월의 베를린 공방전에서는 4.7cm PaK(t) 탑재 I 호 전차 B형의 전투실을 개조, Ⅲ호 돌격포의 48구경장 7.5cm 포인 StuK40을 포가째로 탑재한 현지 개조 차량이 사용되었는데, 이것은 아마도 1대만이 존재하는 원 오프 차량일 것으로 추측된다.

4.7cm PaK(t) 탑재 I 호 전차 B형

전장: 4.42m 전폭: 2.06m 전고: 2.25m 중량: 6.4t 승무원: 3명 무장: 4.7cm 대전차포 PaK(t)×1 장갑 두께: 차체 전면 13mm, 전투실 14.5mm 엔진: 마이바흐 NL38TR(100hp) 최대 속도: 40km/h

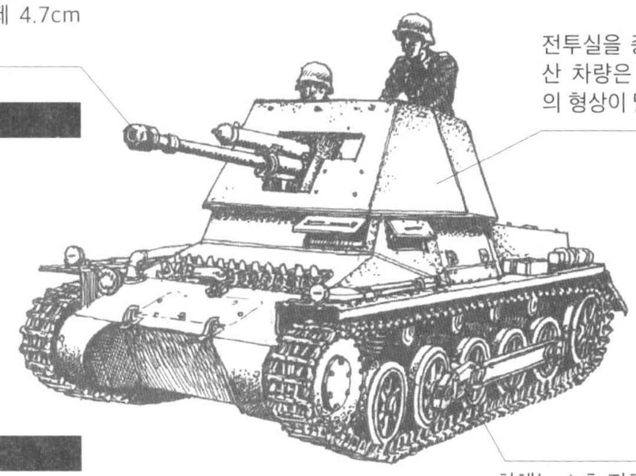
체코슬로바키아제 4.7cm PaK(t)를 탑재.
전투실을 증설, 후기 생산 차량은 전투실 측면의 형상이 달라졌다.
차체는 I 호 전차 B형을 사용.

4.7cm 대전차포 KPÚV vz. 38

체코슬로바키아의 슈코다에서 제조. 독일군에서는 4.7cm PaK(t)라는 이름으로 채용, I 호 전차를 기반으로 한 자주포에 탑재했다. 이 대전차포의 사각은 상하각 -8°~+10°, 좌우각 17.5°였으며, 유효사거리 1,500m, 사거리 500m에서 45mm 두께의 장갑을 관통할 수 있었다.

I 호 대공 전차

2cm 대공 기관포 FlaK38을 탑재.
전투실 측면에 가동식 장갑판을 증설.
차체는 I 호 전차 A형. 차체 상부 전면에 방탄판을 추가했다.

Ⅰ호 전차의 발전형

■ Ⅰ호 전차 C형

독일 육군 병기국은 1938년에 공정부대용으로 6t급 정찰용 쾌속 경전차의 개발안을 각 제작사에 요청, VK601이라는 명칭으로 크라우스-마파이(Krauss-Maffei)사에서 차체 하부를, 다임러-벤츠에서 차체 상부 구조와 포탑을 제작하게 되었다. 1940년에 완성된 시제차는 포탑에 마우저(Mauser)사의 7.92mm(7.92×94mm. 원래 PzB 39 대전차소총에 사용할 목적으로 개발된 탄약. 당시 독일군의 소총탄인 7.92×57mm 마우저와는 구경만 같을 뿐 전혀 다른 탄약이다) 대전차 기관총 E.W.141, 그리고 공축기관총으로 MG34 7.92mm 기관총을 장비했다. 전장 4.195m, 전폭 1.920m, 전고 1.945m, 중량 8t인 Ⅰ호 전차 C형은 150hp 출력인 마이바흐 HL45P 엔진과 오버랩(Overlap)식 보기륜, 토션바 현가장치 덕분에 최고 시속 79km/h라는 높은 기동력을 발휘했다.

또한 방어력에도 중점을 두고 있었기에, 차체 전면에 30mm/20°, 전부 상면 20mm/70°, 상부 전면 30mm/9°, 상면 10mm/90°, 상부 측면 20mm/0°, 하부 측면 14.5+5.5mm/0°, 그리고 포탑에는 전면 30mm/10°, 포방패 30mm/곡면, 측면 14.5mm/24°, 상면 10mm/79~90° 두께의 장갑을 두르고 있었다.

1942년 7월부터 주행부를 개량한 양산차의 생산이 시작되었으며, 같은 해 12월까지 40대가 생산되었다. 양산차에는 Ⅰ호 전차 C형이라는 제식명을 부여, 1943년에 실전 평가를 위해 2대가 동부전선의 제1 기갑 사단에 배치, 실전에 투입되었으나, 나머지 차량은 제18 예비 장갑 군단 예하 예비 부대로 보내졌다.

■ Ⅰ호 전차 F형

강고한 요새 마지노선을 돌파할 수 있는 중장갑 차량의 개발 계획이 제기되자, 1939년 11월에 병기국 제6과에서는 크라우스-마파이에 18t급 전차인 VK1801의 개발을 요청했다. 하지만 당초 예정보다 개발 작업이 크게 지연된 탓에 1942년 4월에 Ⅰ호 전차 F형이란 이름의 첫 생산차가 완성되었고, 같은 해 12월까지 도합 30대가 만들어졌다.

Ⅰ호 전차 F형의 가장 큰 특징은 두터운 장갑으로, 차체 장갑이 전면 80mm/19°, 전부 상면 50mm/75°, 상부 전면 80mm/9°, 측면 80mm/0°, 상면 20mm/90°, 바닥면 20mm/90°이었으며, 포탑은 포방패 80mm/곡면, 측면 80mm/0°였다. 전장 4.375m, 전폭 2.640m, 전고 2.050m인 경전차임에도 중장갑으로 인해 중량은 19t에 달했지만, 무장은 포탑 전면의 MG34 7.92mm 기관총 두 자루뿐이었다. 그리고 주행부에 Ⅰ호 전차 C형과 비슷한 오버랩식의 보기륜을 채용하여 최대 시속 25km/h를 낼 수 있었다.

제66 특수 전차 대대 제1중대에 배치된 Ⅰ호 전차 F형은 레닌그라드 전투에 투입되었으며, 제2 정찰 전차 중대, 제1 기갑 사단 1전차 연대 2대대 등에도 배치되었다.

Ⅰ호 전차 C형

전장: 4.195m 전폭: 1.920m 전고: 1.945m 중량: 8t 승무원: 2명 무장: 마우저 7.92mm 대전차 기관총 E.W.141×1, MG34 7.92mm 기관총×1 최대 장갑 두께: 30mm 엔진: 마이바흐 HL45P(150hp) 최대 속도: 79km/h

포탑 전면 좌측에 7.92mm 대전차 기관총 E.W.141, 우측에 MG34 7.92mm 기관총을 장비.

Ⅰ호 전차 F형

포탑 전면의 포방패 좌우로 MG34 기관총을 장비.

차체 전면의 장갑 두께는 80mm에 달했다.

전장: 4.375m 전폭: 2.640m 전고: 2.050m 중량: 19t 승무원: 2명 무장: MG34 7.92mm 기관총×2 최대 장갑 두께: 80mm 엔진: 마이바흐 HL45P(150hp) 최대 속도: 25km/h

2cm 포를 탑재한 본격적인 경전차

Ⅱ호 전차와 파생형

독일군은 1차 대전 이후, 첫 양산 전차로 Ⅰ호 전차를 개발했지만, 무장과 기동 성능 모두가 충분치 못하다고 인식하고 있었다. 이에 1934년 7월부터 2cm 포 탑재 전차의 개발을 시작, 1936년 5월에 Ⅱ호 전차가 완성되었다. Ⅱ호 전차도 Ⅰ호 전차와 마찬가지로 전차 부대의 훈련용 차량으로 사용할 예정이었으나, Ⅲ호 전차의 개발과 생산이 지연되면서, 대전 기간 동안 부족한 전력을 메우기 위해 주력 전투 차량 가운데 하나로 실전 투입되었다.

Ⅱ호 전차 a~c형/A~C형

■2cm 기관포 탑재 경전차 개발

독일군은 1차 대전 이후, 첫 양산 전차인 Ⅰ호 전차의 생산을 준비하는 한편으로, 1934년 7월에 2cm 기관포를 탑재한 경전차 La.S.100(농업용 트랙터 100)의 개발을 결정했다. 병기국 제6과에서 차체 상부 구조와 포탑의 개발을 다임러-벤츠, 차대는 크루프와 MAN, 헨셸에 요청, 1935년 중반 무렵에는 3사의 설계로 각각의 시제차가 완성되었고, 같은 해 가을에 실시한 평가 결과에 따라 MAN의 설계를 채용, 다임러-벤츠에서 차체 상부 구조와 포탑의 제조를 담당하고, MAN에서 차대 제조와 최종 조립을 담당할 것이 결정되었다.

■Ⅱ호 전차 a형

Ⅱ호 전차의 첫 생산 모델인 a형(La.S.100 시리즈 1. 당시에는 아직 Ⅱ호 전차라는 제식명을 받지 못했다)은 전장 4.380m, 전폭 2.140m, 전고 1.945m, 중량 7.6t으로, Ⅰ호 전차보다 한 둘레 더 컸다. 포탑에는 2cm 대공 기관포 FlaK30을 차재화한 KwK30을 1문(탑재 탄약 180발), MG34 7.92mm 기관총을 1자루(2,250발)을 장비했다. 차체 내부에는 가장 앞부분에 조향 장치와 변속기를 두었으며, 중앙에 전투실을 배치하고, 그 위쪽에 약간 왼쪽으로 치우친 형태로 포탑이 탑재되었다. 또한 차체 뒷부분은 기관실이었다. 승무원은 3명이었는데, 차체 앞부분 왼쪽에 조종수, 포탑 안에 전차장, 전투실 내부 왼쪽(뒤를 보고 있음) 무전수가 탑승했다.

Ⅱ호 전차도 경전차였기에 방어 성능은 그리 중시되지 않았는데, 차체 장갑 두께는 전면이 13mm/곡면, 전부 상면 13mm/65°(수직면에 대한 경사각), 상부 전면 13mm/9°, 측면 13mm/0°, 상면 8mm/90°, 바닥면 5mm/90°였으

며, 포탑 장갑은 전면 15mm/곡면, 전면 하부 13mm/16°, 상면 8mm /76~90°, 측면 13mm/22°였다.

주행부는 앞쪽에 기동륜, 뒤쪽에 유도륜이 배치되었으며, 여기에 소형 보기륜 6개와 지지륜 3개로 구성되었다. 보기륜은 보기(Bogie)식 리프스프링으로 2개가 1조를 이루며, 3조의 보기를 판 형태의 암으로 연결했다. 기관실 우측에는 130hp의 마이바흐 HL57TR 6기통 액랭식 가솔린 엔진을 탑재했으며, 최대 시속은 40km/h, 항속거리는 일반 도로에서 190km, 비포장 험로에서는 126km였다.

Ⅱ호 전차 a형은 1936년 5월부터 1937년 2월까지 75대가 생산되었는데, 25대씩 3회에 걸쳐 생산 로트가 나뉘었으며, 각 생산 로트 사이에는 약간씩의 사양 변경이나 개량이 이루어졌다. 이때 최초 생산분을 a1형, 두 번째가 a2형, 마지막을 a3형이라 부르며, a2형에서는 정비 점검을 위해 바닥면에 점검용 패널을 추가했으며, 엔진 냉각기 개량, 엔진 격벽 패널의 변경이 이루어졌다. 그리고 a3형에서는 현가장치의 리프스프링을 개량하고 라디에이터를 보다 큰 신형으로 변경했다.

■Ⅱ호 전차 b형

1937년 2월부터 3월 사이에 25대(생산수에 대해서는 다른 설이 있음)의 Ⅱ호 전차 b형이 생산되었다. b형은 방어력 향상을 위해 장갑의 강화를 꾀한 모델로, 차체 전면, 전부 상면, 상부 전면에 더하여 포탑 전면 하부와 측면 장갑을 14.5mm, 그리고 차체 상면을 12mm, 포탑 상면을 10mm로 두께를 늘렸다.

조향 장치의 개량 외에 라디에이터의 개량과 배기 그릴의 증설(기관실 상면), 머플러의 개량 등이 이루어졌기에 기관실 후면의 형상이 변경되었고, 이에 따라 전장이 4.755m, 중량 7.9t으로 늘었다. 또한 주행부도 개선되었는데, 현가장치가 강화되었으며 폭 30cm인 신형

Ⅱ호 전차 a형

전장: 4.380m 전폭: 2.140m 전고: 1.945m 중량: 7.6t 승무원: 3명 무장: 2cm 기관포 KwK30×1, MG34 7.92mm 기관총×1 장갑 두께: 차체 전면 13mm, 포탑 전면 15mm 엔진: 마이바흐 HL57TR(130hp) 최대 속도: 40km/h

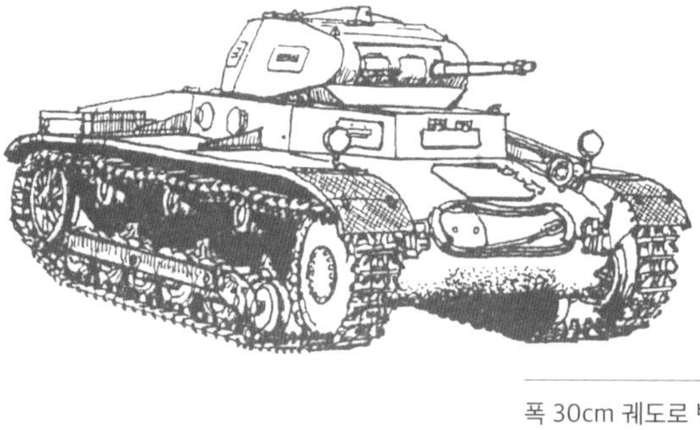

Ⅱ호 전차 b형

전장: 4.755m 전폭: 2.140m 전고: 1.945m 중량: 7.9t 승무원: 3명 무장: 2cm 기관포 KwK30×1, MG34 7.92mm 기관총×1 장갑 두께: 차체 전면 14.5mm, 포탑 전면 15mm 엔진: 마이바흐 HL57TR(130hp) 최대 속도: 40km/h

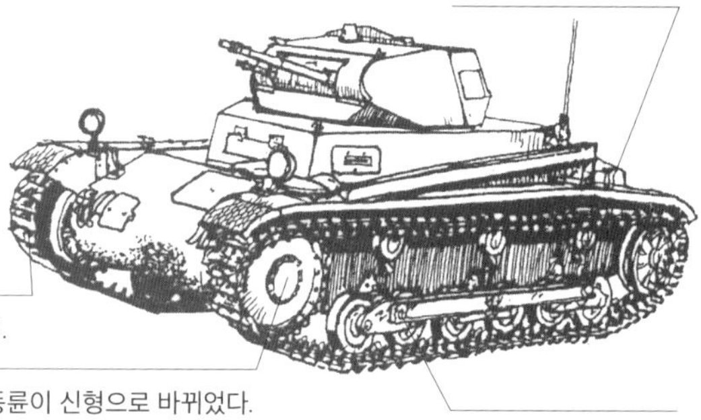

기관실 후부와 머플러의 형상이 변경되었다.
폭 30cm 궤도로 변경.
기동륜이 신형으로 바뀌었다.
현가장치를 강화. 전륜의 폭도 바뀌었다.

Ⅱ호 전차 A형

전장: 4.810m 전폭: 2.223m 전고: 2.020m 중량: 8.9t 승무원: 3명 무장: 2cm 기관포 KwK30×1, MG34 7.92mm 기관총×1 장갑 두께: 차체 전면 14.5mm, 포탑 전면 15mm 엔진: 마이바흐 HL62TR(140hp) 최대 속도: 40km/h

c형 이후, 엔진이 변경되면서 기관실 상면의 레이아웃도 바뀌었다.
기동륜, 유도륜, 보기륜이 신형으로 바뀌면서 현가장치도 변경.

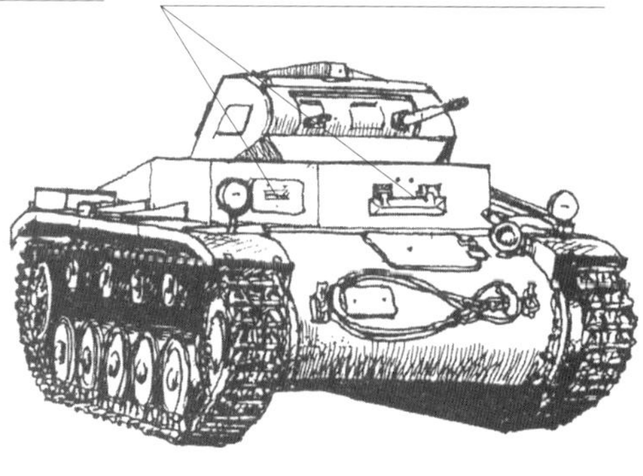

c~C형의 외견은 거의 같았다. 서로 다른 곳이라면 차체 전면 관측용 바이저의 형상 차이와 측면의 관측창 커버 상하 리벳의 유무 정도.

궤도(a형은 28cm)를 채용하면서 보기륜의 폭도 변경되었으며, 기동륜도 신형으로 바뀌었다.

Ⅱ호 전차 a형/b형은 시제품 또는 선행 생산 모델이라 할 수 있는 차량이었지만 초기의 폴란드전과 프랑스전에 투입되었다.

■Ⅱ호 전차 c형

Ⅱ호 전차 b형은 a형의 마이너 체인지라 할 수 있는 차량으로 외견이 거의 같았지만, 그 뒤를 잇는 양산 모델인 c형에 와서는 모습이 크게 달라졌다. 그중에서도 가장 큰 차이점이라면 주행부의 개량과 엔진을 교체했다는 점일 것이다.

기동륜, 유도륜, 보기륜은 모두 신형으로 변경되었는데, 보기륜은 대형으로 바뀌면서 한쪽에 5개씩 배치되었고, 위쪽의 지지륜도 4개 배치되었다. 현가장치는 독립 현가 리프스프링 방식이 채용되었다.

엔진은 기존의 마이바흐 HL57TR에서 동사의 HL62TR(140hp)으로 바뀌었다. 이에 따라 기관실 상면의 레이아웃도 약간 달라졌다.

그 외에도 여러 변경점이 있었으나, 차체 및 포탑의 기본 구조는 달라지지 않았다. Ⅱ호 전차 c형은 1937년 3월에 25대만이 생산(b형과 마찬가지로 생산 수에는 여러 이설이 존재함)되는 데 그쳤다.

■Ⅱ호 전차 A형

Ⅱ호 전차는 c형에 이르러 Ⅱ호 전차 양산 모델의 기본형이 확립되었다고 할 수 있다. 1937년 4월부터는 본격적인 양산 모델 Ⅱ호 전차 A형의 생산이 시작되었다. A형부터는 MAN뿐만 아니라 헨셸도 생산에 참여했으며, 총 210대가 만들어졌다.

◉1939년 10월~1940년 10월 이전의 c형 개수 포탑

※관측 바이저 이외에는 A~B형도 같다.

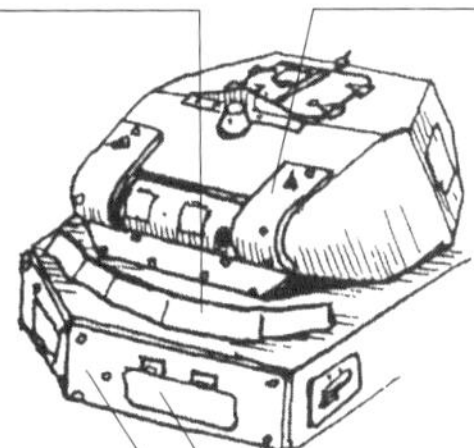

1939년 10월부터 포탑 전면의 측면부와 하면에 20mm 두께의 증가 장갑판을 장착.
도탄 블록을 증설.
차체 상부 전면에도 20mm 두께의 증가 장갑판을 장착.
c형의 조종수용 관측 바이저는 평탄하고 옆으로 긴 판 모양.

Ⅱ호 전차 A~C형 개수형

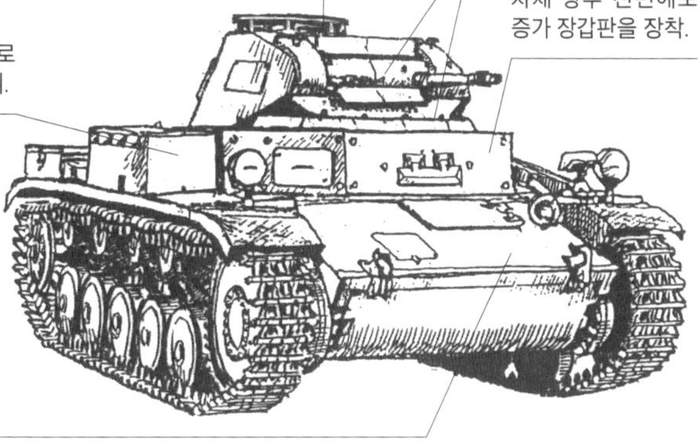

◉1940년 10월 이후의 c~C형 개수 포탑

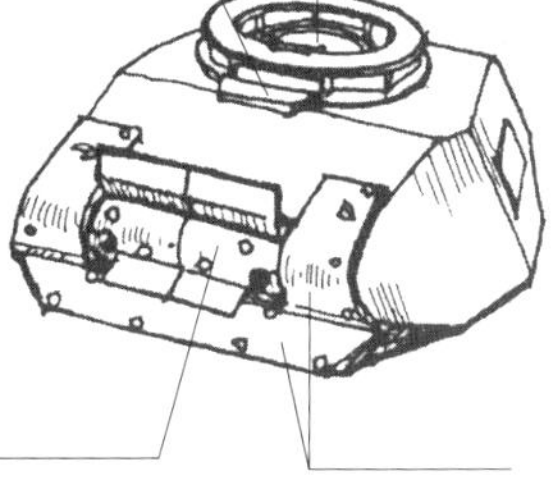

신호탑을 철거하고 도탄판으로 그 자리를 막았다.
전차장용 큐폴라.
포방패 증가 장갑판은 장착하지 않은 차량도 많았다.
증가 장갑판.

Ⅱ호 전차 c형 개수형

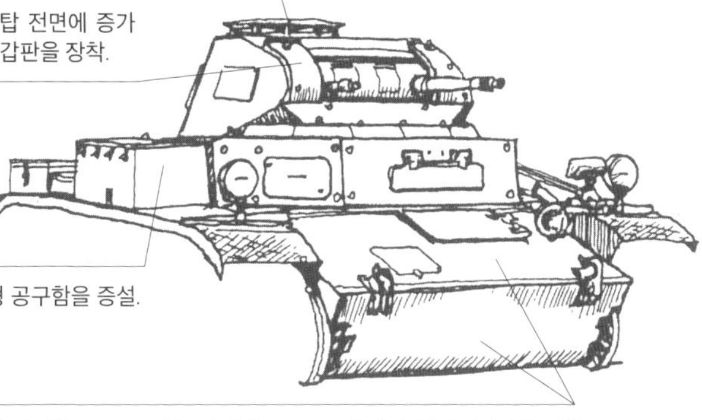

전차장용 큐폴라.
포탑 전면에 증가 장갑판을 장착.
대형 공구함을 증설.
차체 전면은 20mm, 전부 상면에는 15mm 두께의 증가 장갑판을 장착.

A형은 c형과 거의 같지만, 관측용 바이저와 관측창 커버(Klappe)의 형상과 무전수용 해치의 구조가 변경되었으며, 조향 장치와 변속기도 신형과 개량형으로 바뀌었다.

■Ⅱ호 전차 B형

Ⅱ호 전차 B형은 A형의 마이너 체인지로, 관측창 커버 내부의 방탄 유리를 강화한 신형으로 변경되었다(관측창 커버의 위 아래로 2개씩 있는 볼트가 A형과의 구별 포인트). B형부터는 생산에 알케트까지 참여하게 되었으며, 1938년 말까지 총 384대가 만들어졌다.

■Ⅱ호 전차 C형

Ⅱ호 전차 C형은 생산이 지연되고 있던 Ⅲ호 전차의 빈 자리를 메우기 위해 서둘러 생산된 차량으로, 포탑 내부의 조준기가 개량된 정도이며, B형 후기 모델과 거의 같은 차량이라 할 수 있다. C형은 MAN, 헨셸, 알케트에서 모두 합쳐 364대 이상이 만들어졌다.

■Ⅱ호 전차 c~C형의 개수형

a형과 b형을 거쳐, 본격적인 양산 모델이 된 c형, A형, B형, C형은 생산 도중

Ⅱ호 전차의 내부는
이런 식이지.

⦿Ⅱ호 전차 c~C형의 내부 구조

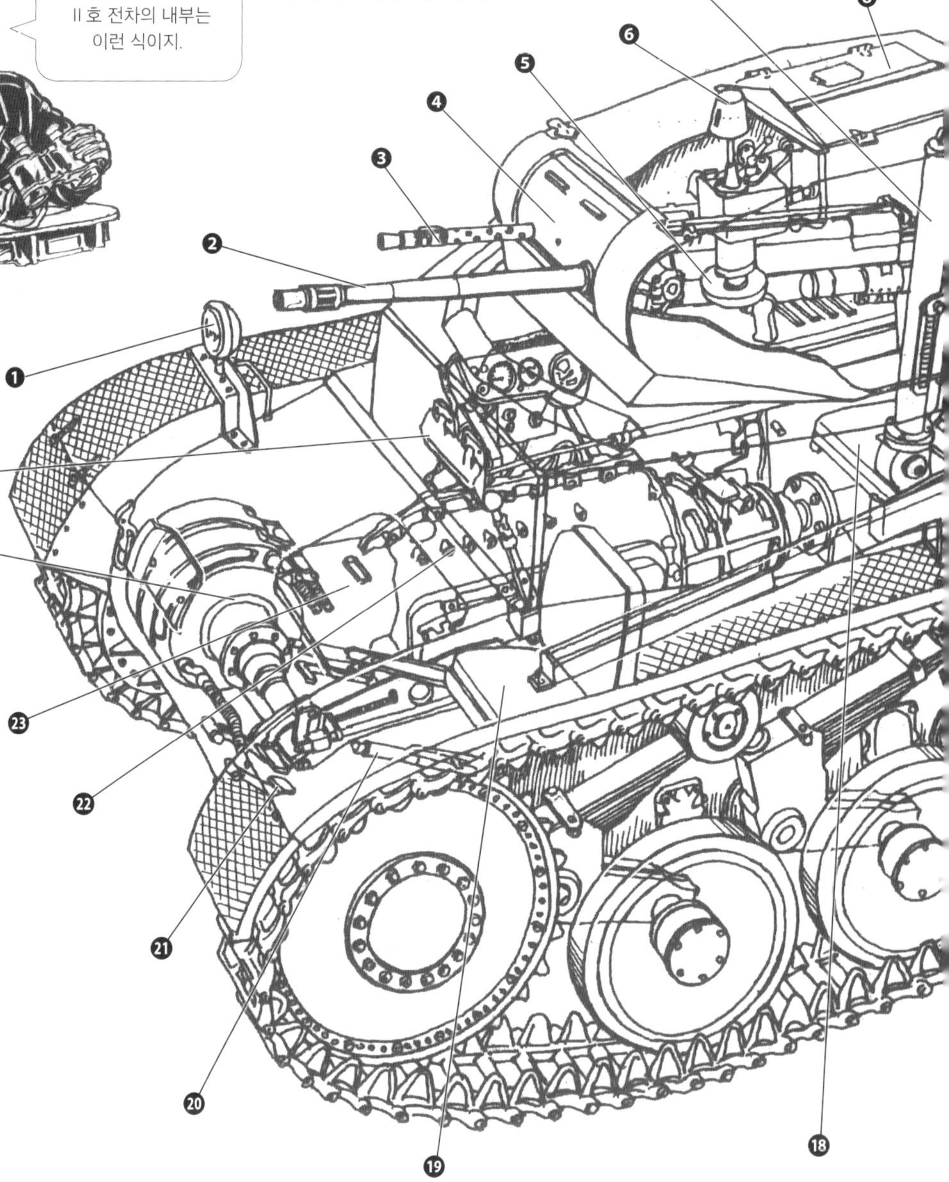

❶전조등
❷2cm 기관포 KwK30
❸MG34 7.92mm 기관총
❹내장 포방패
❺포탑 선회 핸들
❻신호탑
❼기관포 상하 연동장치
❽전차장용 해치
❾전차장용 관측창 커버
❿무전수용 해치
⓫마이바흐 HL62TR 엔진
⓬머플러
⓭라디에이터
⓮유도륜
⓯안테나 마운트(가동식)
⓰안테나 수납 케이스
⓱리프스프링식 현가장치
⓲전차장석
⓳조종수석
⓴조향 레버
㉑풋 페달
㉒ZF SSG46 변속기
㉓조종수용 해치
㉔조향 장치
㉕조종수용 관측 바이저

에 개량이나 사양 변경, 구형 차량의 내부 부품 교체 등이 수시로 실시되었고, 여기에 더해 이미 생산된 차량에도 장비 추가 및 변경이 빈번하게 이루어졌다.

1938년 2월 이후, 차체 상부 좌측에 접이식 대공 기관총 거치대가 설치되었으며, 1939년 9월경에는 차체 후면에 보강용 지주가 추가되었다. 여기에 더해 1939년 10월부터는 포탑 전면 좌우와 하부, 차체 상부 전면에 20mm 두께의 증가 장갑판이 추가되었으며, 차체 전면에는 20mm, 전부 상면에는 15mm 두께의 증가 장갑을 장착하게 되었다.

1940년 10월에는 전차장용 큐폴라의 도입이 결정되어, 기존 생산 차량의 포탑 상면에 큐폴라를 설치하는 개수 작업이 시작되었다. 또한 1941년에는 북아프리카 전선 부대의 차량에 냉각팬의 강화, 무전수용 해치의 통풍 그릴을 확대하는 등의 개수가 이루어졌다.

그 외에도 관측창 커버의 강화, 조준기의 개량, MG34 차재 기관총의 급탄 방식을 사이드 매거진에서 벨트 급탄으로 변경(이에 따라 탑재 탄약은 2,100발로 증가), 좌측 펜더에 노텍 라이트(Notek light, 등화관제용 전조등) 추가, 차체 후면 좌측에 차간 표시등 추가, 우측 펜더 위에 대형 공구함 추가, 예비궤도 걸이의 장비, 난방용 히터의 증설 등이 이루어졌다.

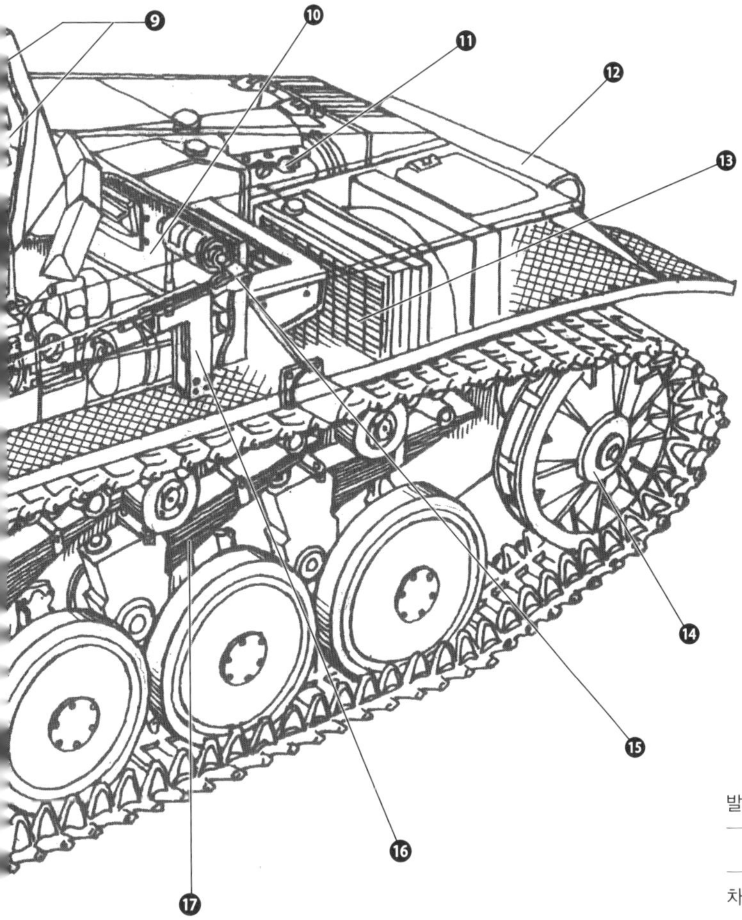

⊙전면 관측 바이저

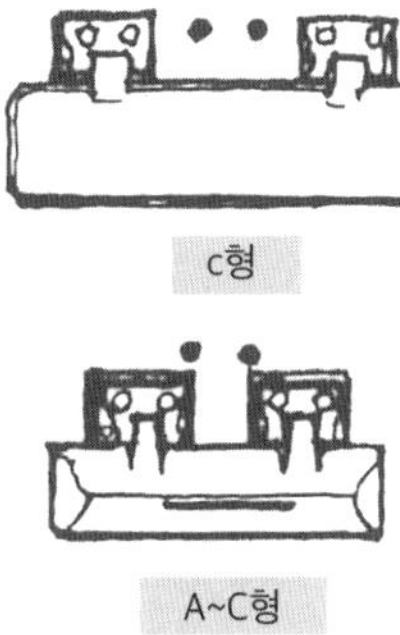

⊙차체 후면

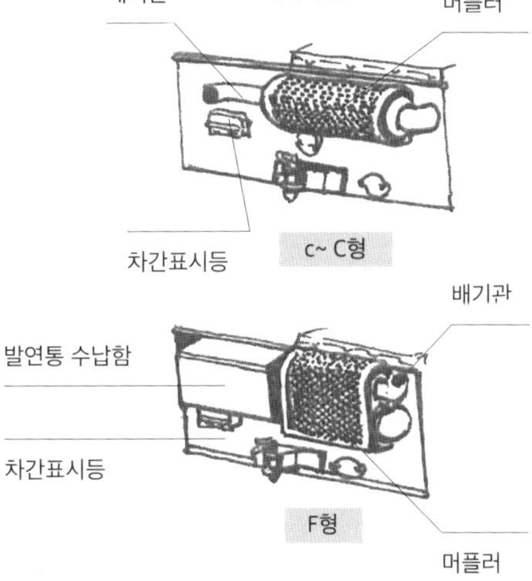

⊙측면/후면의 관측창 커버

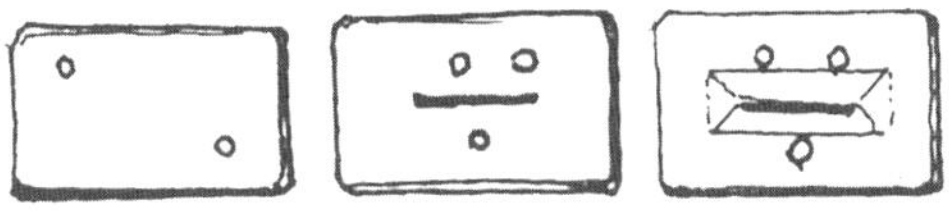

Ⅱ호 전차 D~L형과 파생형

■ Ⅱ호 전차 D형

Ⅱ호 전차의 생산이 한창 진행되고 있던 중, 현가장치를 토션바 방식으로 변경한 Ⅱ호 전차 쾌속 모델의 개발 계획이 발안되었다. 개발은 MAN에서 단독으로 담당했으며, 시제차로 테스트를 실시한 뒤 Ⅱ호 전차 D형으로 제식 채용되었다. Ⅱ호 전차라는 이름을 이어받기는 했으나, 차체 설계를 완전히 새로 하여 이전까지의 C형과는 차체 형상이나 주행부가 크게 달라졌다. 전장 4.90m, 전폭 2.290m, 전고 2.060m, 중량 11.2t으로 이전 모델보다 좀 더 대형화되었다. 장갑 또한 강화되어, 차체 전면과 포탑 전면은 두께가 30mm(그 외의 장갑 두께는 b형 이후로 거의 같다)였다.

차체 앞부분에 변속기, 그 후방 좌측에 조종수석, 좌측에 무전수를 배치했으며, 차체 뒷부분의 기관실에는 HL62TR의 개량형인 HL62TRM 엔진이 배치되었다. 또한 주행부도 일신되어, 기동륜, 보기륜, 유도륜, 궤도는 신형으로 채용하고, 보기륜은 한쪽에 4기씩을 배치하고 지지륜을 쓰지 않는 구조로 바뀌었다. 토션바 현가장치, 개량된 엔진과 변속기를 탑재하게 되면서 최고 시속 55km/h로 성능이 향상되었다.

D형과 거의 같은 사양으로 궤도를 바꾼 E형도 채용되어, 1938년 5월~1939년에 이르기까지 43대의 D형/E형이 만들어졌으나, 생산 시기나 수량에는 여러 이설이 있어 불명확하다.

■ Ⅱ호 전차 F형

당초 예정대로였다면 Ⅱ호 전차는 C형 및 D형/E형에서 생산이 종료될 예정이었으나, Ⅲ호 전차의 생산 지연에 더하여 전투로 인한 소모로 일선 기갑사단의 전차 배치수를 유지하기 어렵게 되었기에 부족분을 Ⅱ호 전차로 채우기로 하게 되면서 Ⅱ호 전차 F형의 생산이 결정되었다. 생산은 FAMO사와 점령지인 폴란드의 우르수스(Ursus)사에서 담당했으며 1941년 3월~1942년 12월까지 524대(509대라는 설도 있음)가 만들어졌다.

F형은 전차장용 큐폴라와 우측 펜더의 대형 공구함 등, c~C형에서 이루어진 각종 개수가 신차 생산 단계부터 적용되어 있었다. 여기에 차체 앞부분 장갑판을 평면 구성으로 하여, 차체 상부 전면도 장갑판 1장 구성으로 변경되었다.

차체 형상 변경과 함께 방어 성능의 향상을 꾀하게 되면서, 차체 전면 장갑판이 35mm, 차체 상부 전면과 포탑 전면의 장갑이 30mm 두께로 강화되었다. 이러한 변경에 따라 중량은 9.5t으로 늘어났다.

■ Ⅱ호 전차 G형(신형 Ⅱ호 전차)

이전까지의 Ⅱ호 전차와는 다른 신형 경전차로 1938년 6월 18일, 속도를 중시한 경전차 VK901의 개발이 승인되어, 차대는 MAN, 차체 상부 구조와 포탑은 다임러-벤츠에서 담당하게 되었다.

병기국 제6과의 요구 사양은, 승무원 3명에 포탑에는 2cm 기관포 KwK30보다 발사 속도가 빠른 2cm 기관포 KwK38(2cm 대공 기관포인 FlaK38의 차재화 모델)와 공축기관총으로 MG34

Ⅱ호 전차 D형

전장: 4.90m 전폭: 2.290m 전고: 2.060m 중량: 11.2t 승무원: 3명 무장: 2cm 기관포 KwK30×1, MG34 7.92mm 기관총×1 최대 장갑 두께: 30mm 엔진: 마이바흐 HL62TRM(140hp) 최대 속도: 55km/h

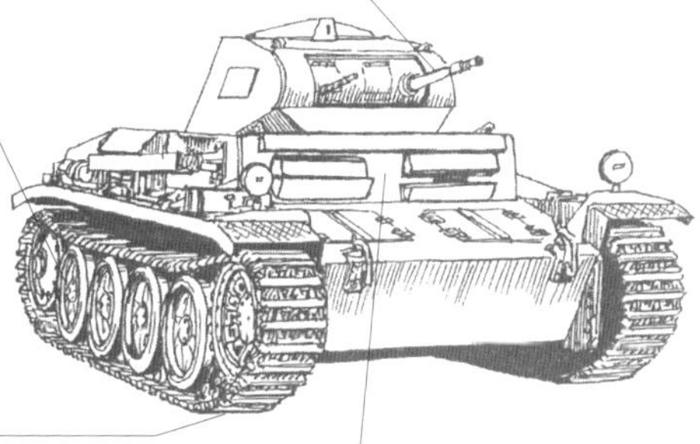

주행부는 완전 신규 설계. 한쪽에 4개 배치된 대형 보기륜에 토션바 현가장치를 채용.

포탑은 c~C형과 거의 같은 형상이나, 전면 장갑이 30mm로 강화되었다.

E형은 형상이 다른 궤도를 사용.

차체는 이전까지의 Ⅱ호 전차와 완전히 다른 형상을 하고 있다.

Ⅱ호 전차 F형

전장: 4.810m 전폭: 2.280m 전고: 2.150m 중량: 9.5t 승무원: 3명 무장: 2cm 기관포 KwK30×1, MG34 7.92mm 기관총×1 장갑 두께: 차체 전면 35mm, 포탑 전면 30mm 엔진: 마이바흐 HL62TR(130hp) 최대 속도: 40km/h

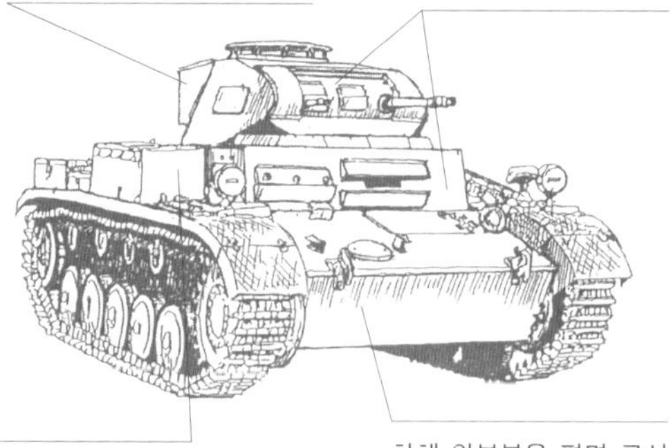

포탑 후면에 게펙카스텐을 장착한 차량도 소수 존재했다.

포탑 전면과 차체 상부 전면 장갑은 30mm 두께.

우측 펜더의 대형 공구함은 표준 장비.

차체 앞부분을 평면 구성으로 변경. 전면 장갑 두께는 35mm.

7.92mm 기관총을 탑재하고 최고 시속 65km/h를 내는 기동성을 갖춰야 한다는 것이었다

1939년 말에 시제차가 완성되어, 75대가 발주되었으나, 완성된 것은 12대뿐이었다고 알려져 있다. 차체는 Ⅱ호 전차 D형/E형과 비슷한 상자형으로, 전장 4.24m, 전폭 2.38m, 전고 2.05m, 중량 10.5t이었다. 차체 상부 전면의 좌우에는 Ⅲ호 전차 G형과 같은 관측용 장갑 바이저가 설치(중앙에는 기만용의 바이저가 설치)되었다. 차체 장갑 두께는 전면이 30mm/23°, 전부 상면 20mm/74°, 상부 전면 30mm/9°, 측면 20mm/0°, 상면 12mm/90°, 바닥면 5mm/90°였으며, 포탑 장갑 두께는 전면 30mm/10°, 포방패 30mm/곡면, 측면 15mm/66°, 상면 10mm/78~90°였다. 차체 내부의 구조는 D형/E형과 같았으며 앞부분에 변속기, 그 후방 좌측에 조종수석, 좌측에 무전수석을 배치. 뒷부분에는 기관실이 있었다.

주행부는 토션바 현가장치에 오버랩식 보기륜 배치를 채용했으며, 엔진은 마이바흐 HL66P(180hp)를 탑재했으나, 최고 속도는 계획치를 밑도는 50km/h에 머물렀다.

■Ⅱ호 전차 J형(신형 강화형 Ⅱ호 전차)

Ⅱ호 전차 G형(VK901)이 속도를 중시했다면 Ⅱ호 전차 J형(VK1601)은 장갑 방어력을 중시한 신형 전차였다. J형도 G형과 마찬가지로 차대는 MAN, 차체 상부 구조와 포탑은 다임러-벤츠에서 담당, 1939년 12월부터 개발에 들어갔다. 1940년 6월에 시제차가 완성되었는데, 시험 평가에서 양호한 성능을 발

Ⅱ호 전차 J형

전장: 4.20m 전폭: 2.90m 전고: 2.20m 중량: 18t 승무원: 3명 무장: 2cm 기관포 KwK38×1, MG34 7.92mm 기관총×1 최대 장갑 두께: 80mm 엔진: 마이바흐 HL45(150hp) 최대 속도: 31km/h

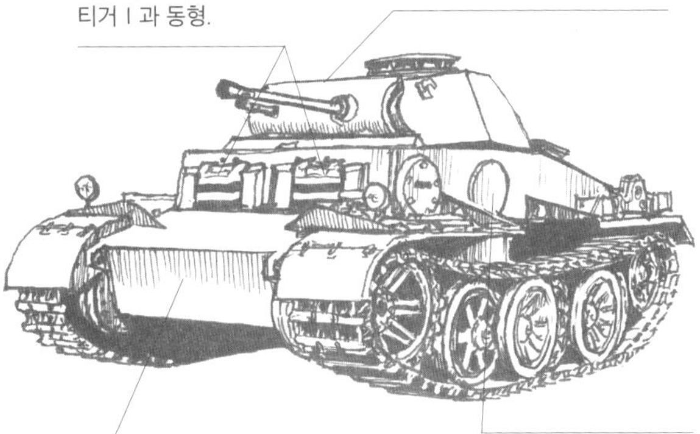

좌우의 관측 바이저는 티거 I 과 동형.
포탑 전면의 장갑 두께는 80mm.
차체 전면 장갑 두께는 80mm.
좌우 양측에 원형의 탈출용 해치를 설치.

Ⅱ호 전차 G형

전장: 4.24m 전폭: 2.38m 전고: 2.05m 중량: 10.5t 승무원: 3명 무장: 2cm 기관포 KwK38×1, MG34 7.92mm 기관총×1 최대 장갑 두께: 30mm 엔진: 마이바흐 HL66P(180hp) 최대 속도: 50km/h

2cm 기관포 KwK38을 탑재.
Ⅲ호 전차 G형과 동일한 관측 바이저를 좌우에 설치(중앙의 바이저는 기만용 가짜).
토션바 현가장치를 사용하며, 보기륜은 오버랩식으로 한쪽에 5개씩 배치.

Ⅱ호 전차 H형

중량: 10.5t 승무원: 3명 무장: 2cm 기관포 KwK38×1, MG34 7.92mm 기관총×1 최대 장갑 두께: 30mm 엔진: 마이바흐 HL66P(200hp) 최대 속도: 65km/h

차체 및 포탑은 G형과 비슷한 형상.

Ⅱ호 전차 5cm PaK38 탑재형

상부 개방형 전투실.
Ⅱ호 전차 G형의 차체를 사용.
주포는 5cm PaK38을 탑재.

휘했기에 Ⅱ호 전차 J형이라는 이름으로 1942년 4월부터 생산이 시작되었다.

외형과 차체의 레이아웃은 G형과 비슷하여, 전장 4.20m, 전폭 2.90m, 전고 2.20m였다. 차체 장갑 두께는 전면이 80mm/19°, 전부 상면 50mm/75°, 상부 전면 80mm/9°, 측면 50mm/0°, 상면 20mm/90°, 바닥면 20mm/90°였으며, 포탑 장갑은 전면 80mm/곡면, 측면 50mm/24°, 상면 20mm/78~90°로, 차체와 포탑 모두 중장갑을 두르고 있었다. 장갑 방어를 우선으로 했기에 중량은 18t에 달했으며, 최대 속도는 31km/h였다.

주행부는 G형과 같은 토션바 현가장치에 오버랩식 보기륜을 채용했으며, 여기에 더해 차체 상부 전면에는 티거 I과 동형인 장갑 바이저가 설치되었기에 그야말로 미니 티거 I이라 불려도 좋을 모습을 하고 있었다.

Ⅱ호 전차 J형은 1942년 12월까지 22대가 만들어져, 동부전선의 제12 기갑 사단 등에 배치되었다.

■ Ⅱ호 전차 H형

1940년 6월, 병기국 제6과는 Ⅱ호 전차 G형을 좀 더 발전시켜, 속도와 장갑 방어력의 향상을 꾀한 VK903의 개발을 MAN과 다임러-벤츠에 요청했다.

차체 측면 및 포탑 측면의 장갑 두께를 20mm로 강화, 이에 따라 늘어난 중량에 대처하기 위해 200hp 출력의 마이바흐 HL66P 엔진을 장비하여 최고 시속 65km/h을 상정하고 있었다.

또한 포탑에는 2cm 기관포 KwK38 1문과 MG34 7.92mm 기관총 1자루를 장비하고, 승무원은 3명을 탑승시키기로 결정되었으나 이 신형 Ⅱ호 전차 H형은 시제차만이 제작되었을 뿐으로, 1942년 9~10월경에 개발이 중지되었다고 알려져 있다.

■ Ⅱ호 전차 5cm PaK38 탑재형

Ⅱ호 전차 G형의 차대에 상부 개방형 전투실을 설치하고, 60구경장 5cm 대전차포 PaK38을 탑재한 차량이다. 하지만 세부 사항은 불명이며 여기에는 여러 설이 있는데 그중에는 이 차량이 실은 Ⅱ호전차 H형이었다는 설까지 존재한다. 이 역시 시제차 선에서 개발이 종료되었다.

■ Ⅱ호 전차 L형 룩스

1940년 7월에 병기국 제6과는 13t급 정찰 전차의 개발을 MAN과 슈코다, BMM에 요청했다. 1942년 6월에 3사의 시제차를 비교 심사한 결과, MAN에서 개발한 VK1303이 선정되면서 Ⅱ호 전차 L형 룩스(Luchs, 스라소니)라는 이름으로 제식 채용되었다.

차체 및 포탑의 형상은 Ⅱ호 전차의 신형 모델로 개발되었던 G형 및 H형(VK901, VK903)과 매우 흡사했는데, 전장 4.63m, 전폭 2.48m, 전고 2.21m에 중량은 12t이었다. 차체 장갑 두께는 전면 30mm/22°, 전부 상면 20mm/74°, 상부 전면 30mm/9°, 측면 20mm/0°, 상면 10mm/90°, 바닥면 5mm/90°이었으며, 포탑은 전면 30mm/10°, 포방패 30mm/곡면, 측면 20mm/25°, 상면 10mm/79~90°이었다.

룩스에는 곳곳에 G형과 H형의 개발

Ⅱ호 전차 L형 룩스 증가 장갑 사양

※제4 기갑 사단 제4 정찰 대대 2중대 차량

전장: 4.63m 전폭: 2.48m 전고: 2.21m 중량: 12t 승무원: 3명 무장: 2cm 기관포 KwK38×1, MG34 7.92mm 기관총×1 최대 장갑 두께: 30mm 엔진: 마이바흐 HL66P(200hp) 최대 속도: 60km/h

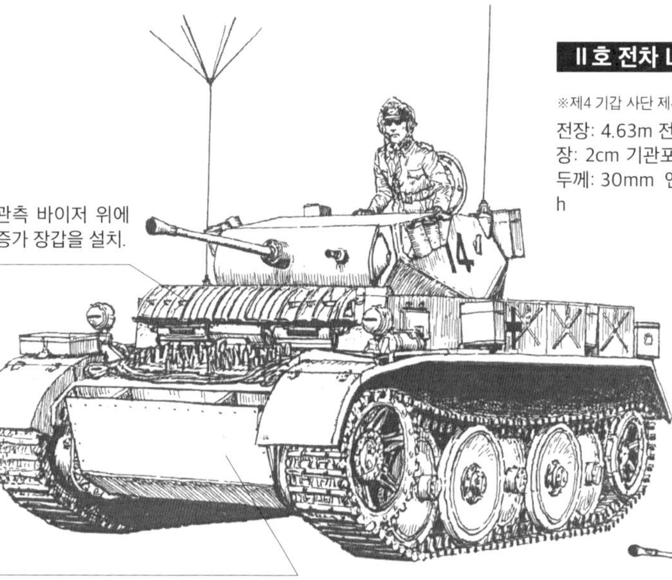

관측 바이저 위에 증가 장갑을 설치.
14
차체 전면에 공간을 두고 장갑판을 장착.

Ⅱ호 전차 L형 룩스

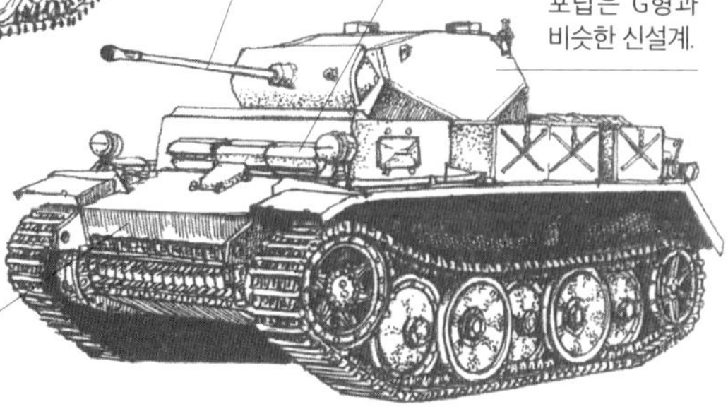

포방패 중앙에 2cm KwK38을 탑재. 좌측에 동축 기총으로 MG34를 장비.
우측에 무전수용, 좌측에는 조종수용 관측 바이저를 설치. 중앙은 기만용 가짜.
포탑은 G형과 비슷한 신설계.
차체의 형상은 G형을 답습했으나, 후면 형상은 크게 다르다.

경험을 살린 흔적이 남아 있었는데, 포탑에는 2cm 기관포인 KwK38 1문에 MG34 7.92mm 기관총 1자루가 장비되었으며, 차체 뒷부분의 기관실에는 출력 200hp인 마이바흐 HL66P 엔진, 여기에 오버랩식 보기륜과 토션바 현가장치가 채용되어 최대 시속 60km/h, 항속 거리는 도로에서 260km, 비포장 험지에서는 155km라는 양호한 성능을 발휘했다.

룩스는 1942년 9월~1944년 1월까지 100대가 생산되었고, 동부 전선과 서부 전선의 부대에 배치되어 활약했다.

■ II 호 화염 방사 전차

II 호 전차 D형/E형을 기반으로, 좌우 펜더 앞부분에 화염 방사용 노즐을 장비한 작은 포탑을 단 차량으로, 이 포탑들은 각각 바깥쪽으로 90°선회(좌우 합쳐 사각은 180°) 가능하며, 노즐의 상하각은 -10~+20°였다. 또한 좌우 펜더 위에는 160ℓ 용량의 원통형 연료 탱크를 수납한 장갑 박스가 설치되었다.

포탑은 육각형으로 변경되었으며, 전면에 설치된 기총 마운트에는 MG34 7.92mm 기관총이 장비되었다. 장갑 두께는 전면 30mm/0°, 측면 20mm/21°, 후면 20mm/30°, 상면 10mm /84~90°였다.

독일군 최초의 화염 방사 전차였던 II 호 화염 방사 전차는 1940년 1월부터 생산되기 시작하여 D형과 E형을 개장한 차량까지 합쳐 155대가 만들어졌다.

■ II 호 부항 전차

1940년 9월에 실시할 예정이었던 영국 본토 상륙 작전「바다사자 작전(Unternehmen Seelöwe)」에 대비하여 개발이 진행된 상륙용 전차 가운데 하나가 II 호 전차에 수상 항행용 플로트를 장착한 차량이었다.

배 모양을 한 대형 플로트 중앙에 II 호 전차를 수납하는 형식과 차체 양 측면에 플로트를 장착하는 형식까지 2종류가 시험 제작되었는데, 양쪽 모두 전차 기동륜의 회전을 동력으로 전달, 플로트 뒷부분에 설치된 스크루를 구동하는 방식이었다.

영국 본토 상륙 작전이 중지되면서, II 호 부항 전차의 개발도 중지되었고, 부항 장치를 제거한 II 호 전차는 동부 전선 부대에 배치되어 일반적인 전차로 사용되었다.

■ II 호 가교 전차

II 호 전차의 포탑을 철거하고, 비어 있는 포탑 링 부분에 강판제 해치를 증설, 차체 상부에 가교와 이를 설치하기 위한 장치를 장비했다. a~C형까지 각 형식의 차량을 기반으로 한 교량 전차가 만들어졌는데, 그 수는 불명이며 가교의 구조도 기본이 된 차량에 따라 달랐다고 한다.

■ II 호 전차 회수차

II 호 전차 J형의 포탑을 철거하고 차체 상부에 트러스 구조의 크레인을 증설했다. 제116 기갑 사단에서 사용된 차량이라고 알려져 있으나, 상세한 사항은 불명이다. 제식 차량이 아니라 현지 부대에서 개조한 차량이다.

II 호 부항 전차

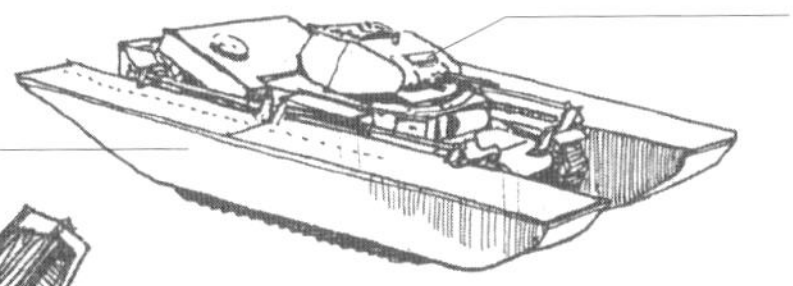
방수 커버 등을 장착한 II 호 전차.
좌우에 대형 플로트를 장착.

II 호 전차 회수차

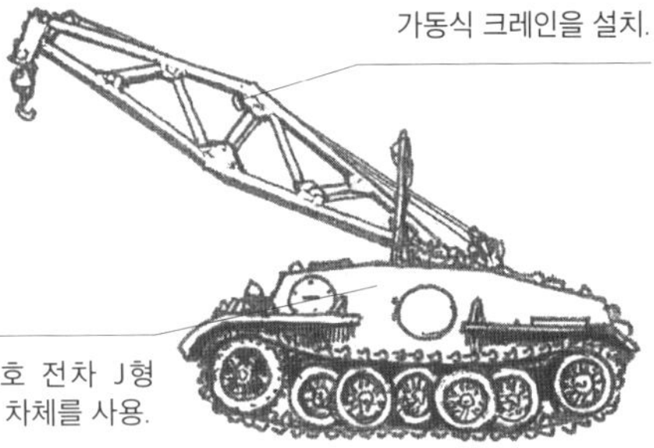
가동식 크레인을 설치.
II 호 전차 J형의 차체를 사용.

가교를 설치

II 호 가교 전차

차체 상부를 개조, 지지용 가대와 가동 장치를 장비.

차체는 II 호 전차 a형 또는 b형.

II 호 화염 방사 전차

전장: 4.90m 전폭: 2.40m 전고: 1.85m 중량: 12t 승무원: 3명
무장: 화염방사기×2, MG34 7.92mm 기관총×1 최대 장갑 두께: 30mm 엔진: 마이바흐 HL62TRM(140hp) 최대 속도: 55km/h

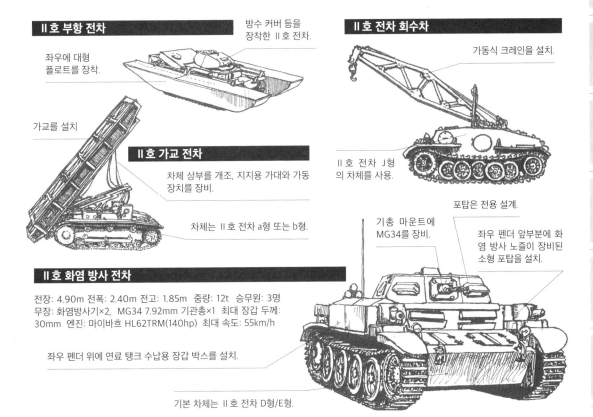

포탑은 전용 설계.
기총 마운트에 MG34를 장비.
좌우 펜더 앞부분에 화염 방사 노즐이 장비된 소형 포탑을 설치.
좌우 펜더 위에 연료 탱크 수납용 장갑 박스를 설치.
기본 차체는 II 호 전차 D형/E형.

마르더Ⅱ 대전차 자주포

■Ⅱ호 전차 5cm PaK38 탑재형

1940년 7월에 병기국 제6과는 Ⅱ호 전차의 차대에 5cm 대전차포 PaK38을 탑재한 대전차 자주포의 개발을 MAN과 라인메탈에 요청했다. 이에 따라 MAN에서는 차대를, 라인메탈에서는 전투실과 탑재포의 개발을 담당했는데, 완성된 차량은 1942년 1월에 동부 전선의 부대에 넘겨졌다고 알려져 있으나 상세한 사항은 불명이며, 몇 대가 만들어졌는지에 대해서도 알려져 있지 않다. PaK38은 텅스텐 탄심 철갑탄 PzGr.40을 사용할 경우, 사거리 500m에서 72mm 두께(입사각 30°)의 장갑판을 관통할 수 있었으므로 T-34를 격파 가능한 대전차 자주포로서 나름 유효한 전력이었음에 틀림없을 것이다.

Ⅱ호 전차 A~C형의 차대에 간이 전투실을 설치하고 5cm 대전차포 PaK38을 탑재한 차량의 사진이 발표되기는 했으나, 이 차량이 제식 생산된 5cm 대전차포 PaK38 탑재 Ⅱ호 대전차 자주포인지, 7.5cm PaK40 탑재 마르더Ⅱ를 참고하여 현지 부대에서 제작한 차량인지는 불명이다.

■7.62cm PaK36(r) 탑재 마르더Ⅱ

1941년 6월 22일에 시작된 독소전에서 독일군은 자군의 차량보다 강력한 소련의 T-34, KV-1과 마주치게 되었다. 그리고 Ⅲ호 전차와 Ⅳ호 전차뿐 아니라 4.7cm Pak(t)이나 5cm PaK38을 탑재한 차량을 동원해도 소련군 전차를 격파하기가 쉽지 않다는 점을 통감한 독일군은 당시 개발 중이었던 7.5cm 대전차포 PaK40의 양산과 함께, 해당 화포를 탑재한 대전차 자주포의 완성을 서둘렀다.

하지만 이 계획의 핵심인 PaK40의 양산 체제를 갖추기까지는 시간이 필요했고, 이에 독일군은 그 동안의 공백을 메우기 위해 독소전 초기에 대량으로 노획한 소련제 7.62cm 사단포 F-22에 주목했다. 독일군에서는 F-22의 조준기를 바꾸고 조작 핸들의 위치 변경, 포구제퇴기 추가, 포미의 교환(약실의 확대), 탄약의 개량 등, 자군에서 운용하기 편리한 사양으로 개조를 실시, 7.62cm 대전차포 PaK36(r)이라는 이름으로 제식 채용했다. PaK36(r)용 포탄은 오리지널인 F-22용 포탄보다 탄피가 커지면서 장약의 양도 늘어나 위력이 훨씬 강력했는데 텅스텐 탄심을 사용한 PzGr.40을 사용할 경우, 사거리 1,000m에서 두께 130mm(수직) 장갑판을 관통할 수 있어, T-34는 물론 KV-1조차도 쉽게 격파 가능했다.

1941년 12월 20일, 병기국 제6과는 이 PaK36(r)을 Ⅱ호 전차 D형에 탑재한 대전차 자주포의 개발을 알케트에 의뢰했다. 포탑을 제거한 Ⅱ호 전차 D형의 차체 상부 상면을 크게 잘라내고 그 가운데에 PaK36(r)을 차재화하기 위해 만들어진 전용 포가 Pz.Sfl.1(장갑 자주포가 1형)을 설치하고 차재용 포방패(두께 14.5mm)를 장착한 PaK36(r)을 장착했는데, 이 포의 사각은 수평각 50°, 상하각은 -5°~+16°였다.

장갑판으로 차체 상부를 크게 감싸는 형태의 전투실(전면 두께 30mm, 측면은 14.5mm)이 설치되었고, 안쪽 앞부분에 포신 고정구, PaK36(r)의 후방 좌

5cm 대전차포 PaK38

구경: 5cm 포신 길이: 3,713mm 중량: 986kg 사각: 상하각 -8°~+27°, 수평각 65° 포구초속: 835m/s 장갑관통력: PzGr.40 사용 시, 사거리 500m에서 72mm(입사각 30°)

Ⅱ호 전차 5cm PaK38 탑재형

급조되어 조악한 형상의
전투실.
5cm 대전차포 PaK38을 탑재.

측에 포수석, 우측에 장전수석이 설치되었다. 전투실 뒷부분은 장갑판으로 덮인 형태와 철망으로 덮인 2종류가 존재했다.

7.62cm PaK36(r) 탑재 마르더Ⅱ(제식 명칭은 Ⅱ호 전차 D1/D2형 차체 7.62cm PaK36(r)용 장갑 자주 차량)은 개발사인 알케트뿐 아니라 베크만(Wegmann)사에서도 생산되었는데, 1942년 4월~1943년 11월까지 신규 생산과 Ⅱ호 화염 방사 전차로 제작이 진행되던 D형/E형 차체를 개조한 차량을 합쳐 187대(201~202대라는 설도 존재함)가 만들어졌다.

■ 7.5cm PaK40/2 탑재 마르더Ⅱ

1942년 2월에 들어서면서부터 7.5cm 대전차포 PaK40의 양산이 시작되어, 같은 해 5월에 그토록 염원했던 PaK40 탑재 대전차 자주포의 개발 명령이 내려졌다. 개발은 7.62cm PaK36(r) 탑재형과 마찬가지로 알케트에서 진행되었다.

기본 차대는 Ⅱ호 전차 F형을 사용했으며, 차체 상부 앞부분을 남기고 전투실 공간을 크게 잘라낸 다음, 주위를 장갑판(전면 30mm, 측면 10mm)으로 두른 상부 개방형 전투실을 설치하고 전투실 안쪽 앞부분의 전용 포가에 포방패를 부착한 형태의 PaK40/2(PaK40의 마르더Ⅱ 차량 탑재형)을 탑재했다. 이 포의 사각은 좌측 32°/우측 25°, 상하각 -8°~+10°였으며, 텅스텐 탄심을 사용했을 경우, 사거리 500m에서 154mm(수직), 1,000m에서는 133mm 두께의 장갑판을 관통하는 성능을 자랑했다.

또한 차체 전면에는 주포를 고정하기 위한 포신 고정구가 추가되었고, 차체 후면의 기관실 위에는 포탄 수납고가 설치되었다. 먼저 개발된 7.62cm PaK36(r) 탑재형이 급조된 디자인이었던 데 비하여 7.5cm PaK40/2 탑재형은 좀 더 세련된 디자인이었다.

1942년 중반, 라인메탈의 PaK40 양산 체제가 갖춰짐에 따라 1942년 7월부터 7.5cm PaK40/2 탑재 마르더Ⅱ(제식 명칭은 7.5cm PaK40/2 탑재 Ⅱ호 전차 차대)의 생산이 시작되었다. 생산은 FAMO, MAN, 다임러-벤츠 3사가 담당했으며, 1943년 6월까지 531대(576대라는 설도 존재)가 만들어졌다. 1943년 7월부터는 기본이 된 Ⅱ호 전차 F형의 차대가 전부 10.5cm 자주 곡사포 베스페(Wespe, 말벌)로 전용할 것이 결정되었기에 신규 차량의 생산은 종료되었으나, 수리나 정비를 위해 후방으로 돌아온 Ⅱ호 전차를 개조하는 작업은 그 뒤로도 계속 이어져, 1944년 3월까지 75대가 마르더Ⅱ로 개조되었다.

7.62cm 대전차포 PaK36(r)

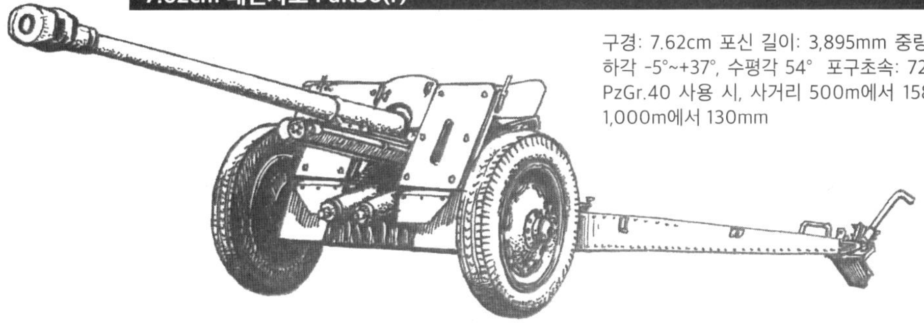

구경: 7.62cm 포신 길이: 3,895mm 중량: 1,710kg 사각: 상하각 -5°~+37°, 수평각 54° 포구초속: 720m/s 장갑관통력: PzGr.40 사용 시, 사거리 500m에서 158mm(수직), 사거리 1,000m에서 130mm

7.62cm PaK36(r) 탑재 마르더Ⅱ

전장: 5.65m 전폭: 2.3m 전고: 2.6m 중량: 11.5t 승무원: 4명 무장: 51.5구경장 7.62cm 대전차포 PaK36(r)×1, MG34 7.92mm 기관총×1 최대 장갑 두께: 30mm 엔진: 마이바흐 HL62TRM(140hp) 최대 속도: 55km/h

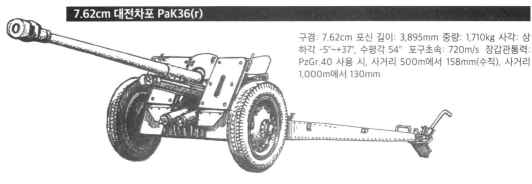

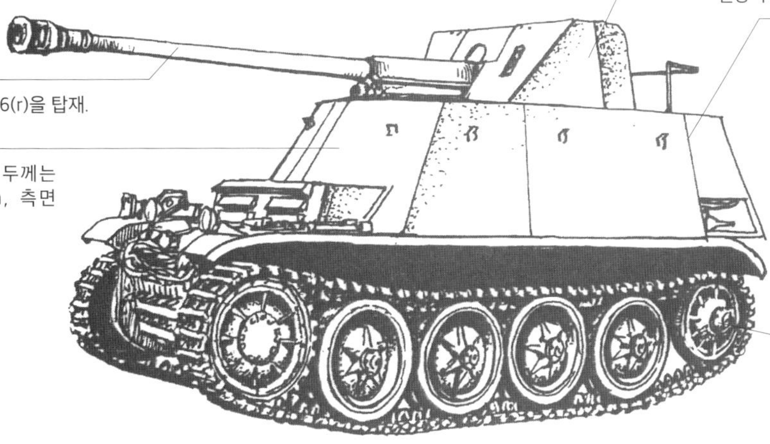

포방패는 전용 설계.

전투실 후부는 장갑판 구조와 철망 구조의 2종류가 존재.

7.62cm PaK36(r)을 탑재.

전투실 장갑 두께는 전면 30mm, 측면 14.5mm.

Ⅱ호 전차 D형/E형의 차대를 사용.

생산된 차량들은 생산 도중에 차체 전면의 예비 궤도 걸이의 형상 변경이나 전조등의 변경, 전투실 측면 차재 공구의 배치 변화, 차체 후면 레이아웃의 변경 등과 같은 사양 변경 및 개량이 실시되었기에 같은 차종임에도 초기 생산차와 후기 생산차 사이에는 세부적으로 약간의 차이를 보였다.

또한 대전 말기에는 적외선 투시장치를 장비한 야간 전투 사양도 만들어졌다. 2차 대전 중, 독일은 야간 전투용 투시 장치의 개발을 진행, 대전 말기에 들어 이를 실용화했는데 이때 시험에 사용된 차량 가운데 하나가 바로 마르더 II 였다.

이 시험용 차량은 포방패 위에 적외선 투사 라이트, 포수용 망원 조준경 위에 FG1250 투시 스코프를 설치한 것에 더하여, 야간 주행에서 조종수도 시야를 확보할 수 있도록 오른쪽 펜더에 적외선 라이트, 왼쪽 펜더에 FG1250을 설치했다.

적외선 투시장치를 탑재한 야간 전투 사양으로 개조된 차량이 몇 대인가는 불명이지만, 새로운 기재의 시험을 위해 복수의 시험 차량이 만들어진 것은 확실하며, 적외선 투시장치를 탑재한 야간 전투 사양의 7.5cm PaK40/2 탑재 마르더 II 는 실전 평가를 위해 동부전선에 투입되었다고도 알려져 있다.

원래 7.5cm PaK40/2 탑재 마르더 II 는 동부전선에서 사용되었으나, 이후에 이탈리아 전선, 서부전선에도 투입되었다. 1945년 시점에서도 충분한 화력을 지녔던 7.5cm PaK40/2 탑재 마르더 II 는 독일 본토에서 벌어진 전투에서도 활약했다.

콤팩트한 차체에 거의 대부분의 연합군 전차를 격파 가능한 7.62cm PaK 36(r) 및 7.5cm PaK40/2를 탑재한 마르더 II 는 우수한 대전차 자주포였다.

7.5cm 대전차포 PaK40

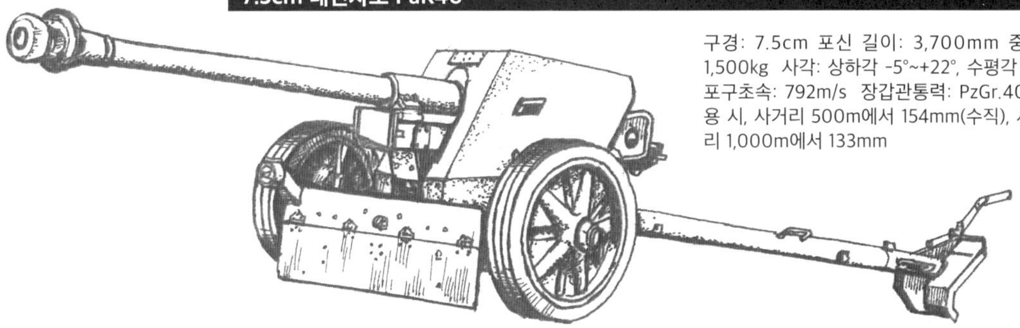

구경: 7.5cm 포신 길이: 3,700mm 중량: 1,500kg 사각: 상하각 -5°~+22°, 수평각 65° 포구초속: 792m/s 장갑관통력: PzGr.40 사용 시, 사거리 500m에서 154mm(수직), 사거리 1,000m에서 133mm

7.5cm PaK40/2 탑재 마르더 II

전장: 6.36m 전폭: 2.28m 전고: 2.2m 중량: 10.8t 승무원: 4명 무장: 46구경장 7.5cm 대전차포 PaK40/2×1, MG34 7.92mm 기관총×1 최대 장갑 두께: 35mm 엔진: 마이바흐 HL62TRM(140hp) 최대 속도: 40km/h

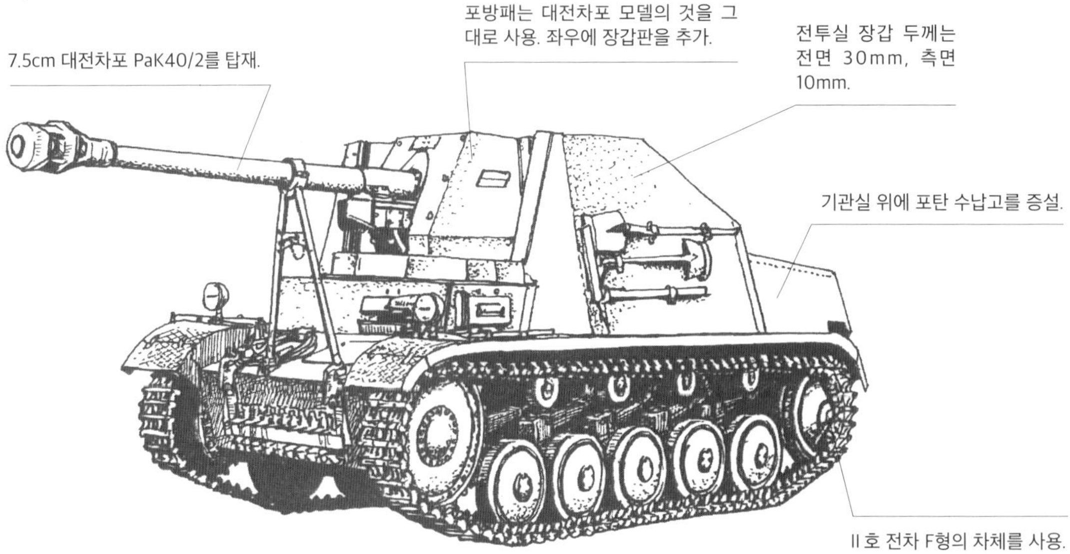
포방패는 대전차포 모델의 것을 그대로 사용. 좌우에 장갑판을 추가.
전투실 장갑 두께는 전면 30mm, 측면 10mm.
7.5cm 대전차포 PaK40/2를 탑재.
기관실 위에 포탄 수납고를 증설.
II 호 전차 F형의 차체를 사용.

Ⅱ호 전차의 차대를 이용한 자주곡사포

■ 10.5cm Ⅱ호 자주 곡사포 베스페

독일군은 2차 대전 이전부터 10.5cm 곡사포 탑재 자주포의 개발을 여러 차례 시도했으나 매번 시제품만이 나왔을 뿐, 양산화된 차량은 없었다. 개전 이후에도 한동안은 대전차 자주포의 개발이 우선되어 자주 곡사포의 개발은 그다지 진전을 보이지 않았는데, 자주식 화력 지원 차량의 필요성이 꾸준히 제기되었기에, 결국 1942년 초부터 10.5cm 경곡사포 leFH18을 탑재한 자주 곡사포의 개발이 알케트(차체 상부 및 전투실 개발 담당)과 MAN(차대 개발 담당)에서 진행되었다. 그리고 그 결과, 10.5cm 자주 곡사포 베스페(제식 명칭은 leFH18/2 탑재 Ⅱ호 자주포 베스페이며, 전쟁 중이던 당시에는 부르는 명칭이 몇 번이고 바뀌었다)가 완성되었다.

베스페는 Ⅱ호 전차 F형을 기반으로 하고 있었으나 차체 내부의 레이아웃이 크게 변경되었는데, 앞부분에 변속기와 조종실, 그 뒤쪽에 기관실이 있었으며 차체 뒷부분에 전투실이 배치되었다. 이렇게 전투실을 차체 뒷부분에 배치하게 되면서 주포를 포함한 차량의 전체 길이를 크게 늘리지 않을 수 있었으며, 포탄의 적재 작업이 용이해지는 등, 자주포로서 이상적인 구조로 완성되었다.

전장 4.81m, 전폭 2.28m, 전고 2.3m, 중량 11t에 조종수는 차체 앞부분 좌측의 조종실에, 그리고 전차장과 포수, 장전수, 무전수는 전투실에 탑승했다. 차체의 장갑 두께는 전면 30mm/15°, 진부 상면 10mm/75°, 하부 측면 15mm/0°, 후면 8~15mm/0~70°, 바닥면 5mm/90°, 조종실 전면 20mm/30, 조종실 측면 20mm/15~22°이었으며, 전투실의 장갑 두께는 전면이 12mm/21°, 포방패 10mm/24°, 측면 10mm/17~2°, 후면 8mm/16°였다. 주행부 이외에는 완전히 새로 설계된 베스페였지만 주행부에도 역시 개량이 이루어졌는데, 중량 증가에 대응하기 위해 1, 2, 5번 보기륜 암에 댐퍼가 추가되었다.

주포인 10.5cm 경곡사포 leFH18은 전투실 앞부분의 기관실 상면 패널 중앙에 설치되었는데, 사각은 좌우 각 30°, 상하각은 -5°~+42°였다. FH.Gr(고폭탄), 10.5cm PzGr(철갑탄), 10.5cm Gr39 rot HI(성형작약탄), 조명탄, 연막탄을 발사할 수 있었으며, FH.Gr을 사용할 경우, 최대사거리는 10,650m였다.

베스페는 경 자주 곡사포로서 나무랄 데 없는 화력 성능을 갖추고 있었으며,

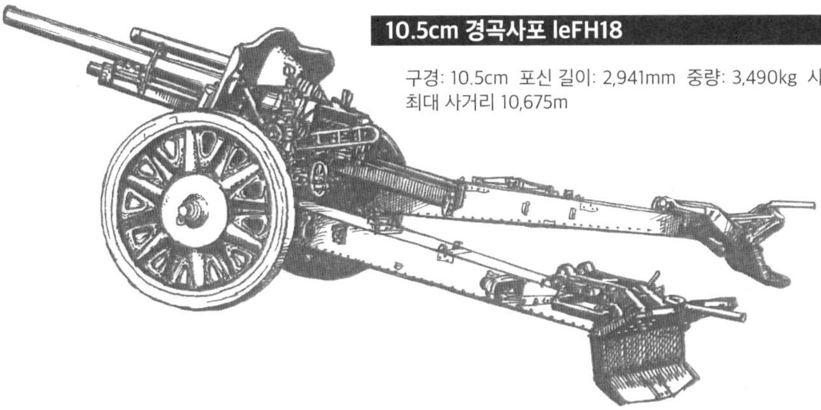

10.5cm 경곡사포 leFH18

구경: 10.5cm 포신 길이: 2,941mm 중량: 3,490kg 사각: 상하각 -5°~+42°, 수평각 17° 최대 사거리 10,675m

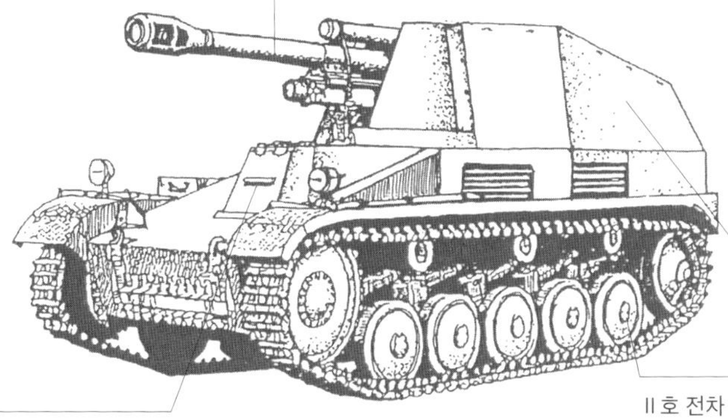

10.5cm 경곡사포 leFH18/2를 탑재.
전투실 장갑 두께는 전면 12mm, 측면 10mm.
Ⅱ호 전차 F형의 차대를 사용.
차체 전방 좌측에 조종실을 설치.

10.5cm Ⅱ호 자주 곡사포 베스페

전장: 4.81m 전폭: 2.28m 전고: 2.3m 중량: 11t 승무원: 5명 무장: 28구경장 10.5cm 경곡사포 leFH18/2×1, MG34 7.92mm 기관총×1 최대 장갑 두께: 30mm 엔진: 마이바흐 HL62TR(140hp) 최대 속도: 40km/h

기관실에는 Ⅱ호 전차 F형과 같은 마이바흐 HL62TR엔진(140hp)을 탑재, 최대 시속 40km/h를 낼 수 있어 기동성도 양호했다.

베스페의 생산은 FAMO에서 담당했는데, 1943년 2월부터 생산을 개시, 1944년 6월까지 676대를 제조했으며, 여기에 더하여 전선에서 돌아온 Ⅱ호 전차를 개장, 1945년 1월까지 57대(60대라는 설도 있음)가 추가 생산되었다.

1943년 5월부터 각 기갑 사단, 기갑척탄병 사단 예하 포병 연대 1개 대대에 배치가 시작되어, 주력 경 자주 곡사포로 종전까지 활약했다.

■베스페 탄약 운반차

베스페는 전투실 내에 30발의 포탄을 적재할 수 있었으나, 여기에 더하여 베스페에 수반하여 이동 가능한 전용 탄약 운반차도 개발되었다. 이 차량은 특별한 설계 없이 베스페의 차체를 그대로 이용, 주포를 철거하고 개구부를 장갑으로 덮는 정도의 개장을 실시한 것으로, 전투실 내에 90발의 포탄을 적재할 수 있었으며, 승무원은 3명이었다.

■15cm sIG33 탑재 Ⅱ호 자주 중보병포

독일군의 첫 자주 중보병포로 개발된 15cm sIG33 탑재 Ⅰ호 전차 B형은 급조 차량이라는 태생에 비해서는 나름 만족스러운 차량이었으나, 역시 Ⅰ호 전차를 기반으로 했기에 개발 초기부터 차체 크기가 sIG33을 탑재하기에는 너무 작다는 문제 제기가 있었다.

15cm sIG33 탑재 Ⅰ호 전차 B형의 개발에 이어, Ⅱ호 전차를 기반으로 하는 자주 중보병포의 개발이 알케트에서 진행되었다. Ⅱ호 전차의 차체에 바퀴를 제거한 sIG33을 올린 시험용 차량을 만들어, 1940년 6월에 포격 시험을 실시했는데, 이 시험 결과를 기반으로 새로운 시제차가 같은 해 10월에 완성되었다. 그리고 시험 결과 전투실 내부가 협소하다는 점이 지적되어 실제 생산 차량은 차체를 연장하게 되었다.

완성된 15cm sIG33 탑재 Ⅱ호 자주 중보병포는 Ⅱ호 전차 F형을 기반으로 하고 있었으나, 차체를 연장하면서 뒷부분에 보기륜을 하나 추가했으며, 차폭도 확장되었다. 차체 상부 구조는 철거되었으며 여기에 새로운 조종실과 전투실을 설치, Ⅱ호 전차를 기반으로 하고는 있으나, 사실상 신규 설계 차량이라 해도 좋을 정도로 크게 변화했다. 전장 5.48m, 전폭 2.6m, 전고 1.98m로 같은 화포를 탑재한 15cm sIG33 탑재 Ⅰ호 전차 B형에 비해 상당히 차고를 낮춘 디자인이라는 점은 특기할 만 하다.

전투실은 전면이 30mm, 측면 15mm 두께의 장갑판으로 구성되어 있었으며, 전투실 앞부분 중앙에 sIG33을 탑재, 전투실 내에 전차장, 포수, 장전수까지 3명, 전투실 좌측 전방의 조종실에 조종수가 탑승했다. 차체가 확장되면서 중량이 11.2t에 달했기 때문에 150hp를 낼 수 있는 뷔싱(Büssing) NAG사의 L8V 엔진을 사용했다.

1941년 12월에 7대, 1942년 1월에 5대가 완성, 이 12대의 완성차는 제707, 제708 중보병포 중대로 편성되어 북아프리카 전선에서 사용되었다.

베스페 탄약 운반차

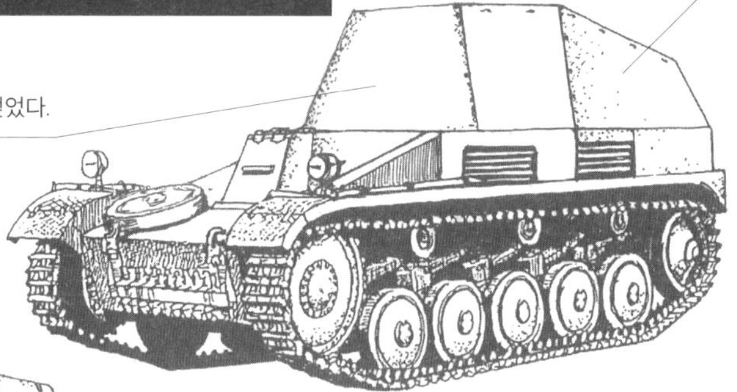

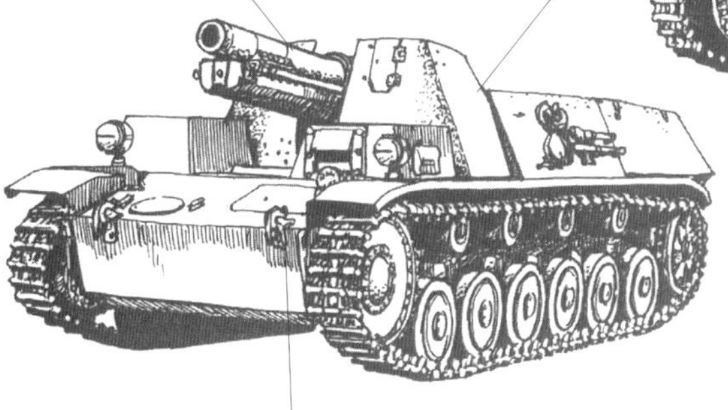

15cm sIG33 탑재 Ⅱ호 자주 중보병포

전장: 5.48m 전폭: 2.6m 전고: 1.98m 중량: 11.2t 승무원: 4명
무장: 15cm 중보병포 sIG33×1 최대 장갑 두께: 30mm 엔진: 뷔싱 NAG L8V(155hp) 최대 속도: 45km/h

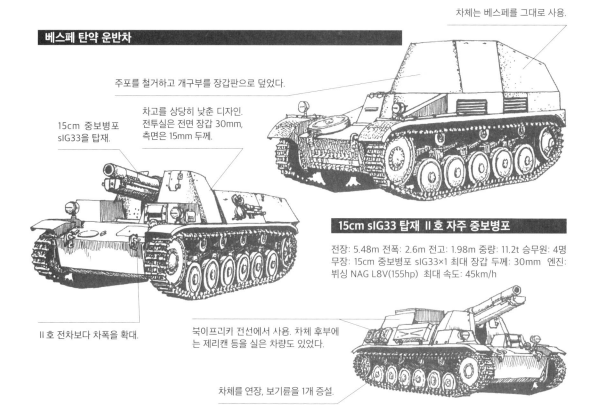

북아프리카 전선에서 사용. 차체 후부에는 제리캔 등을 실은 차량도 있었다.
차체를 연장, 보기륜을 1개 증설.

체코슬로바키아에서 태어난 걸작 경전차

38(t) 전차와 파생형

2차 대전 발발 이전에 체코슬로바키아를 병합하면서, 독일군은 체코슬로바키아의 우수한 경전차 LTvz.35와 LTvz.38을 손에 넣었다. 이들 전차는 Ⅰ호 전차나 Ⅱ호 전차보다 성능이 좋았기에, 독일군은 즉시 35(t) 전차와 38(t) 전차라는 이름으로 제식 채용하여, 자군의 전차 부대에 배치했다. 그중에서도 특히 38(t) 전차는 2차 대전 초반의 중요 전력으로 사용되었을 뿐 아니라, 전차로서 일선에서 물러나게 된 이후에도 마르더 대전차 자주포의 기본 차체로 많이 이용되었으며, 대전 말기에는 경구축전차인 헤처로 진화했다.

35(t) 전차

2차 대전 발발 이전인 1939년 3월에 체코슬로바키아를 병합한 독일은 영토 확장과 더불어 체코슬로바키아에서 생산된 우수한 무기들까지 접수할 수 있었다. 그중에서도 특히 LTvz.35와 LTvz.38라는 두 종류의 전차는, 당시 Ⅲ호 전차와 Ⅳ호 전차의 생산이 생각처럼 진전되지 않아 전차 부족으로 고민하던 독일군에 있어 더할 나위 없는 선물이었다.

■LTvz.35 전차의 개발

2차 대전 이전, 체코슬로바키아의 주력 전차였던 LTvz.35의 개발이 시작된 것은 1934년 말이었다. 당시, 체코슬로바키아 육군은 LTvz.34를 제식 채용하여 배치를 진행하고 있었으나, 더욱 강력한 전차의 개발을 슈코다와 CKD(Ceskomoravska Kolben Danek)사에 요청했다. 이에 따라 슈코다에서는 시제차 S-Ⅱ-a를, CKD에서는 LTvz.34를 개량한 P-Ⅱ-a 시제차를 완성시켰다.

1935년 6월에는 양사 시제차의 비교 평가를 실시, 슈코다의 S-Ⅱ-a가 선정되었으며, 같은 해 10월에 해당 차종을 LTvz.35라는 이름으로 제식 채용, 육군에서 160대를 발주했다. 생산은 슈코다뿐 아니라 경합 상대였던 CKD에서도 이루어져, 각각 80대씩 만들게 되었다. 이후 138대가 추가 발주되면서 1938년 말까지 합계 298대가 제조되었다.

LTvz.35는 상자형 차체에 당시의 표준인 리벳 접합 공법으로 각 부위 장갑판을 결합했다. 차체 앞 중앙에는 변속기, 그 오른쪽에 조종수석, 왼쪽에는 무전수석을 배치했으며, 무전수석 앞의 기관총 마운트에는 ZBvz.37 7.92mm 기관총을 장비, 차체 뒷부분의 기관실에는 120hp의 슈코다 T-11/O 엔진이 탑재되었다. 차체 장갑 두께는 전면 25mm, 측면 상부 15mm, 측면 하부 16mm, 후면 16mm, 상면 8mm, 바닥면 8mm였다.

포탑은 전면 중앙에 37.2mm 포 A-3이 탑재되었으며 그 오른쪽의 기관총 마운트에 ZBvz.37 7.92mm 기관총을 장비했고, 장갑 두께는 전면 25mm, 측면 15mm, 후면 15mm, 상면 8mm였다. 포탑 안에는 전차장만이 탑승, 지휘부터 장전과 사격까지 담당했다.

주행부는 보기식 소형 보기륜과 리프스프링을 조합한 현가장치를 사용하는 비교적 구식 구조였다.

■독일군 제식 35(t) 전차

체코슬로바키아의 병합으로 219대의 LTvz.35 전차를 손에 넣은 독일군은 35(t) 전차라는 제식명(주무장은 3.7cm 전차포 KwK34(t), 부무장은 MG37(t) 7.92mm 기관총이라는 독일군 제식명으로 변경)을 부여하고 자군의 운용에 맞게 개수를 실시했다.

포탑 내 우측에 시트를 증설하고 장전수를 추가, 승무원 4명이 되면서, 탑재

35(t) 전차

전장: 4.9m 전폭: 2.1m 전고: 2.35m 중량: 10.5t 승무원: 4명 무장: 40구경장 3.7cm 전차포 KwK34(t)×1, MG37(t) 7.92mm 기관총×2 최대 장갑 두께: 25mm 엔진: 슈코다 T-11/0(120hp) 최대 속도: 35km/h

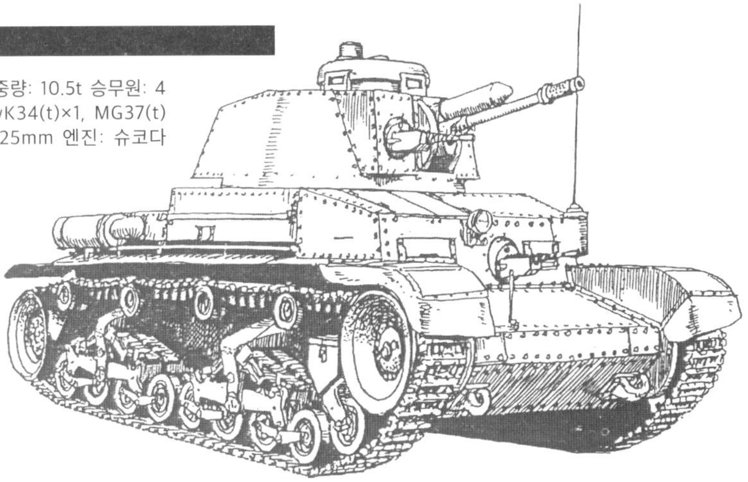

탄약수가 감소했으나, 전차장의 작업 부담이 줄고 지휘에 전념할 수 있게 되면서 전투력은 좀 더 향상되었다. 또한 무전기는 체코슬로바키아제에서 독일군 표준인 Fu2로 변경되었다.

35(t) 전차는 초전인 폴란드전에 투입되었으며, 이후 프랑스전, 독소전에도 투입되었다. 하지만, 1941년 말~1942년 초 무렵에는 구식화되었기에 결국 일선에서 물러나게 되었다.

35(t) 전차의 파생형은 그다지 많지 않은데, 차체 뒷부분에 프레임 안테나를 증설한 35(t) 지휘 전차와 35(t) 지휘 전차의 포탑을 철거한 35(t) 화포 견인차 정도가 있다.

⊙35(t) 전차의 외부 장비

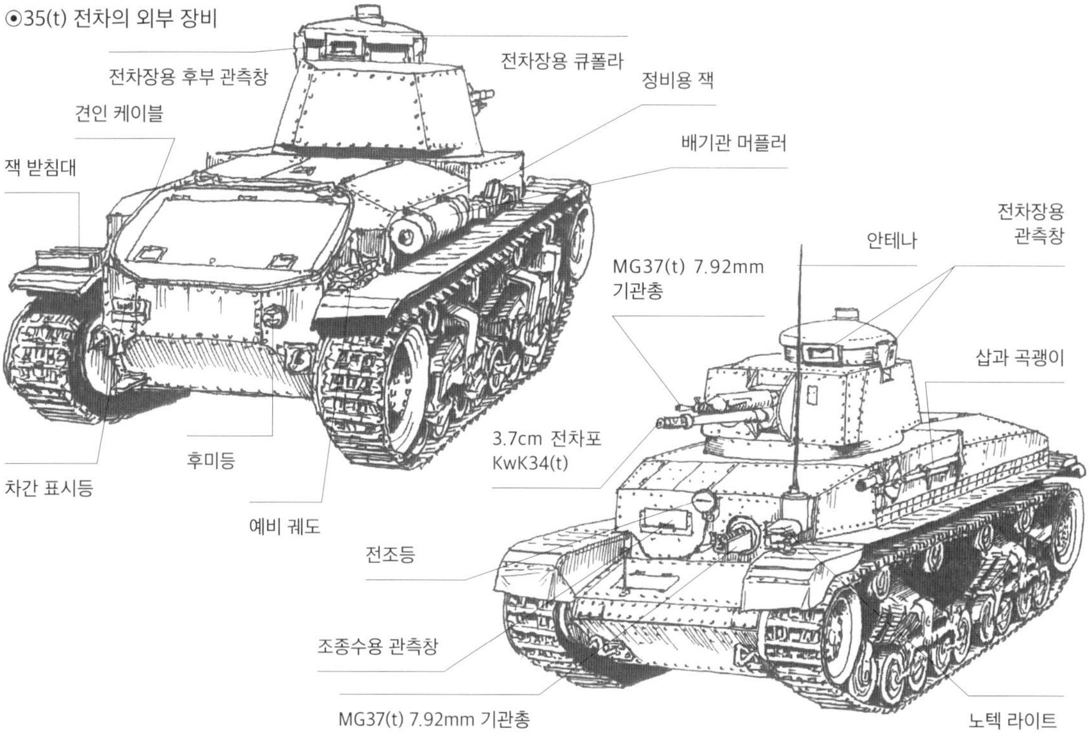

38(t) 전차

■ LTvz.38 전차의 개발

체코슬로바키아 육군은 1935년 10월에 LTvz.35를 주력 전차로 채용했으나, 변속기나 브레이크 등, 구동계의 신뢰성에 문제가 있어, 성능에 만족하지 못하고 있었다. 이에 따라 1937년 10월에 신형 전차의 채용이 검토되었고, CKD에서는 이미 수출용 전차로 성공을 거둔 TNH의 개량형을 군에 제안했다. 체코슬로바키아 육군은 CKD의 안을 채용, 시제차의 제작을 요청했다. 1937년 말에 시제차인 TNH-S가 완성되어, 1938년 1월 중순부터 시작된 시험 평가 결과, 1938년 7월에 LTvz.38으로 채용이 결정되었고, 군에서는 CKD에 150대를 발주했다.

하지만 1939년 3월, 체코슬로바키아가 독일에 병합당하면서 완성된 150대는 결국 독일군에 접수되고 말았는데, 독일군은 LTvz.38을 38(t) 전차라는 이름으로 제식 채용한 뒤 해당 차량의 생산을 계속할 것을 결정했으며 이때 제조사인 CKD의 사명도 독일어인 BMM (Böhmisch-Mäehrische Maschinenfabrik)으로 개칭되었다.

■ 38(t) 전차 A형

체코슬로바키아 육군용으로 발주된 최초 생산분 150대는 38(t) 전차 A형이라 불리고 있다.

38(t) 전차는 전장 4.61m, 전폭 2.135m, 전고 2.252m, 중량 9.725t의 크기로, 차체 장갑 두께는 전면 25mm/14°, 전부 상면 12mm/76°, 상부 전면 25mm/19°, 측면 15mm/0°, 상면 8mm/90°, 바닥면 8mm/90°이며, 포탑 장갑 두께는 전면 25mm/10°, 측면 15mm/9°, 상면 8mm/90°였다.

차체 앞쪽 내부 중앙에는 변속기가 배치되었으며, 그 오른쪽에는 조종수석, 왼쪽에는 무전수석이 설치되었다. 포탑 전면 중앙에 3.7cm 대전차포 KwK38(t)가 탑재되었으며 포탑 전면 우측과 무전수석 전면의 기관총 거치대에는 MG37(t) 7.92mm 기관총(ZB-53의 독일군 제식명)이 장비되었다. 포탑 안에는 원래 전차장석밖에 없었으나, 독일군은 자군의 운용 방식에 맞춰 장전수석을 증설, 후방 우측에 전차장석(전차장은 포수를 겸임), 후방 좌측에 장전수석이 설치되었다.

차체 뒷부분은 기관실로 구성되었는데, 125hp의 프라가(Praga) EPA 엔진이 탑재되었으며, 현가장치는 리프 스프링식 독립 현가 방식을 채용했다. 한쪽에 4개씩 배치된 대형 보기륜은 38(t) 전차의 가장 특징적인 부분이라 할 수 있을 것이다.

독일군 제식 차량으로 편입되면서 삽과 곡괭이 등의 일부 차재 공구류의 배치가 달라졌으며, 생산 도중에 발연통 랙이나 차간 표시등, 노텍 라이트 등의 추가가 이루어졌다.

■ 38(t) 전차 B형

B형은 초기 생산분(A형) 이후, 독일군이 BMM에 새로이 발주한 차량으로, 1940년 1월부터 5월까지 110대가 만들어졌다.

B형으로 들어오면서, 노텍 라이트와 차간 표시등이 설치되었으며, 무전기도 독일제 Fu2로 바꾸면서 차체 좌측의 파이프형 안테나가 폐지되는 등, 처음부터 독일군 사양으로 변경된 상태로 생산되었다.

여기에 더하여 차재 공구류가 옮겨지면서 우측 펜더 중앙 부근에 있는 공구함 위에 정비용 잭, 공구함 앞쪽에 잭 받침대가 추가되었다.

■ 38(t) 전차 C형

1940년 5월부터 생산이 시작된 C형은 차체 전면 장갑 두께를 40mm로 강화했으며, 차체 상면 포탑링 주위에 도탄 블록을 추가한 차량이다. C형은 같은 해 8월까지 110대가 생산되었다.

■ 38(t) 전차 D형

1940년 9월부터는 D형의 생산이 시작되었다. 차체 상부 전면 좌단의 안테나 기부와 안테나가 독일군 사양으로 변경되었으며, 같은 해 11월까지 105대가 만들어졌다.

■ 38(t) 전차 E형

E형부터는 장갑이 강화되었는데, 차체 전면과 차체 상부 전면, 포탑 전면에 증가 장갑을 추가, 25+25mm 두께가 되었으며, 차체 상부 측면도 마찬가지로 15+15mm 두께가 되었고, 포탑 측면은 30mm, 포탑 후면은 20mm 두께의 1장짜리 장갑판으로 변경되었다.

또한 차체 상부 전면은 조종수석과 무전수석 앞이 돌출 없이 평평하게 바뀌었으며, 조종수용과 무전수용 관측 바이저 모두 같은 것이 설치되었다. 그리고 머플러와 차간 표시등의 위치가 변경되었으며, 발연통에 장갑 커버가 씌워졌다.

E형은 1940년 11월부터 1941년 5월까지 275대가 생산되었다.

■ 38(t) 전차 F형

F형은 E형의 마이너 체인지 모델로, 대부분이 동일하며, 1941년 5월부터 10월까지 250대가 생산되었다.

■ 38(t) 전차 G형

G형에 들어와서는 차체 전면과 차체 상부 전면 그리고 포탑 전면 장갑을 50mm 두께의 한 장짜리 장갑판으로 변경, 장갑의 강화를 꾀했다. 또한 차체 전면과 전면 상부의 좌우 양측에 예비 궤도가 설치되었으며, 에어 필터도 강화되었다.

G형은 최다 생산 모델로, 1941년 10월부터 1942년 3월, 1942년 5~6월 사이에 316대가 만들어졌다.

■ 38(t) 전차 S형

S형은 스웨덴군용으로 만들어진 차량으로, 기본 사양은 E/F형에 준했는데, 차체와 포탑 전면에는 25mm 두께의 증가 장갑판이 장착되었으나, 포탑 측면과 차체 측면은 15mm 두께 그대로였다.

1941년 5월부터 9월까지 90대의 S형이 만들어졌지만 스웨덴으로 보내지지 않고 전부 독일군에 배치되었다.

38(t) 전차 A형

전장: 4.61m 전폭: 2.135m 전고: 2.252m 중량: 9.725t 승무원: 4명 부상: 47.8구경장 3.7cm 전차포 KwK38(t)×1, MG37(t) 7.92mm 기관총×2 최대 장갑 두께: 25mm 엔진: 프라가 EPA(125hp) 최대 속도: 42km/h

38(t) 전차 B형

전장: 4.61m 전폭: 2.135m 전고: 2.252m 중량: 9.725t 승무원: 4명 무장: 47.8구경장 3.7cm 전차포 KwK38(t)×1, MG37(t) 7.92mm 기관총×2 최대 장갑 두께: 25mm 엔진: 프라가 EPA(125hp) 최대 속도: 42km/h

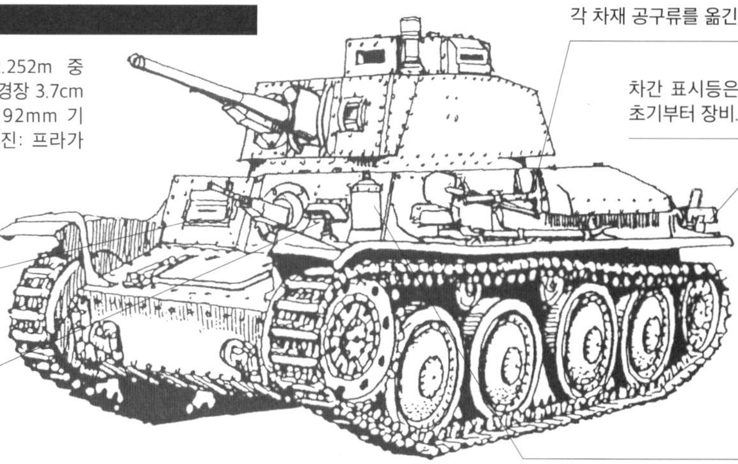

각 차재 공구류를 옮긴다.
차간 표시등은 생산 초기부터 장비.
A~D형까지는 조종수석 쪽 전면 장갑이 무전수 쪽보다 뒤로 들어가 있다.
노텍 라이트
차체 좌측의 파이프형 안테나는 폐지. 단 안테나 기부는 그대로 남아 있다.

38(t) 전차 E형

전장: 4.61m 전폭: 2.135m 전고: 2.252m 중량: 9.85t 승무원: 4명 무장: 47.8구경장 3.7cm 전차포 KwK38(t)×1, MG37(t) 7.92mm 기관총×2 최대 장갑 두께: 50mm 엔진: 프라가 EPA(125hp) 최대 속도: 42km/h

38(t) 전차 S형

전장: 4.61m 전폭: 2.135m 전고: 2.252m 중량: 9.85t 승무원: 4명 무장: 47.8구경장 3.7cm 전차포 KwK38(t)×1, MG37(t) 7.92mm 기관총×2 최대 장갑 두께: 50mm 엔진: 프라가 EPA(125hp) 최대 속도: 42km/h

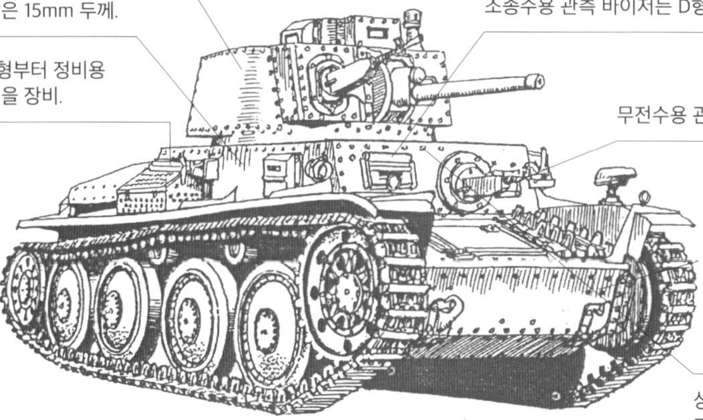

포탑 측면 장갑 두께는 D형과 같은 15mm.
차체 측면도 D형과 같은 15mm 두께.
조종수용 관측 바이저는 D형까지의 형식과 같은 형태.
B형부터 정비용 잭을 장비.
무전수용 관측창도 D형까지의 형식과 같은 구조.
차체 전면은 25+25mm 두께.
상부 전면 두께는 25+25mm이지만, E/F형과는 접합용 리벳의 수가 다르다.

38(t) 전차 G형

전장: 4.61m 전폭: 2.135m 전고: 2.252m 중량: 9.85t 승무원: 4명 무장: 47.8구경장 3.7cm 전차포 KwK38(t)×1, MG37(t) 7.92mm 기관총×2 최대 장갑 두께: 50mm 엔진: 프라가 EPA(125hp) 최대 속도: 42km/h

포탑 전면을 50mm 두께 한 장짜리 장갑판으로 변경, 장갑을 강화.
상부 전면도 50mm 두께 한 장짜리 장갑판으로 변경.
차체 전면과 전면 상부의 좌우에 예비 궤도를 장비.
차체 전면도 50mm 두께 한 장짜리 장갑판으로 변경.

◉38(t) 전차 E형/F형의 세부

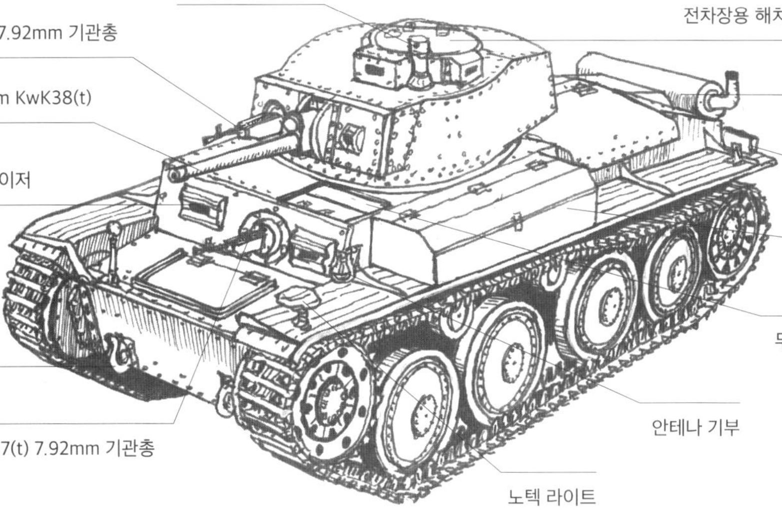

◉38(t) 전차 차체 후부의 변천

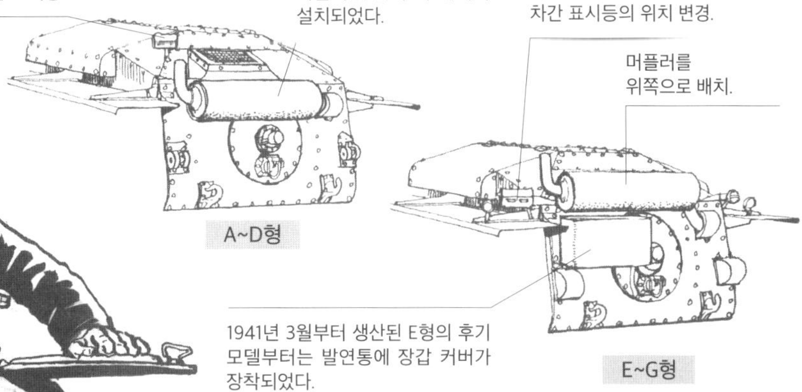

차간 표시등
머플러는 원래 이 위치에 설치되었다.
차간 표시등의 위치 변경.
머플러를 위쪽으로 배치.
A~D형
1941년 3월부터 생산된 E형의 후기 모델부터는 발연통에 장갑 커버가 장착되었다.
E~G형

차체 후부도 점점 달라졌다고!

마르더Ⅲ 대전차 자주포

■7.62cm PaK36(r) 탑재 마르더Ⅲ

1941년 여름 이후, 독일군은 소련 전차에 대항할 수 있는 화력을 지닌 전투 차량을 급히 필요로 했다. 이에 따라 병기국 제6과에서는 Ⅱ호 전차 D형을 기반으로 한 마르더Ⅱ의 개발과 병행하여, 구식화된 38(t) 전차의 차체에 7.62cm 대전차포 PaK36(r)을 탑재한 대전차 자주포의 개발을 BMM에 명했다.

1942년 1월에 시제차가 완성되었고, 2월부터 38(t) 전차 G형을 기반으로 한 양산차의 생산이 곧바로 시작되었는데, PaK36(r) 탑재 마르더Ⅲ(PaK36(r) 대전차포 탑재 38(t) 대전차 자주포)는 완성을 서둘렀기 때문에, 차체 상부에는 큰 개조를 실시하지 않은 채, G형 차체의 조종실부터 전투실의 상면을 철거하고 차체 상부 주위를 16mm 장갑판으로 두른 형태의 전투실로 구성되었다. 또한 기관실 상면은 승무원이 주포를 조작하기 편하도록 중앙을 남기고 좌우 양측을 평탄하게 했으며, 우측에 전차장석, 좌측에 장전수석이 설치되었다.

전투식 안쪽 중앙에는 마르더Ⅲ용으로 설계된 Pz.Sfl.2(장갑 자주포가 2형)을 설치, PaK36(r)을 탑재했는데, 이 포는 차재화를 진행하면서 전용으로 설계된 두께 11mm의 포방패(마르더Ⅱ의 것과는 비슷한 형상이나 별도의 설계임)가 장착되었다. 또한 포탄 보관대가 설치되면서 30발을 수납할 수 있었다.

전장은 5.85m, 전폭 2.16m에 전고는 2.5m, 중량 10.67t으로, 차체의 구조 자체는 38(t) 전차 G형 거의 그대로였으며 장갑 두께도 차체 전면이 50mm, 전부 상면 12mm, 상부 전면이 50mm였다. 차체 앞부분에는 변속기, 그 후방 우측에 조종수석, 좌측에 무전수석이 배치되었으며, 무전수석 전면의 볼 마운트에 설치된 MG37(t) 7.92mm 기관총도 그대로 남아 있었다. 차체 뒷부분의 기관실에는 프라가 EPA 엔진(125hp)이 탑재(1942년 7월 이후에 생산된 차량에는 출력 150hp인 AC 엔진이 탑재됨)되었다. 중량이 증가하긴 했으나 최고 속도는 여전히 42km/h로 기동력의 저하는 발생하지 않았다.

PaK36(r) 탑재 마르더Ⅲ는 1942년 10월까지 BMM에서 344대가 생산되었으며, 전선에서 돌아온 38(t) 전차를 개조한 차량 84대가 추가로 더 만들어졌다. Ⅱ호 전차 D형 개조 차량으로 같은 포가 탑재된 마르더Ⅱ와 마찬가지로 급조되었다는 인상이 강한 차량이었으나, 대전차 자주포로서의 능력은 대단히 우수했으며, 북아프리카 전선과 동부 전선에서 독일군 측이 기대했던 만큼의 활약을 펼치며 다수의 연합군 전차를 격파했다.

■7.5cm PaK40/3 탑재 마르더Ⅲ H형

1942년 3월, 병기국 제6과는 BMM에 38(t) 전차를 기반으로 탑재 화포를 7.62cm PaK36(r)에서 Ⅲ호 돌격포 F형에 탑재된 7.5cm StuK40으로 변경한 대전차 자주포의 개발을 요청했다.

같은 달에 대단히 빠른 속도로 시제차가 완성되었지만, 이 차량은 본격적인 성능 시험용이 아니었으며, 어디까지나 주포의 조작성이나 전투실 내부 배치를 검토하기 위한 목적으로 만들어진 모크

7.62cm PaK36(r) 탑재 마르더Ⅲ

전장: 5.85m 전폭: 2.16m 전고: 2.5m 중량: 10.67t 승무원: 4명 무장: 51.5구경장 7.62cm 전차포 PaK36(r)×1, MG37(t) 7.92mm 기관총×1 최대 장갑 두께: 50mm 엔진: 프라가 EPA(125hp) 최대 속도: 42km/h

7.62cm 대전차포 PaK36(r)을 탑재.
주포를 고정하는 트래블링 록(포신 잠금 장치)을 설치.
포방패는 차재용으로 설계된 것으로, 두께는 11mm.
차체는 38(t) 전차 G형을 사용.
전투실의 장갑 두께는 16mm.

업에 불과했다. 그 때문에 전투실은 장갑용 강판이 아닌 목재로 만들어졌으며 주포인 StuK40는 포미와 포가를 Ⅲ호 돌격포의 것을 그대로 사용하고 있었다.

상당히 커 보이는 외관과는 달리, 전투실 내부 공간은 협소했고, 포의 조작성도 그리 좋지 못했다. BMM에서는 StuK40이 탑재된 시제차를 제작하는 한편으로 독자적으로 7.5cm 대전차포인 PaK40이 탑재된 설계안을 병기국 제6과에 제출했다.

1942년 5월, 병기국 제6과는 BMM이 제출한 PaK40 탑재안을 승인, PaK40 탑재 대전차 자주포의 개발을 요청했다. 7.5cm StuK40이 탑재되었던 모크업 차량을 전면 개수하는 형식으로 작업을 진행, 7월에는 38(t) 전차에 PaK40/3(PaK40의 마르더Ⅲ 탑재형)을 탑재한 시제차가 완성되었다. 이 시제차의 완성도에 만족한 병기국 제6과에서는 BMM에 즉시 양산에 들어갈 것을 명했다.

7.5cm PaK40/3 탑재 마르더Ⅲ H형(당초의 제식명은 38(t) 대전차 자주포 H형으로 마르더Ⅲ가 제식명으로 쓰인 것은 1944년 3월임)도 PaK36(r) 탑재형과 마찬가지로 38(t) 전차 G형의 차체를 기반으로 하여 차체 상부의 조종실 후부에서 기관실 앞의 엔진 격벽까지의 상면 장갑판을 제거하고, 그 자리에 전투실을 설치한 것이었으나 보다 세련된 디자인으로 완성되었다.

전투실은 15mm 두께의 장갑판으로 구성되었으며, 전투실 앞부분에 PaK40/3을 탑재했는데, 이 포의 사각은 상하각 -5°~+22°, 수평각 60°였으며 텅스텐 탄심을 사용하는 PzGr.40을 발사했을 경우, 사거리 500m에서 154mm(수직), 사거리 1,000m에서는 116mm 두께의 장갑판을 관통할 수 있었다.

승무원은 4명으로, 차체 앞부분 우측에 조종수, 좌측에 무전수, 전투실 안쪽 좌측에는 전차장(포수를 겸임), 우측에는 장전수가 탑승했다. 차체 그 자체의 구조나 장갑 두께, 주행부는 38(t) 전차 G형과 거의 같았으나, 엔진은 1942년 7월부터 도입된 프라가AC(150hp)가 탑재되었다.

1942년 10월 말부터 생산이 시작되어, 1943년 5월까지 275대가 완성되었으나, 여기에 더하여 전선에서 수리나 정비를 위해 돌아온 38(t) 전차를 개조하여 336대가 만들어졌다.

7.5cm PaK40/3 탑재 마르더Ⅲ H형은 1942년 12월부터 동부 전선에 투입되었으며, 1943년에는 튀니지 전선에도 보내졌다. 이후 이탈리아 전선, 1944년 이후의 서부 전선과 동부 전선에서도 유효한 대전차 자주포로 사용되었다.

■7.5cm PaK40/3 탑재 마르더Ⅲ M형

1943년에 들어서면서 BMM은 알케트의 협력아래, 38(t) 전차의 차대를 자주포 전용 차대로 다시 설계하는 작업에 착수했다. 그 결과, 15cm 중보병포 sIG33을 탑재하는 중보병포용 차대인 K형과 2cm 대공 기관포를 탑재하는 대공 전차용 차대인 L형, 그리고 7.5cm 대전차포 PaK40을 탑재하는 대전차 자주포용 차대 M형이 만들어졌다. 우선도가 가장 높았던 M형 차대가 먼저 만들어지면서 같은 해 4월 무렵에는 PaK40이 탑재된 대전차 자주포의 시제차가 완성되었다.

마르더Ⅲ M형(당초의 제식명은 7.5cm PaK40/3 탑재 38(t) 대전차 자주포 M형)이라는 호칭으로 불리게 된 신형 대전차 자주포는 38(t) 전차의 차대가 아니라 자주포 전용 차대를 사용했기 때문에 마르더Ⅲ와 비교해 훨씬 완성도가 높았다.

차체 앞부분 상면을 크게 경사지게 하면서 우측에 돌출된 형상으로 조종실을 설치했으며, 차체 중앙에는 기관실을 배치, 프라가 AC 엔진(150hp)이 탑재되었다. 자주포이기에 전차형과 비교해 장갑이 전체적으로 얇아졌는데, 차체 장갑 두께는 전면 15mm/15°, 전부 상면

7.5cm PaK40/3 탑재 마르더Ⅲ H형

전장: 5.85m 전폭: 2.16m 전고: 2.5m 중량: 10.67t 승무원: 4명 무장: 46구경장 7.5cm 전차포 PaK40/3×1, MG37(t) 7.92mm 기관총×1 최대 장갑 두께: 50mm 엔진: 프라가 AC(150hp) 최대 속도: 35km/h

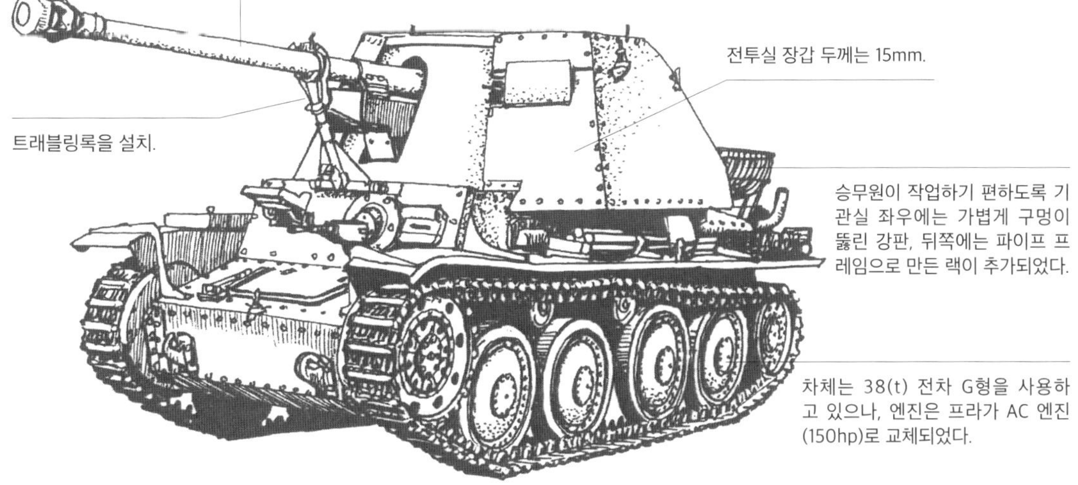
주포는 PaK40의 마르더III 차재용인 PaK40/3을 탑재
트래블링록을 설치.
전투실 장갑 두께는 15mm.
승무원이 작업하기 편하도록 기관실 좌우에는 가볍게 구멍이 뚫린 강판, 뒤쪽에는 파이프 프레임으로 만든 랙이 추가되었다.
차체는 38(t) 전차 G형을 사용하고 있으나, 엔진은 프라가 AC 엔진(150hp)로 교체되었다.

11mm/67°, 조종실 15mm(주조제 초기 생산차), 측면 15mm/0°, 상면 8mm/90°, 하면 10mm/90°, 후면 10mm/0~41°였다.

차체 뒷부분에 위치한 전투실은 10mm 두께의 장갑판으로 구성되었는데, 앞부분에는 PaK40/3이 탑재되었다. 주포의 사각은 상하각이 -5°~+13°, 수평각은 42°였다. 전투실 내부의 우측 전방에는 무전수를 겸하는 전차장, 우측 후방에는 장전수, 좌측에는 포수가 위치했다. 또한 좌우 벽면에는 포탄 수납대가 설치되어 27발의 포탄을 수납할 수 있었다. 후방 배치형 전투실을 채용하면서 같은 주포를 탑재한 마르더Ⅲ H형보다도 차체를 짧게(H형은 전장 5.77m, M형은 4.96m) 만드는 데 성공했으며, 포탄의 적재 작업도 훨씬 수월해졌다.

이전 모델인 H형도 콤팩트한 차체에 강력한 7.5cm 대전차포 PaK40/3을 탑재, 우수한 대전차 자주포였으나, M형은 차체 레이아웃을 변경하면서 한층 실용성이 향상되었다. PaK40 탑재 대전차 자주포로 나무랄 데가 없는 성능을 갖춘 마르더Ⅲ M형은 1943년 5월부터 바로 양산에 들어갔으나, 이듬해인 1944년 6월에 일찍 생산이 종료되면서 생산수는 당초 예정보다 적은 942대에 머물렀다. 그 이유는 마찬가지로 38(t) 전차를 기반으로 하면서 동급 주포인 48구경장 7.5cm 포 PaK39가 탑재되었으며, 여기에 더하여 경사장갑으로 둘러싸인 완전 밀폐식 전투실을 갖춰 방어력이 훨씬 우수한 구축전차 헤처가 1944년 4월부터 생산되기 시작했기 때문이었다.

마르더Ⅲ M형의 생산 기간은 약 1년 정도에 그쳤으나, 다른 독일군 전투 차량과 마찬가지로, 생산과 병행하여 개량이 진행되었다.

1943년 말부터 생산되기 시작한 후기 생산차는 차체 전면 장갑판 두께가 15mm에서 20mm로 바뀌었으며, 생산성의 개선을 위해 주조제였던 조종실 부분의 장갑도 용접 구조로 변경되었다. 차체 측면으로 튀어나와 있던 엔진 흡기구 커버도 리벳 접합식에서 용접 방식으로 바뀌었고, 배기관은 차체 후부 우측면의 배기 그릴 후부에서 나와 후면의 머플러에 결합되는 방식으로 변경되었다.

마르더Ⅲ M형은 일반형 외에도 Fu8 무전기가 탑재된 지휘차 사양도 존재했으며, 초기 생산형을 기반으로 주포를 철거한 탄약 운반차가 만들어졌다. 이 밖에 액화 가스 사용 시험용 차량이나 박격포 탑재차 등의 시제 차량이 만들어지기도 했다. 마르더Ⅲ M형은 기갑사단 및 장기갑 척탄병 사단, 보병사단의 대전차 대대에 배치되어 종전까지 각 전선에서 활약했다.

7.5cm PaK40/3 탑재 마르더Ⅲ M형 초기 생산차

전장: 4.96m 전폭: 2.15m 전고: 2.48m 중량: 10.5t 승무원: 4명 무장: 46구경장 7.5cm 전차포 PaK40/3×1, MG34 7.92mm 기관총×1 최대 장갑 두께: 20mm 엔진: 프라가 AC(150hp) 최대 속도: 42km/h

주포는 PaK40/3.
전투실 장갑 두께는 10mm
조종실 장갑 후드는 처음에는 주조제였으나 후기 생산차부터는 용접 접합식 평면 장갑판으로 변경되었다.
차대는 대전차 자주포용으로 개발된 자주포 전용 차대 M형을 사용.
후기 생산차부터는 차체 전면 장갑이 15mm에서 20mm 두께로 강화되었다.

15cm sIG33/1 탑재 그릴레 H형

전장: 5.6m 전폭: 2.15m 전고: 2.4m 중량: 11.5t 승무원: 5명 무장: 12구경장 15cm 중보병포 sIG33/1×1 최대 장갑 두께: 50mm 엔진: 프라가 AC(150hp) 최대 속도: 42km/h

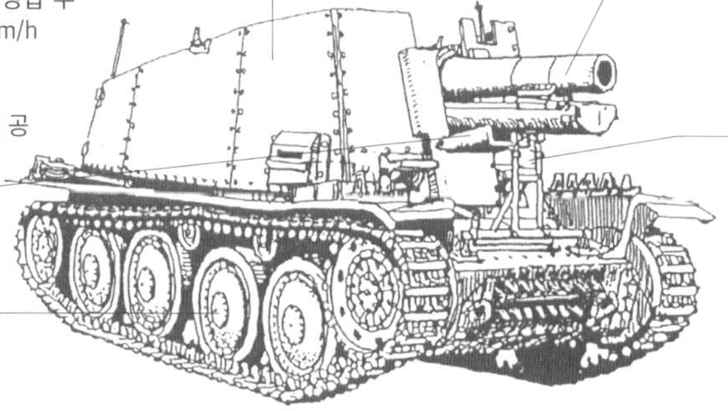
전투실 장갑 두께는 전면이 25mm, 측면과 후면은 15mm.
15cm 중보병포 sIG33/1을 탑재.
트래블링록
주포를 위로 향했을 때 생기는 빈 공간을 보호하기 위한 장갑 커버.
엔진을 150hp의 프라가 AC로 교체한 38(t) 전차 G형을 기반으로 하고 있다.

15cm sIG33 탑재 자주 중보병포

■15cm sIG33/1 탑재 38(t) 자주포 그릴레 H형

1942년 3월의 육군 회의에서 38(t) 전차에 7.5cm 대전차포 PaK40을 탑재한 대전차 자주포와 마찬가지로 38(t) 전차에 15cm 중보병포 sIG33을 탑재한 자주 중보병포의 개발이 결정되었다.

38(t) 전차의 생산 메이커인 BMM은 대전차 자주포(7.5cm PaK40/3 탑재 마르더Ⅲ H형)의 개발과 병행하여 자주 중보병포의 개발에 착수했는데, 이 결과로 탄생한 15cm sIG33/1 탑재 38(t) 자주포 그릴레 H형이라는 이름의 자주 중보병포는 1943년 2월부터 생산에 들어갔다. 참고로 1942년 7월에 이미 38(t) 전차를 전부 자주포로 전용할 것이 결정된 상태였다.

그릴레 H형은 38(t) 전차를 기반으로 하고 있었는데, 차체 상부 전면부터 기관실 바로 앞까지의 상면 장갑판을 철거하고 그 부분을 크게 둘러싸는 형태로 전투실을 증설했다. 이 전투실은 전면 25mm, 측면과 후면은 15mm 두께의 장갑판을 리벳으로 접합한 것이었다. 전투실의 설치를 위해 차체 상부 전면 좌측에 있던 전방 기관총이 폐지되었지만, 변속기가 위치한 차체 앞부분과 프라가 AC 엔진(150hp)이 탑재되는 후방의 기관실은 전차형에서 달라지지 않았다.

전투실 앞부분에 탑재된 15cm 중보병포 sIG33의 사각은 상하각 -3°~+72°, 수평각 10°였는데, 주포를 크게 위로 올렸을 때 전투실 전면의 포신 하부 쪽에 빈 틈이 생기는 것을 막기 위해 가동식 장갑판이 장착되었다. 탑재포 그 자체의 성능은 Ⅰ호 전차와 Ⅱ호 전차를 기반으로 만들어진 중 자주 보병포와 다를 것이 없었으나, 기존 차량에 비해 전투실 내부 공간이 넓어 포의 조작성이 상당히 좋아졌다.

전투실 내부 전방 우측에 조종수, 그 뒤에 무전수를 겸하는 전차장, 그리고 그 후방에 장전수가 위치했으며 좌측에는 포수, 포수 뒤에 또 한 명의 장전수가 탑승했다.

우측 전투실 격벽에 4개의 포탄 수납 케이스, 후방 기관실 위쪽에 포탄 수납고가 설치되어 합계 16발의 포탄을 탑재할 수 있었다.

그릴레 H형은 1943년 2월부터 1944년 9월까지 396대가 만들어졌다.

■15cm sIG33/2 탑재 38(t) 자주포 그릴레 K형

15cm 중보병포 sIG33을 탑재한 그릴레 H형이 한창 생산되고 있던 1943년 11월, 알케트의 협력을 받아 개발된 자주포 전용 차대 K형에 15cm 중보병포 sIG33을 탑재한 시제차가 완성되었다. 15cm sIG33/2 탑재 38(t) 자주포 그릴레 K형이라 명명된 이 차량은 다음 달인 12월부터 그릴레 H형과 병행하는 형태로 생산이 시작되었다.

차체의 구조와 장갑 두께는 공통 설계인 마르더Ⅲ M형과 같았으나, 전투실은 sIG33에 맞춘 전용 설계로, 이 전투실은 10mm 두께의 장갑판으로 구성되어 있었으며, 우측 앞부분에 전차장(무전수를 겸임함), 그 뒤에 장전수, 좌측 전방에 포수, 그 뒤에 또 한 명의 장전수가 탑승했다.

전투실 안에는 포탄 수납 케이스와 포탄 수납고가 설치되어 있어, 합계 18발의 포탄이 탑재되었다.

15cm sIG33/2 탑재 38(t) 자주포 그릴레 K형은 1944년 9월까지 164대가 생산되었으며, 그릴레 H형과 마찬가지로 각 기갑 사단 및 기갑 척탄병 사단의 기갑 척탄병 연대 중보병포 중대에 배치되었다.

그릴레 K형의 파생형으로는 주포를 철거하고 40발의 포탄을 수납하는 포탄랙을 설치한 탄약 운반차, 그리고 현지 부대에서 개조한 차량으로 보이는 3cm 대공 기관포 FlaK103/38 탑재 대공 전차 등이 있다.

15cm sIG33/2 탑재 38(t) 자주포 그릴레 K형

전장: 4.835m 전폭: 2.15m 전고: 2.4m 중량: 11.5t 승무원: 5명 무장: 12구경장 15cm 중보병포 sIG33/2×1 최대 장갑 두께: 20mm 엔진: 프라가 AC(150hp) 최대 속도: 42km/h

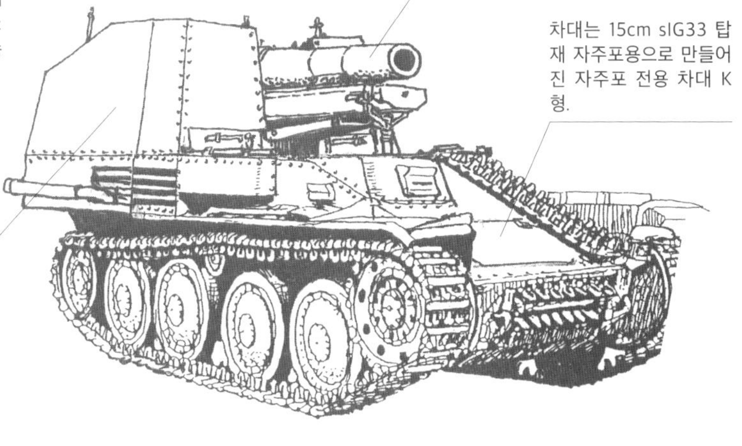

그릴레 K형의 차재용 모델인 sIG33/2를 탑재.
차대는 15cm sIG33 탑재 자주포용으로 만들어진 자주포 전용 차대 K형.
전투실 장갑 두께는 10mm.

38(t) 전차의 파생형

■ 38(t) 지휘 전차

차내에 Fu5와 Fu8 송수신용 무전기를 탑재한 기갑 무전중대의 지휘전차. 일부 차량은 Fu8 대신에 Fu7을 사용했다. B형 이후의 차량을 기반으로, 차체 상부 전면 좌측의 전방 기관총을 제거하고 그 자리를 원형의 강판으로 막았으며, 기관실 상부에는 대형 프레임 안테나가 증설되었다.

■ 38(t) 대공 전차

1943년 후반, Ⅳ호 대공 전차 완성의 지체로 인해, 급히 이를 대신할 차량이 필요해지면서 38(t) 전차의 차대를 이용한 대공 전차의 개발이 결정되었다. 이에 따라 BMM에서는 대공 전차용 차대인 L형에 2cm 대공 기관포 FlaK38을 탑재한 차량을 개발했다.

전투실은 10mm 두께의 장갑판으로 구성되었으며, 상부 장갑판을 전개할 수 있었다. 전주 선회식 포가에 설치된 FlaK38은 상하각 -20°~+90°의 사각을 지녔으며 발사속도는 180~200발/분, 최대 사거리는 수평으로 4,800m, 수직으로 3,670m였다. 전투실 내에는 전차장, 포수, 장전수까지 3명이 탑승했다.

38(t) 대공 전차(제식명은 2cm 대공 기관포 FlaK38 탑재 38(t) 전차 L형)는 1943년 11월부터 생산이 시작되어, 1944년 2월까지 141대가 완성되었고, 서부 전선과 이탈리아 전선의 부대에서 사용되었다.

■ 38(t) 전차 n.A

1940년 7월에 병기국 제6과에서는 MAN과 슈코다, BMM에 정찰 전차의 개발을 요청했다. 중량 12~13t에 최대 속도 50km/h라는 요구 사양에 맞춰 MAN에서는 VK1303 신형 Ⅱ호 전차

38(t) 대공 전차

전장: 4.16m 전폭: 2.15m 전고: 2.25m 중량: 9.7t 승무원: 4명 무장: 112.5구경장 2cm 대공 기관포 FlaK38×1 최대 장갑 두께: 20mm 엔진: 프라가 AC(150hp) 최대 속도: 48km/h

기관포를 아래로 내렸을 때의 각도를 제한하는 가드.
대공 전차용으로 개발된 자주포 전용 차대 L형을 사용.
2cm 대공 기관포 FlaK38이 탑재.
전투실은 10mm 두께로, 상부 장갑판은 바깥쪽으로 전개 가능.

38(t) 정찰 전차

전장: 4.51m 전폭: 2.14m 전고: 2.17m 중량: 9.75t 승무원: 4명 무장: 55구경장 2cm 기관포 KwK38×1, MG42 7.92mm 기관총×1 최대 장갑 두께: 50mm 엔진: 프라가 AC(180hp) 최대 속도: 45km/h

Sd.Kfz.234/1 8륜 장갑차와 동형인 상부 개방식 육각형 포탑.
전투실의 높이와 폭 모두 확대되었다.
프라가 AC 엔진이 탑재된 38(t) 전차 G형의 차체를 사용.

38(t) 전차 n.A

전장: 5.0m 전폭: 2.5m 전고: 2.14m 중량: 14.8t 승무원: 4명 무장: 47.8구경장 3.7cm 전차포 KwK38(t)×1, MG34 7.92mm 기관총×1 최대 장갑 두께: 30mm 엔진: 프라가 V-8(220hp) 최대 속도: 62km/h

3.7cm KwK38(t) 탑재.
차체와 포탑 모두 신규 설계.

를, 슈코다에서는 35(t) 전차를 기반으로 한 T-15, BMM에서는 38(t) 전차를 발전시킨 38(t) 전차 n.A(TNH.n.A)를 제작했다. 1941년 12월부터 1942년 4월 사이에 각각의 시제차를 비교 평가한 결과, BMM의 38(t) 전차 n.A가 가장 우수한 성능을 발휘했음에도 불구하고 결국 MAN의 VK1303이 Ⅱ호 전차 L형 룩스라는 이름으로 제식 채용되었다.

■38(t) 정찰 전차

1942년 7월 이후, 38(t) 전차의 차체를 전부 자주포로 전용할 것이 결정된 가운데, 38(t) 전차의 차체를 이용한 정찰 전차가 만들어졌다.

차체 상부 구조에 장갑판을 추가하여 높이와 좌우폭을 확대하고 무전기 등의 증설 공간을 확보했다. 차체 상면에는 Sd.Kfz.234/1의 것과 동형인 상부 개방식 육각형 포탑을 탑재하고 포탑에는 2cm 기관포 KwK38을 1문, MG42 7.92mm 기관총 1자루가 장비되었다. 포탑에 MG42를 장비했기 때문에 차체 상부 전면 좌측의 차체 기관총 마운트는 원형 강판으로 막아두게 되었다. 엔진은 150hp 출력을 내는 프라가AC 엔진이 탑재되었으며, 최고 시속 45km/h를 낼 수 있었다.

1943년 9월부터 생산이 시작되어 1944년 3월까지 130대가 만들어졌다.

■24구경장 7.5cm 포 탑재 정찰 전차

2cm KwK38 탑재 38(t) 정찰 전차와 함께 행동하며 화력지원을 실시할 차량으로 24구경장 7.5cm 전차포를 탑재한 차량이 만들어졌는데, 차체 위에 상부 개방형 전투실을 설치하고 전투실 앞쪽에 24구경장 7.5cm 전차포를 탑재하는 형태로 만들어졌다.

차체 앞부분은 38(t) 전차와 같은 형상인 차량과 경사 장갑을 채용한 차량까지 두 종류가 만들어졌으며, 양자 모두 기관총은 장비되지 않았다. 아마도 전자의 경우엔 시제차 1대, 후자는 모크업 제작으로 끝난 것으로 짐작되고 있다.

38(t) 지휘 전차 B형

전장: 4.61m 전폭: 2.135m 전고: 2.252m 중량: 9.725t 승무원: 4명 무장: 47.8구경장 3.7cm 전차포 KwK38(t)×1, MG37(t) 7.92mm 기관총×1 최대 장갑 두께: 25mm 엔진: 프라가 EPA(125hp) 최대 속도: 42km/h

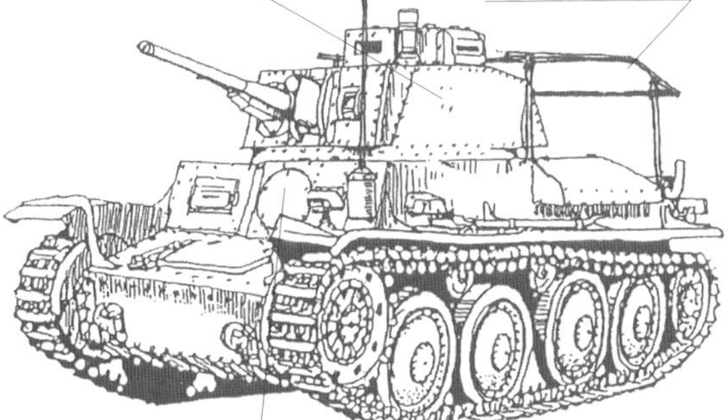
B형이 아닌 다른 형식을 기반으로 한 차량도 제작되었다.
기관실 상부에 프레임 안테나를 설치.
전방 기관총을 제거하고 그 자리를 장갑판으로 막았다.

24구경장 7.5cm 포 탑재 정찰 전차

전장: 4.61m 승무원: 4명 무장: 24구경장 7.5cm 전차포×1, 최대 장갑 두께: 50mm 엔진: 프라가 AC(150hp) 최대 속도: 42km/h

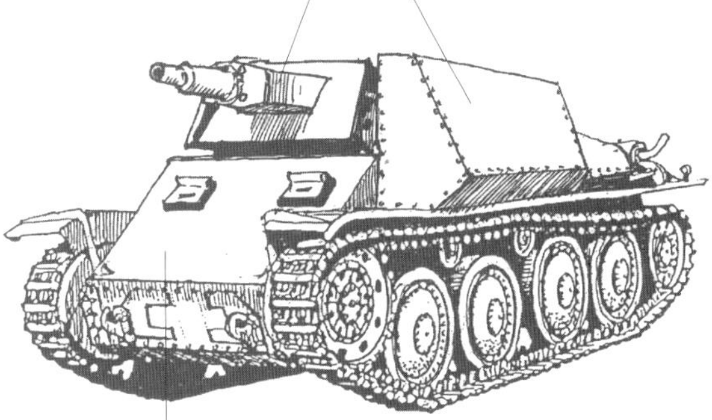
24구경장 7.5cm 전차포 탑재.
상부 개방형 전투실.
차체 전면에 경사 장갑을 채용.

24구경장 7.5cm 포 탑재 정찰 전차

전장: 4.61m 승무원: 4명 무장: 24구경장 7.5cm 전차포×1 최대 장갑 두께: 50mm 엔진: 프라가 AC(150hp) 최대 속도: 42km/h

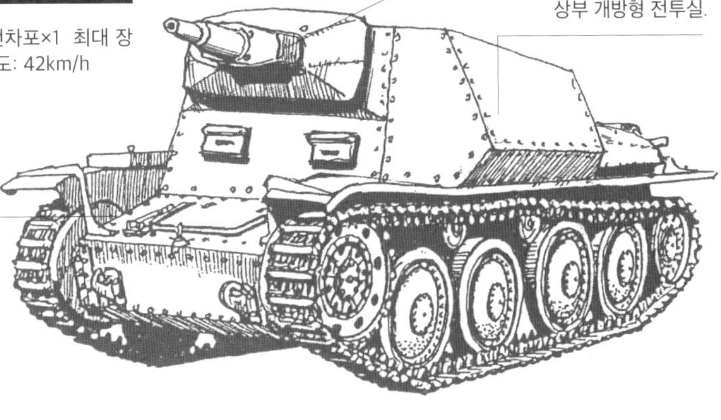
24구경장 7.5cm 전차포 탑재.
상부 개방형 전투실.
프라가 AC 엔진이 탑재된 38(t) 전차 G형의 차체를 사용.

구축전차 38(t) 헤처

■구축전차 38(t)의 개발

1943년 10월 이후, 알케트의 생산 공장이 연합군의 공습을 받게 되면서, 계속 큰 피해를 입게 되었다. 이에 따라 당시 독일군의 주요 전력 가운데 하나였던 Ⅲ호 돌격포의 생산도 심각한 영향을 받아, 생산수가 격감하고 말았다.

Ⅲ호 돌격포의 생산 저하는 독일군에 있어 심각한 문제가 아닐 수 없었고, 병기국 제6과에서는 12월 6일에, 당시 마르더Ⅲ를 생산하고 있던 BMM에 Ⅲ호 돌격포를 대신 생산하도록 지시했다. 하지만 BMM의 생산 설비로는 중량 13t 이상의 차량 생산이 어려웠기에, 기존에 생산해왔던 38(t) 전차의 차대를 이용한 신형 돌격포의 설계안을 제출했다.

38(t) 전차 18형 또는 38(t) 돌격포라는 이름이 붙은 이 차량은, 차체에 경사 장갑을 채용했으며, Ⅲ호 돌격포와 위력이 같은 48구경장 7.5cm PaK39가 탑재되었다. 1944년 1월 26일에 목제 모크업을 제작, 3월 말에는 3대의 시제차가 완성되었다. 구축전차 38(t)라는 이름으로 바로 제식 채용되면서 같은 해 4월부터 양산이 시작되었다.

흔히 우리가 아는 헤처(Hetzer, 사냥개)라는 이름은 부대 배치 이후에 일선부대에서 쓰던 것으로, 이것이 공식으로 인정된 것은 1944년 말부터였다.

■헤처의 구조와 성능

헤처는 전장 6.38m, 전폭 2.63m, 전고 2.17m, 중량 15.75t으로, 차체는 사방이 모두 경사 장갑으로 덮여 있으며, 장갑 두께는 전투실 전면 60mm/60°, 전투실 측면 20mm/40°, 상면 8mm/90°, 하부 전면 60mm/40°, 하부 측면 20mm/15°, 후면 20mm/15°, 바닥면 10mm/90°로 경전차라는 체급에 비해서는 상당히 양호한 장갑 방어력을 지니고 있었다.

전투실 내부는 앞쪽에 조향 장치와 변속기가 설치되었으며, 조종수석은 38(t) 전차와는 달리 독일식으로 좌측에 배치되었다. 조종수석 후방에는 포수석, 그리고 그 뒤쪽에는 장전수석이 배치되었고 우측 후방에는 전차장석이 배치되었다.

주포인 48구경장 7.5cm 포 PaK39는 전투실 전면 우측으로 치우치게 장비되었는데, 이로 인해 포의 사각은 우측이 11°, 좌측이 5°로 우측이 좀 더 넓었으며 상하각은 -6°~+10°였다. 그리고 전투실 상면 우측에는 부무장으로 차내 조작식 MG34 7.92mm 기관총이 장비되었다.

PaK39는 철갑탄인 PzGr39를 사용했을 때, 사거리 1,000m에서 85mm의 장갑을 관통할 수 있었으며, 텅스텐 탄심 철갑탄을 사용했을 경우에는 사거리 1,000m에서 97mm 두께 장갑을 관통하는 성능을 지녔다.

헤처는 극히 콤팩트한 차량이었으나, 그 공격력은 IS-2 스탈린 중전차와 M26 중전차, 파이어플라이를 제외한 거의 모든 연합군 전차를 용이하게 격파하는 성능을 갖추고 있었다.

차체 후부의 기관실에는 200hp 출력을 내는 프라가 AC2800 엔진을 탑재했으며, 주행부는 언뜻 보기에 기존의 38(t) 전차와 거의 같아 보이나, 기동륜이 개량되었으며, 보기륜의 직경은 775mm에서 825mm로, 유도륜도 535mm에서 620mm로 직경이 확대되었다. 여기에 더하여 궤도는 폭이 35cm인 신형이 장착되었다. 현가장치의 리프스프링은 마르더Ⅲ M형에 쓰이는 강화형을 사용했으며, 최대 속도 42km/h를 낼 수 있어 기동력도 양호했다.

헤처는 1944년 4월부터 BMM에서 생산이 시작되었으며, 같은 해 7월부터는 슈코다에서도 생산되기 시작, 합계

2,827대 이상이 만들어졌다.

■헤처의 변천

1944년 4월부터 양산이 시작된 헤처였지만, 5월부터 7월에 걸쳐 포구제퇴기 장착용 나사산을 폐지하고 전투실 상면에 조립식 2t 크레인 설치 마운트를 3곳 추가했으며, 포대경 여닫이 커버 뒤쪽에는 작은 해치를 설치했다. 또한 기관실 우측 뒷부분 끝단에는 냉각수 주입구 커버, 마찬가지로 왼쪽 뒷부분에는 연료 주입구용 여닫이 커버를 설치했고, 배기관 출구 커버를 주조제에서 용접 가공제로 변경하는 등의 개량과 변경이 이루어졌다.

다른 독일군 차량들처럼 헤처도 생산 시기와 세부 사양에 따라 초기형, 중기형, 후기형으로 구분되었는데, 1944년 4월~7월에 생산되었으며 측면이 깎여나간 듯한 형상의 포방패가 장착된 차량을 초기형이라 구분하고 있다.

그리고 1944년 8월부터 9월에 생산된 중기형의 경우, 포방패와 포가 장갑 커버의 형상이 바뀐 것 외에도 생산 간략화로 신형 보기륜과 유도륜이 도입되었으며, 차체 앞부분으로 무게가 쏠린 것에 대응할 수 있도록 차체 앞쪽 현가장치의 판스프링을 기존의 7mm에서 9mm 두께의 것으로 강화하는 개수가 이루어졌다.

후기형이라 불리는 1944년 10월 이후 생산차부터는 조종수용 잠망경의 장갑 블록을 폐지, 개구부만이 남게 되었으며, 그 위에 커버를 설치했다. 그리고 기관실 후부 머플러의 형상 변경, 견인용 아이 플레이트(Eye plate)의 형상 변경 및 보강판 추가가 이뤄졌으며 전투실 내부 각 부위도 개량이 실시되었다.

■구축전차 38(t) 슈탈

개발 당초의 설계대로라면 주포를 고정하여 차체 그 자체로 사격 시의 반동을 흡수할 예정인 헤처였으나, 가장 중요한 고정포의 실용화가 늦어지면서 어쩔 수 없이 통상의 화포를 탑재한 차량을 생산하게 되었다.

헤처의 양산과 병행하여 고정포의 테스트가 계속 이뤄졌는데, 1944년 5월 12일에 헤처 후기 생산차를 개조한 고정포 모델인 「슈탈(Starr, 경직된, 굳은)」의 시제차가 완성되었다. 이후 시제차 2대가 더 만들어졌으며, 이듬해인 1945년 1월에는 5대의 선행 양산차가 완성되었다.

슈탈의 양산 모델에서는 엔진을 가솔린에서 디젤 엔진으로 바꾸는 것도 예정되어 있었기에 1945년 4월에 완성된 1대에는 타트라 928 디젤 엔진이 탑재되었다. 이 슈탈이야말로 헤처 본래의 모습이라 할 수 있으며 디젤 엔진 탑재 차량은 헤처의 후계 차량인 「구축전차 38D」의 축소판이기도 했다.

구축전차 38(t) 헤처

전장: 6.38m 전폭: 2.63m 전고: 2.17m 중량: 15.75t 승무원: 4명 무장: 48구경장 7.5cm 전차포 PaK39×1, MG34 7.92mm 기관총×1 최대 장갑 두께: 60mm 엔진: 프라가 AC2800(200hp) 최대 속도: 42km/h

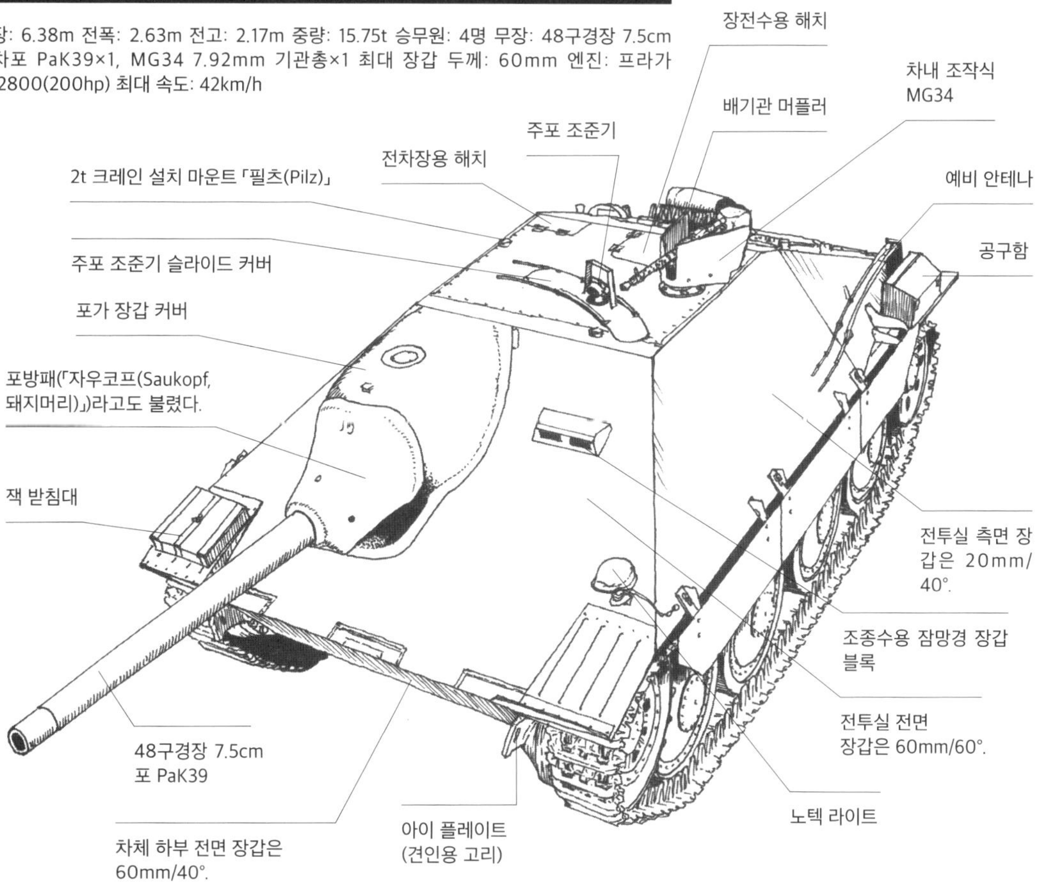

⊙구축전차 38(t) 헤처의 내부 구조

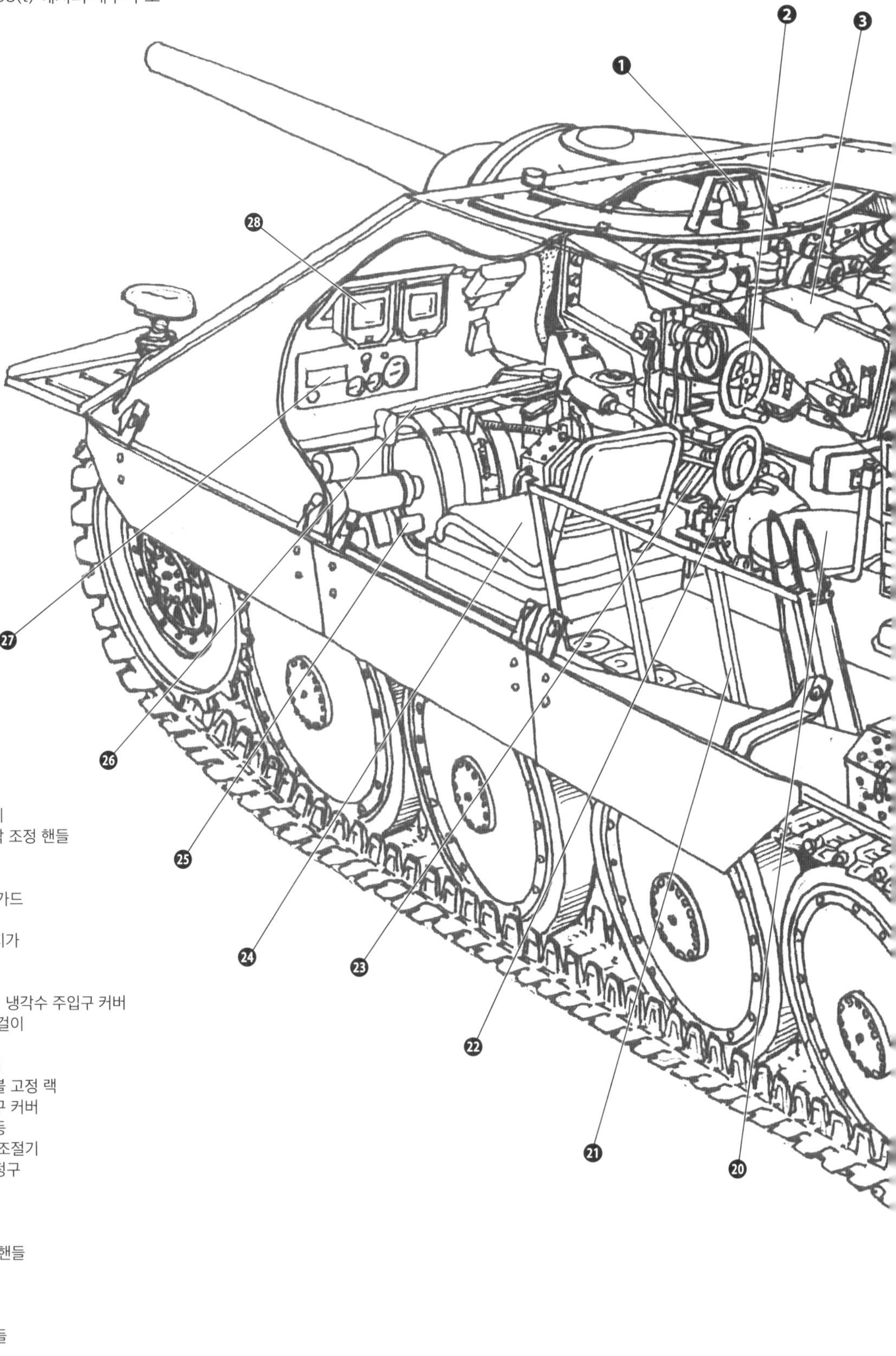

❶주포 조준기
❷주포 상하각 조정 핸들
❸포미
❹탑재 포탄
❺포미 안전 가드
❻무전기 랙
❼포대경 지지가
❽전차장석
❾퓨즈 박스
❿라디에이터 냉각수 주입구 커버
⓫예비 궤도 걸이
⓬견인 고리
⓭라디에이터
⓮견인 케이블 고정 랙
⓯연료 급유구 커버
⓰차간 표시등
⓱궤도 장력 조절기
⓲안테나 고정구
⓳공구함
⓴포수석
㉑포탄 랙
㉒포 선회용 핸들
㉓변속기
㉔조종수석
㉕풋 페달
㉖조향용 핸들
㉗계기판
㉘조종수용 잠망경

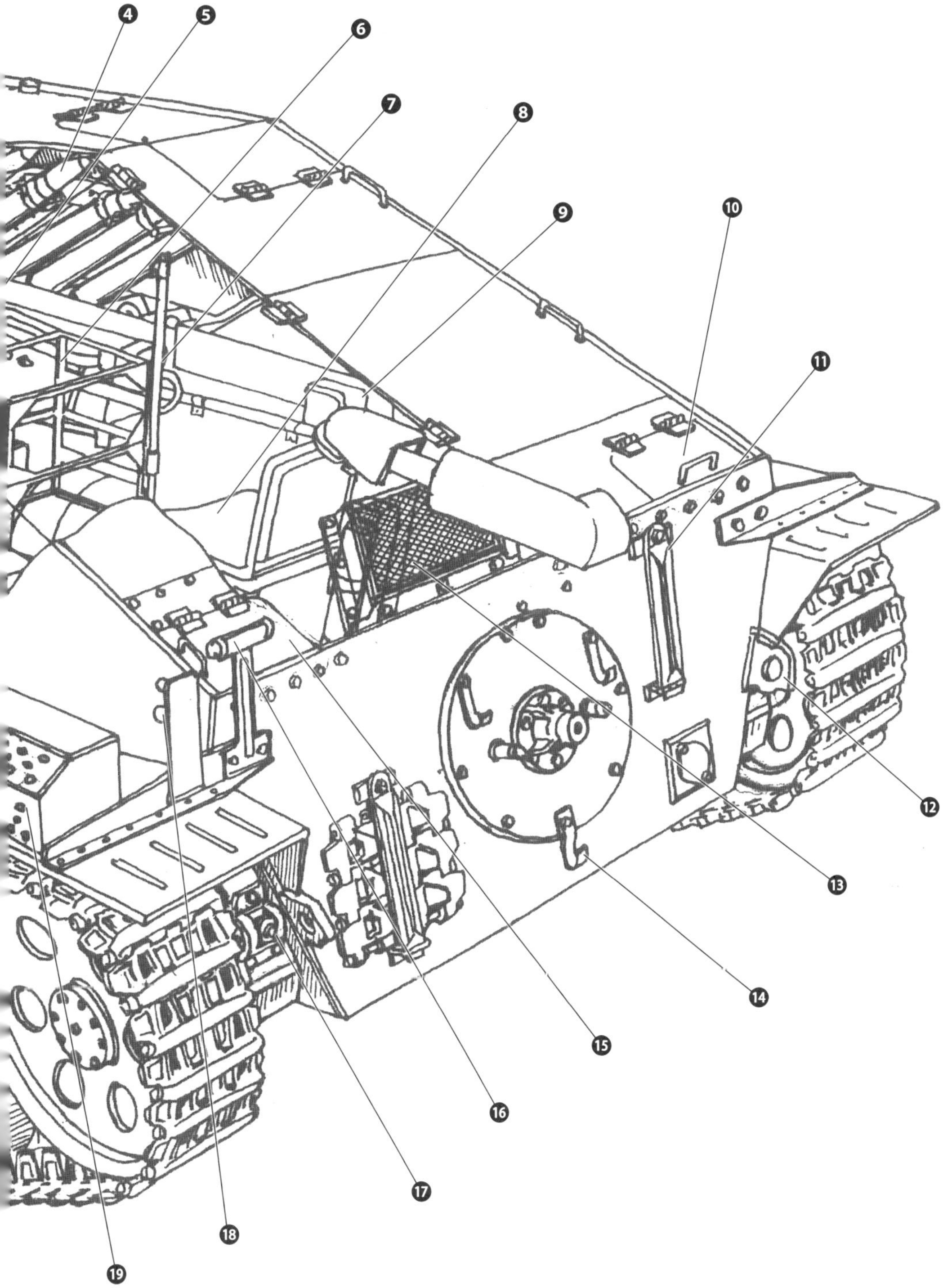
4
5
6
7
8
9
10
11
12
13
14
15
16
17
18
19

⊙포방패 및 포가 장갑 커버의 변천

시제차

조종수용 잠망경
장갑 블록.

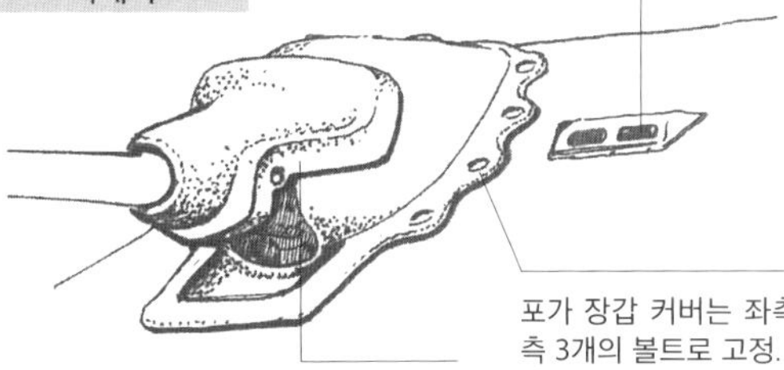

포가 장갑 커버는 좌측 4개, 우
측 3개의 볼트로 고정.

초기의 포방패

극 초기 생산차

측면에 얕게 들어간 부분이 있다.

맨 위쪽 1개의
볼트로 고정.

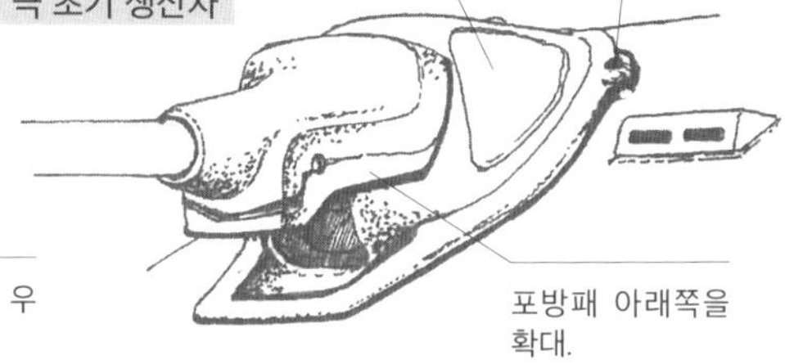

포방패 아래쪽을
확대.

초기 생산차

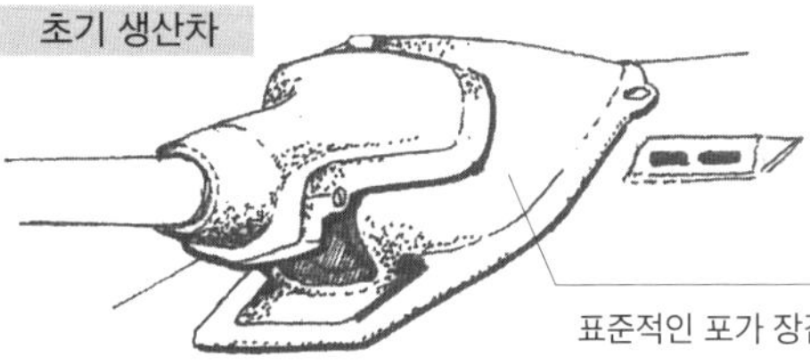

표준적인 포가 장갑 커버.

중기 생산차

경량화된 신형 포방패로 변경.

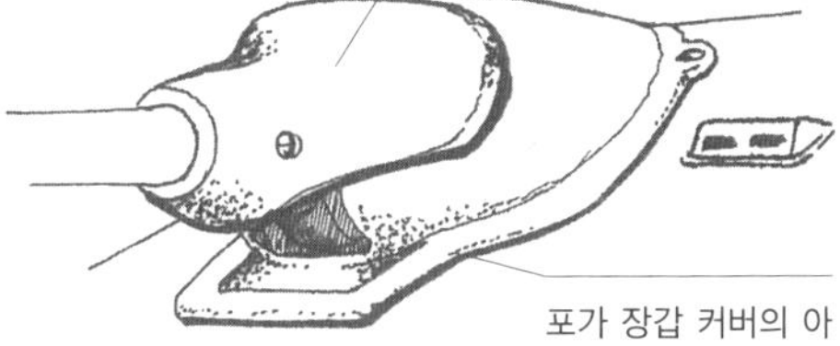

포가 장갑 커버의 아
래쪽 형상이 바뀌었
다.

후기 생산차

포가 장갑 커버의 플랜지 상
단에 판 모양의 부품을 용접.

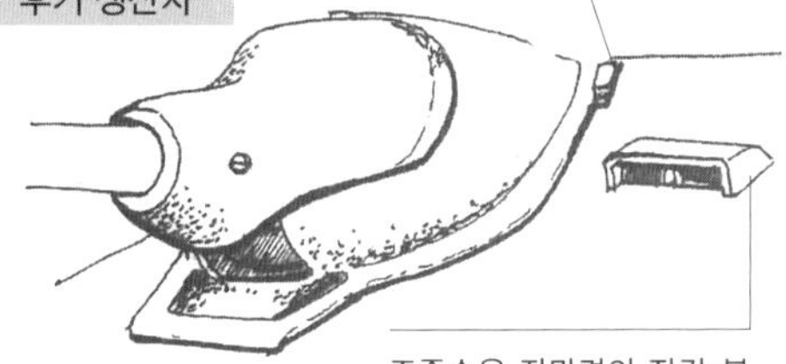

조종수용 잠망경의 장갑 블
록을 폐지하고 2개의 개구
부 위에 커버를 설치.

⊙헤처의 궤도

초기형

후기형

⊙기관실 상면의 변천

초기~중기 생산차

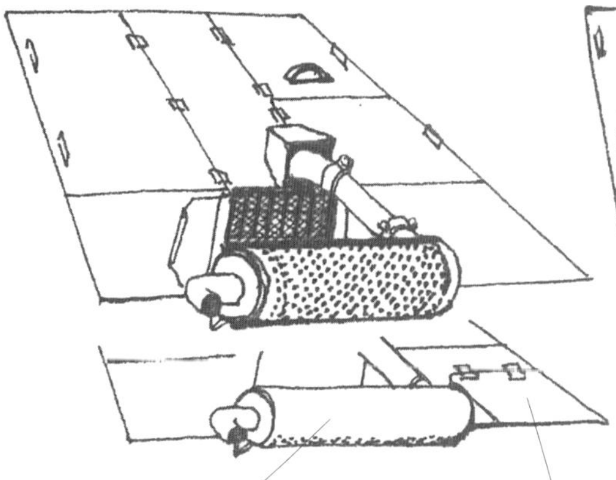

1944년 7월부터 머플러의
방열판을 폐지.

라디에이터 냉각수 주
입구에 여닫이 커버를
설치.

후기 생산차

1944년 7월경부터 전차장
용 소형 해치를 설치.

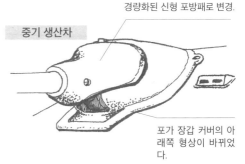

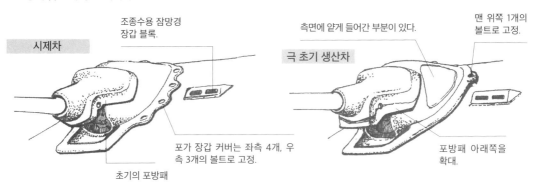

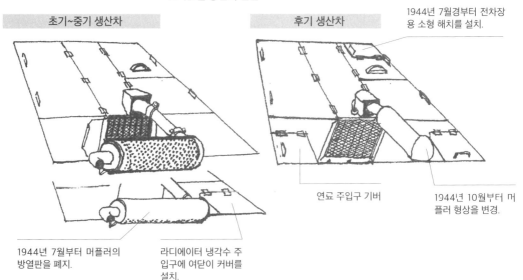

연료 주입구 기버

1944년 10월부터 머
플러 형상을 변경.

헤처의 파생형과 바펜트래거

■ 38(t) 헤처 화염 방사 전차

1944년 12월 16일에 시작된 「라인을 수호하라(Wacht am Rhein)」 작전(아르덴 공세)을 위해 헤처를 개조한 화염 방사 전차가 20대 만들어졌다. 주포인 PaK39를 철거하고 배케(Bäke)식 화염 방사기(사거리 50~60m)를 탑재했으며, 전투실 내부에 700ℓ 용량의 연료탱크가 증설되었다.

■ 38(t) 전차 회수차 헤처

헤처의 차체를 이용해서 만든 전차 회수차로, 차체 전면 좌측에 있는 조종수용 잠망경 바로 위 높이 정도로 차고를 크게 낮췄다. 차체 측면에는 조립식 크레인이 장비되었으며 차체 후부에는 견인구와 가동식 스페이드가 설치되었다. 또한 상부 개방식 전투실 안에는 윈치가 증설되었다. 1944년 5월부터 생산되기 시작, 181대가 만들어졌다.

■ 38(t) 정찰 전차 헤처

헤처를 기반으로 한 정찰 전차의 시제차. 전투실은 상부 개방식으로 헤처보다 훨씬 낮다. 24구경장 7.5cm 전차포가 앞쪽 중앙에 장비되었으며 전투실 상부를 둘러싸는 형태로 장갑판이 설치되었다. 1944년 9월경에 제작되었다.

■ 15cm sIG33/2 탑재 38(t) 구축전차

헤처를 개조한 화력 지원 차량으로, 1944년 12월~1945년 2월 사이에 6대가 생산되었으며, 여기에 전선에서 돌아온 헤처를 개조하여 39대가 만들어졌다고 알려져 있다.

전투실은 전차 회수차와 비슷하게 조종수용 잠망경 장갑 블록 높이에서 위쪽을 잘라낸 상태에서 그 위로 장갑판을 이어 붙인 듯한 형상의 상부 개방식으로 구성되었다. 차체 앞쪽 중앙에 15cm sIG33의 차량 탑재형인 sIG33/2가 탑재되었다.

■ 8.8cm PaK43 탑재 바펜트래거

1944년 2월, 병기국 제6과에서는 8.8cm 대전차포 PaK43과 10.5cm 경곡사포 leFH18/40, 5.5cm 대공 기관포 게래트(Gerät)58 등, 다종다양한 화포를 탑재 가능한 바펜트래거(Waffenträger, 병기 운반차)의 개발을 결정하

38(t) 헤처 화염 방사 전차

PaK39를 제거하고 화염 방사기를 장비.

포가 장갑 커버 상면에 설치된 조준창.

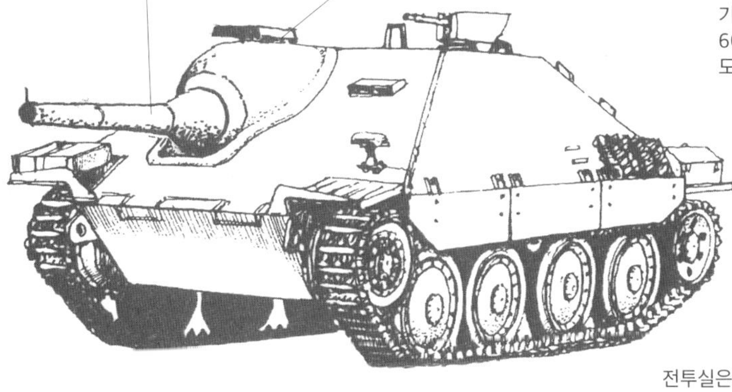

전장: 4.87m 전폭: 2.63m 전고: 2.17m 중량: 15.5t 승무원: 4명 무장: FmW41(41형 화염방사기)×1, MG34 7.92mm 기관총×1 최대 장갑 두께: 60mm 엔진: 프라가 AC2800(200hp) 최대 속도: 42km/h

38(t) 전차 회수차 헤처

전장: 4.87m 전폭: 2.63m 전고: 1.71m 중량: 14.5t 승무원: 4명 무장: MG34 7.92mm 기관총×1 최대 장갑 두께: 60mm 엔진: 프라가 AC2800(200hp) 최대 속도: 42km/h

차체 측면에는 조립식 크레인을 장비.

전투실은 조종수용 잠망경 장갑 블록까지의 높이.

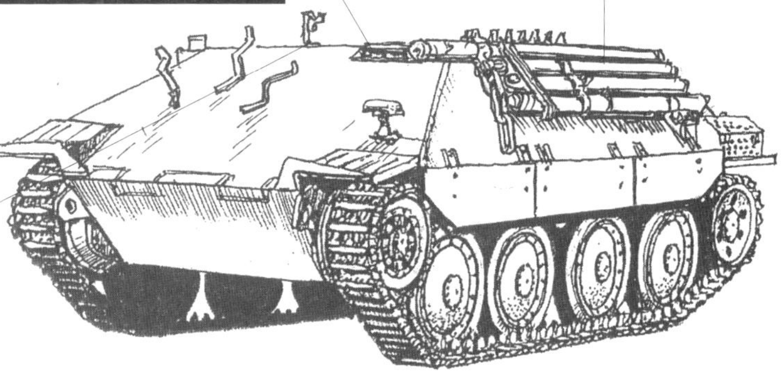

전투실은 상부 개방식이며, 내부에는 윈치가 증설되었다.

고 아르델트(Ardelt)와 슈타이어에 차체 제작을, 크루프와 라인메탈에는 주포 구성부분의 제작을 요청했다. 탑재 화포는 전주 선회식으로, 싣고 내리는 것이 가능해야 한다는 조건에 더하여 차체 크기 및 구조 등에 대해서도 세세한 사양이 정해졌으며, 대전차 자주포 모델의 개발을 최우선으로 진행하게 되었다.

1944년 4월에 아르델트/라인메탈의 시제차, 5월 중순에는 아르델트/크루프의 시제차, 그리고 6월 말에는 슈타이어/크루프의 시제차가 차례대로 완성되었다. 비교 평가 결과, 아르델트/크루프 모델이 다른 설계안보다 우수하다는 판단이 내려지면서, 약간의 개량을 요구한 뒤 바로 생산 계획이 결정되었다.

아르델트/크루프의 바펜트래거는 시제차 2대에 10대 정도의 양산차가 완성되어, 1945년 5월에 벌어진 베를린 공방전에 몇 대인가의 양산차가 실전 투입되었다고 알려져 있다.

38(t) 정찰 전차 헤처

전장: 4.87m 전폭: 2.63m 승무원: 4명 무장: 24구경장 7.5cm 전차포×1, MG34 7.92mm 기관총×1 최대 장갑 두께: 60mm 엔진: 프라가 AC2800(200hp) 최대 속도: 42km/h

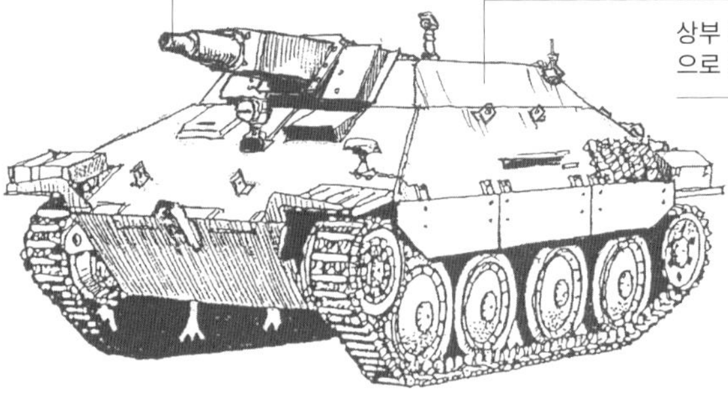
24구경장 7.5cm 전차포를 탑재.
상부 개방식 전투실 위쪽으로 장갑판을 추가.

15cm sIG33/2 탑재 38(t) 구축전차

전장: 4.87m 전폭: 2.63m 전고: 2.2m 중량: 16.5t 승무원: 4명 무장: 12구경장 15cm 중보병포 sIG33/2×1, MG34 7.92mm 기관총×1 최대 장갑 두께: 60mm 엔진: 프라가 AC2800(200hp) 최대 속도: 32km/h

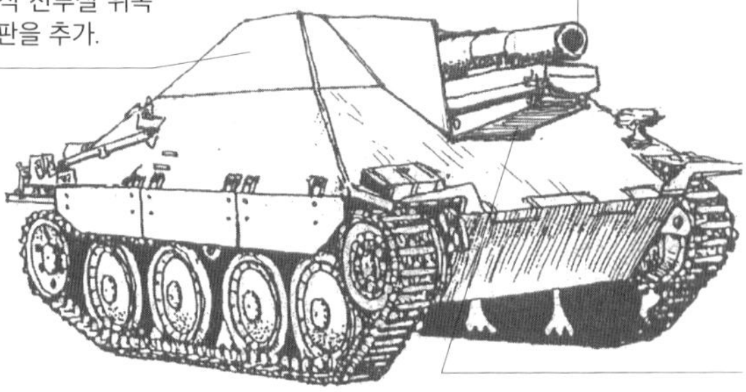
15cm 중보병포 sIG33의 차량 탑재형인 sIG33/2를 탑재.
상부 개방식 전투실 위쪽으로 장갑판을 추가.
주포를 올렸을 때, 포방패 아래의 빈 공간을 방호하는 장갑 커버.

8.8cm PaK43 탑재 바펜트래거 슈타이어/크루프 모델

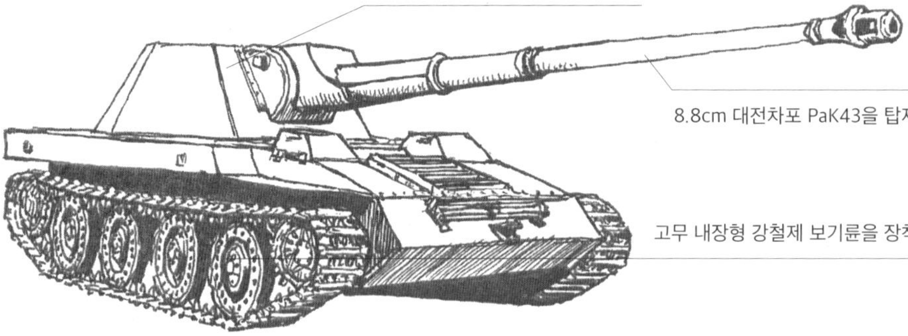
상부 개방식 선회 포탑을 채용.
8.8cm 대전차포 PaK43을 탑재.
고무 내장형 강철제 보기륜을 장착.

8.8cm PaK43 탑재 바펜트래거 아르델트/크루프 모델

전장: 6.53m 전폭: 3.16m 전고: 2.25m 중량: 13.5t 승무원: 4명 무장: 71구경장 8.8cm 대전차포 PaK43×1 최대 장갑 두께: 20mm 엔진: 프라가 AC2800(200hp) 최대 속도: 35km/h

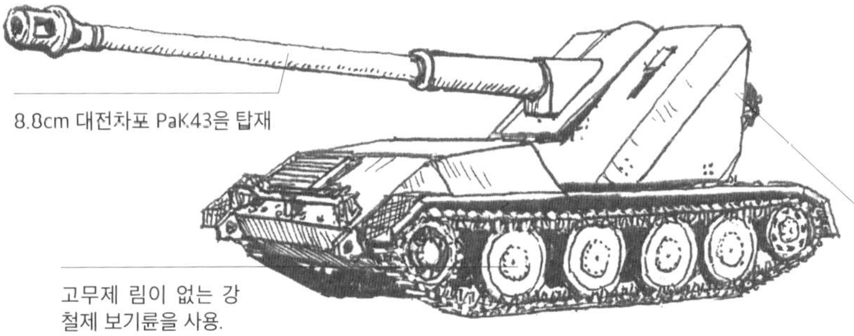
8.8cm 대전차포 PaK43을 탑재
포방패 측면에 장갑판을 추가.
고무제 림이 없는 강철제 보기륜을 사용.

2차 대전 전반기 독일의 주력 전차

Ⅲ호 전차와 파생형

2차 대전 전반기의 독일군 주력 전차가 된 Ⅲ호 전차는 A~N형까지 끊임없이 개량이 이뤄지면서 전격전부터 동부 전선, 발칸 반도는 물론 아프리카 전선에 이르기까지 많은 전선에서 활약했다. 또한 Ⅲ호 전차를 기반으로 개발된 Ⅲ호 돌격포는 대전 중반 이후, Ⅳ호 전차와 함께 독일군의 주력 전투 차량이 되어 전장에서 손실된 숫자를 훨씬 웃도는 수의 적 전차를 격파하는 등, 걸출한 전투 능력을 발휘했다.

Ⅲ호 전차 A~N형

■Ⅲ호 전차의 개발

1934년 1월 27일, ZW(Zug führerwagen, 소대장 차량)이라는 비밀 명칭 아래 Ⅲ호 전차의 개발이 시작되었다. 병기국 제6과에서는 다임러-벤츠, 라인메탈, 크루프에 개발을 요청, 최종적으로 다임러-벤츠에서 차체를, 크루프에서 포탑의 개발을 담당하게 되었는데, 1935년 8월에 시제차가 완성되었으며 심사 결과, 1937년 10월에 Ⅲ호 전차 A형이라는 이름으로 제식 채용되었다.

■Ⅲ호 전차 A형

A형에는 당시의 전차포로서는 표준이라 할 3.7cm 전차포가 장비되었으며, 차체는 전체가 용접 공법으로 제작되었는데, 전장 5.80m에 전폭은 2.82m, 전고는 2.36m, 중량은 15t이었다. 차체 앞부분 좌측에 조종수, 우측에 무전수, 포탑 내부에는 전차장과 포수, 장전수가 탑승하도록 되어 있어 기능적인 승무원 배치가 이루어졌다.

차체의 장갑 두께는 전면이 14.5mm/20°, 전면 상부 14.5mm/50°, 상부 전면 14.5mm/9°, 측면 14.5mm/0°, 상면 10mm/90°, 바닥면 5mm/90°, 포탑 장갑 두께는 전면 14.5mm/5°, 포방패 16mm/곡면, 측면 14.5mm/25°, 상면 10mm/83~90°로 방어력은 그리 높지 않았다.

엔진은 250hp인 마이바흐 HL108TR이 탑재되었으며, 주행부는 앞쪽에 기동륜, 뒤쪽에는 유도륜, 그리고 5개의 대형 보기륜과 2개의 지지륜이 배치된 코일 스프링식 현가장치로 구성되었다. A형은 10대가 생산되는 것에 그쳤다.

■Ⅲ호 전차 B형

A형의 개량형인 B형은 주행 성능의 개선을 위해 주행부를 대폭 변경한 것이 최대의 특징이다. 보기륜은 직경이 작은 2개의 바퀴를 1개의 조로 묶어 보기를 구성하는 방식으로 한쪽에 8개 배치되었으며, 기동륜과 유도륜도 형상이 변경되었다. 또한 지지륜은 3개로 늘어났다.

여기에 더하여 차체 전면의 점검 패널과 조종수용 관측 바이저, 전차장용 큐폴라의 형상도 바뀌었으며 기관실 측면 흡기구는 개구부가 상면으로 옮겨졌고, 기관실 상면의 흡배기 그릴과 점검 해치의 형태도 새로 바뀌게 되었다.

B형은 15대 발주되었으나, 1937년

11월에서 12월 사이에 생산된 것은 10대로, 나머지 5대는 Ⅲ호 돌격포의 시제 차용 차체로 전용되었다.

■Ⅲ호 전차 C형

B형의 뒤를 이은 C형은 B형에서 거의 달라지진 않았다. C형에서는 차체 전면의 점검 패널과 포탑의 전차장용 큐폴라, 차체 후면의 머플러와 견인구 등, 몇 곳이 변경되기는 했으나 가장 큰 개량 포인트라고 한다면 주행부일 것이다. 전/후 보기 부분의 구조가 개량된 데 더하여 기동륜과 유동륜이 변경되었다.

C형은 1937년 연말부터 1938년 초에 걸쳐 15대가 만들어졌다.

■Ⅲ호 전차 D형

C형과 병행 생산된 D형은 현가장치의 개량에 더해, 세부적으로도 약간의 변경이 실시되었다. 또한 기관실의 흡/배기구를 측면에 설치하고 라디에이터를 엔진 뒤쪽으로 옮기는 등, 차체 후부의 형상도 대폭적으로 바뀌었다.

■Ⅲ호 전차 D형/B형 포탑 탑재형

D형은 1938년 9월까지 25대를 끝으로 생산이 종료되었으나, 돌격포의 시제차로 전용된 B형의 포탑이 여분으로 남았기에 D형의 차체에 B형의 포탑을 얹은 사양이 1940년 10월에 5대 만들어졌다.

A~D형은 일종의 저율 초기 생산 내지는 선행 생산 모델이라 할 수 있는 차량으로, 폴란드전에 투입된 이후에는 본국에서 훈련용 차량으로 사용되었다. 하지만 그중에서 D형 차체/B형 포탑 탑재형의 일부 차량은 노르웨이와 핀란드 방면에서 활동한 제40 특별 편성 전차대대에 배치되어 1941~1942년 겨울의 전투에서도 사용되었다.

■Ⅲ호 전차 E형

1938년 12월에 등장한 E형은 차체 디자인을 일신, 전체적으로 대폭 개량 및 변경이 이루어졌다.

E형은 전장 5.380m, 전폭 2.910m, 전고 2.435m, 중량 19.8t으로, 차체 장갑 두께는 전면 30mm/21°, 전면 상부 30mm/52°, 상부 전면 30mm/9°, 측면 30mm/0°, 상면 16mm/90°, 바닥면 15mm/90°, 포탑 장갑 두께는 전면 30mm/15°, 포방패 30mm/곡면, 측면 30mm/25°, 상면 10mm/83°였다.

주행부에는 선진적이라 할 수 있는 토션바식 현가장치를 채용했으며, 엔진은 HL108R의 출력 향상 모델인 HL-120TR로 변경, 최대 시속 67km/h로 성능이 향상되었다.

첫 실전인 폴란드전에 투입된 E형은 17대에 불과했으며, 본격적으로 실전에 투입된 것은 1940년 5월에 벌어진 프랑스전부터였다. E형은 프랑스전 이후로도 계속 사용되어, 발칸 전선, 동부 전선에도 투입되었다.

E형은 다임러-벤츠 외에 헨셸, MAN에서도 생산이 이루어졌으며, 1939년 10월까지 96대가 만들어졌다. 생산 후

Ⅲ호 전차 A형

전장: 5.80m 전폭: 2.82m 전고: 2.36m 중량: 15t 승무원: 5명 무장: 46.5구경장 3.7cm 전차포 KwK36×1, MG34 7.92mm 기관총×3 최대 장갑 두께: 14.5mm 엔진: 마이바흐 HL108TR(250hp) 최대 속도: 35km/h

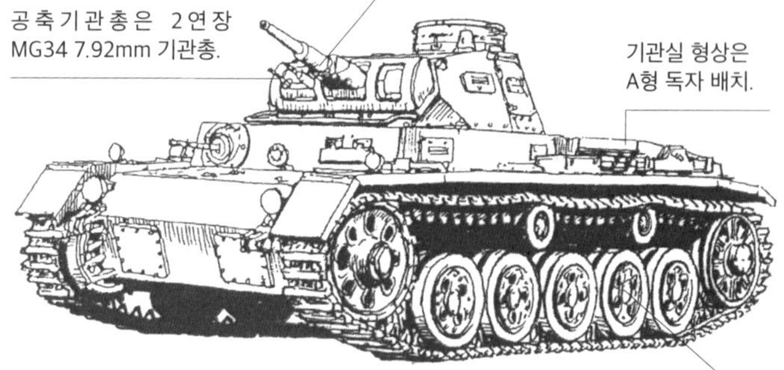

주포는 3.7cm 전차포 KwK36.
공축기관총은 2연장 MG34 7.92mm 기관총.
기관실 형상은 A형 독자 배치.
대형 보기륜을 5개 배치. 코일 스프링식 현가장치 채용.

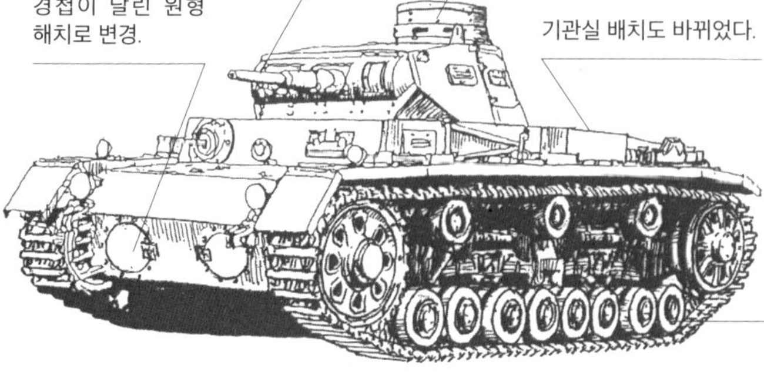

주포, 공축기관총은 A형과 동일.
전차장용 큐폴라의 형상이 바뀌었다.
전면의 점검 패널은 경첩이 달린 원형 해치로 변경.
기관실 배치도 바뀌었다.
소형 보기륜 2개 1조로 보기를 구성하는 방식으로 변경.

Ⅲ호 전차 B형

전장: 5.665m 전폭: 2.82m 전고: 2.387m 중량: 16t 승무원: 5명 무장: 46.5구경장 3.7cm 전차포 KwK36×1, MG34 7.92mm 기관총×3 최대 장갑 두께: 14.5mm 엔진: 마이바흐 HL108TR(250hp) 최대 속도: 40km/h

에는 F형과 G형에서 이뤄진 개량 및 변경점이 반영되어 각 부위의 개수와 변경이 실시되었는데, 그중에는 노텍라이트가 추가된 차량이 있는가 하면, F형과 마찬가지로 포탑 전방의 차체 상면에 도탄 블록이 추가된 차량, 차체 전면 상부에 브레이크 냉각용 통기구 커버가 설치된 차량도 존재했다.

■Ⅲ호 전차 F형

E형의 뒤를 이어 엔진을 기존의 개량형인 HL120TRM으로 교체한 F형의 최초 생산차가 1939년 8월에 완성되었다. 생산 당초의 F형은 엔진 이외에는 E형의 후기 생산차와 기본적으로 같은 사양이었지만, 생산과 병행하여 개량이 진행되면서 차체 전면 상부에 브레이크 냉각용 통기구 커버, 포탑 전방 차체 상면에 도탄 블록의 추가 등이 실시되었다.

Ⅲ호 전차는 F형에 와서 본격적인 양산 체제가 갖춰졌는데, 다임러-벤츠, MAN, 헨셸에 더하여 알케트와 FAMO에서도 생산에 참가하게 되었다.

1940년 6월부터 G형에 5cm 전차포 탑재가 시작되면서, 병행 생산되고 있던 F형에도 5cm 전차포 탑재가 결정되었다. 이에 따라 3.7cm 전차포 탑재형은 같은 해 7월에 생산이 종료되고, 7월 말~8월 초부터 42구경장 5cm 전차포가 탑재된 F형의 생산이 시작되었는데, G형에 도입된 개량과 사양 변경의 일부는 F형에도 반영되어 최종적으로는 5cm 전차포 탑재 G형과 같은 사양이라 해도 좋을 정도의 진화가 이루어졌다.

F형은 이전까지의 양산 모델과 비할 수 없을 정도로 대량으로 생산됐는데, 1941년 5월까지 435대가 만들어졌으며 그중에서 약 100대 정도는 5cm 전차포 탑재형이었다.

■Ⅲ호 전차 G형

1940년 2월에 F형과 병행하여 G형의 생산이 시작되었다. G형은 조종수용 관측 바이저를 슬라이드식에서 회전식으로 변경하고, 차체 후면 장갑을 30mm 두께로 강화한 모델로, 이외에도 세부적인 마이너체인지가 이루어졌다. 주포는 원래 3.7cm 전차포를 탑재했으나, 1940년 6월부터는 5cm 전차포를 탑재하게 되었다.

또한 생산 도중에 신형 보기륜이 도입됐으며, 포탑 측면 해치 커버(Klappe)의 두께를 늘리고, 증가 장갑판이 장착된 데 더하여 큐폴라도 신형으로 바뀌었다. 또한 기관실 점검 해치에 통기구 커버를 신설한 열대 사양(북아프리카 전선 사양)도 만들어졌다. G형은 1941년 5월까지 600대가 생산되었다.

■Ⅲ호 전차 H형

1940년 10월부터 등장한 H형은 처음부터 5cm 포가 장비되었으며, 여기에 맞춰 포탑도 후부 용적을 늘리기 위해 형상이 변경된 신형으로 변경되었다.

F형과 G형에서 추가된 30mm 두께의 차체 전면 증가 장갑판을 표준 장비하게 되면서 차체 전면과 전면 상부, 차체 상부 전면 장갑이 30+30mm 두께가

Ⅲ호 전차 C형

전장: 5.85m 전폭: 2.82m 전고: 2.415m 중량: 16t 승무원: 5명 무장: 46.5구경장 3.7cm 전차포 KwK36×1, MG34 7.92mm 기관총×3 최대 장갑 두께: 14.5mm 엔진: 마이바흐 HL108TR(250hp) 최대 속도: 40km/h

전차장용 큐폴라를 변경.
유도륜을 변경.
점검 해치는 볼트 체결식 사각형 패널로 변경.
기동륜을 변경.
현가장치를 개량.

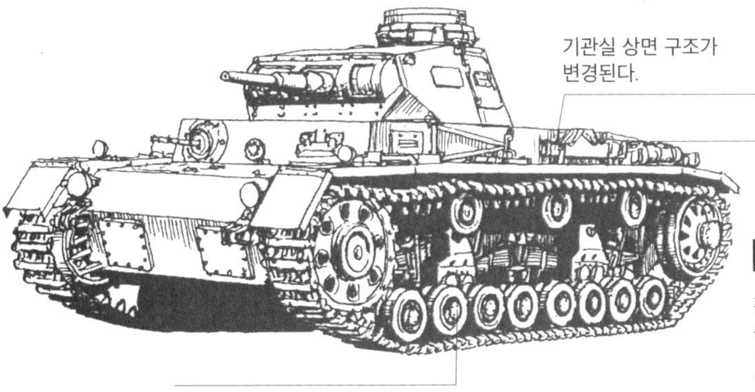

기관실 상면 구조가 변경된다.
기관실 측면에 흡기구를 설치.
현가장치에 개량이 더해진다.

Ⅲ호 전차 D형

전장: 5.92m 전폭: 2.82m 전고: 2.415m 중량: 16t 승무원: 5명 무장: 46.5구경장 3.7cm 전차포 KwK36×1, MG34 7.92mm 기관총×3 최대 장갑 두께: 14.5mm 엔진: 마이바흐 HL108TR(250hp) 최대 속도: 40km/h

되었는데, 이 때문에 발생한 차체 앞부분의 중량 증가에 대처하기 위해 제1 지지륜을 앞쪽으로 옮겨 달게 되었으며 여기에 더하여 폭 40cm의 궤도, 신형 기동륜과 유도륜으로 변경했다. 또한 G형 열대 사양에서 볼 수 있는 기관실 상면 해치의 통기구 및 통기구 장갑 커버도 표준화되었다.

H형은 1941년 4월까지 286대가 생산되어, 5cm 전차포가 탑재된 F형/G형과 함께 주력 전차가 되어 동부 전선과 북아프리카 전선에서 활약했다.

■Ⅲ호 전차 J형

1941년 3월부터 생산 개시된 J형은 기본적인 구조와 스타일은 이전 양산 모델인 H형을 거의 그대로 답습하고 있었으나, 방어력이 향상된 것이 특징이라 할 수 있다. J형에서는 차체 전면, 전부 상면, 차체 상부 전면에 더하여 포탑 전면이 50mm 두께의 1장짜리 장갑판으로 바뀌었다(단, 초기 생산차는 포탑 전면 장갑의 변경이 늦어져, H형과 같은 30mm 두께였다).

또한, 여기에 맞춰 기관총 볼마운트가 50mm 두께의 증가 장갑판에 대응하는 반구형의 신형으로, 조종수용 관측 바이저도 50mm 두께에 맞춘 신형으로 바뀌었으며, 포방패의 장갑 두께도 30mm에서 50mm로 강화되었다.

이외에 차체 전면과 후면에 있던 견인 볼트는 측면 장갑을 연장시켜 만든 돌기물에 개구부를 만든 간이 아이 플레이트식으로 변경되어, 생산성이 향상했으며 차체 후부의 형상도 크게 바뀌었다.

J형은 1942년 2월경까지 1,500대 이상 만들어지면서 Ⅲ호 전차 최대 생산 모델이 되었다. J형의 경우에도 생산과 병행하여 개량과 사양 변경이 수시로 실시되었고, 이에 따라 G형/H형과 마찬가지로 기관실 점검 해치 위에 통기구 및 통기구 장갑 커버를 갖춘 열대 사양이 만들어졌으며, 이외에도 4월 생산분부터는 포탑 후부 게펙카스텐(Gepäckkasten, 대형 수납함)과 오른쪽 펜더 앞부분의 궤도 정비용 공구함이 표준 장비되었고, 전방 기관총 마운트에 방진 커버 장착용 링 설치(6월), 신형 궤도 채용(7월), 차체 후면 배기구 아래쪽에 배기 정류판 장착, 예비 보기륜 랙 설치, 추가 장갑판의 도입(이상 9~10월), 차체 전면에 예비 궤도 랙 설치(11월) 등의 개량이 이루어졌다.

■Ⅲ호 전차 L형

1941년 12월부터는 화력 강화를 위해 J형의 주포를 60구경장 5cm 전차포 KwK39로 바꾼 장포신 모델의 생산이 시작되었는데, 처음에는 42구경장 5cm 전차포 탑재형과 병행 생산되었다. Ⅲ호 전차의 생산이 완전하게 60구경장 5cm 전차포 장비형 생산으로 전환된 것은 1942년 4월부터의 일로, 이 장포신 차량은 L형이라 불리게 되었다.

Ⅲ호 전차 E형/F형

전장: 5.38m 전폭: 2.91m 전고: 2.435m 중량: 19.8t 승무원: 5명 무장: 46.5구경장 3.7cm 전차포 KwK36×1, MG34 7.92mm 기관총×3 최대 장갑 두께: 30mm 엔진: 마이바흐 HL120TR(300hp) 최대 속도: 67km/h

포탑은 신설계.
차체도 형상이 바뀌면서 장갑도 강화된다.
기동륜, 보기륜, 유도륜도 일신. 토션바식 현가장치를 채용.

Ⅲ호 전차 G형 5cm 포 탑재형

전장: 5.38m 전폭: 2.91m 전고: 2.435m 중량: 20.5t 승무원: 5명 무장: 42구경장 5cm 전차포 KwK38×1, MG34 7.92mm 기관총×2 최대 장갑 두께: 30mm 엔진: 마이바흐 HL120TR(300hp) 최대 속도: 67km/h

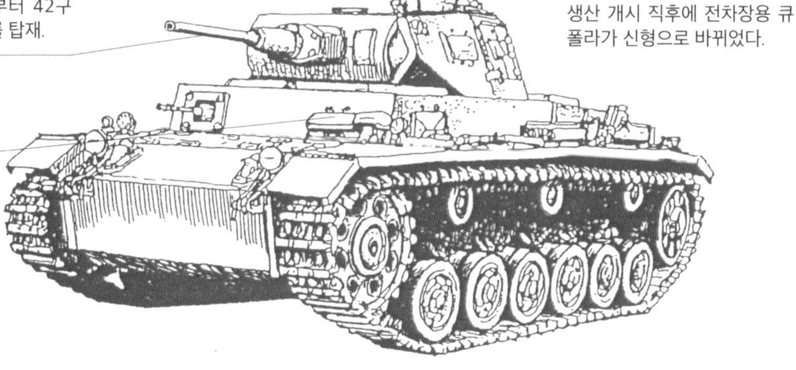

60구경장 5cm 전차포 KwK39는 포구 초속 835m/s, 피모 철갑탄 PzGr39를 사용할 경우, 사거리 100m에서 69mm 두께(입사각 30°)의 장갑판을 관통할 수 있었으며, 이보다 훨씬 관통력이 우수한 텅스텐 탄심 철갑탄 PzGr40을 사용했을 때에는 같은 사거리에서 130mm 두께의 장갑판을 관통 가능했다.

장포신화와 함께 기관실 점검 해치를 1장짜리로 바꾸고, 통기구 및 통기구 장갑 커버 설치가 표준이 되었다. 또한 1942년 4월경부터는 차체 상부 전면에 20mm 두께의 증가 장갑판을 장착하게 되었으며 8월부터는 포방패에도 20mm 두께의 증가 장갑판 장착이 시작되었다. 이후, 생산과 병행하여 1~5월경에는 포방패 우측과 포탑 양측 앞부분의 관측창과 펜더 위의 차폭 표시등과 경적이, 6월 생산차부터는 포탑 전방의 도탄 블록, 차체 하부 측면의 탈출용 해치가 폐지되었으며, 9월 이후에는 노텍 라이트를 폐지하고 보슈 라이트를 설치, 포탑 측면에는 연막탄 발사기가 추가되었다.

L형 또한 대량으로 생산되었는데, 1942년 10월까지 1,470대가 만들어졌다.

■Ⅲ호 전차 K형

소련의 전차를 상대하기에는 Ⅲ호 전차의 60구경장 5cm 전차포 KwK39도 위력이 부족했기에 가장 간편한 화력 강화 방안으로 Ⅲ호 전차의 차체에 43구경장 7.5cm 전차포 KwK40을 장비한 Ⅳ호 전차 G형의 포탑을 그대로 탑재하는 테스트가 이루어졌다.

당초에는 Ⅲ호 전차 K형이라는 이름으로 Ⅳ호 포탑 탑재형의 생산이 예정되어 있었으나 테스트 결과, 중량 과다로 인해 상당 부분 개수가 필요하다는 것이 판명되면서 K형의 개발은 중지되었다.

■Ⅲ호 전차 M형

L형의 뒤를 이어 생산된 M형은 기본적으로 L형의 후기 생산차와 거의 같은 사양이었으나, 차체와 포탑 각 부분에 방수 대책이 이뤄지면서 도하 능력이 개선되어, 이전 모델에서 80cm에 불과했던 도섭 심도가 160cm로 크게 향상되었다.

M형은 1942년 10월부터 1943년 1월까지 MAN, MNH, 헨셸, MIAG에서 517대가 생산되었는데, M형은 생산 초기부터 차체 상부 전면과 포방패의 증가 장갑이 표준 장비되어 있었으나, 여기에 한층 방어력을 향상시키기 위해, 이미 생산이 종료된 1943년 5월경부터 N형에 도입된 대전차 소총 방어용 증가 장갑판인 쉬르첸(Schürzen)이 적용되었다.

■Ⅲ호 전차 N형

Ⅲ호 전차 최종 양산형인 N형의 최대 특징은 24구경장 7.5cm 전차포가 탑재되었다는 점이다.

Ⅲ호 전차 H형

전장: 5.38m 전폭: 2.95m 전고: 2.50m 중량: 21.5t 승무원: 5명 무장: 42구경장 5cm 전차포 KwK38×1, MG34 7.92mm 기관총×2 최대 장갑 두께: 60mm(30+30mm) 엔진: 마이바흐 HL120TR(300hp) 최대 속도: 40km/h

Ⅲ호 전차 J형

전장: 5.52m 전폭: 2.95m 전고: 2.50m 중량: 21.6t 승무원: 5명 무장: 42구경장 5cm 전차포 KwK38×1, MG34 7.92mm 기관총×2 최대 장갑 두께: 50mm 엔진: 마이바흐 HL120TR(300hp) 최대 속도: 40km/h

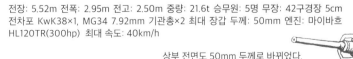

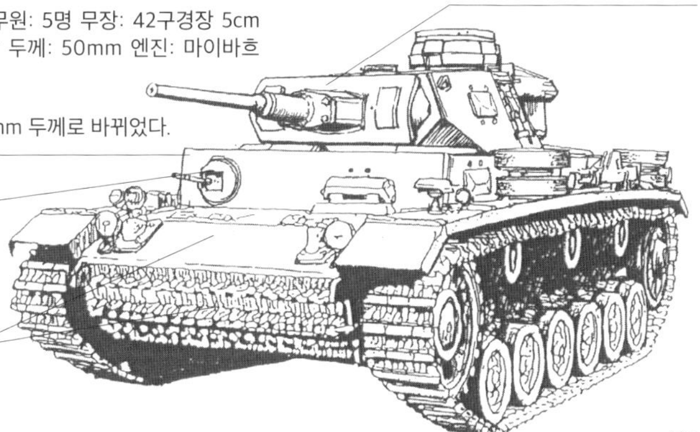

포탑 전면과 포방패는 50mm 두께.
상부 전면도 50mm 두께로 바뀌었다.
50mm 두께의 장갑에 맞춰 바뀐 반구형 전방 기총 마운트.
차체 전면 장갑도 50mm 두께로 강화.

Ⅲ호 전차는 L형과 M형에 들어서면서 60구경장 5cm 전차포 KwK39를 탑재, 원래 모델보다 대폭 화력이 강화되었으나, 소련의 T-34 전차를 상대하기에는 공격력이 부족하다는 인상을 지울 수 없었기에 한층 화력을 강화해줄 것을 요청하는 목소리가 높아졌다. 하지만 포탑 크기로 인해 7.5cm 장포신 전차포를 탑재하는 것은 무리였기에, Ⅳ호 전차가 장포신형으로 바뀌어가는 것에 맞춰, 여분으로 남아 있던 24구경장 7.5cm 전차포를 대신 주포로 선택하게 되었다. 24구경장 7.5cm 전차포는 단포신이었지만 성형작약탄을 사용하면 60구경장 5cm 전차포보다도 훨씬 관통력이 높았고, 구경이 커지면서 고성능 고폭탄도 사용할 수 있었다.

N형은 J, L, M형의 차체를 기반으로 만들어졌기에 기반이 된 차량 형식에 따라 라이트의 배치나 큐폴라 해치의 형상이 달랐으며, 여기에 더해 기관실 측면 흡기구 방수 커버와 차체 후부의 개폐 커버의 유무, 머플러 형상의 차이 등의 상이점이 있었다.

또한 외견상의 변화로, 1943년 5월부터는 쉬르첸의 장착이 시작되었으며, 종전 시까지 제211 전차 대대나 기갑 여단 노르웨이 등에서 사용된 N형에는 현지 부대에서 치메리트 코팅(Zimmerit-Anstrich)이 실시되기도 했다.

N형은 1942년 6월~1943년 8월까지 663대(J형 기반 3대, L형 기반 447대, M형 기반 213대) 가 만들어졌으며, 1943년 7월~1944년 3월에는 정비를 위해 후방으로 돌아온 Ⅲ호 전차 37대(그중에는 초기 생산형인 F형도 있었음)가 N형으로 개장되었다.

동부 전선, 튀니지 전선에서 분전했던 N형은 이후, 서부 전선, 노르웨이 전선에서도 활약하는 등, 종전 시까지 사용되었다.

Ⅲ호 전차 L형

전장: 6.27m 전폭: 2.95m 전고: 2.50m 중량: 23t 승무원: 5명 무장: 60구경장 5cm 전차포 KwK39×1, MG34 7.92mm 기관총×2 최대 장갑 두께: 50+20mm 엔진: 마이바흐 HL120TR(300hp) 최대 속도: 40km/h

주포는 60구경장 5cm KwK39를 탑재.

1942년 8월경부터 포방패에 두께 20mm인 증가 장갑판을 장착.

생산 개시 직후에 관측창이 폐지된다.

1942년 4월경부터 차체 상부 전면에 두께 20mm인 증가 장갑판을 장착.

Ⅲ호 전차 M형

전장: 6.412m 전폭: 2.97m 전고: 2.50m 중량: 23t 승무원: 5명 무장: 60구경장 5cm 전차포 KwK39×1, MG34 7.92mm 기관총×2 최대 장갑 두께: 50+20mm 엔진: 마이바흐 HL120TR(300hp) 최대 속도: 40km/h

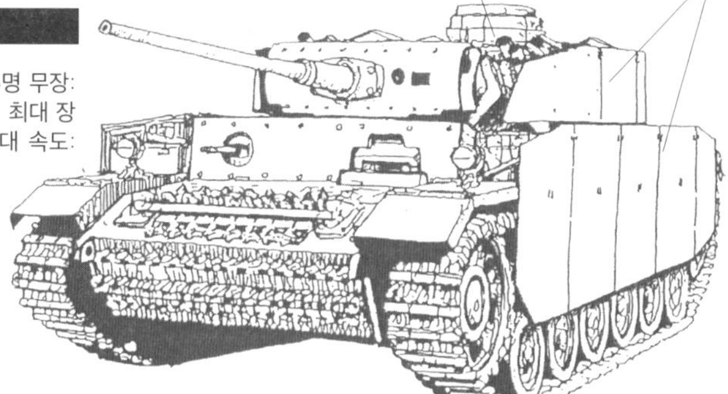

1942년 9월부터 포탑 전방에 3연장 연막탄 발사기를 장비.

1943년 5월부터 포탑 주위와 차체 측면에 쉬르첸이 장착되기 시작한다.

Ⅲ호 전차 N형

전장: 5.65m 전폭: 2.97m 전고: 2.50m 중량: 23t 승무원: 5명 무장: 24구경장 7.5cm 전차포 KwK37×1, MG34 7.92mm 기관총×2 최대 장갑 두께: 50+20mm 엔진: 마이바흐 HL120TR(300hp) 최대 속도: 40km/h

Ⅲ호 전차 J형/L형/M형을 기반으로 제작되었다.

주포를 24구경장 7.5cm KwK37로 교체.

⦿포탑 부분의 변화

F형 후기 생산차~G형 초기 생산차의 전차장용 큐폴라.

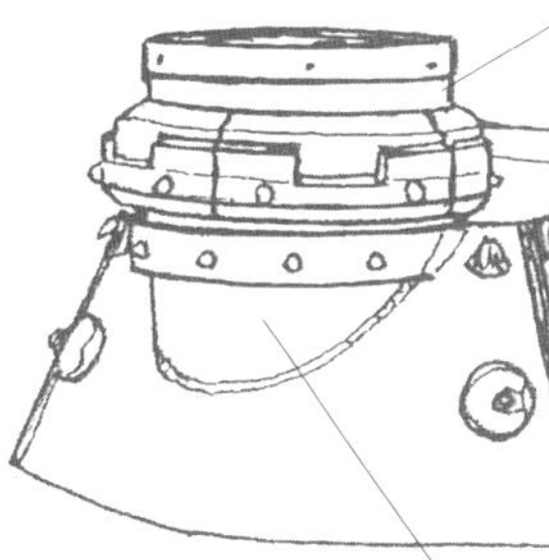

큐폴라 아래쪽이 돌출되어 있다.

【F형/G형의 포탑 후면】

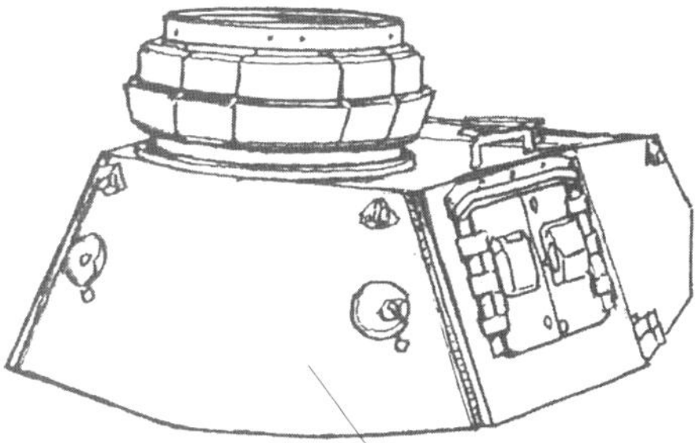

포탑 후면을 좌우로 확대하면서 돌출부가 사라졌다.

【H형의 포탑 후면】

⦿E형~M형의 기관실 상면

E형/F형

후속 모델인 G형과는 견인 케이블 고정구의 배치가 다르다.

발연통 랙을 설치.

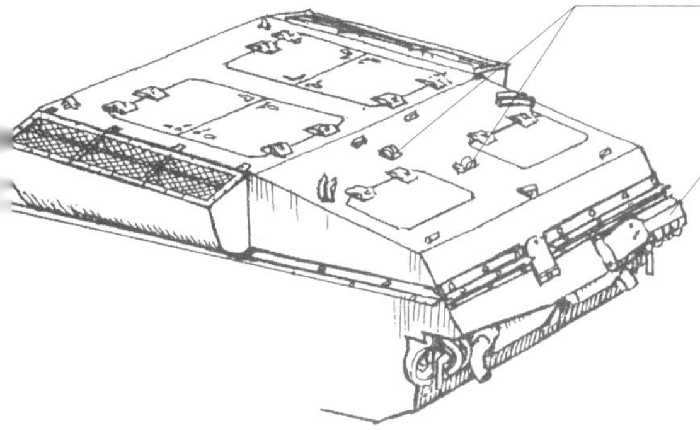

전방 우측 점검 해치에 1곳, 좌측 해치에는 2곳에 통기구가 생겼으며, 그 위에 장갑 커버가 설치되었다.

후방 점검 해치에도 통기구를 만들고 그 위에 장갑 커버를 설치.

G형~J형 초기 생산차
열대 사양

H형부터 발연통 랙에 장갑 커버를 장착.

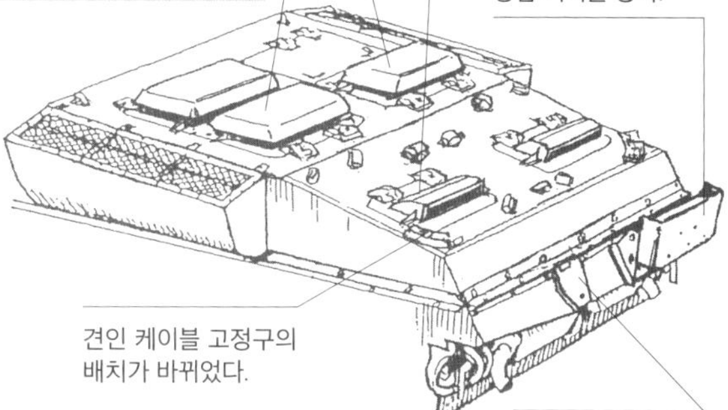

견인 케이블 고정구의 배치가 바뀌었다.

엔진 시동용 크랭크 삽입구의 형상이 변경.

전방 점검 해치는 앞쪽으로 열리는 방식으로 바뀌었고, 통기구와 장갑 커버가 표준화되었다.

후방 점검 해치는 세로로 확대되었으며 통기구와 장갑 커버가 표준화되었다.

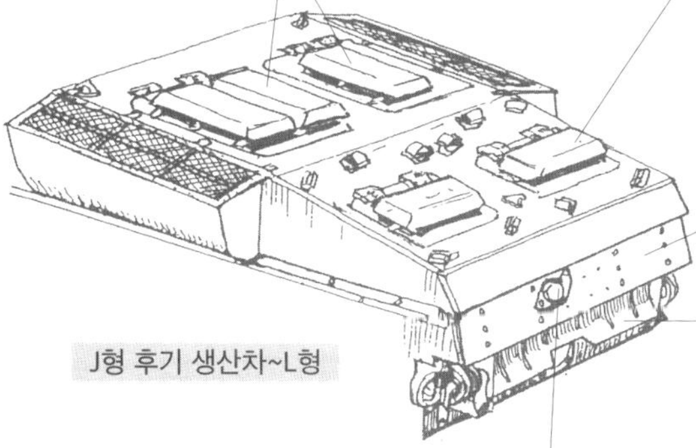

차체 후부 형상도 바뀌었다.

배기구 아래에 정류판이 설치된 차량도 존재한다.

J형 후기 생산차~L형

엔진 시동용 크랭크 삽입구의 커버 형상도 변경.

M형

상부에 밸브식 방수 장치를 장비.

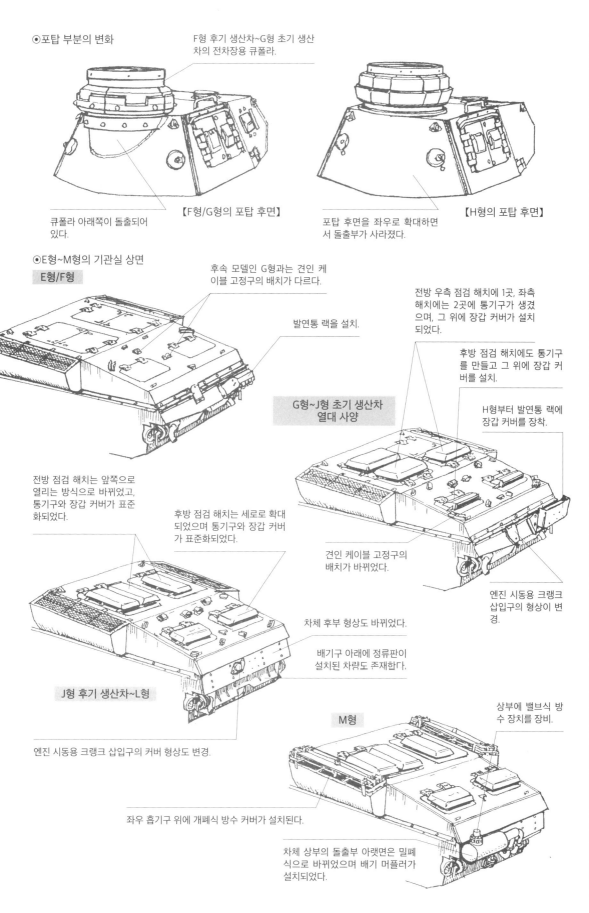

좌우 흡기구 위에 개폐식 방수 커버가 설치된다.

차체 상부의 돌출부 아랫면은 밀폐식으로 바뀌었으며 배기 머플러가 설치되었다.

⦿ III호 전차 J형의 세부

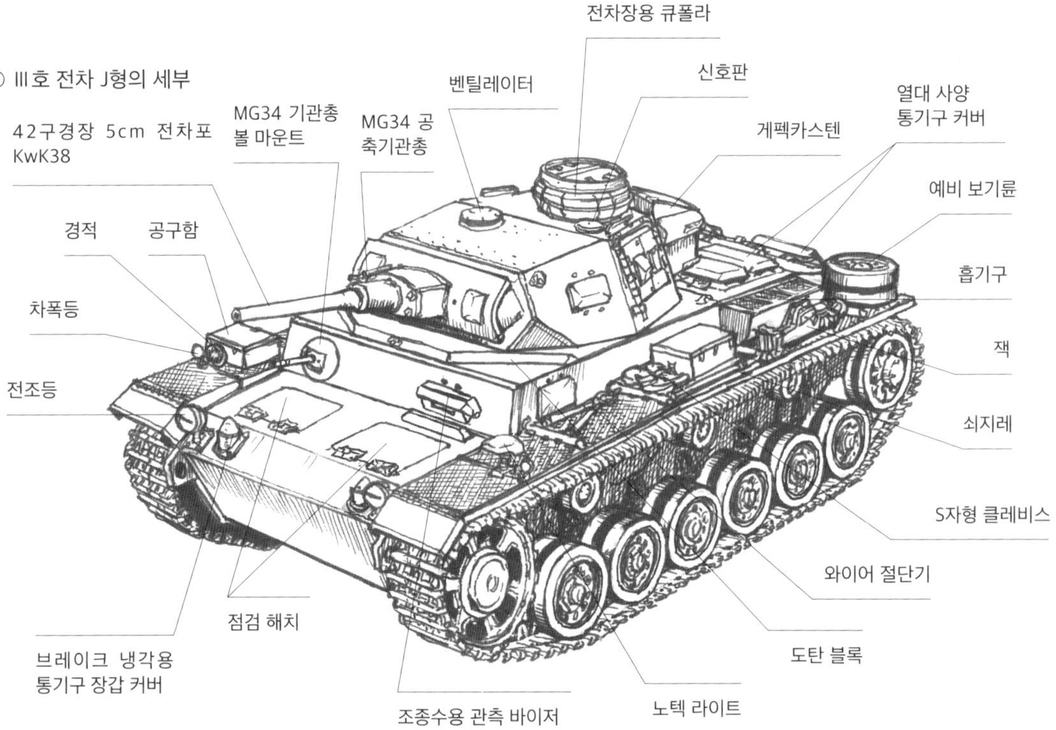

⦿III호 전차 L형의 세부

1. 60구경장 5cm 전차포 KwK39
2. 포방패 증가 장갑판(두께 20mm)
3. 증가 장갑 부착판
4. 조준기
5. 연막탄 발사기
6. 벤틸레이터
7. 포미 안전 가드
8. 측면 전방 해치의 관측 장치
9. 측면 후방 해치의 사격용 여닫이문
10. 큐폴라 외부 관측 장비
11. 전차장용 큐폴라
12. 게펙카스텐
13. 통기구 장갑 커버
14. 마이바흐 HL120TRM 엔진
15. 통기구 장갑 커버
16. 배기구
17. 머플러
18. 배기관
19. 발전기
20. 전차장석
21. 토션바
22. 프로펠러 샤프트
23. 포수석
24. 상하각 조절 핸들
25. 수동 포탑 선회 핸들
26. 조종수석
27. 변속 레버
28. 조향 레버
29. 브레이크 페달
30. 아이플레이트
31. 통기구
32. 전조등
33. 변속기
34. MG34 기관총
35. 조종수 관측 바이저
36. 증가 장갑판(두께 20mm)
37. 기관총 볼 마운트

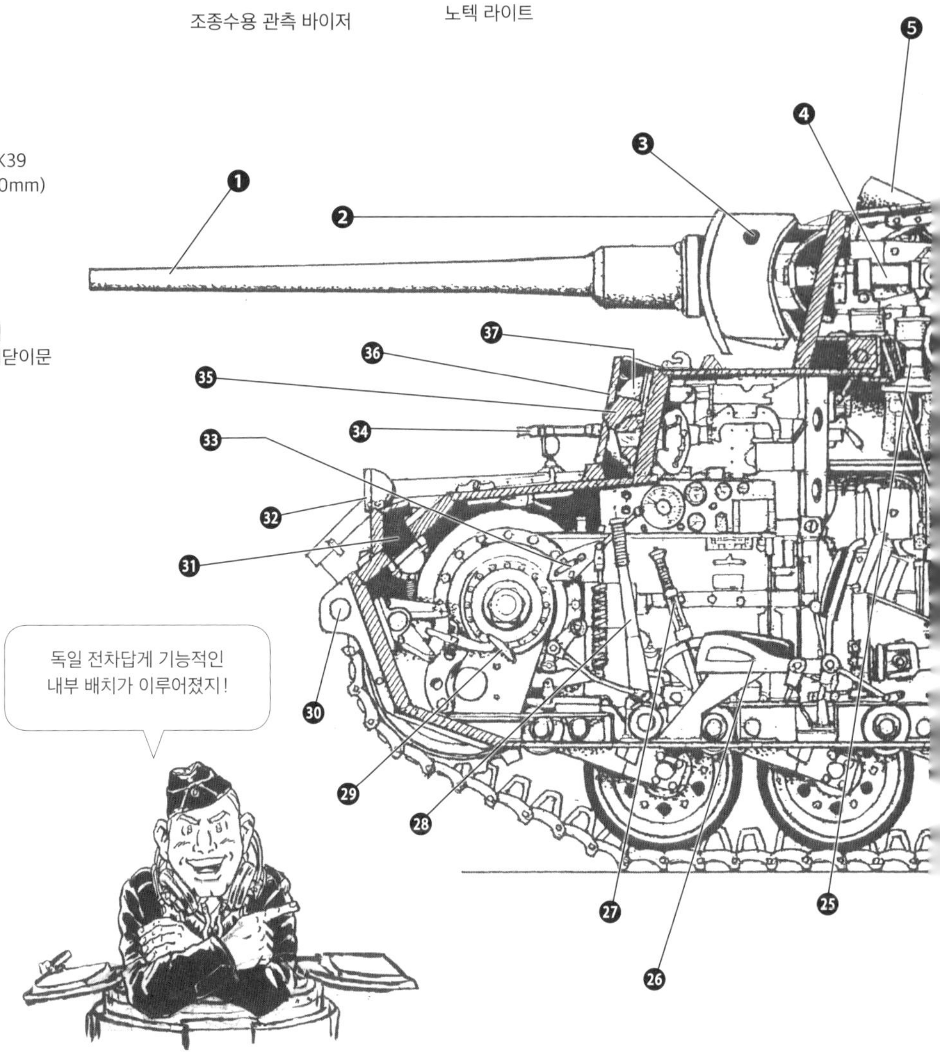

⊙III호 전차 H형 포탑 내부 승무원 배치

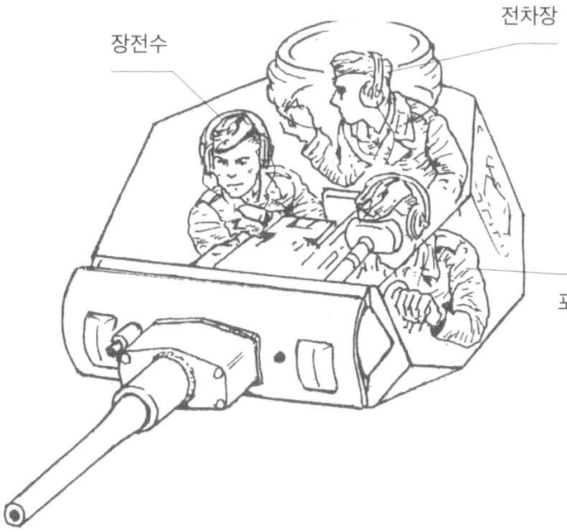

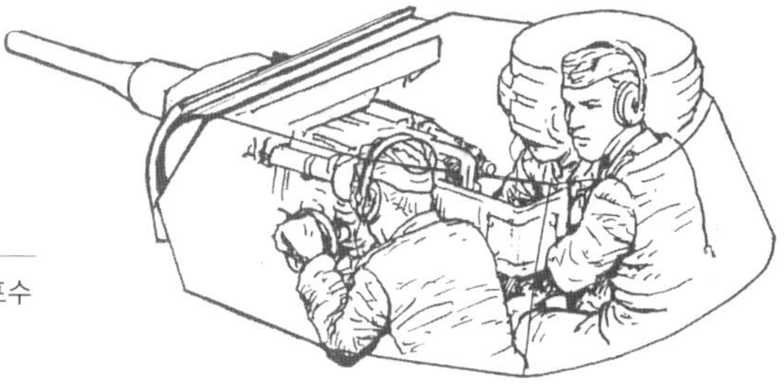

⊙III호 전차 H형의 포미 부근

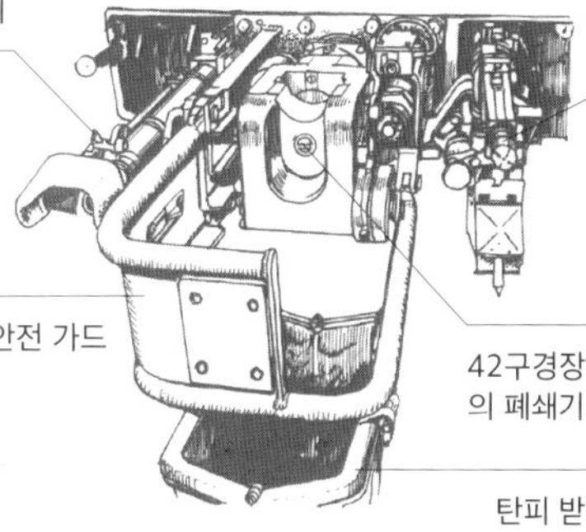

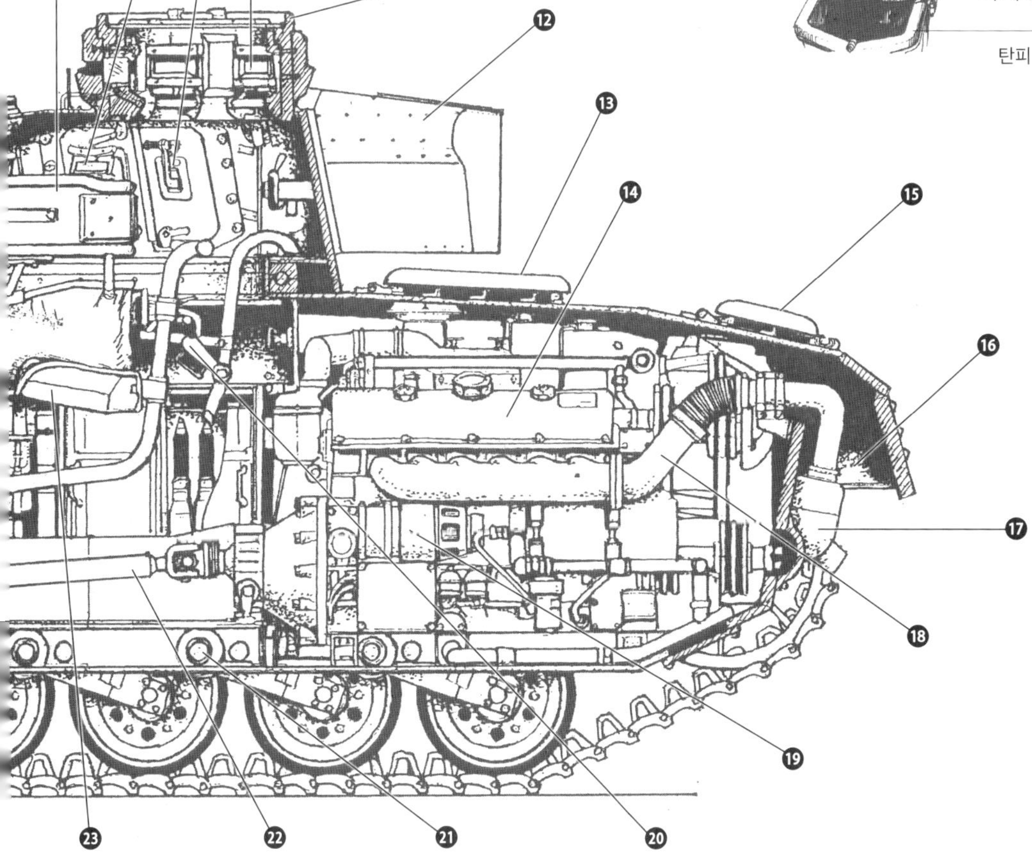

◉Ⅲ호 전차 H형 포탑 내부 승무원 배치
전차장
장전수
포수
◉Ⅲ호 전차 H형의 포미 부근
조준기
MG34 공
축기관총
포미 안전 가드
42구경장 5cm 전차포
의 폐쇄기
탄피 받이
8
7
9
10
11
12
13
14
15
16
17
18
19
20
21
22
23

Ⅲ호 전차의 파생형

■지휘 전차 D1형/E형/H형

Ⅲ호 전차를 기반으로 하는 지휘전차는 다임러-벤츠에서 제작되었다. 먼저 D형을 기반으로 하는 지휘 전차 D1형이 1938년 6월부터 1939년 3월까지 30대, E형을 기반으로 한 지휘 전차 E형이 1939년 7월~1940년 2월 사이에 45대 만들어졌으며 여기에 H형을 기반으로 제작된 지휘 전차 H형이 1940년 11월~1942년 1월까지 175대 만들어졌다.

세 차종 모두 기본이 된 차체에 따라 세부 사양에 차이가 있으나, 주포를 철거한 자리에 모의 포신을 장착하고, 포탑을 고정식으로 만든 뒤, 포탑 내부에 지휘용 무전기를 탑재했으며 기관실 상면에 대형 프레임 안테나, 차체 좌측에 로드 안테나가 증설되었다.

고정무장으로는 포탑 전면 오른쪽의 기총 마운트에 장비된 MG34 7.92mm 기관총뿐으로, 차체 상부 전면 우측에 있는 기관총 볼 마운트는 피스톨포트로 변경되었으며, 차체 좌우측면에도 피스톨포트가 증설되었다.

■42구경장 5cm 포 탑재 지휘 전차

전장에서 활동하기 위해서는 지휘 전차 역시 일반 전차와 동등한 화력을 갖춰야 했기에, 42구경장 5cm 전차포가 탑재된 지휘 전차가 새로이 만들어졌다. J형을 기반으로 하여 탑재 탄약수를 줄이고 지휘용 무전기를 탑재했으며, 차체 좌측에는 안테나 및 안테나 케이스, 기관실 후부에는 슈테른 안테나용 안테나 마운트가 증설되었다.

42구경 5cm 포 탑재 지휘 전차는 1942년 8월부터 11월 사이에 81대가 만들어졌고 이후, 1943년 3월부터 5월 사이에는 J형 일반 전차를 개장하는 형태로 104대가 더 만들어졌다. 또한 L형/M형과 마찬가지로 추가 장갑이 장착된 60구경장 5cm 포 탑재 지휘 전차도 소수 제작되었다.

■지휘 전차 K형

전투가 격화됨에 따라, 지휘 전차도 화력을 강화해야 할 필요성이 높아졌다. 이에 따라 Ⅲ호 전차 L형/M형과 같은 60구경장 5cm 전차포 KwK39를 장비한 지휘 전차 K형이 만들어졌다. 지휘 전차 K형에는 계획 단계로 끝나고 만 Ⅲ호 전차 K형의 개발 경험이 반영되어, 포탑 내부에 지휘 통신 기기와 5cm 전차포를 탑재할 수 있도록 Ⅲ호 전차보다 한 둘레 큰 Ⅳ호 전차 F형의 포탑을 개조, Ⅲ호 전차 M형의 차체에 올렸다. 여기에 더하여 차체 좌측면에 로드 안테나와 안테나 케이스를 추가하고, 기관실 후부에는 슈테른 안테나용 마운트가 신설되었다.

지휘 전차 K형은 1942년 12월부터 생산이 시작되었으나, M형이 생산 종료되면서 함께 생산이 중단되어, 1943년 1월까지 50대만이 만들어지는 것에 그쳤다. 지휘 전차 K형은 장비품과 장비품의 부착 위치가 다른 차량은 물론, 쉬르첸, 게펙카스텐 등을 추가로 장비한 차량이 있는 등, 세부 사양이 다른 베리에이션이 존재했다.

■Ⅲ호 잠수 전차

지휘 전차 E형

전장: 5.38m 전폭: 2.91m 전고: 2.44m 중량: 19.5t 승무원: 5명 무장: MG34 7.92mm 기관총×1 최대 장갑 두께: 30mm 엔진: 마이바흐 HL120TR(300hp) 최대 속도: 40km/h

포탑은 고정식.

모의 포신으로 변경.

전방 기총 마운트는 피스톨 포트로 변경.

차체 좌측에 로드 안테나를 추가.

기관실 상부에 프레임 안테나를 추가.

피스톨 포트를 증설.

안테나 수납 케이스를 추가.

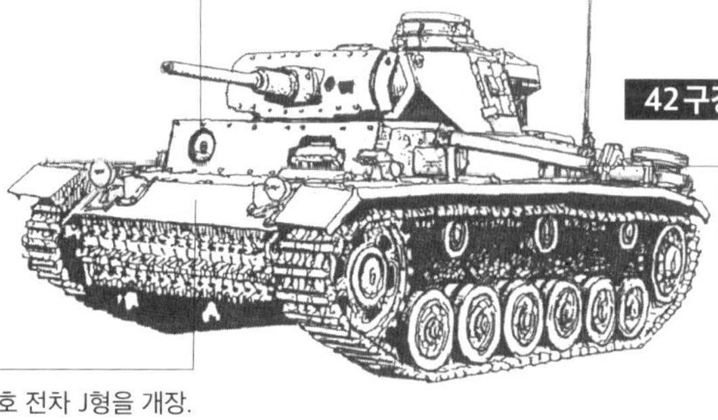

전방 기총 볼 마운트를 피스톨 포트로 변경.

차체 좌측에 안테나를 증설.

안테나 수납 케이스도 증설되었다.

Ⅲ호 전차 J형을 개장.

42구경장 5cm 포 탑재 지휘 전차

전장: 6.28m 전폭: 2.95m 전고: 2.50m 중량: 21.5t 승무원: 5명 무장: 42구경장 5cm 전차포 KwK38×1, MG34 7.92mm 기관총×1 최대 장갑 두께: 70mm(50+20mm) 엔진: 마이바흐 HL120TRM(300hp) 최대 속도: 40km/h

독일은 1940년 여름에 실시할 예정이었던 영국 본토 상륙 작전인 「바다사자 작전(Unternehmen Seelöwe)」에 대비하여, Ⅲ호 전차와 Ⅳ호 전차를 기반으로 한 잠수 전차를 개발했다. 잠수 전차는 포탑링과 각 해치에 고무 실링 처리를 하고, 포방패와 전방 기총, 기관실 흡기구에 방수 커버를 장착하는 등, 차체 곳곳에 방수 처리가 이루어진 차량이었다.

여기에 더하여 해저를 주행할 수 있는 특수 장비를 추가, 해저 주행 시에는 18m 길이의 스노클 호스를 이용하여 흡배기를 실시하며, 차내에 장비된 자이로컴퍼스와 스노클 호스 끝부분의 부항 부이에 달린 무선 안테나를 통해 진로를 파악할 수 있도록 만들어졌다.

Ⅲ호 잠수 전차는 Ⅲ호 전차 F형/G형/H형 및 지휘 전차 E형을 개조, 168대가 만들어졌다. 하지만 바다사자 작전이 중지되면서 잠수 전차의 태반은 제4기갑 사단과 제18 기갑 사단 등에 배치되었는데, 대부분이 일반적인 전차와 별 차이 없이 운용되었다. 단, 제18 기갑 사단 배치 차량은 1941년 봄의 소련 침공 당시, 잠수 성능을 살려 폴란드 동부의 부크(Bug)강에서 잠수 도하를 실시했다.

■Ⅲ호 포병 관측 전차

1943년, 독일군은 포병부대에 수반하여 포격 지점 확정 및 탄착 관측을 실시할 수 있는 포병 부대용 관측 차량의 개발을 결정했다. 1943년 2월부터 1944년 4월에 걸쳐 크루프에서 Ⅲ호 전차 E형/F형/G형/H형을 개장한 Ⅲ호 포병 관측 전차가 262대 만들어졌다.

포탑 내부에 전용 장비인 중거리 수신기 Fu4와 교신 범위 20km인 송수신기

지휘 전차 K형

전장: 6.41m 전폭: 2.95m 전고: 2.51m 중량: 23t 승무원: 5명 무장: 60구경장 5cm 전차포 KwK39×1, MG34 7.92mm 기관총×1 최대 장갑 두께: 70mm(50+20mm) 엔진: 마이바흐 HL120TRM(300hp) 최대 속도: 40km/h

Fu8 무전기용 슈테른 안테나를 장비.
전방 기총 볼 마운트를 피스톨 포트로 변경.
1943년 5월 이후부터 쉬르첸을 덧붙인 차량도 존재한다.

차체는 Ⅲ호 전차 M형을 사용.
포탑은 Ⅳ호 전차 F형을 개조.
외부 관측용 장갑 바이저를 설치.
주포는 60구경장 5cm 전차포 KwK39를 장비.

Ⅲ호 잠수 전차

황당무계하게 보이겠지만, 1940년 7~8월에 실시한 수중 주행 실험을 통해 그 실용성을 증명했지!

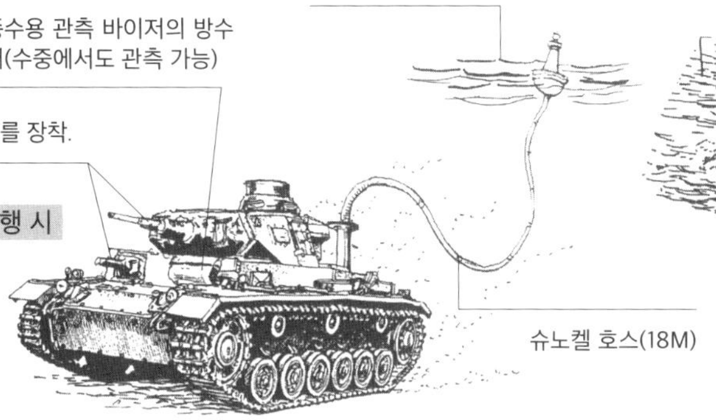
잠수 주행 시
해면 위의 부유 부이를 통해 진로를 확인.
조종수용 관측 바이저의 방수 커버(수중에서도 관측 가능)
방수 커버를 장착.
슈노켈 호스(18M)

상륙 시
전차장용 큐폴라에 장착된 고정식 스노클.
상륙 시에는 포구와 총구의 방수 마개를 화약으로 날려버리도록 되어 있었다.

Fu8을 탑재했기 때문에 주포를 철거한 대신, 고정 무장으로 MG34 기관총 볼 마운트가 설치되었다. 포방패 우측에는 모의 포신이 부착되었으며, 포탑 상면에는 TBF2 관측 잠망경용 해치 커버가 신설되었다. 큐폴라 안쪽에는 SF14Z 포대경과 TSR1 관측 잠망경 마운트가 설치되었다.

Ⅲ호 포병 관측 전차는 주로 10.5cm 자주 곡사포 베스페와 15cm 자주 곡사포 후멜을 장비한 포병 중대에 배치되었다.

■Ⅲ호 무선 조종 지휘 전차

B.Ⅰ/B.Ⅱ 지뢰 처리차와 B.Ⅳ 폭약 운반차 등을 무선으로 조종하는 지휘차량으로 Ⅰ호 지휘 전차가 사용되어왔으나, 장갑이 얇고, MG34 7.92mm 기관총밖에 장비하지 않았기에 포탄이 난무하는 전장에서 활동하기에는 문제가 있었다. 이에 따라, Ⅲ호 전차 J형/L형/M형을 기본으로 하는 Ⅲ호 무선 조종 지휘 전차가 개발되었다.

Ⅲ호 무선 조종 지휘 전차는 기본이 된 차량의 무장을 그대로 탑재한 채, 포탑 후부의 게펙카스텐을 제거하고 그 자리에 무선 조종용 기재를 수납한 컨테이너 박스를 장착했으며, 오른쪽 펜더 앞부분에 대형 수납함을 추가하면서, 차체 외부 장비품의 설치 위치가 변경되었다.

Ⅲ호 무선 조종 지휘 전차는 1942년 봄~1943년 중반 사이의 기간 동안, B.Ⅰ/B.Ⅱ 지뢰 처리차와 B.Ⅳ 폭약 운반차를 운용하는 열대 (무선 조종)실험 분견대, 제300 (무선 조종)전차 대대, 제301 (무선 조종)전차 대대, 제313 (원격 조종)전차 중대에 배치되었다.

■Ⅲ호 전차(Flamm, 화염 방사형)

스탈린그라드 전투에서 얻은 전훈에 따라 1942년 11월부터 Ⅲ호 전차 M형을 기반으로 하는 화염 방사 전차의 개발이 시작되었다.

60구경 5cm 전차포 KwK39 대신 화염 방사 노즐을 장비하고, 승무원 구성도 화염 방사기 조작을 겸하는 전차장과 무전수, 조종수까지 3명으로 바뀌면서, 차내에 방사용 압력 펌프 작동을 위해 ZW1101 엔진과 방사용 연료 1,020 ℓ가 담긴 2개의 탱크가 설치되었다. 화염 방사기의 유효 사거리는 약 60m로, 1회에 2~3초씩 전부 합쳐 80회 정도의 방사가 가능했다.

1943년 2월부터 3월에 걸쳐 베크만(Weckmann)사에서 100대의 M형이 화염 방사형으로 개장되었는데, 그로스도이칠란트(großdeutschland, 대(大)독일) 기갑 사단을 비롯하여 제1, 제6, 제14, 제16, 제24, 제26 기갑 사단 등의 화염 방사 소대에 배치되었다. 당초에는 Ⅲ호 화염 방사 전차라는 이름이 붙었으나, 후에 Ⅲ호 전차(화염 방사형)으로 개칭되었다.

■Ⅲ호 전차 회수차

1944년 3월부터 1945년 3월까지 Ⅲ호 전차 J형/L형/M형/N형을 개장,

Ⅲ호 포병 관측 전차 H형

전장: 5.52m 전폭: 2.92m 전고: 2.50m 중량: 23t 승무원: 5명 무장: MG34 7.92mm 기관총×1 최대 장갑 두께: 70mm(50+20mm) 엔진: 마이바흐 HL120TRM(300hp) 최대 속도: 40km/h

포탑 상면에 TBF2 관측 잠망경
용 해치 커버를 신설.
기총 볼 마운트에
MG34를 장비.
모의 포신을 장착.
전방 기총 볼 마운트를 피스톨 포트로 변경.

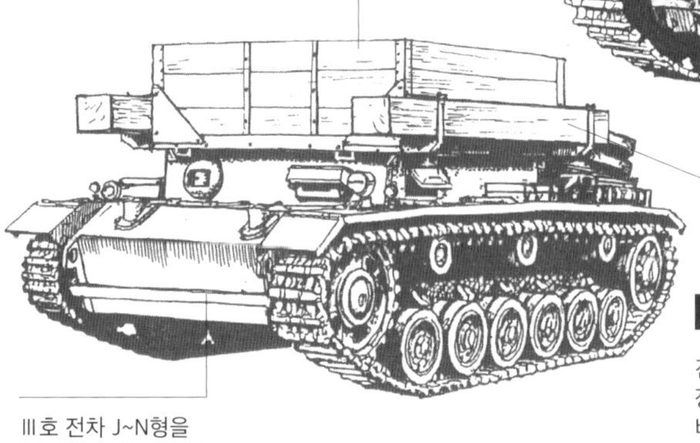
포탑을 철거하고 목제 작업대를 설치.
측면에 각재를 적재.
Ⅲ호 전차 J~N형을
개조해서 만들어졌다.

Ⅲ호 전차 회수차

전장: 5.52m 전폭: 2.95m 전고: 2.45m 중량: 19t 승무원: 3명 무장: MG34 7.92mm 기관총×1 최대 장갑 두께: 50mm 엔진: 마이바흐 HL120TRM(300hp) 최대 속도: 40km/h

176대의 Ⅲ호 전차 회수차가 만들어져, 각 기갑 사단, 기갑 척탄병 사단, 보병 사단, 돌격포 여단, 전차 구축 대대, 국민 척탄병 사단 등에 배치되었다.

Ⅲ호 전차 회수차는 포탑을 철거하고 차체 상부 상면 주위를 나무판으로 둘러 만든 간이 짐칸이 설치되었는데, 이 짐칸 양 측면에는 각재 또는 통나무가 장비되었으며 기관실 측면에는 2톤 간이 크레인 설치 마운트, 차체 후면 하부에는 대형 견인구가 증설되었다.

■Ⅲ호 지뢰 제거 전차

1940년에 크루프에서는 Ⅲ호 전차 E형 또는 F형을 기반으로 한 지뢰 제거 전차를 제작했다. Ⅲ호 지뢰 제거 전차는 포탑을 철거하고 지뢰의 폭발로부터 차체가 입는 피해를 줄이기 위해 현가장치를 올렸으며, 차체 전방에 6개의 롤러가 장착되었다.

시험 결과, 조종성과 지뢰 제거 롤러의 조작성에 문제가 있어, 시제차 단계에서 개발이 중지되었다. 시제차는 아마도 1대뿐이었던 것으로 보인다.

■Ⅲ호 대공 전차

대전 후반, 완전히 제공권을 상실한 독일군은 각종 대공 전차를 개발하여 전차, 구축 전차, 기갑 척탄병 부대에 배치했다. 하지만 돌격포 부대에는 거의 배치되지 않았는데, 이로 인해 돌격포 부대에서 대공 전차의 배치를 요구하는 목소리가 대단히 높았고, 1944년 10월에 돌격포 부대용 대공 전차의 개발이 시작되었다.

부품의 공급과 정비 편의성을 고려하여, 정비 및 수리를 위해 전선에서 돌아온 Ⅲ호 전차의 차체를 개장, 3.7cm FlaK43을 장비한 Ⅳ호 대공 전차 오스트빈트의 포탑을 탑재할 것이 결정되었는데, 포탑의 생산은 오스트바우(Ostbau Werke)사에서, 차체의 개장은 돌격포 학교 정비부에서 담당했다.

1945년 3월부터 생산이 시작된 Ⅲ호 대공 전차는 서부 전선의 제341 돌격포 여단에 8대, 제244 돌격포 여단에 2대, 제667 돌격포 여단에 4대가 배치되었다.

■오버랩 배치 프레스제 보기륜형

Ⅲ호 전차는 토션바식 현가장치를 채용, 선진적인 설계를 하고 있었으나, 좀 더 기동성을 높이기 위해, 1940년 말에 H형 포탑이 탑재된 G형의 차체를 이용, 보기륜을 프레스 공법으로 만든 경량형으로 바꾸고, 접지압을 균등화하기 위해 오버랩식으로 배치한 시제차가 만들어졌다.

하지만 시험 평가 결과, 이 시제차는 제식 채용에는 이르지 못했고 이후 훈련용으로 사용되었다.

Ⅲ호 지뢰 제거 전차

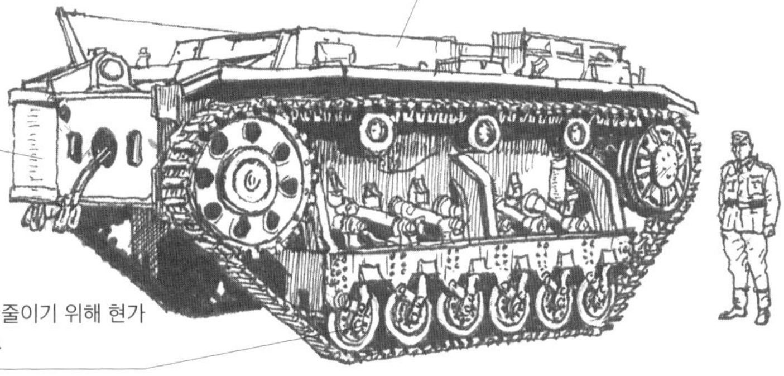
포탑은 철거되었다.
이 일러스트에는 그려져 있지 않으나, 차체 전면에 지뢰를 밟아 폭파시키는 6개의 대형 롤러가 부착된다.
지뢰의 폭발로 인한 피해를 줄이기 위해 현가장치를 개조, 차고를 높였다.

Ⅲ호 전차(화염 방사형)

전장: 6.41m 전폭: 2.95m 전고: 2.50m 중량: 23t 승무원: 3명 무장: 화염방사기×1, MG34 7.92mm 기관총×1 최대 장갑 두께: 70mm(50+20mm) 엔진: 마이바흐 HL120TRM(300hp) 최대 속도: 40km/h

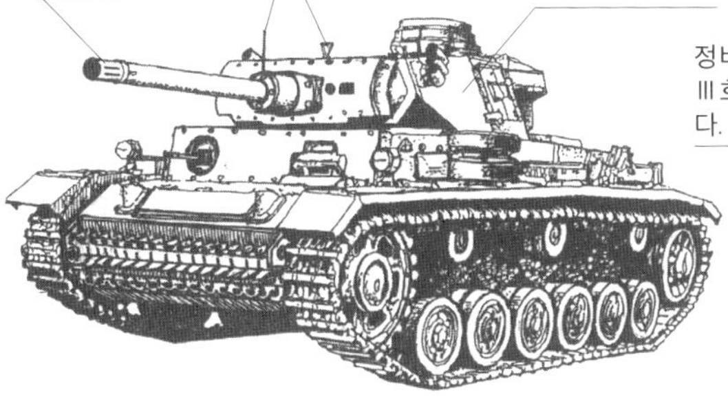
주포를 철거하고 화염방사기를 장비.
직접 조준기를 추가.
Ⅲ호 전차 M형을 개조.

Ⅲ호 대공 전차

전장: 5.65m 전폭: 2.95m 승무원: 5명 무장: 60구경장 3.7cm 대공 기관포 FlaK43×1, MG34 7.92mm 기관총×1 최대 장갑 두께: 70mm(50+20mm) 엔진: 마이바흐 HL120TRM(300hp) 최대 속도: 40km/h

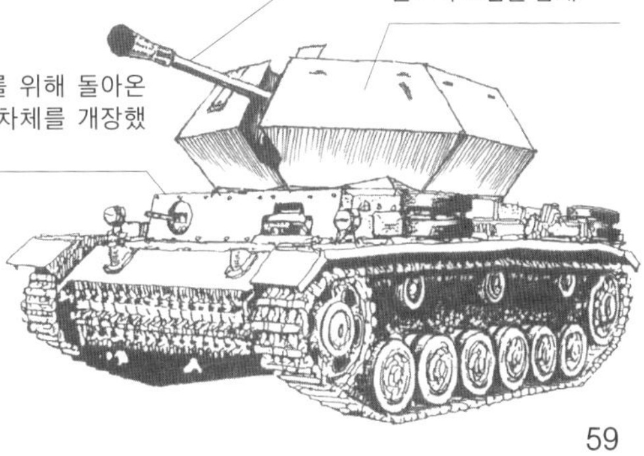
3.7cm 대공 기관포 FlaK43을 장비.
Ⅳ호 대공 전차 오스트빈트의 포탑을 탑재.
정비나 수리를 위해 돌아온 Ⅲ호 전차의 차체를 개장했다.

Ⅲ호 돌격포와 돌격 곡사포

■Ⅲ호 돌격포의 개발

1935년, 육군 참모 본부 작전 부장 에리히 폰 만슈타인으로부터 돌격포병용 장갑 자주포의 개발 요청을 받은 병기국에서는 다임러-벤츠에 차체의 개발을, 크루프에 탑재포의 개발을 명했다. 이에 다임러-벤츠는 1936년 여름 당시, 개발 진행 중이던 Ⅲ호 전차의 차대를 이용하여 크루프의 24구경장 7.5cm 포를 탑재한 돌격포의 개발에 착수했다.

■시제차 V시리즈

Ⅲ호 돌격포의 시제차인 V시리즈(O시리즈)는 1938년 초두에 Ⅲ호 전차 B형(2/ZW)의 차대를 개장한 5대가 만들어졌다. 처음에는 상부 개방형인 데다 그중에서도 4대는 전투실 내부에서의 포 조작과 디자인 검토를 위해 나무로 만든 전투실을 얹은 실물 크기의 모크업에 가까운 물건이었으나, 1939년 중반에는 5대 모두가 연철로 제작된 밀폐형 전투실을 갖추게 되었다.

낮은 실루엣의 전투실에 24구경장 7.5cm 돌격 직사포 StuK37이 장비된 V시리즈는 기관실과 주행부에 남은 Ⅲ호 전차 B형 특유의 디자인을 제외하면, 이후 생산된 양산형의 스타일이 이미 확립되어 있었다. 5대의 V시리즈는 연철로 제작되었기에 실전에는 사용되지 않고 유터보크(Jüterbog)의 돌격포병 학교에서 훈련 교보재로 사용되었다.

■Ⅲ호 돌격포 A형

Ⅲ호 돌격포는 5대의 시제차인 V시리즈가 제작된 뒤, 다임러-벤츠에서 1940년 1월부터 최초의 양산 모델인 A형의 생산이 시작되었다.

Ⅲ호 돌격포 A형은 전장 5.38m, 전폭 2.92m, 전고 1.95m, 중량 19.5t으로, 장갑 두께는 차체 전면이 50mm, 측면 30mm, 후면 30mm, 상면 10mm였다.

차체 앞부분에는 돌격포용으로 개발된 변속기 SRG328-145가 설치되었으며, 그 좌측에는 조종수석, 전투실 내부 좌측 앞부분에 포수석, 그 뒤에 전차장석, 우측 후방에 장전수석이 배치되었다.

주포인 24구경장 7.5cm 돌격 직사포 StuK37은 전투실 앞부분 중앙에 탑재되었으며, 사각은 수평각이 24°, 상하각 -10°~+20°였다. StuK37은 이중 피모 예광 철갑탄인 Kgr.rotPz, 고성능 고폭탄 Gr34, 대전차 고폭탄 GL38HL, 연막탄을 사용 가능했다.

Ⅲ호 돌격포 시제품 V시리즈

24구경장 7.5cm 돌격 직사포 StuK37을 탑재.

Ⅲ호 전차 B형의 차대를 사용.

V시리즈는 이 현가장치가 특징.

전장: 5.665m 전폭: 2.81m 중량: 16t 승무원: 4명 무장: 24구경장 7.5cm 돌격 직사포 StuK37×1 최대 장갑 두께: 14.5mm 엔진: 마이바흐 HL108TR(250hp) 최대 속도: 35km/h

Ⅲ호 돌격포 A형

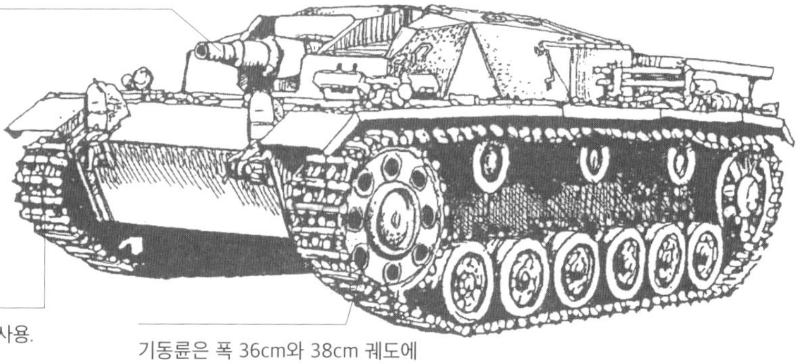

24구경장 7.5cm 돌격 직사포 StuK37을 탑재.

전장: 5.38m 전폭: 2.92m 전고: 1.95m 중량: 19.6t 승무원: 4명 무장: 24구경장 7.5cm 돌격 직사포 StuK37×1 최대 장갑 두께: 50mm 엔진: 마이바흐 HL120TR(300hp) 최대 속도: 40km/h

궤도는 폭 36cm와 38cm 두 종류를 사용.

기동륜은 폭 36cm와 38cm 궤도에 대응하는 구형.

차체 뒤의 기관실에는 마이바흐 HL120TRM(300hp)엔진이 탑재되어, 최고 속도 40km/h를 낼 수 있었고, 항속거리는 일반 도로에서 155km, 비포장 험지에서는 95km였다.

A형의 생산은 같은 해 9월까지 50대가 생산된 것에 그쳤다. Ⅲ호 돌격포 시리즈 중에서도 가장 드문 존재 중 하나인 A형이지만 「티거 에이스」로 잘 알려진 미하엘 비트만(Michael Wittmann)은 바르바로사 작전(Unternehmen Barbarossa) 중에 Ⅲ호 돌격포 A형에 탑승하여 T-34 등을 비롯한 소련 전차를 상대로 활약하기도 했다.

■Ⅲ호 돌격포 B형

Ⅲ호 돌격포 B형은 A형의 뒤를 잇는 양산형이지만, A형이 일종의 선행 양산형이라는 성격이 강했기 때문에, 실질적으로는 B형이야말로 Ⅲ호 돌격포의 첫 양산형이라 할 수 있다.

1940년 6월부터 A형의 개량형인 Ⅲ호 돌격포 B형의 생산이 시작되었다. 기본 외형은 A형과 거의 달라지지 않았으나, 조준기용 해치의 형상 변경, 차체 후부 공구 적재함의 폐지, 폭 40cm 궤도(A형은 폭 36cm와 38cm 궤도를 장착함) 사용에 따른 신형 기동륜 채용, 노텍 라이트와 차간 표시등 설치, 엔진과 변속기의 변경 등이 이루어졌다.

B형부터 Ⅲ호 돌격포의 생산은 알케트에서 담당하게 되었는데, 1941년 5월까지 250대의 B형이 만들어졌다.

Ⅲ호 돌격포 B형의 첫 실전 투입은 1941년 4월의 발칸 방면 침공 작전으로, B형으로 편성된 제184, 제190, 제191 돌격포 대대와 그로스도이칠란트 사단 돌격포 중대가 전투에 참가했다.

⦿직접 조준기용 개구부의 변화

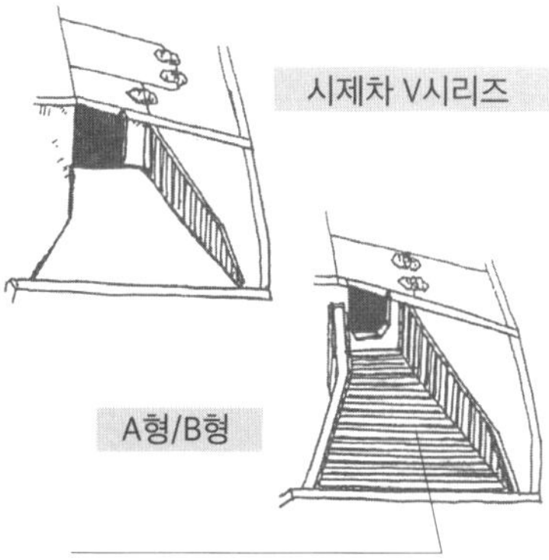

도탄 방지를 위한 단차가 측면과 하면까지 3면에 설치되었다.

Ⅲ호 돌격포 B형

전장: 5.4m 전폭: 2.93m 전고: 1.98m 중량: 20.2t 승무원: 4명 무장: 24구경장 7.5cm 돌격 직사포 StuK37×1 최대 장갑 두께: 50mm 엔진: 마이바흐 HL120TR(300hp) 최대 속도: 40km/h

전투실 상면 좌측 맨 앞부분의 직접 조준기용 해치 형상을 변경.

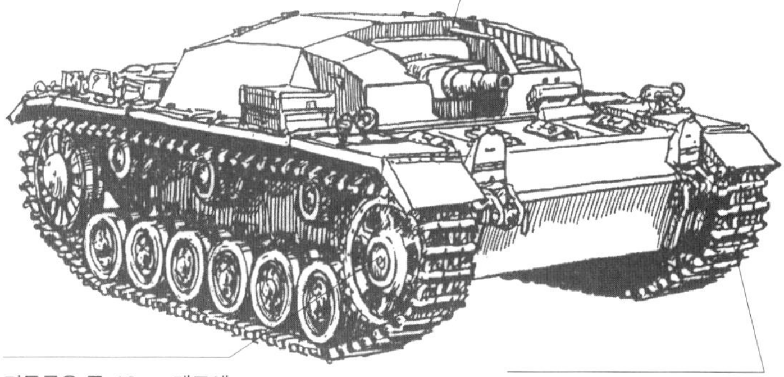

기동륜은 폭 40cm 궤도에 대응되는 신형.

폭 40cm 궤도를 사용.

⦿A형의 포수석 상면 해치

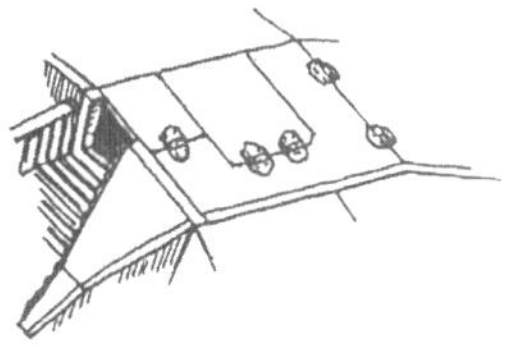

앞뒤 해치의 형상이 다르다.

⦿전조등

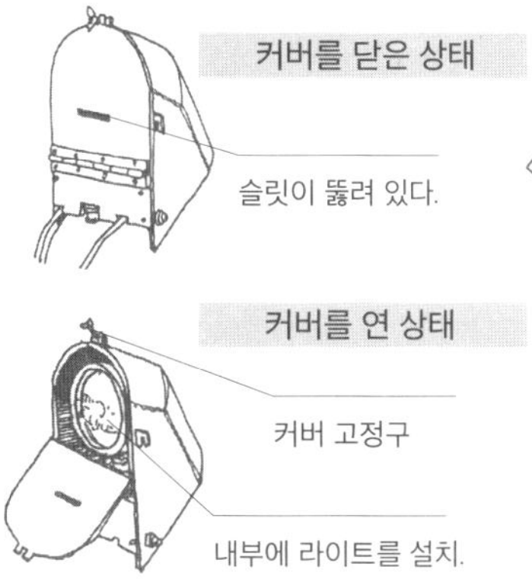

⦿Ⅲ호 돌격포 B형의 차체 상부

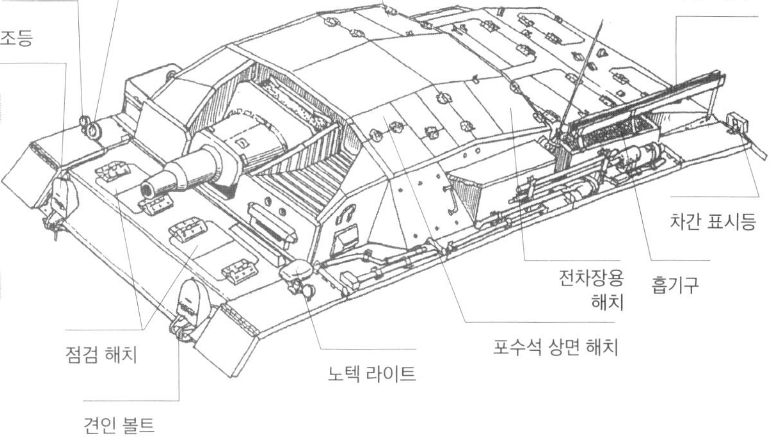

⊙Ⅲ호 돌격포 B형의 세부

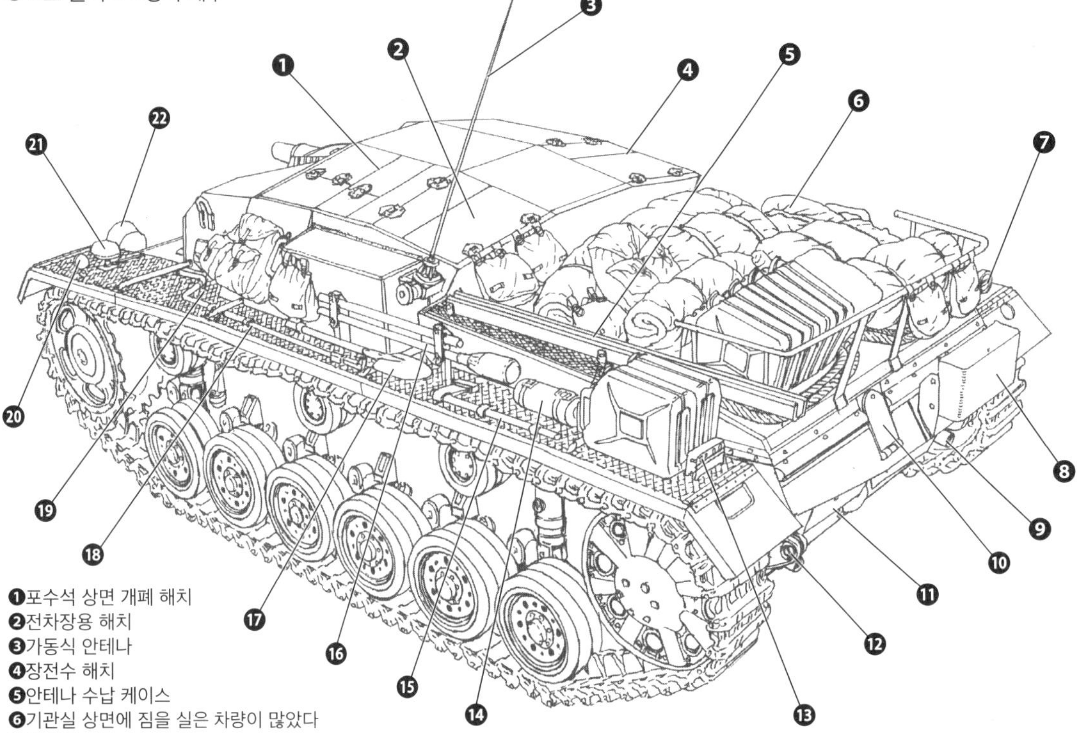

❶포수석 상면 개폐 해치
❷전차장용 해치
❸가동식 안테나
❹장전수 해치
❺안테나 수납 케이스
❻기관실 상면에 짐을 실은 차량이 많았다
❼후미등
❽발연통 장갑 커버
❾배기관
❿엔진 시동용 크랭크 삽입구
⓫머플러
⓬견인 볼트
⓭차간 표시등
⓮소화기
⓯도끼
⓰포신 청소봉
⓱야전삽
⓲쇠지레
⓳엔진 시동용 크랭크
⓴차폭등
㉑노텍 라이트
㉒전조등

⊙Ⅲ호 돌격포 B형의 기관실 후부

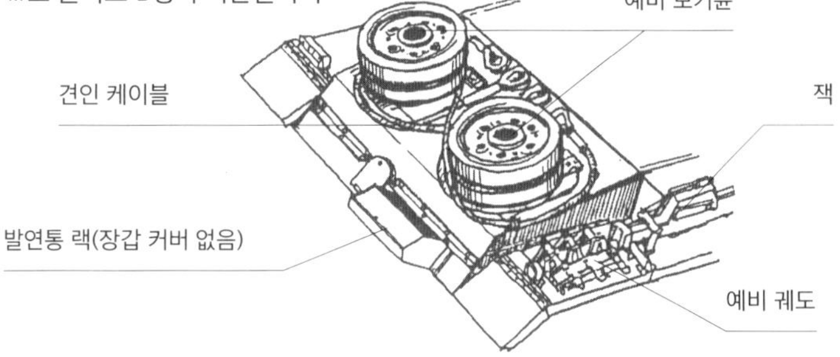

⊙기동륜

폭 36cm 궤도용.
A형에서 사용.

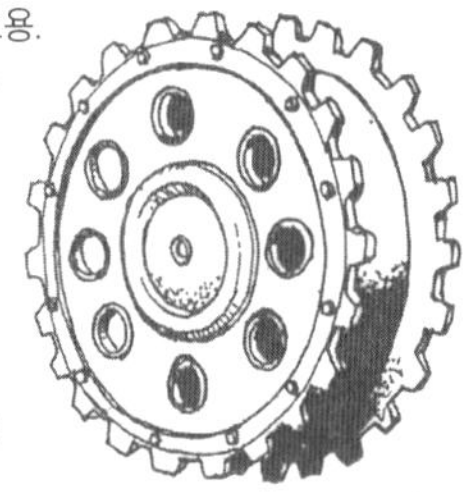

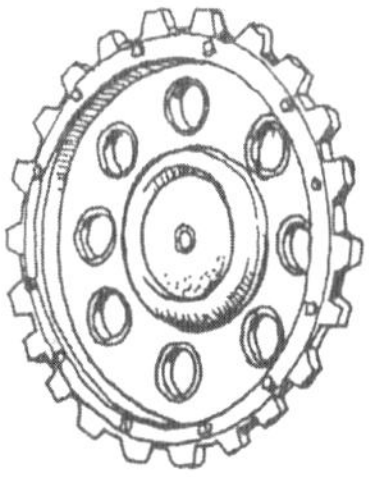

폭 40cm 궤도용 구형.
B형 초기 생산차에서
사용.

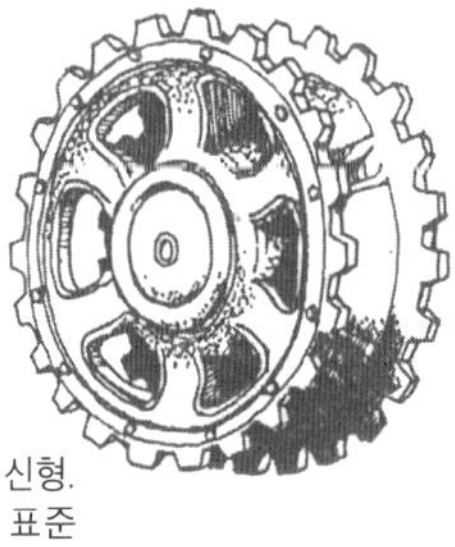

폭 40cm 궤도용 신형.
B형부터 사용된 표준
형.

⊙유도륜

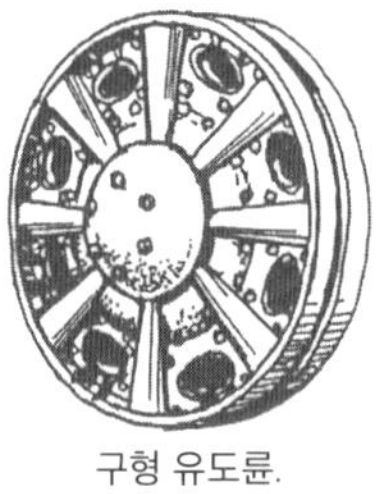

구형 유도륜.
A형/B형에서 사용.

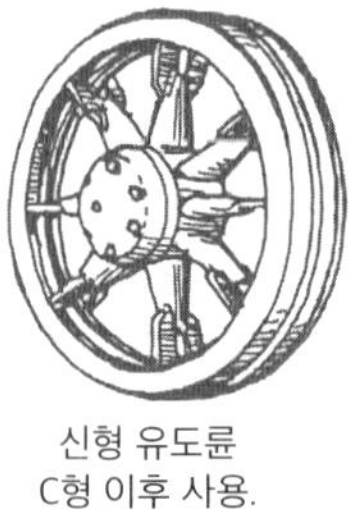

신형 유도륜
C형 이후 사용.

⊙궤도

폭 36cm 궤도

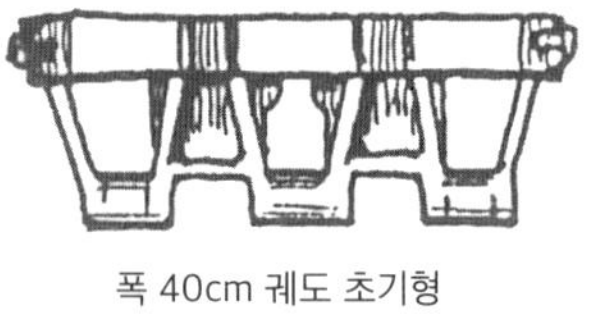

폭 40cm 궤도 초기형

폭 40cm 궤도 후기형

■Ⅲ호 돌격포 C형

B형의 후속 모델인 C형의 가장 큰 변경점은 신형 잠망경식 조준기인 Sfl. ZF.1을 채용하면서 전투실 전면 좌측에 있던 조준용 개구부가 폐지되고, 이를 통해 방어력이 개선되었다는 점이다. C형의 기본적인 구조 및 디자인은 B형과 큰 차이가 없으나, 조준기의 변경에 따라 전투실 앞부분의 형상이 크게 달라졌다.

C형은 1941년 3월부터 5월까지 100대가 만들어졌다.

■Ⅲ호 돌격포 C형 L/48 7.5cm StuK40 탑재형

구형 차량의 주포를 교환하여 화력을 강화하는 것은 2차 대전 당시 독일 전차에선 드물지 않은 일로, Ⅲ호 돌격포에서도 이러한 예를 찾아볼 수 있다. 1945년 4월, 쾨니히스베르크(Königsberg) 전투에서 사용된 Ⅲ호 돌격포 C형은 원래 달고 있던 24구경장 7.5cm StuK37을 제거하고 F형 후기 생산차부터 채용된 48구경장 7.5cm StuK40을 장비하고 있었다.

장포신 탑재 Ⅲ호 돌격포 C형의 수량은 불명인데, 아마도 현지 부대에서 개조한 차량일 것으로 짐작된다.

■Ⅲ호 돌격포 D형

C형의 후속으로 생산된 D형은 차체 전면 장갑판의 경화 처리와 전투실 내부의 전성관을 전기식 벨로 변경한 것을 빼면 외견상의 차이는 없다.

1941년 5월부터 생산 개시된 D형은 같은 해 9월까지 150대가 만들어져, 동부 전선을 시작으로 발칸 전선과 북아프리카 전선에도 투입되었다. 그중에서 러시아 남부, 발칸, 북아프리카 전선용 차량에는 생산 공정 중에 특별히 열대 사양에 맞춘 개수가 이뤄지면서 엔진 점검 해치에 통기구가 설치되었고, 기관실 측면의 흡기구 위에 에어 필터가 추가되었다.

원래 보병 지원을 주목적으로 하여 개발된 Ⅲ호 돌격포였지만, 이후 대전차전에도 자주 투입되면서 장포신형이 만들어졌다. 하지만 장포신형이 등장한 후에도 24구경장의 단포신형을 사용한 부대는 적지 않았는데, 대전 말기인 1945년 5월까지도 B형이나 C형/D형을 사용하는 부대가 체코에서 목격된 예가 있다.

■Ⅲ호 돌격포 E형

Ⅲ호 돌격포 C형/D형

전장: 5.4m 전폭: 2.93m 전고: 1.98m 중량: 20.2t 승무원: 4명 무장: 24구경장 7.5cm 돌격 직사포 StuK37×1 최대 장갑 두께: 50mm 엔진: 마이바흐 HL120TRM(300hp) 최대 속도: 40km/h

Ⅲ호 돌격포 E형

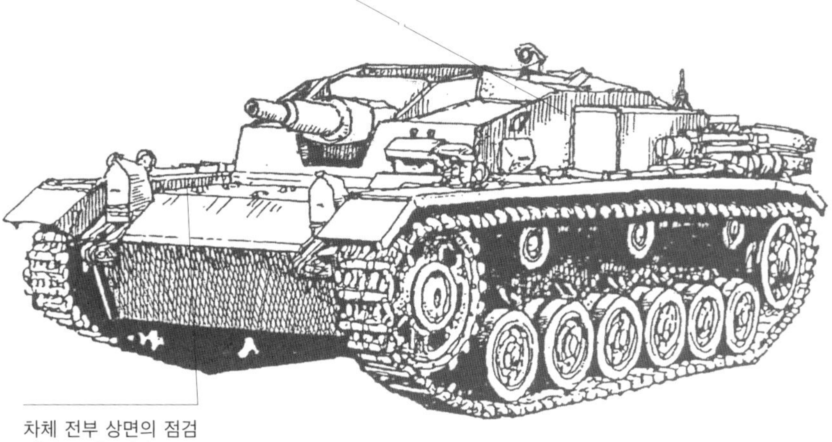

전투실 측면 앞부분의 형상이 바뀌었다.
차체 전부 상면의 점검 해치 구조를 변경.

전장: 5.4m 전폭: 2.93m 전고: 1.98m 중량: 20.8t 승무원: 4명 무장: 24구경장 7.5cm 돌격 직사포 StuK37×1 최대 장갑 두께: 50mm 엔진: 마이바흐 HL120TRM(300hp) 최대 속도: 40km/h

C형/D형의 뒤를 이어 지휘차로도 운용할 수 있도록 송수신 무전기를 증설한 E형이 만들어졌다. D형까지는 Fu15 초단파 수신기만이 탑재되었으나, E형부터는 여기에 Fu16 초단파 송수신기가 추가로 장비되었다. 이에 따라 전투실 좌우측에 커다란 상자 모양의 돌출부가 생겼으며, 안테나도 좌우 2개 증설되었다.

E형은 1941년 9월부터 D형과 병행 생산이 시작되어 다음 해인 1942년 2월까지 284대가 만들어졌다.

■Ⅲ호 돌격포 F형

직접 지원 차량으로 만들어진 Ⅲ호 돌격포였지만, 개발 당초부터 이미 장포신 7.5cm 포를 탑재하는 계획이 검토되고 있었다. 소련 침공 직후, 기존의 독일군 전차보다 강력한 T-34와 마주치게 되면서 Ⅲ호 돌격포의 화력 강화를 본격적으로 시작, 장포신 7.5cm 포의 돌격포 탑재형 개발 작업이 급거 진행되었다.

장포신 7.5cm 포의 탑재는 1942년 3월부터 생산 개시된 F형에 와서 구체화되었는데, 바로 이 F형의 등장으로 Ⅲ호 돌격포는 보병 지원 차량에서 강력한 대전차 전투 차량으로 완전히 탈바꿈했다.

F형은 E형의 차체를 기반으로 만들어졌으나, 43구경장 7.5cm StuK40을 탑재하게 되면서, 주포의 상하각을 확보하기 위해, 전투실 중앙 후부에 돌출부가 생겼고, 그 위에 벤틸레이터가 신설되었다. 또한 조준기도 개량형인 Sfl.ZF.1a로 변경되어 전투실 상면의 조준기용 개구부와 해치의 형상도 새로 바뀌었다.

생산 도중이던 1942년 7월부터는 보다 포신이 긴 48구경장 7.5cm StuK40

⦿Ⅲ호 돌격포 C형/D형의 차체 상부

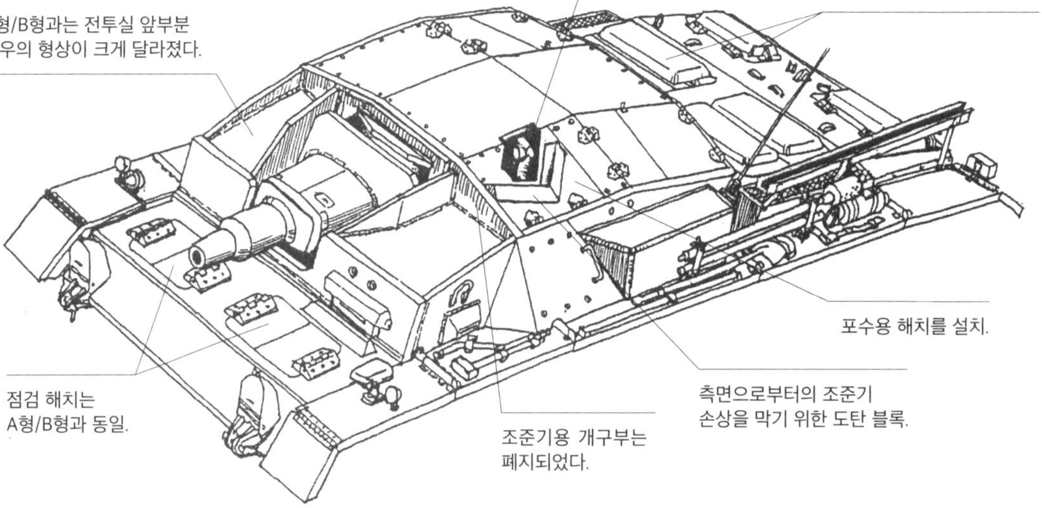
잠망경식 조준기
Sfl.ZF1로 변경.
기관실 상면 점검 해치에 통기구를 뚫고 그 위에 장갑 커버를 설치하는 열대 사양이 적용.
A형/B형과는 전투실 앞부분
좌우의 형상이 크게 달라졌다.
포수용 해치를 설치.
측면으로부터의 조준기
손상을 막기 위한 도탄 블록.
점검 해치는
A형/B형과 동일.
조준기용 개구부는
폐지되었다.

⦿A형~D형의 점검 해치

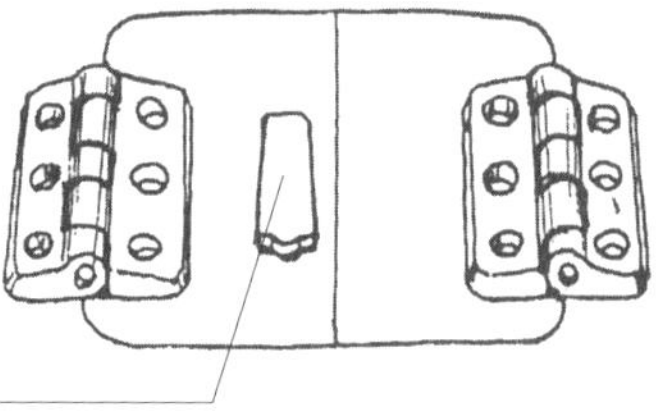
열쇠 구멍용 커버.

⦿C형/D형의 전투실 전면

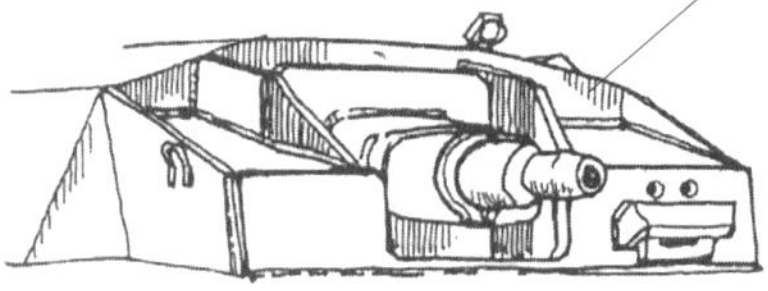
잠망경식 조준기 Sfl.ZF1을 채용하면서 전면의
개구부를 폐지, 방어력이 향상되었다.

⦿가동식 안테나 마운트

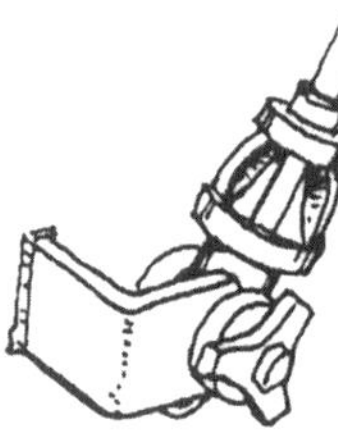

⦿현지 부대에서 장착한 라이트 커버의 베리에이션

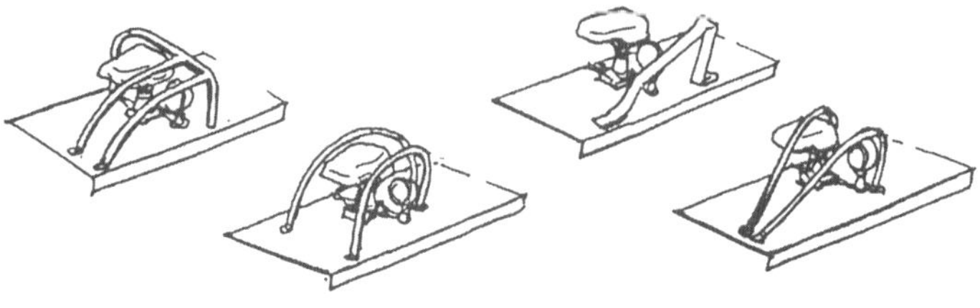

⦿24구경장 7.5cm 돌격 직사포 StuK37

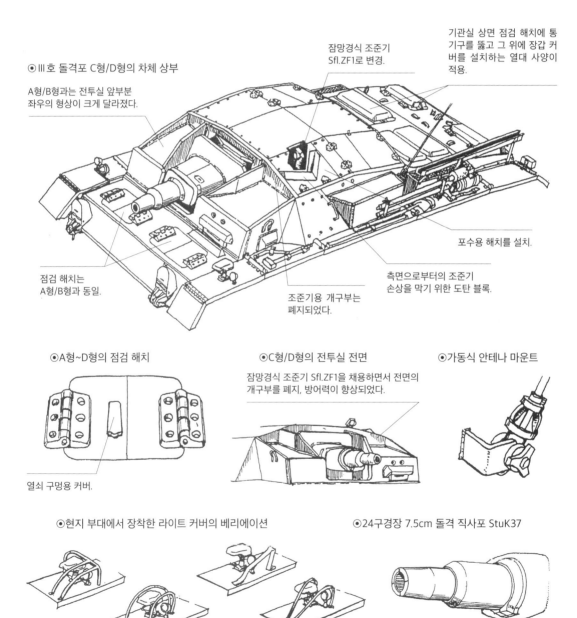

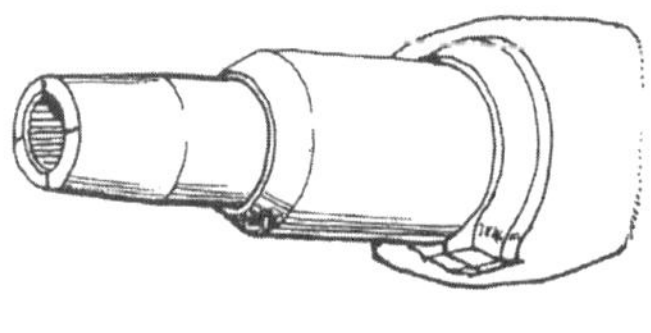

L/48로 전환이 시작되면서 한층 공격력이 강화되었다. 그리고 6월 하순 이후 생산차에는 차체 전면과 전투실 좌우 전면에 30mm 두께의 증가 장갑판이 장착되었는데, 이에 따라 전조등 커버가 폐지되었다. 또한 8월 생산차부터는 전투실 앞쪽 상면의 경사 장갑판 각도를 변경, 방어력 개선이 이루어졌다. F형은 같은 해 9월까지 364대가 생산되었다.

■Ⅲ호 돌격포 F/8형

F형 장포신 모델의 생산과 병행하는 형태로, 1942년 5월부터는 Ⅲ호 전차 J형(8/ZW: Ⅲ호 전차 제8 생산 시리즈)의 차대를 기반으로 하는 F/8형이 생산되기 시작했다. F/8형은 F형 최후기 생산차와 같은 전투실이 설치되었으며, 생산 당초부터 StuK40 L/48이 주포로 탑재되었다. F/8형은 같은 해 12월까지 250대가 만들어졌다.

Ⅲ호 돌격포 F/8형도 생산 시기에 따라 약간의 사양 변경이 이루어졌는데, 1942년 10월에는 생산성 향상을 위해 전투실 전면의 증가 장갑을 볼트 체결식으로 변경했으며, 동절기용 광폭 궤도인 「빈터케텐(Winterketten)」을 사용하기 시작했다. 1942년 12월에는 장전수 해치 앞에 MG34 7.92mm 기관총 장비용 가동식 장갑판이 장착되었다.

또한 후속 모델인 G형과 같이 쉬르첸이 장착된 차량이나 D형처럼 차체 후부 좌우의 통기구 옆에 원통형 에어 필터가 증설된 차량도 소수 존재했다.

■Ⅲ호 돌격포 G형

F형과 F/8형의 뒤를 이어 1942년 11월부터 Ⅲ호 돌격포의 최후 양산 모델

⦿Ⅲ호 돌격포 E형의 차체 상부

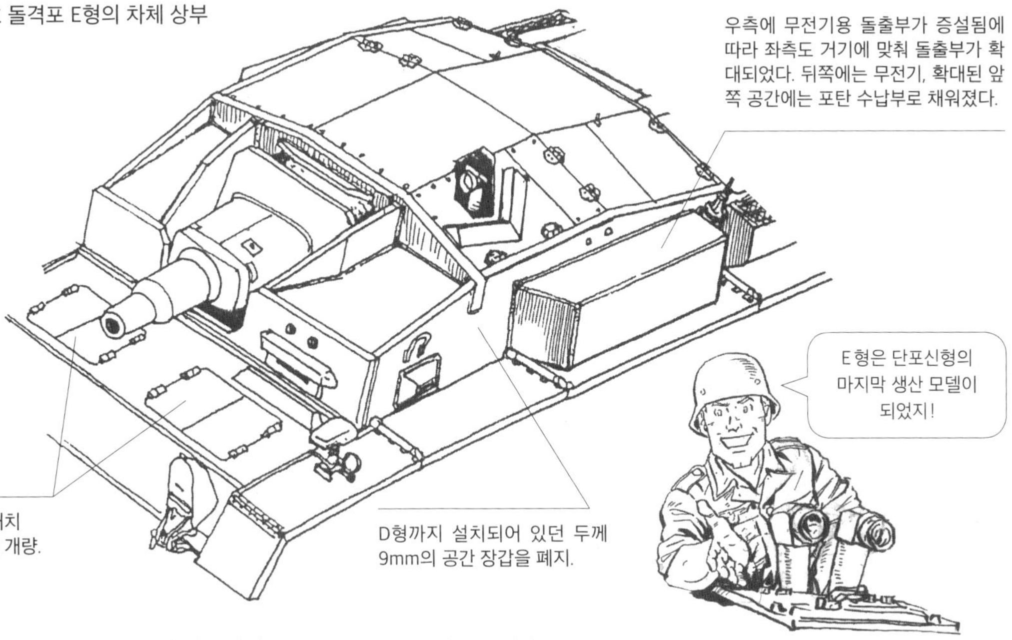

우측에 무전기용 돌출부가 증설됨에 따라 좌측도 거기에 맞춰 돌출부가 확대되었다. 뒤쪽에는 무전기, 확대된 앞쪽 공간에는 포탄 수납부로 채워졌다.
E형은 단포신형의 마지막 생산 모델이 되었지!
점검 해치 구조를 개량.
D형까지 설치되어 있던 두께 9mm의 공간 장갑을 폐지.

⦿차체 전면에 증설된 예비 궤도 걸이

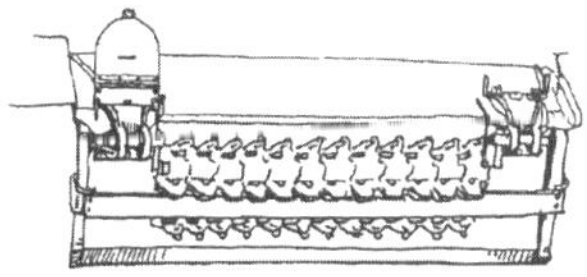

⦿전차장용 해치

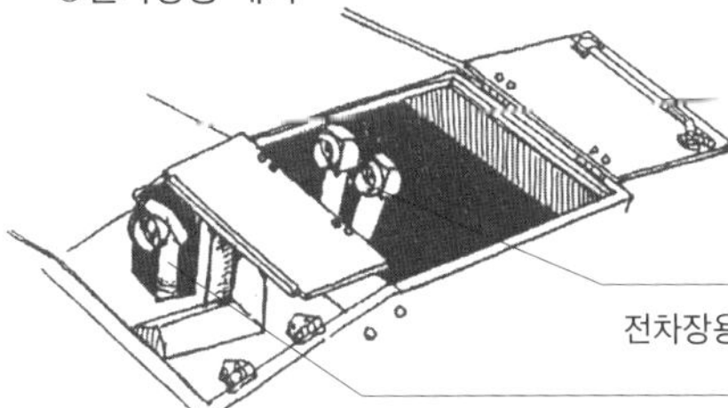

⦿포대경 S.F.14Z의 사용 모습
(그림은 Ⅲ호 돌격포 G형)

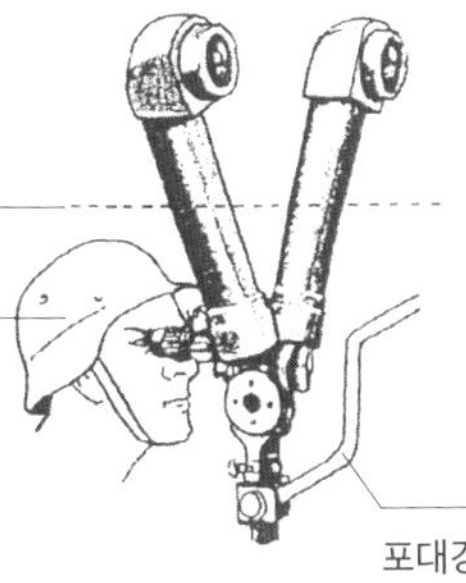

⦿E형 이후의 점검 해치

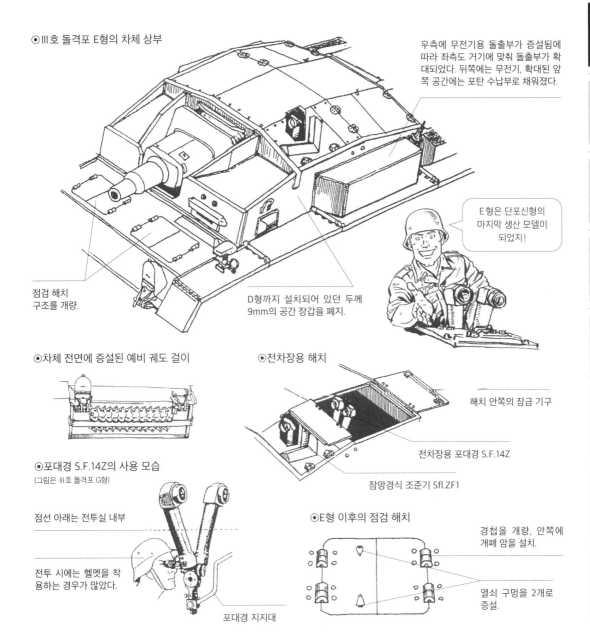

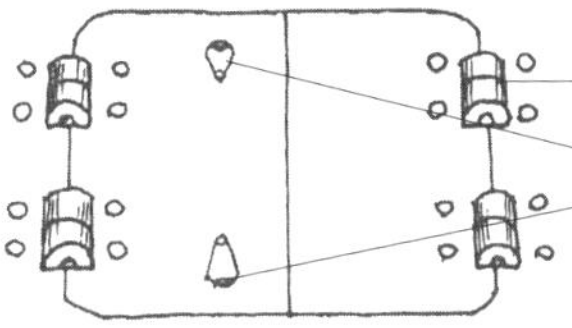

경첩을 개량, 안쪽에 개폐 암을 설치.
열쇠 구멍을 2개로 증설.

⦿III호 돌격포 C형/D형의 내부 구조

❶차폭등
❷경적
❸24구경장 7.5cm StuK37
❹주퇴 복좌기 장갑 커버
❺포이(砲耳)
❻포미
❼상하각 조정 기어
❽포미 안전 가드
❾수준기
❿후면 포탄 수납함
⓫포대경 지지대
⓬쇼크업소버
⓭Fu15 수신 무전기
⓮전차장석
⓯댐퍼
⓰상하각 조정 핸들
⓱포수석
⓲격발 레버
⓳포 선회용 핸들
⓴조종수석
㉑포 선회용 기어
㉒시동 레버
㉓조향 레버
㉔브레이크 페달
㉕액셀 페달
㉖계기판
㉗변속기
㉘조향 장치
㉙포탄 수납고

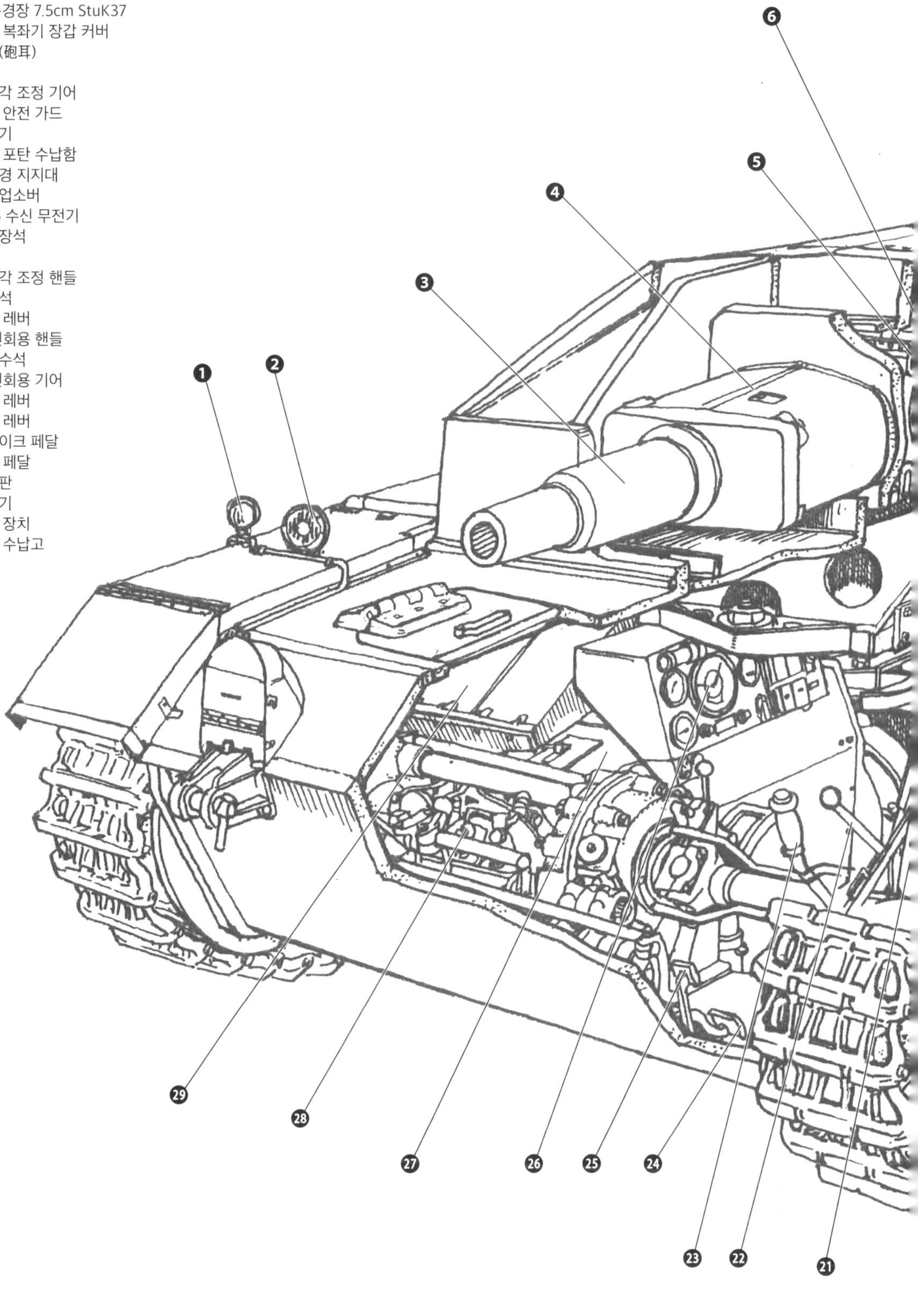

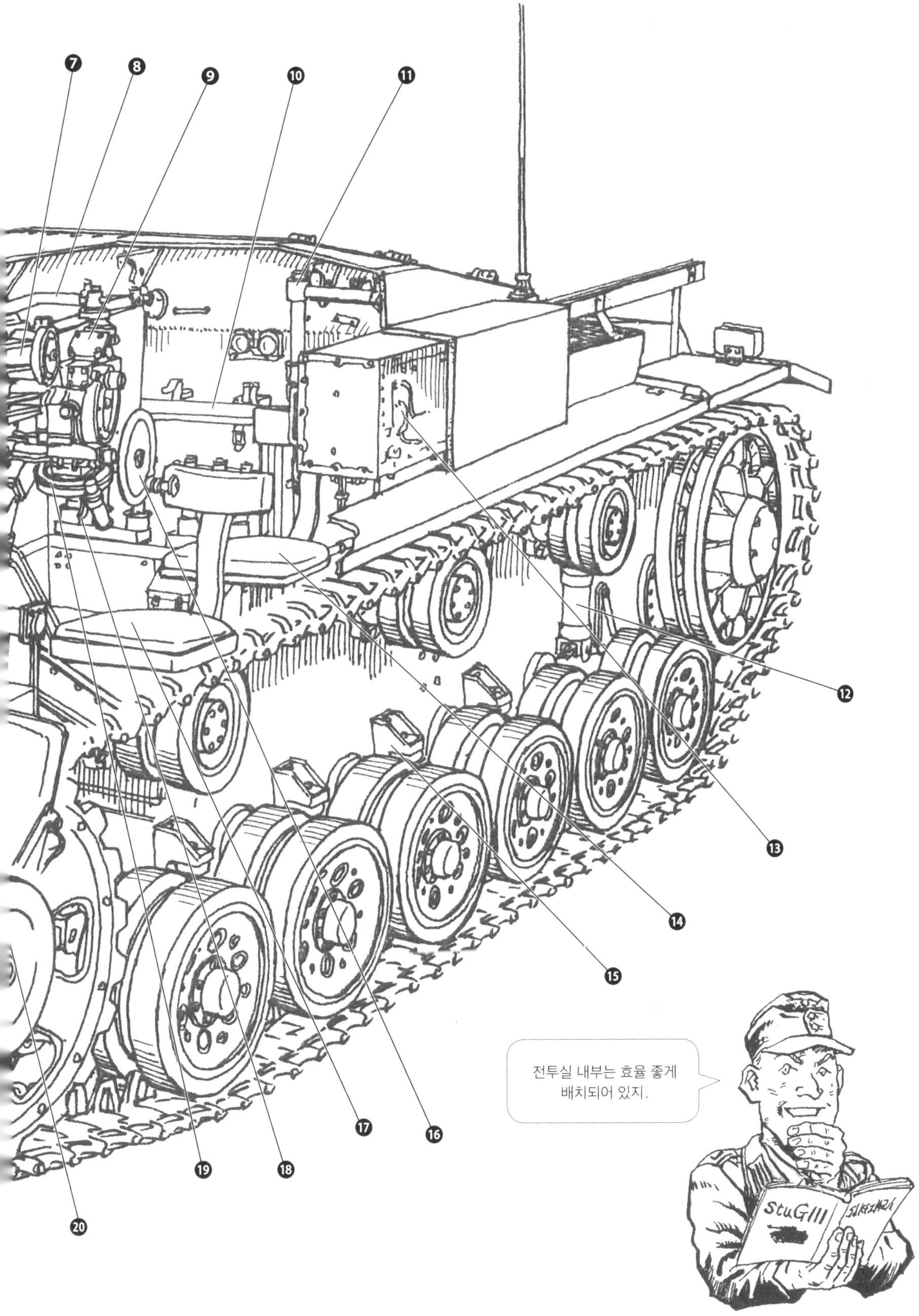
7
8
9
10
11
12
13
14
15
16
17
18
19
20
전투실 내부는 효율 좋게
배치되어 있지.
StuGIII

이자 결정판이라고도 할 수 있는 G형의 생산이 시작되었다. G형과 F/8형의 가장 큰 외형 차이라면 일신된 디자인의 전투실과 360° 전방향 시찰이 가능한 전차장용 큐폴라가 채용되었다고 하는 점일 것이다.

방어력과 생산성 측면에서도 큰 개선이 이루어졌는데, 이를 통해 보다 실전에 적합한 차량으로 진화를 이뤘다. G형부터는 생산 초기부터 전투실 전면 장갑이 50+30mm 두께로 강화되었다.

Ⅲ호 돌격포 G형은 대전 후반 독일군의 중핵을 이루는 전력이었기에 대량으로 생산이 이뤄졌는데, 1942년 11월부터 1945년 4월까지 약 7,799대가 만들어졌다.

원래 Ⅲ호 돌격포의 생산은 알케트에서 담당하고 있었으나, 전황이 기울어짐에 따라 보다 대량으로 생산해줄 것을 요구하는 목소리가 높아지면서, Ⅲ호 전차의 생산을 종료한 MIAG에서도 1943년 1월부터 Ⅲ호 돌격포 생산에 참가했다.

여기에 더하여 1943년 2월부터는 MAN에서 생산되던 Ⅲ호 전차 M형도 돌격포 차대로 유용할 것이 결정되면서, MAN에서 만든 차대를 알케트와 MIAG로 보내면 나머지 두 회사에서 전투실을 탑재, 돌격포로 완성시켰다. Ⅲ호 전차 M형의 차대를 전용하여 만들어진 Ⅲ호 돌격포 G형은 10월까지 142대가 생산되었으며, 이후 1944년 4월부터 7월 사이에 전선에서 수리와 정비를 위해 돌아온 Ⅲ호 전차를 개장, Ⅲ호 돌격포 G형 169대가 추가로 만들어졌다.

Ⅲ호 돌격포 G형은 생산 직후부터 빠르게 개량이 진행되어, 1942년 12월에는 전투실 측면 돌출부의 형상을 변경, 경사각을 올려 방어력이 강화되었다. 또한 같은 달 생산차부터는 장전수 해치 앞에 기관총용 방패가 설치되었다. 이듬해인 1943년 1월 생산차부터는 전투실 상면의 조준기용 개구부에 슬라이드식 커버가 추가되었으며, 벤틸레이터가 전투실 후면으로 옮겨졌다. 2월에는 전투실 측면 앞쪽에 연막탄 발사기가 추가되었고, 조종수용 관측 바이저 위에 있던 KFF2 쌍안식 잠망경이 폐지되었다.

Ⅲ호 돌격포 F형

전장: 6.31m 전폭: 2.92m 전고: 2.15m 중량: 21.6t 승무원: 4명 무장: 43 또는 48구경장 7.5cm 돌격 직사포 StuK40×1 최대 장갑 두께: 50mm 엔진: 마이바흐 HL120TRM(300hp) 최대 속도: 40km/h

전투실 상면 중앙 후부에 돌출부가 생겼으며 그 위에 벤틸레이터가 설치되었다.
1942년 7월부터는 48구경장 7.5cm StuK40을 장비.

Ⅲ호 돌격포 F/8형

전장: 6.77m 전폭: 2.92m 전고: 2.15m 중량: 23.2t 승무원: 4명 무장: 48구경장 7.5cm 돌격 직사포 StuK40×1 최대 장갑 두께: 80mm 엔진: 마이바흐 HL120TRM(300hp) 최대 속도: 40km/h

생산 초기부터 48구경장 7.5cm StuK40을 장비.
Ⅲ호 전차 J형의 차대를 기반으로 만들어졌다.
전투실 전면에는 30mm 두께의 증가 장갑판이 용접되었다.
차체 전면에도 30mm 증가 장갑판을 추가.

그리고 4월 생산차부터는 차체 전면의 장갑판이 80mm 두께의 1장짜리로 강화되었으며 차체 측면에 쉬르첸을 장비하게 되었다.

생산 시기에 따라 보이는 개량이나 사양 변경 중에서 외형적으로 가장 큰 변화는 「자우코프」라고 불리는 주조 생산 포방패의 도입이라 할 수 있는데, 자우코프 포방패는 1943년 11월에 알케트에서 생산된 차량에서부터 채용되었다. 이 신형 포방패의 도입을 전후하여 초기형과 후기형으로 구분되기도 하는 G형은 이후로도 많은 개량과 사양 변경이 이루어졌다.

1944년 3월부터는 장전수 해치 앞의 MG34 기관총이 차내 조작식으로 변경되었고, 4월부터는 전투실 전면 장갑도 80mm 두께의 장갑판 1장으로 강화되었다. 5월부터는 근접 방어용 무장의 장비가 시작되었고, 7월에는 전투실 상면에 2t 크레인 설치 마운트, 차체 전면에 포신 고정구가 추가되었다. 그리고 12월 생산차부터는 차체 후면 하부에 대형 견인기구가 설치되었고, 1945년에 들어서면서부터는 원통형으로 간략화된 포구 제퇴기가 도입되었다.

■Ⅲ호 돌격포 G형의 파생형

Ⅲ호 돌격포 G형의 파생 차량 중에서 가장 많이 만들어진 것은 전투실 내부의 무전기를 Fu16에서 송수신 거리가 긴 Fu8로 변경한 Ⅲ호 돌격포 G형의 지휘 전차이다.

또한, Ⅲ호 돌격포 G형 중에도 B.Ⅰ/B.Ⅱ 지뢰 처리차나 B.Ⅳ 폭약 운반차 등을 무선 조종하는 Ⅲ호 무선 조종용 지휘 전차와 같은 역할을 맡는 차량도 만들어졌다. 이 차량에는 유도 전파 발신용 안테나가 전투실 상면 좌측 전방에 증설되었고, 전투실 안에 유도 전파 발신기와 전원 공급기, 유도 조종 장치가 탑재되었는데, 이렇게 무선 유도 지휘차로 개조된 차량은 약 100대 정도라고 알려져 있다.

G형의 베리에이션 중에서 특이한 것으로는 액화 가스 연료라는 것이 있다. 연료 부족을 조금이라도 해소하기 위해

Ⅲ호 돌격포 G형

전장: 6.77m 전폭: 2.95m 전고: 2.16m 중량: 23.9t 승무원: 4명 무장: 48구경장 7.5cm 돌격 직사포 StuK40×1, MG34 7.92mm 기관총×1 최대 장갑 두께: 80mm 엔진: 마이바흐 HL120TRM(300hp) 최대 속도: 40km/h

전차장용 큐폴라. 1943년 9월부터는 앞부분에 도탄 블록을 설치.
전투실은 신설계.
장전수 해치 앞부분에 기관총용 가동식 방패가 설치되었다.
1943년 9월 알케트 생산차부터는 주조제 포방패인 「자우코프」가 도입되었다.
1943년 9월말~1944년 9월경까지 치커리트 코팅을 도포.
1943년 4월부터 쉬르첸을 장착.

G형은 Ⅲ호 돌격포의 집대성! 2차 대전 후기 독일군의 주력 전투 차량으로 활약했지!

◉ Ⅲ호 돌격포 G형의 세부

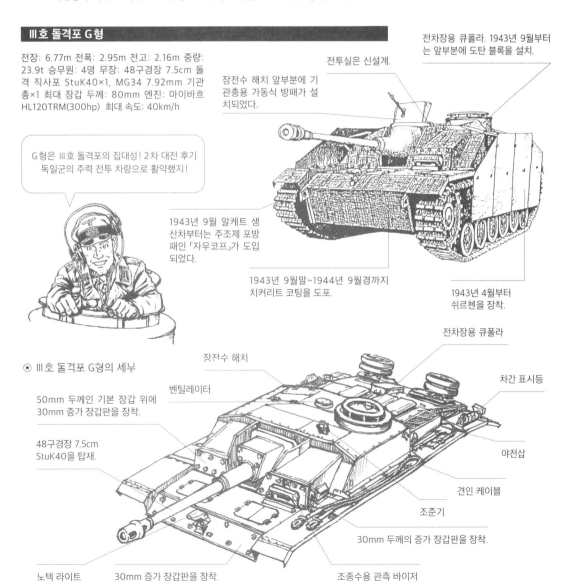

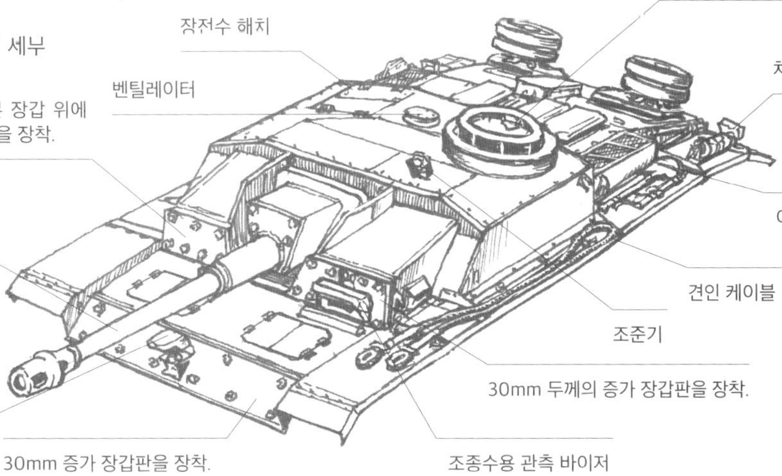

만들어진 대체 연료 사용 차량이었는데, 전장에서는 사용되지 않았고, 주로 아이제나흐(Eisenach)에 위치한 제300 전차 실험/보충 대대에서 훈련차로 쓰였다.

■Ⅲ호 돌격포 화염 방사 전차

1943년 5~6월에 걸쳐 Ⅲ호 돌격포를 개조, 10대의 화염 방사 전차가 만들어졌다. 주포를 제거하고 그 자리에 화염 방사 노즐을 장비했는데, 전투실 내에는 당연하게도 연료 탱크가 증설된 것으로 보인다. 하지만 실전 부대에는 보내지지 않은 채, 제1 전차병 학교에 배치되었으며, 얼마 뒤에 Ⅲ호 돌격포로 다시 개장되었다.

■33B형 돌격 보병포

1942년 9월 10일부터 22일까지 열린 회의에서 스탈린그라드에서의 시가전에 사용할 돌격 보병포의 개발이 결정되었다.

개발 담당사인 알케트에서는 1942년 10월에 Ⅲ호 돌격포 E형의 차대를 전용하여 15cm 중보병포 sIG33을 탑재한 33B형 돌격 보병포를 12대, 그리고 그 다음 달인 11월에는 F/8형 차대를 전용하여 12대 생산했다.

첫 생산된 12대는 제177 돌격포 대대에 배치되어 스탈린그라드 전투에 투입되었으나, 격렬한 전투로 전부 손실되었으며, 나머지 12대는 제17 사단 교도(敎導) 대대의 돌격포 중대, 후에는 제23 기갑 사단 201 전차 연대에 배치되었으나, 전투에서 전부 손실되고 말았다.

33B형 돌격 보병포는 차체 위에 상자 모양의 간이 전투실을 올린 급조 차량의 전형이라 할 수 있으나, 강력한 15cm 중보병포 sIG33에 더하여 최대 장갑 두께 80mm라는 양호한 방어력을 갖춘 덕분에 실전에서는 기대했던 만큼의 활약을 보였고, 이후 등장하는 본격

Ⅲ호 돌격포 G형 후기형

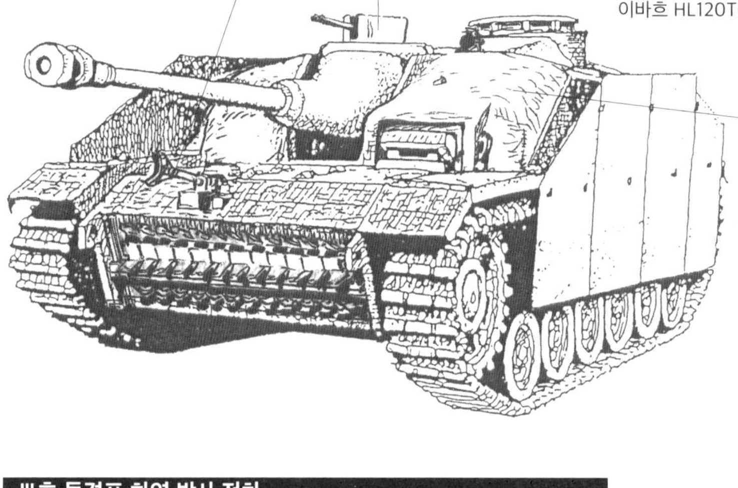
1944년 6월부터 주포를 고정하기 위한 트래블링 크랭크를 장비.
1944년 3월부터 MG34를 차내 조작식으로 변경.
전투실 앞부분의 방어력을 강화하고자 콘크리트를 바른 차량도 존재했다.

전장: 6.77m 전폭: 2.95m 전고: 2.16m 중량: 23.9t 승무원: 4명 무장: 48구경장 7.5cm 돌격 직사포 StuK40×1, MG34 7.92mm 기관총×1 최대 장갑 두께: 80mm 엔진: 마이바흐 HL120TRM(300hp) 최대 속도: 40km/h

Ⅲ호 돌격포 화염 방사 전차

전장: 5.4m 전폭: 2.93m 전고: 2.15m 승무원: 3명 무장: 화염방사기×1 최대 장갑 두께: 80mm 엔진: 마이바흐 HL120TRM(300hp) 최대 속도: 40km/h

전투실 중앙 부분에 상자 모양의 장갑 커버를 설치.
주포를 제거하고, 화염 방사 노즐을 설치.

적인 돌격 보병포인 Ⅳ호 돌격 전차 브룸베어(Brummbär, 곰)의 개발로 이어졌다.

■ 10.5cm 돌격 곡사포 42형

전황이 기울어짐에 따라 Ⅲ호 돌격포는 원래의 24구경장에서 43구경장, 48구경장으로 주포를 개장하면서 본래의 목적인 보병 지원에서 대전차 전투에 특화된 차량으로 변화하게 되었다. 하지만 보병 지원이 가능한 강력한 돌격포 차량의 필요성은 여전히 높았고, 1942년 10월 13일에 있었던 히틀러의 요청에 따라 10.5cm leFE18 곡사포를 차재용으로 개조한 10.5cm StuH42를 Ⅲ호 돌격포에 탑재한 선행 생산형 V시리즈 12대의 제조가 결정되었다.

1943년 1월까지 완성된 선행 생산차는 Ⅲ호 돌격포 E형/F형을 사용했지만, 양산형부터는 G형을 기반으로, 차체, 전투실은 그대로 둔 채, 주포만을 10.5cm StuH42로 바꿔 달았다. 라인메탈에서 개발된 10.5cm StuH42는 사용 탄약 종류에 따라 최대 사거리가 10,640~12,325m에 달했으며, 성형 작약탄을 사용하면 대전차 전투도 수행 가능했다.

10.5cm 돌격 곡사포 42형은 알케트에서 생산되었으며, 1943년 3월부터 1945년 4월까지 1,299대가 만들어졌다.

33B형 돌격 보병포

전장: 5.4m 전폭: 2.95m 전고: 2.16m 중량: 21t 승무원: 5명 무장: 11구경장 15cm 중보병포sIG33×1, MG34 7.92mm 기관총×1 최대 장갑 두께: 80mm 엔진: 마이바흐 HL120TRM(300hp) 최대 속도: 20km/h

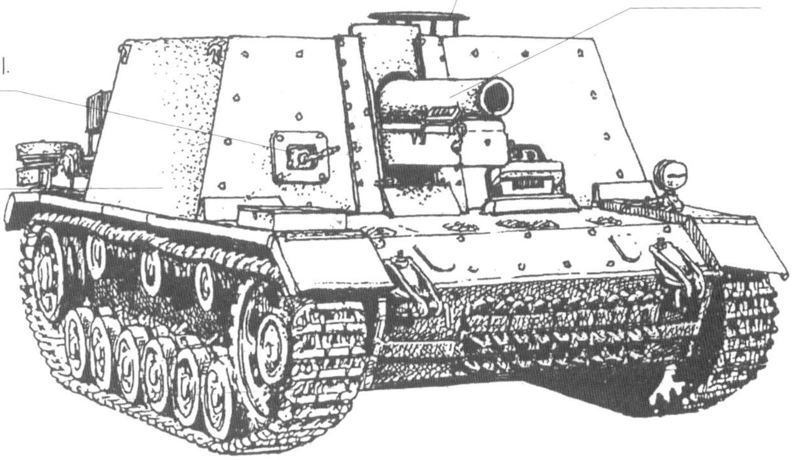
전투실 상면에는 벤틸레이터와 해치를 설치.
15cm 중보병포 sIG33을 탑재.
전방 기총 마운트에 MG34를 장비.
Ⅲ호 돌격포 E형의 차대에 전투실을 증설.

10.5cm 돌격 곡사포 42형 선행 생산차

전장: 6.14m 전폭: 2.92m 전고: 2.15m 중량: 24t 승무원: 4명 무장: 28구경장 10.5cm 돌격 곡사포 StuH42×1 최대 장갑 두께: 50mm 엔진: 마이바흐 HL120TRM(300hp) 최대 속도: 40km/h

Ⅲ호 돌격포 F형을 기반으로 제작되었다.
10.5cm StuH42를 탑재.

10.5cm 돌격 곡사포 42형

전장: 6.14m 전폭: 2.95m 전고: 2.16m 중량: 24t 승무원: 4명 무장: 28구경장 10.5cm 돌격 곡사포 StuH42×1, MG34 7.92mm 기관총×1 최대 장갑 두께: 80mm 엔진: 마이바흐 HL120TRM(300hp) 최대 속도: 40km/h

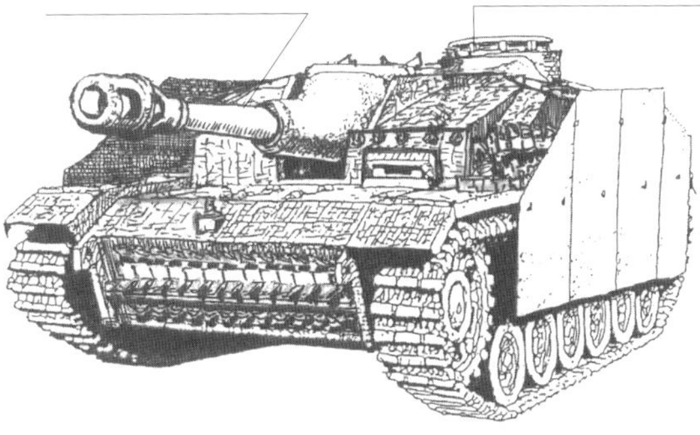
양산형은 Ⅲ호 돌격포 G형을 기반으로 만들어졌다.
10.5cm StuH42를 탑재.

2차 대전 당시, 가장 널리 활약한 독일 전차

Ⅳ호 전차와 파생형

2차 대전 전체 기간을 통틀어 가장 널리 활약한 독일 전차라면 Ⅳ호 전차를 들 수 있을 것이다. Ⅳ호 전차는 원래 지원 전차로 개발되었으나, 1942년 이후부터 장포신 7.5cm 포가 탑재된 Ⅳ호 전차가 Ⅲ호 전차를 대신하는 주력 전차가 되었다. 또한 Ⅳ호 전차를 기반으로 하는 대전차 자주포, 자주 곡사포, 구축전차, 돌격포, 대공 전차, 지원 차량 등, 다수의 파생 차량이 개발되었는데, 모두가 독일군 전차 부대의 중요 전투 차량으로 활약했다.

Ⅳ호 전차 A~J형

■Ⅳ호 전차의 개발

1935년 2월 말, 병기국 제6과에서는 라인메탈과 크루프에 지원 전차(BW, Begleitwagen)의 개발을 요청했다. 이듬해인 1936년 봄 무렵에 두 회사의 시제차가 완성되었는데, 각종 시험 평가 결과, 크루프의 차체가 선정되었고, 1936년 12월에 Ⅳ호 전차라는 이름으로 제식 채용되었다.

■Ⅳ호 전차 A형

A형은 Ⅳ호 전차의 첫 양산형으로, 1937년 11월에 양산 1호차가 완성되었다. 전장 5.92m, 전폭 2.83m, 전고 2.68m, 중량 18t에 5명의 승무원이 탑승하는 A형은 이미 여기서 Ⅳ호 전차의 기본형이 확립되었다 할 수 있었다. 하지만, 양산형이라기보다는 아직도 시제차 내지는 선행 양산형에 더 가까운 차량으로, 장갑 두께는 차체가 전면 14.5mm/14°(수직면에 대한 경사각), 전부 상면 10mm/72°, 상부 전면 14.5mm/9°, 측면 14.5mm/0°, 상면 11mm/85~90°, 바닥면 8mm/90°였으며, 포탑은 전면 16mm/10°, 측면 14.5mm/25°, 상면 10mm/83~90°였다.

차체 앞부분에는 조향 장치와 변속기가 배치되었으며, 그 후방 좌측에 조종수석, 우측에 무전수석이 위치했다. 중앙은 전투실이며 그 위에 포탑이 탑재되었는데, 포탑 전면에는 24구경장 7.5cm 전차포 KwK37, 그 우측에는 공축 기관총인 MG34 7.92mm 기관총이 장비되었다. 이후의 양산형(D형 이후)와는 달리 포방패는 내장식이었다.

포탑 내부의 경우, 좌측에 포수석, 우측에 장전수석, 뒤쪽에 전차장석이 배치되었다. 포탑 상면 후부에는 전차장용 큐폴라, 측면에는 각각 포수와 장전수용 해치가 위치했다.

차체 뒤쪽은 기관실로 꽉 채워져 있었는데, 우측에 출력 230hp인 마이바흐 HL108TR엔진이 탑재되었고, 좌측에는 라디에이터가 설치되었으며, 기관실 좌측에는 흡기구, 우측에는 배기구가 위치했다. 주행부는 맨 앞에 기동륜, 맨 뒤에는 유도륜이 배치되었고, 보기륜은 한쪽에 8개씩, 2개를 1조로 묶은 리프스프링 보기식 현가장치가 채용되었다.

A형은 1938년 6월까지 35대가 만들어졌는데, 5~6월 생산차는 B형의 장갑 강화형 차체(차체 전면에 30mm 장갑판을 2장 장착)을 유용한 것이었다.

완성 후에는 펜더 위에 노텍 라이트와 차간 표시등, 차체 후면에 발연통 랙, 포탑 후면에 게펙카스텐 등이 설치되었다.

■Ⅳ호 전차 B형

1938년 5월부터 생산된 B형은 기본

Ⅳ호 전차 A형

전장: 5.92m 전폭: 2.83m 전고: 2.68m 중량: 18t 승무원: 5명 무장: 24구경장 7.5cm 전차포 KwK37×1, MG34 7.92mm 기관총×2 최대 장갑 두께: 14.5mm 엔진: 마이바흐 HL108TR(230hp) 최대 속도: 32.4km/h

주포는 24구경장
7.5cm KwK37
조종수용 관측창 커버
접이식 대공 기관총 거치대를 장비.
기총 마운트에는 MG34 기관총을 장비.

설계는 A형과 거의 다르지 않았으나, 차체 전면과 포탑 전면, 포방패의 장갑 두께를 30mm로 강화했으며 전차장용 큐폴라도 30mm 두께(A형은 12mm)로 변경하는 등, 대폭적인 방어력 개선이 이루어졌다. 변속기는 신형인 SSG76으로 교체되었고, 엔진도 보다 출력이 향상된 HL120TR(300hp)로 바뀌면서 차체와 포탑 각 부위에도 상당한 변경이 있었다.

1938년 10월까지 42대가 만들어져, 폴란드전과 프랑스전에 이어 소련 침공에도 투입된 B형은 생산수는 극히 적은 편이었던 것에 비해서는 상당히 오랜 기간에 걸쳐 사용되었다. 1944년 6월 노르망디 전투에 참전한 제21 기갑 사단 22 전차 연대 2대대에는 최소 수 대 이상의 B형과 C형이 배치되어 있었는데, 대전 후기에 이르면 단포신인 B형은 이미 성능 부족이라 할 수 있었으나, 기동륜이나 보기륜 같은 소모 부품을 신규로 교환만 한 채로 계속 사용되었다. 또한 같은 시기 동부 전선에서도 고멜(Gomel) 부근의 후방 부대 소속으로 소수의 차량이 실전에 투입되었다.

B형도 생산된 이후, 조종수 관측 바이저 위에 빗물받이가 추가되고 노텍 라이트, 차간 표시등이 설치되었으며, 차체 전면에 30mm 증가 장갑판이 장착되는 등의 개량이 이루어졌다.

■IV호 전차 C형

1938년 10월부터는 C형의 생산이 시작되었다. C형으로 넘어오면서 이루어진 개량으로는 포방패 개구부의 크기 변경, 공축 기관총의 장갑 슬리브 추가, 전차장용 큐폴라의 변경, 개량된 엔진 탑재 정도로 그리 많지 않았기에 외형적으로는 B형과 크게 다르지는 않았다.

C형은 1939년 8월까지 134대가 만들어졌으며 생산된 후에 B형과 같은 개량이 이루어졌다.

■IV호 전차 D형

1939년 10월부터는 차체와 포탑의 각 부위에 대폭적인 개량과 변경이 이루어진 D형의 생산이 개시되었다. D형은 차체 상부 전면 장갑판의 형상이 변경되었고, 표면 경화 장갑이 채용되었으며, 측면 및 후면 장갑 두께를 늘렸고, 외장식 포방패(두께 35mm)를 갖추는 등, 방어력 향상을 꾀한 형식이다.

또한 전방 기총의 볼 마운트와 조종수용 피스톨 포트 설치, 기관실 측면 흡기/배기구의 형상 변경, 출력 향상형 엔진인 마이바흐 HL120TRM 채용, 신형 궤도 도입도 실시되었다.

D형은 프랑스전부터 실전에 투입되었는데, 1940년 10월까지 232대가 생산되었고 생산 도중에 노텍 라이트 설치와 차체 상부 전면/측면에 30mm 두께 증가 장갑판 장착 등의 개량이 이루어졌다. 또한 생산 차량 중 일부는 후에 잠수 전차(48대)나 북아프리카 전선용 열대 사양(30대), 43구경장 7.5cm 전차포 탑재형으로 개조되기도 했다.

IV호 전차 B형

전장: 5.92m 전폭: 2.83m 전고: 2.68m 중량: 18.5t 승무원: 5명 무장: 24구경장 7.5cm 전차포 KwK37×1, MG34 7.92mm 기관총×1 최대 장갑 두께: 30mm 엔진: 마이바흐 HL120TR(300hp) 최대 속도: 40km/h

조종수용 관측 바이저로 변경.
포탑은 전차장용 큐폴라를 비롯하여, 관측창 커버 등의 세부를 변경.
대공 기관총 거치대 폐지.
차체 상부 전면 형상 변경.
무전수석 전면은 피스톨 포트와 관측창으로 변경.
전면 장갑 두께가 30mm로 바뀌었다.

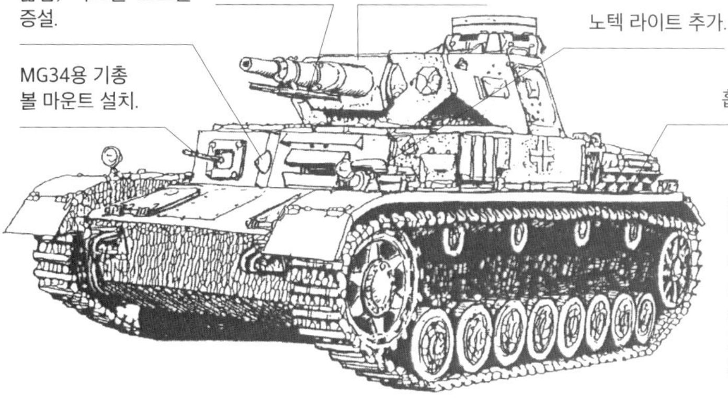
차체 상부 전면 형상이 바뀌면서(무전수 쪽 장갑판을 뒤쪽으로 옮김) 피스톨 포트를 증설.
안테나 디플렉터를 장착.
포방패를 외장식으로 변경.
노텍 라이트 추가.
MG34용 기총 볼 마운트 설치.
흡기/배기 그릴 형상 변경.

IV호 전차 D형

전장: 5.92m 전폭: 2.84m 전고: 2.68m 중량: 20t 승무원: 5명 무장: 24구경장 7.5cm 전차포 KwK37×1, MG34 7.92mm 기관총×2 최대 장갑 두께: 30mm 엔진: 마이바흐 HL120TR(300hp) 최대 속도: 40km/h

■Ⅳ호 전차 E형

D형의 뒤를 이어 1940년 9월부터는 장갑 강화에 주안점을 두고 개량이 이뤄진 E형이 만들어졌다. E형은 차체 전면 장갑 두께를 50mm(D형 후기 생산차는 30mm 기본 장갑에 30mm 증가 장갑판을 덧붙임)로 강화하고 차체 상부 전면에는 생산 초기부터 30mm 증가 장갑판이 장착되었다.

여기에 더해 브레이크 점검 해치와 조종수용 바이저의 형상 변경, 신형 전차장용 큐폴라(Ⅲ호 전차 G형과 동형)의 도입, 포탑 후부 형상 변경이 실시되었으며, 포탑 상면 앞쪽의 환기구와 신호탄 발사구의 여닫이 커버 폐지, 벤틸레이터 신설, 신형 기동륜과 보기륜 허브캡 채용, 차체 후면 발연통 랙의 장갑 커버 추가, 게펙카스텐 장착 등이 이루어졌다.

E형은 1941년 4월까지 200대(전차형만 포함됨)가 만들어졌으며, 1942년 7월에는 D형과 마찬가지로 43구경장 7.5cm 전차포 탑재형으로의 개조가 실시되었다.

■Ⅳ호 전차 F형

1941년 5월부터 생산 개시된 F형부터는 한층 더 장갑 방어력의 강화를 꾀하면서, 차체 전면뿐 아니라 차체 상부 전면, 포탑 전면, 포방패 장갑 두께도 50mm로 바뀌었으며, 포탑 측면은 30mm(이전 형식은 20mm)가 되었다.

차체 상부 전면의 전방 기총 볼 마운트는 50mm 두께 장갑판에 맞춘 신형으로 바뀌었고, 장갑 강화에 따른 중량 증가로 기동력이 저하되는 것을 막기 위해 궤도를 폭 38cm에서 40cm 짜리로 변경했다. 여기에 맞춰 기동륜, 보기륜, 유도륜도 신형이 도입되었다.

또한 브레이크 점검 해치에 통기구가 신설되었으며, 포탑 측면 해치도 2장 짜리로 바꾸는 등, 많은 개량이 이루어졌다.

F형은 1942년까지 470대가 생산되었다.

■Ⅳ호 전차 D형 60구경장 5cm 전차포 KwK39 탑재형

Ⅳ호 전차의 화력 강화는 독소전 이전인 1941년 2월부터 시작되어, 같은 해 10월에는 D형에 Ⅲ호 전차 L형의 60구경장 5cm 전차포 KwK39가 탑재된 시제차를 제작, 시험 평가를 실시하였다.

Ⅳ호 전차는 Ⅲ호 전차보다 포탑의 용적과 포탑링이 훨씬 컸기에 5cm 전차포의 탑재 및 조작성에 있어 아무런 문제가 없었으나 소련의 KV 중전차와 T-34 상대로는 위력이 부족했기에 채용은 보류되었다.

Ⅳ호 전차 E형

전장: 5.92m 전폭: 2.84m 전고: 2.68m 중량: 22t 승무원: 5명 무장: 24구경장 7.5cm 전차포 KwK37×1, MG34 7.92mm 기관총×2 최대 장갑 두께: 50mm(차체 상부 전면은 30+30mm) 엔진: 마이바흐 HL120TR(300hp) 최대 속도: 40km/h

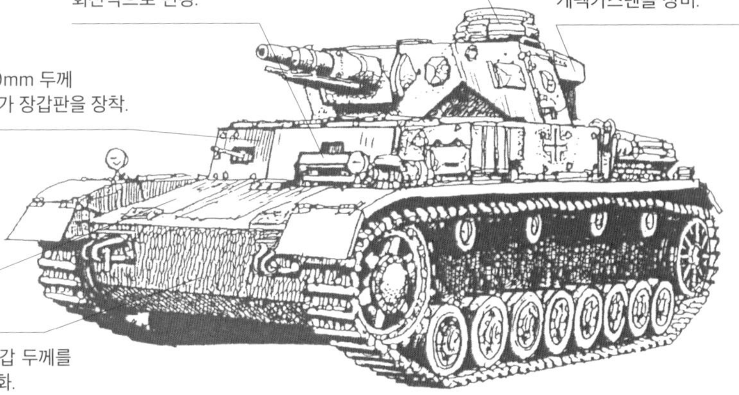
조종수용 관측 바이저를
회전식으로 변경.
전차장용 큐폴라를 변경.
포탑 후부 형상 변경.
게펙카스텐을 장비.
30mm 두께
증가 장갑판을 장착.
점검 해치
형상 변경.
차체 전면 장갑 두께를
50mm로 강화.

Ⅳ호 전차 F형

전장: 5.92m 전폭: 2.88m 전고: 2.68m 중량: 22.3t 승무원: 5명 무장: 24구경장 7.5cm 전차포 KwK37×1, MG34 7.92mm 기관총×2 최대 장갑 두께: 50mm 엔진: 마이바흐 HL120TR(300hp) 최대 속도: 40km/h

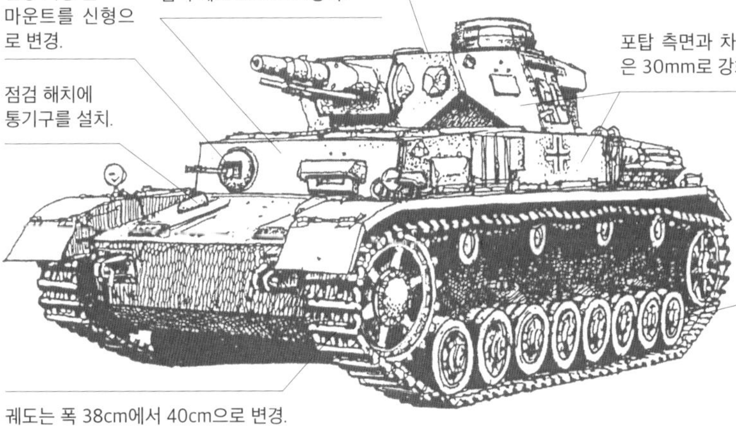
포탑전면은 50mm 두께로
변경.
차체 상부 전면 형상 변경. 장
갑 두께도 50mm로 강화.
전방 기총 볼
마운트를 신형으
로 변경.
포탑 측면과 차체 측면
은 30mm로 강화.
점검 해치에
통기구를 설치.
기동륜, 보기륜, 유도륜을 신형으로 변경.
궤도는 폭 38cm에서 40cm으로 변경.

■Ⅳ호 전차 D형/E형 43구경장 7.5cm 전차포 KwK40 탑재형

1942년 3월에 대망의 장포신형인 43구경장 7.5cm 전차포 KwK40이 탑재된 F2형(후에 G형으로 개칭됨)의 생산이 시작되었지만, 1대라도 더 많은 장포신형 Ⅳ호 전차를 필요로 했던 독일군은 구식화된 D형/E형의 주포를 43구경장 7.5cm 전차포 KwK40으로 교체할 것을 결정, 1942년 7월부터 D형과 E형의 잔존 차량을 대상으로 주포 교체 작업을 실시했다.

또한 화력 강화와 함께 방어력의 강화를 꾀하고자 1943년 5월에는 포탑과 차체에 쉬르첸이 추가로 장비되었다. 장포신 개수형은 일정수가 개조된 것으로 보이며, 이탈리아 전선과 동부 전선의 실전 부대에 배치된 것 외에 조종 훈련 등을 주 임무로 하는 나치당 산하 준 군사조직인 NSKK(Nationalsozialistisches Kraftfahrkorps, 국가 사회주의 자동차 군단)에서도 사용되었다.

■증가 장갑형「포어판처」

1941년 7월 7일, Ⅳ호 전차의 방어력 향상 시안으로 차체 전면뿐 아니라 포탑 앞부분에도 증가 장갑판 장착 지시가 내려지면서 B형 및 E형, F형의 일부 차량에 증가 장갑이 장착되었다.

흔히「포어판처(Vorpanzer)」라 불리는 증가 장갑형은, 포탑 전면부터 측면 앞부분에 걸쳐 20mm 두께 장갑판이 추가된 형식이다. 이 증가 장갑은 기본 장갑과 약간 이격되어 있는 공간 장갑으로, 밀착 방식보다 좀 더 방어력이 높았다.

⊙포탑 형상의 변화

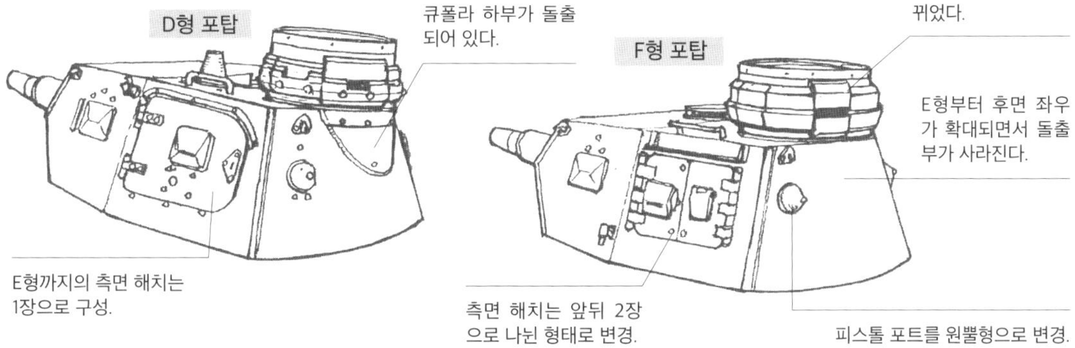

D형 포탑
큐폴라 하부가 돌출되어 있다.
F형 포탑
E형부터 전차장용 큐폴라가 신형으로 바뀌었다.
E형부터 후면 좌우가 확대되면서 돌출부가 사라진다.
E형까지의 측면 해치는 1장으로 구성.
측면 해치는 앞뒤 2장으로 나뉜 형태로 변경.
피스톨 포트를 원뿔형으로 변경.

Ⅳ호 전차는 생산 시기에 따라 세부 변화가 있었지.

⊙차체 후면의 변화

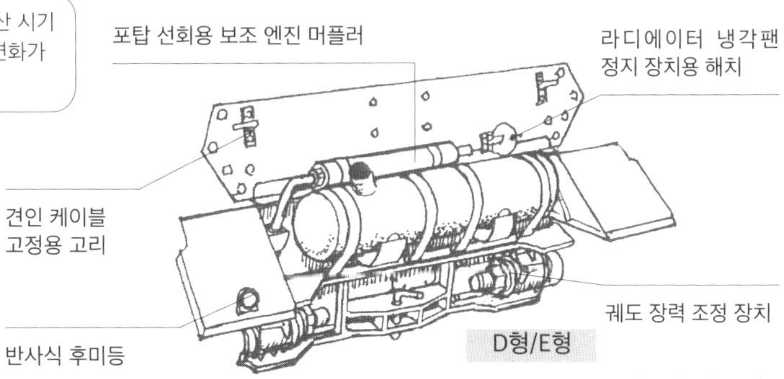

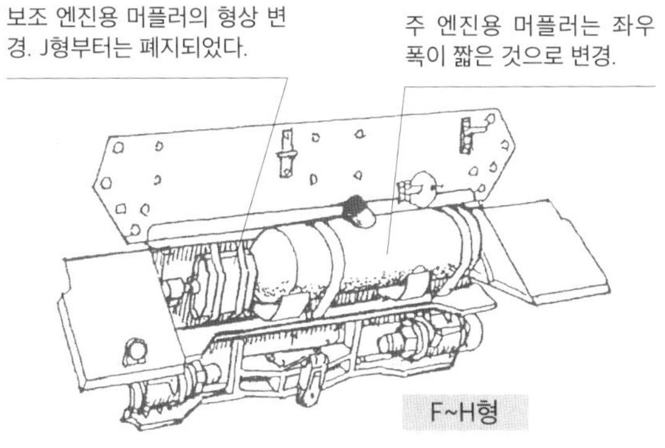

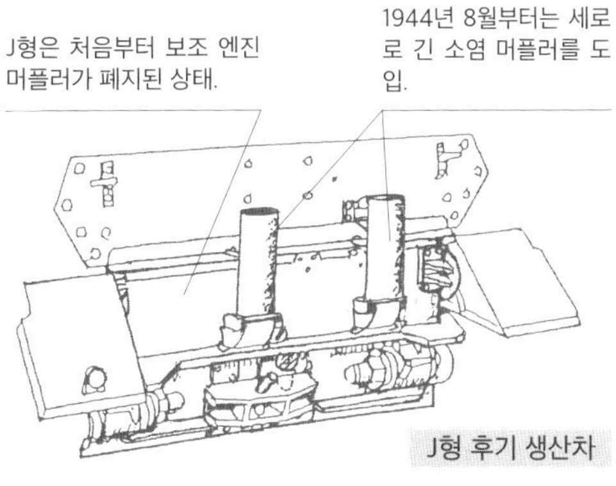

⦿Ⅳ호 전차 D형의 내부 구조

1. 전조등
2. MG34 7.92mm 기관총
3. 조종수용 관측 바이저
4. 안테나 디플렉터
5. 24구경장 7.5cm 전차포 KwK37
6. 주퇴 복좌기 장갑 커버
7. 조준기
8. 상하각 조정 핸들
9. 폐쇄기
10. 신호탑
11. 장전수용 관측 장치
12. 전차장용 큐폴라
13. 전차장용 관측 장치
14. 장전수용 측면 해치
15. 잠금 핸들
16. 전차장석
17. 라디에이터 냉각수 주입구 커버
18. 냉각팬
19. 마이바흐 HL120TRM 엔진
20. 포탑 선회용 보조 엔진 머플러
21. 주 엔진 머플러
22. 궤도 장력 조정 장치
23. 견인 고리
24. 발전기
25. 리프 스프링식 현가장치
26. 프로펠러 샤프트
27. 포수석
28. 포탑 선회용 모터
29. 탄피 받이
30. 연료 탱크
31. 포탑 바스켓 바닥면
32. 포탄 수납고
33. 조종수석
34. 계기판
35. 변속 레버
36. 조향 레버
37. 브레이크 유닛
38. 견인 고리

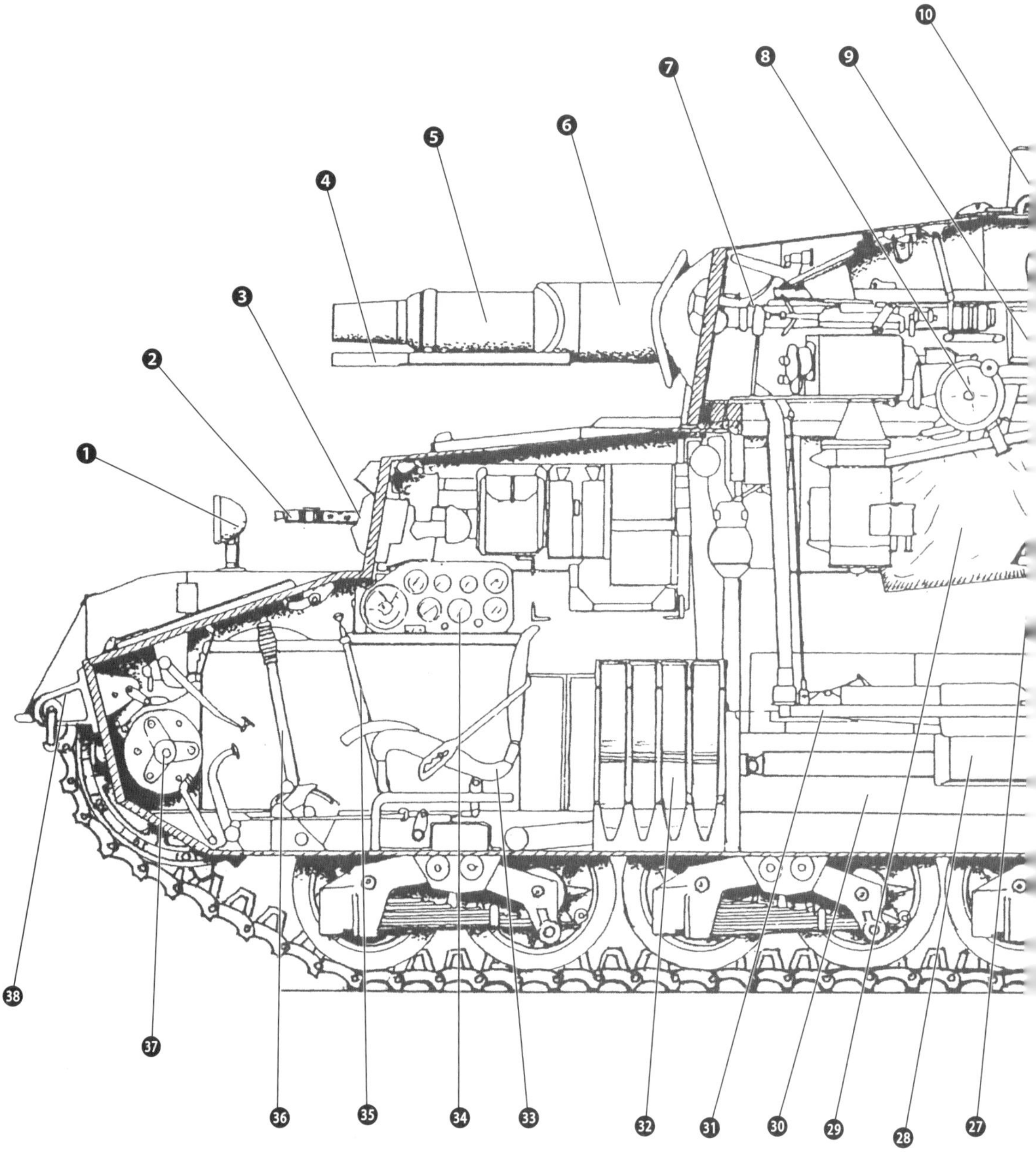

⦿24구경장 7.5cm 전차포 KwK37
폐쇄기
포미 안전 가드
포이
공축 기관총 거치대
기총 마운트
MG34 7.92mm 기관총
⦿차체 전방 기총
기총 고정구
차량 탑재 시에는
개머리판을 떼어낸다.

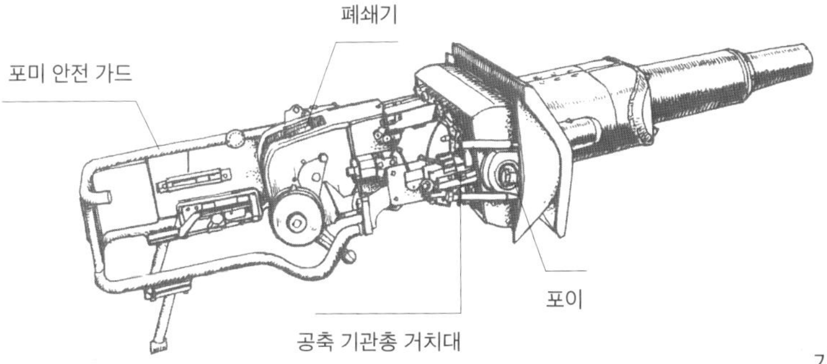

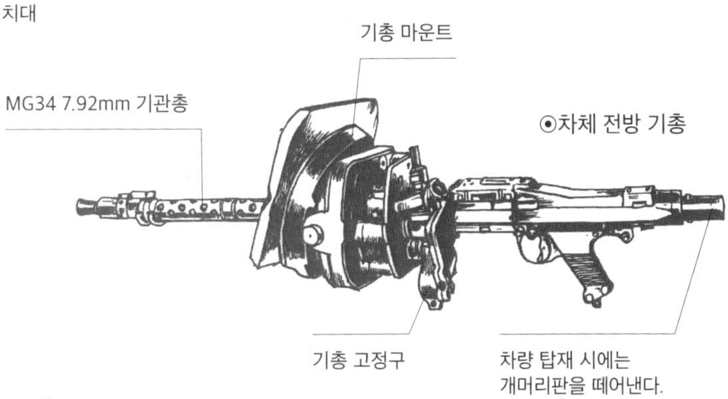

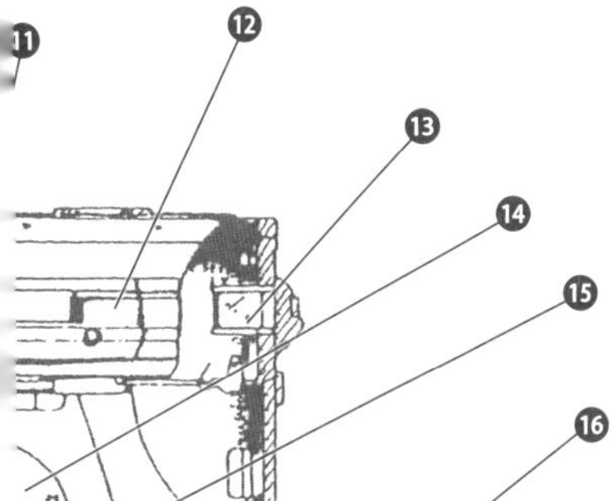

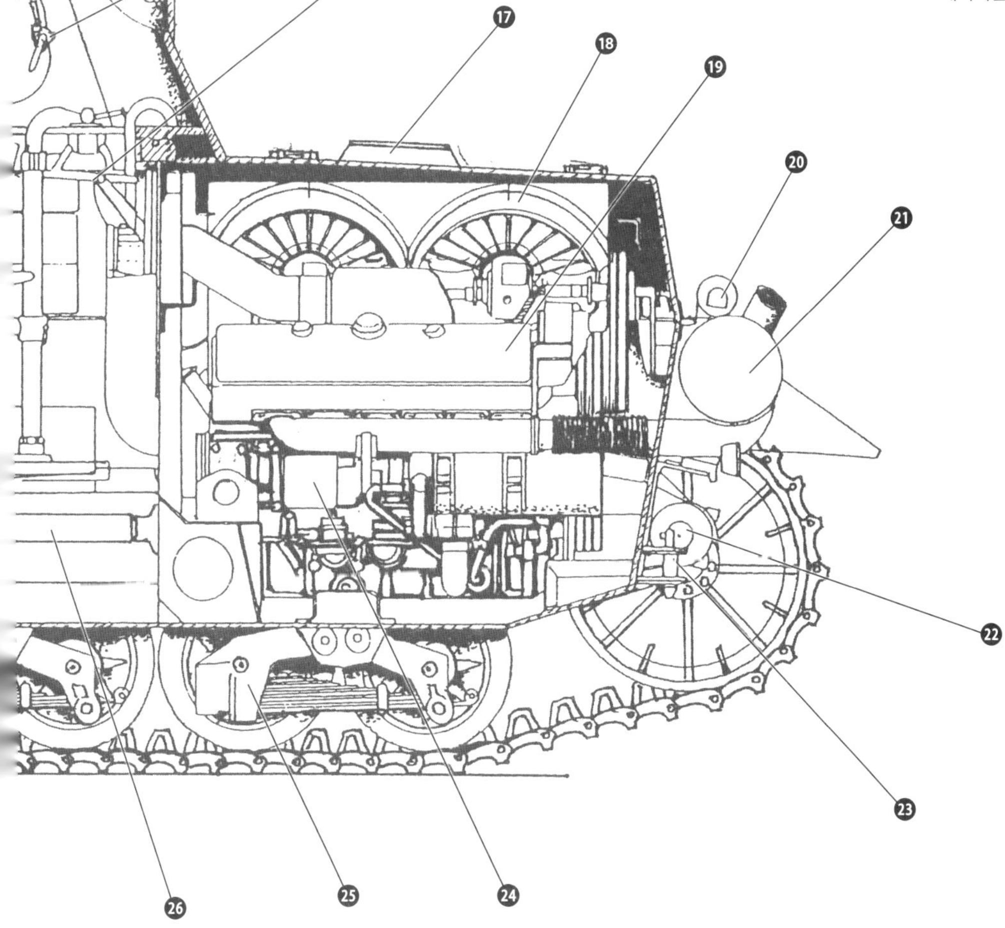

■Ⅳ호 전차 G형

1941년 6월 22일, 독소전 개전 후 얼마 지나지 않아서 독일군은 소련군의 신형 전차인 T-34와 마주쳤다. T-34는 독일군의 Ⅲ호 전차 및 Ⅳ호 전차보다 화력과 방어력 모두 우세했기에 독일군은 한시라도 빨리 Ⅲ호 전차와 Ⅳ호 전차의 화력을 강화해야만 했다.

Ⅳ호 전차의 화력 강화는 이미 독소전 개전 이전인 1941년 2월부터 시작되었는데, 60구경장 5cm 포와 34.5구경장 7.5cm 포가 탑재된 시제차가 만들어지기는 했으나, 양자 모두 위력 부족으로 채용에는 이르지 못한 채, 보다 강력한 7.5cm 포의 개발이 진행되었다. 1942년 초에 43구경장 KwK40이 완성되면서 같은 해 3월부터 F형의 주포를 KwK40으로 바꾼 G형(생산 초기의 형식명은 F2형)의 생산이 시작되었다.

43구경장 전차포인 KwK40은 사거리 1,000m에서 63mm 두께 경사 장갑판을 관통 가능하여, 소련의 T-34에 충분히 대항할 성능을 갖췄으나, 보다 더 화력을 강화할 필요성이 제기되어 1943년 4월부터는 보다 관통력을 향상시킨 48구경장 7.5cm 전차포 KwK40이 탑재되기 시작했다.

G형은 장포신화된 것 외에도 포구 제퇴기의 변경, 포탑 측면 관측창 폐지, 예비 궤도 걸이 설치, 차재 공구의 이설 등이 실시되었으며, 1942년 여름 무렵부터는 차체 전면 및 차체 상부 전면에 30mm 두께의 증가 장갑판이 장착되었다. 또한 1943년 4월에는 포탑과 차체 측면에 쉬르첸이 장비되었고, 5월에는 에어클리너가 증설되면서 G형 후기 생산차도 H형 초기 생산차와 거의 같은 사양을 갖추게 되었다.

G형은 1943년 6월까지 1,930대가 만들어졌다.

Ⅳ호 전차 G형 중기 생산차

전장: 6.63m 전폭: 2.88m 전고: 2.68m 중량: 23.6t 승무원: 5명 무장: 43구경장 7.5cm 전차포 KwK40×1, MG34 7.92mm 기관총×2 최대 장갑 두께: 50mm 엔진: 마이바흐 HL120TR(300hp) 최대 속도: 40km/h

1942년 4월부터 포탑 전면 우측과 좌측의 관측창 폐지.
배출구가 앞뒤 2쌍인 포구 제퇴기를 장착.
1942년 7월에 노텍 라이트를 보슈 라이트로 변경. 같은 해 9월에는 우측에도 같은 라이트가 설치되었다.
차체 전면과 상면에 예비 궤도 걸이를 설치.
펜더 지지대 추가.

Ⅳ호 전차 G형 초기 생산차(F2형)

전장: 6.63m 전폭: 2.88m 전고: 2.68m 중량: 23.6t 승무원: 5명 무장: 43구경장 7.5cm 전차포 KwK40×1, MG34 7.92mm 기관총×2 최대 장갑 두께: 50mm 엔진: 마이바흐 HL120TR(300hp) 최대 속도: 40km/h

Ⅳ호 전차 G형 후기 생산차

전장: 7.02m 전폭: 2.88m 전고: 2.68m 중량: 25t 승무원: 5명 무장: 48구경장 7.5cm 전차포 KwK40×1, MG34 7.92mm 기관총×2 최대 장갑 두께: 80mm(50+30mm) 엔진: 마이바흐 HL120TR(300hp) 최대 속도: 40km/h

■Ⅳ호 전차 H형

G형의 뒤를 잇는 장포신형 Ⅳ호 전차로, 1943년 4월부터 H형이 생산되기 시작했다. 개발 당초에는 차체 앞부분에서 전투실로 이어지는 부분에 경사 장갑을 채용하여 새롭게 설계된 차체 상부로 생산할 계획이 세워졌으나 중량 증가 문제로 중단되었다.

결국 장갑을 보다 두텁게 하는 것으로 방어력 강화를 꾀하게 되면서, 1943년 6월 생산차부터는 50mm+30mm였던 차체 전면 및 차체 상부 전면 장갑판을 80mm 두께의 1장짜리 장갑판으로 강화했으며, 대전차 소총이나 성형 작약탄 방어를 위해 장착했던 쉬르첸도 생산 초기부터 표준화되었다.

또한 생산 도중에 기동륜과 보기륜 허브, 완충기의 변경, 강철제 지지륜이 도입되기도 했다.

H형은 공격력, 방어력의 강화와 함께 생산성 향상을 위한 공정 간략화가 이뤄진 것이 특징으로, 차체 상부 측면 앞부분의 관측 바이저와 포탑 후부 좌우측의 피스톨 포트가 폐지되었으며, 차체 후면 바닥 쪽의 형상도 단순한 구조로 변경되었다.

H형은 1944년 2월까지 약 2,322대가 생산되었다.

■Ⅳ호 전차 J형

Ⅳ호 전차는 거듭된 개량을 통해, H형에서 완성되었다 할 수 있었으나, 광대한 동부 전선에서 운용하기에는 항속 거리가 부족하다는 문제가 있었다. 그 때문에 1944년 2월부터는 항속 거리 증대를 꾀한 J형의 생산이 시작되었다.

J형은 포탑 선회용 보조 엔진과 발전기를 철거하고 200ℓ 연료 탱크를 설치하면서 항속 거리가 H형의 210km에서 300km로 연장되었다. 하지만 포탑 선회용 보조 엔진이 철거되었기에 수동으로 포탑을 선회시켜야만 했고, 포수와 장전수의 부담이 늘어나고 말았다. 전투력만 놓고 따져본다면 오히려 개악이라고 할 수 있겠으나, 광대한 동부 전선에서는 전술 기동력 향상으로 이어지는 항속 거리 연장이 훨씬 중요했다.

J형부터는 한층 더 공정 간략화가 이루어졌는데, 1945년 4월까지 J형은 3,150대가 만들어졌다. 대전 후반 독일 전차 부대의 주력이었던 Ⅳ호 전차 H형과 J형은 연합군 전차를 상대로 선전했다.

Ⅳ호 전차 H형

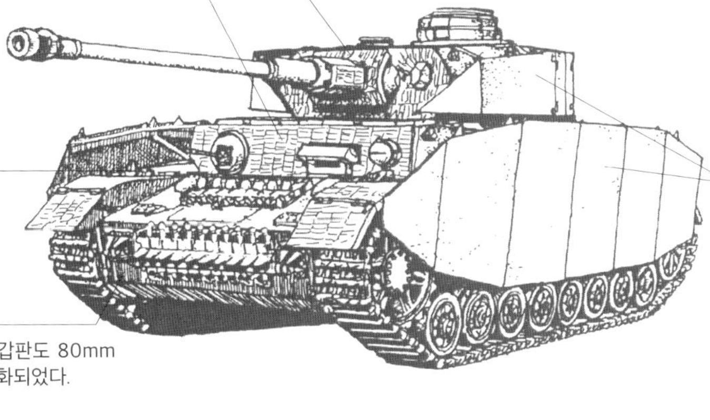

1943년 6월부터 차체 상부 전면 장갑판을 80mm 1장짜리로 강화.

1943년 9월부터 치메리트 코팅을 도포.

우측 보슈 라이트 폐지.

생산 당초부터 포탑과 차체 측면에 쉬르첸을 장착.

차체 전면 장갑판도 80mm 1장짜리로 강화되었다.

전장: 7.02m 전폭: 2.88m 전고: 2.68m 중량: 25t 승무원: 5명 무장: 48구경장 7.5cm 전차포 KwK40×1, MG34 7.92mm 기관총×2 최대 장갑 두께: 80mm 엔진: 마이바흐 HL120TR(300hp) 최대 속도: 40km/h

Ⅳ호 전차 J형

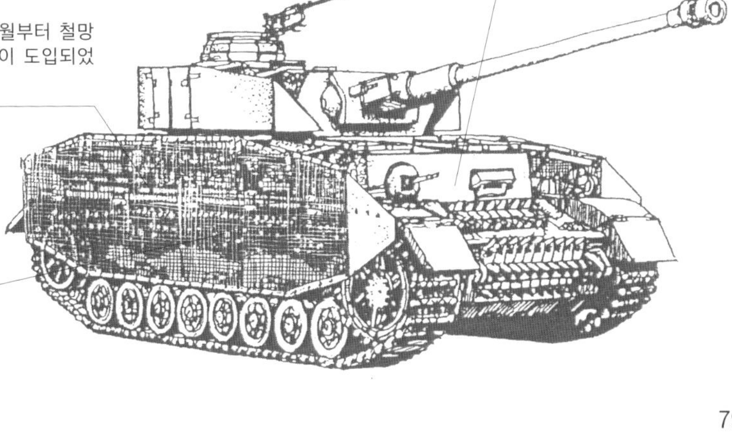

1944년 9월부터 치메리트 코팅이 폐지되었다.

1944년 9월부터 철망형 쉬르첸이 도입되었다.

1944년 12월부터 지지륜이 4개에서 3개로 줄어들었다.

전장: 7.02m 전폭: 2.88m 전고: 2.68m 중량: 25t 승무원: 5명 무장: 48구경장 7.5cm 전차포 KwK40×1, MG34 7.92mm 기관총×2 최대 장갑 두께: 80mm 엔진: 마이바흐 HL120TR(300hp) 최대 속도: 40km/h

⦿Ⅳ호 전차 H형의 세부

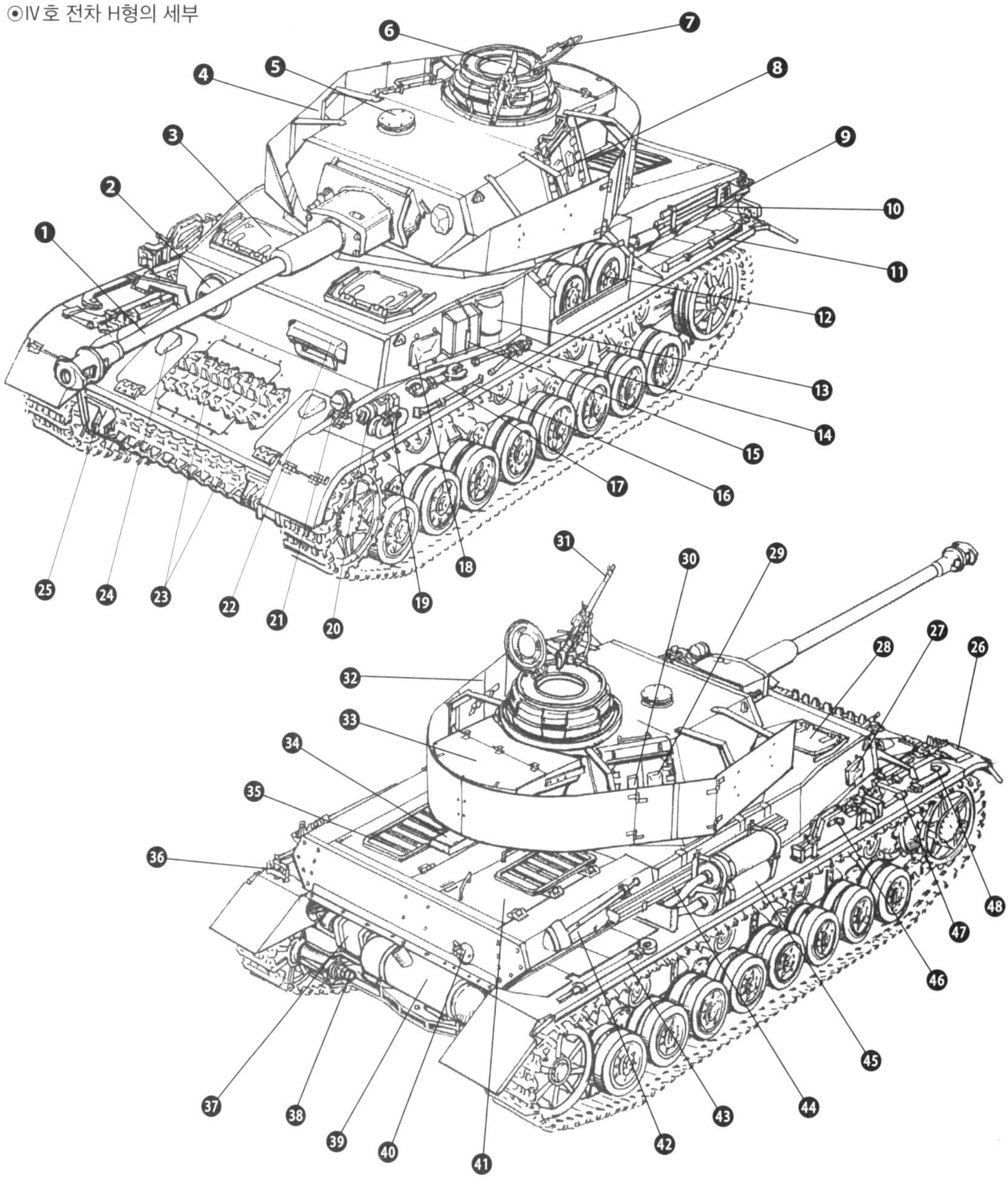

1 48구경장 7.5cm 전차포 KwK40
2 MG34기관총 볼 마운트
3 무전수용 해치
4 쉬르첸
5 벤틸레이터
6 전차장용 큐폴라
7 큐폴라 해치
8 포수용 해치
9 안테나 마운트
10 포신 청소봉
11 쇠지레
12 예비 보기륜 랙(보기륜 2개 수납)
13 통기구 장갑 커버
14 와이어 커터
15 잭 받침대
16 쇠지레
17 렌치
18 조종수용 관측 여닫이 창
19 C자형 클레비스(2개 장비)
20 소화기
21 보슈 라이트
22 조종수용 관측 바이저
23 예비 궤도 걸이
24 통기구 장갑 커버
25 견인 고리
26 도끼
27 무전수용 관측창
28 무전수용 해치
29 관측용 여닫이 창(장전수 해치 앞쪽)
30 사격용 여닫이 창(장전수 해치 뒤쪽)
31 MG34 7.92mm 기관총
32 쉬르첸 측면 개폐 패널
33 게펙카스텐
34 라디에이터용 냉각수 주입구 커버
35 라디에이터 점검 해치
36 차간 표시등
37 포탑 선회용 보조 엔진 머플러
38 궤도 장력 조정 장치
39 주 엔진 머플러
40 라디에이터 냉각팬 정지 장치용 해치
41 냉각팬 점검 해치
42 삽
43 궤도 장력 조정 공구
44 안테나 수납 케이스
45 에어 클리너
46 잭
47 엔진 시동용 크랭크
48 궤도 교환용 공구

⦿IV호 전차의 정비 및 수리 방법

전선에선 전차의 정비와
수리도 전차병의 일이지.
대단히 중요하다구!

견인 케이블 장착 방법

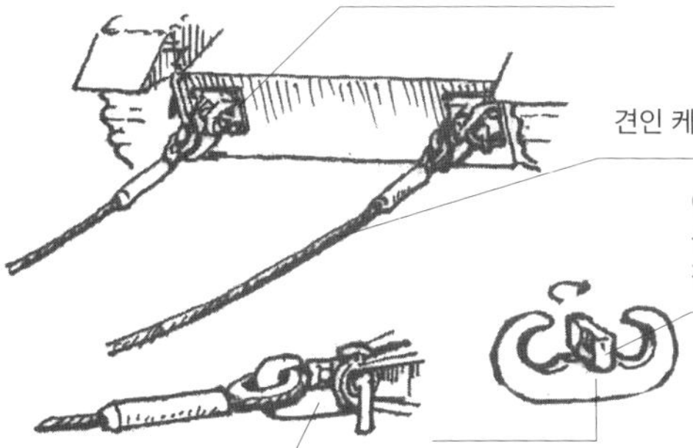
차체 전면의 견인 고리
견인 케이블
이 부분을 돌려 케이블의 아이를 걸어 고정한다.
C자형 클레비스

C자형 클레비스를 사용하여,
견인 고리와 견인 케이블을 연결.

보기륜 그리스 주입

그리스 니플
보기륜
그리스 주입기
그리스 캔

포신 내부 청소

여러 개로 나뉘어 있던 포신 청소봉을 하나로 연결해서 사용.
작업은 2~3명이 함께 한다.

전차병이라면 이런
정비와 수리 정도는
할 수 있어야지!

궤도의 교환

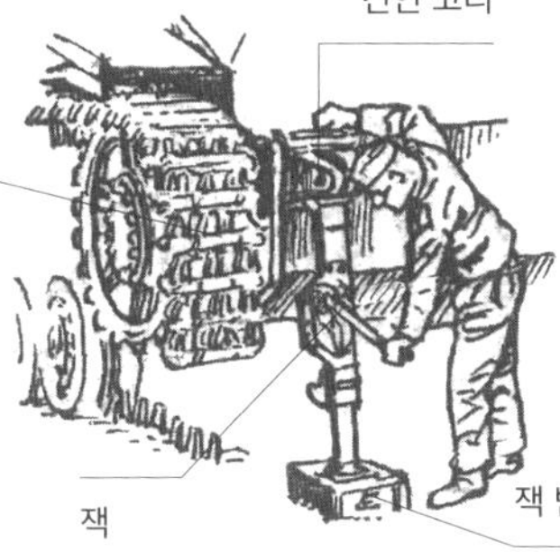
견인 고리
끊어진 궤도
잭
잭 받침대

잭 받침대 위에 잭을 올리고 잭 고정면을 견인 고리 바닥면에 물린 다음, 핸들을 돌려 차체를 들어올린다.

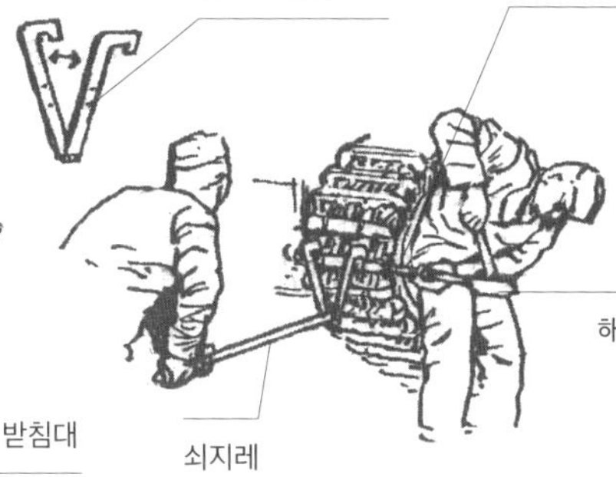
궤도 교환용 공구
연결 샤프트
해머
쇠지레

궤도 교환용 공구와 쇠지레를 사용하여 궤도를 임시 고정한 다음, 해머로 연결 샤프트를 박아 넣는다.

수동으로 엔진 시동

보통은 스타트 모터로 시동을 건다.

주 엔진 머플러
크랭크를 끼워 넣고 돌린다.
차체 후면 하부 중앙에 설치된 엔진 시동용 크랭크 삽입구.

궤도 장력의 조정

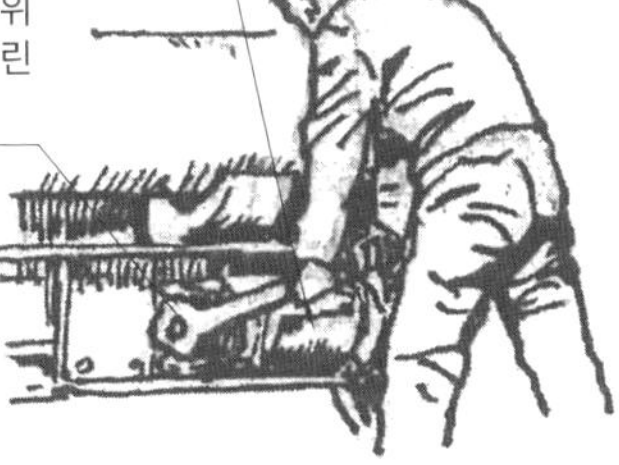
차체 후면 하부 좌우에 위치한 궤도 장력 조정 장치(일러스트는 차체 우측)
렌치를 소정의 위치에 끼우고 돌린다.

전차장용 큐폴라

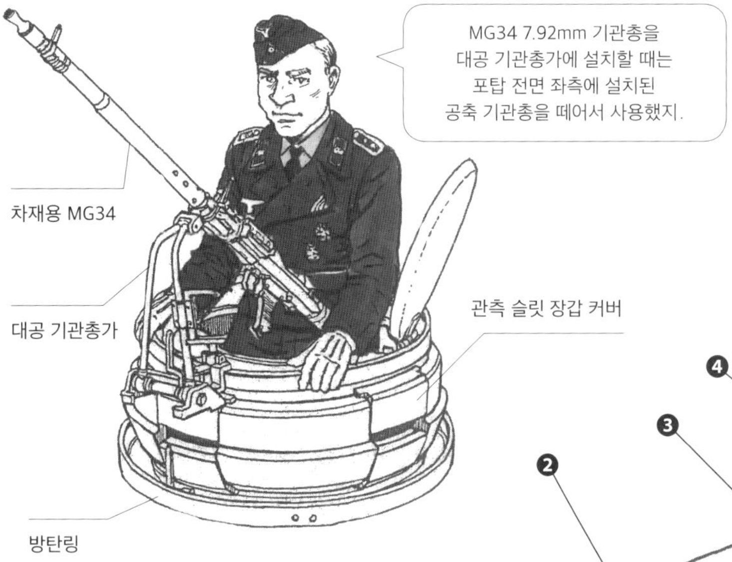
MG34 7.92mm 기관총을
대공 기관총가에 설치할 때는
포탑 전면 좌측에 설치된
공축 기관총을 떼어서 사용했지.
차재용 MG34
대공 기관총가
관측 슬릿 장갑 커버
방탄링

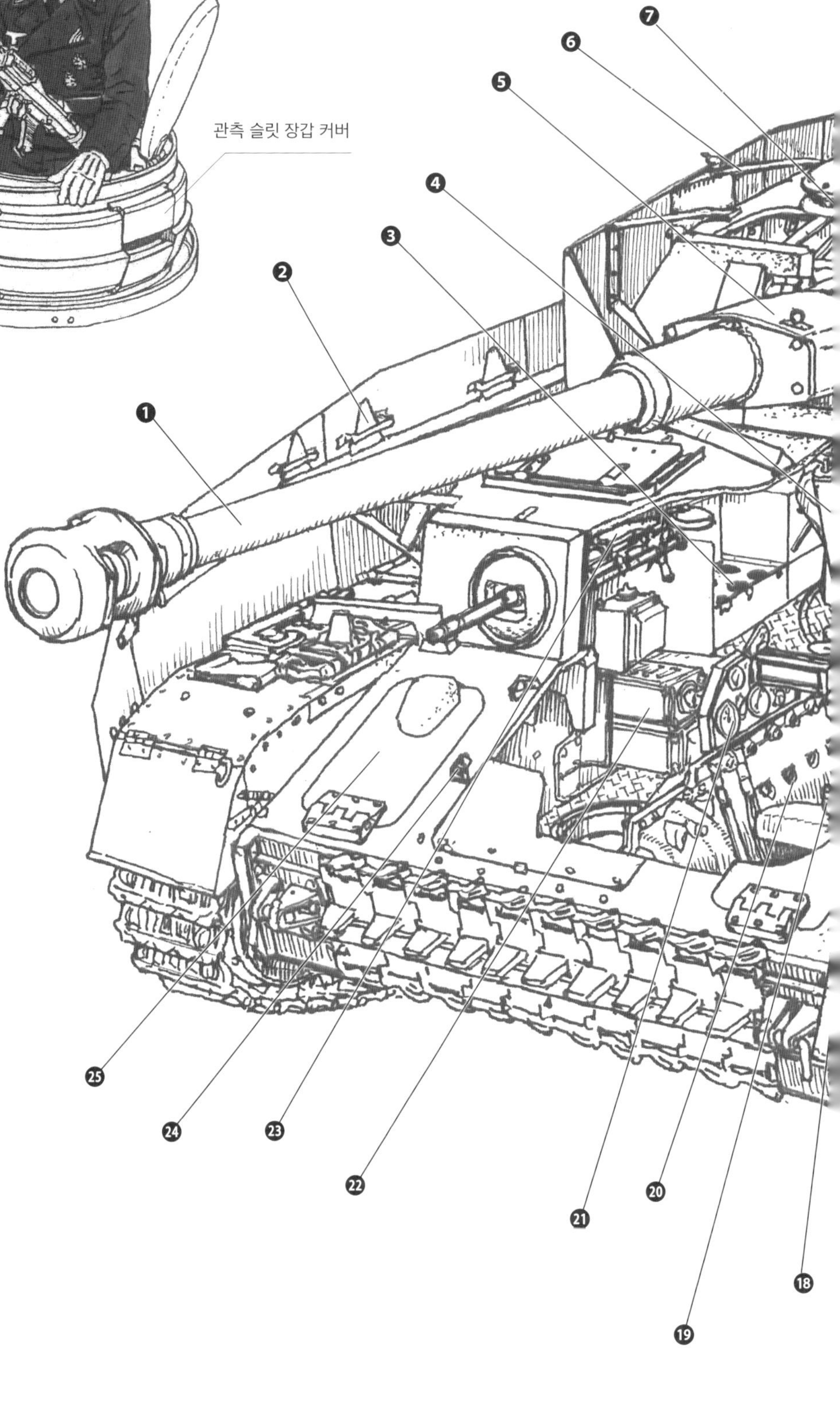
1
2
3
4
5
6
7
18
19
20
21
22
23
24
25

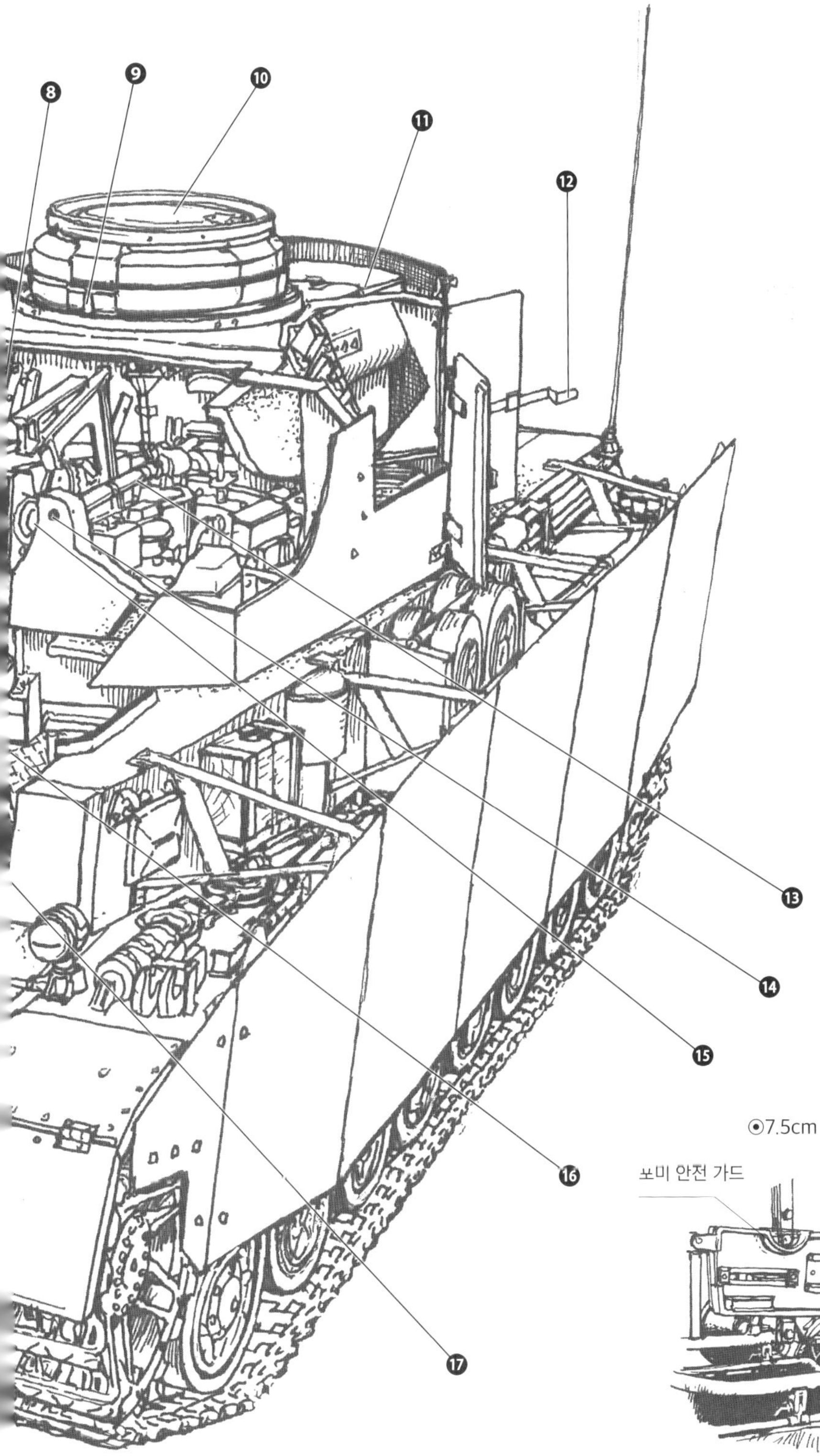

⊙Ⅳ호 전차 H형의 구조

1. 48구경장 7.5cm 전차포 KwK40
2. 쉬르첸 걸이
3. 포탄 수납고
4. 포 평균기
5. 주퇴 복좌기 장갑 커버
6. 포탑용 쉬르첸 걸이
7. 벤틸레이터
8. 포미
9. 직접 조준기구
10. 전차장용 큐폴라
11. 게펙카스텐
12. 쉬르첸 해치 고정구
13. 조준기
14. 조준기용 개구부
15. 포이
16. 포탑 바스켓 바닥면
17. 포탄 수납고
18. 조종수석
19. 조향 레버
20. 변속기
21. 계기판
22. 무전기
23. MG34 7.92mm 기관총
24. 예비 궤도 고정구
25. 브레이크 점검 해치

⊙7.5cm 전차포 KwK40의 포미 부근

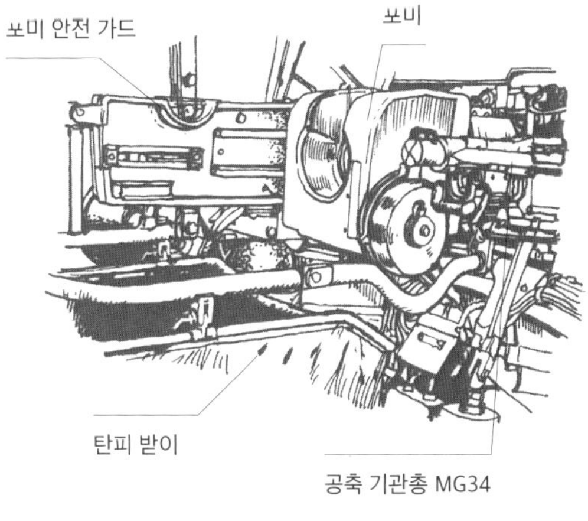

Ⅳ호 전차의 파생형

■Ⅳ호 지휘 전차

나날이 격화되어가는 전장에서는 기존의 60구경장 5cm 전차포 KwK39가 탑재된 Ⅲ호 지휘 전차 K형조차 화력이 부족하다는 지적이 나옴에 따라, 48구경장 7.5cm 전차포 KwK40이 탑재된 Ⅳ호 전차 H형/G형을 기반으로 하는 지휘 전차가 개발되었다.

Ⅳ호 지휘 전차는 Fu8 무전기를 추가한 Sd.Kfz.267과 Fu7이 추가된 Sd.Kfz.268의 두 종류가 있었는데, Sd.Kfz.268은 통상형과 같은 안테나 마운트에 Fu7용 1.4m짜리 안테나가 장착되었다. Sd.Kfz.267은 포탑 상면 우측 벤틸레이터 바깥쪽에 안테나 마운트를 증설, 그 자리에 Fu5용 안테나가 장착됐으며 기관실 후부 우측 끝단에 증설된 안테나 마운트에 Fu8용 1.8m짜리 슈테른 안테나가 장착되었다.

또한 Sd.Kfz.267과 Sd.Kfz.268 모두 전차장용 큐폴라 왼쪽 전방 안쪽에 위로 올렸다 내릴 수 있는 TSR.1 잠망경이 설치되었다.

1944년 3월부터 1945년 1월까지 기존 차량의 개조와 신규 생산분을 합쳐 103대 만들어졌다.

■Ⅳ호 잠수 전차

영국 본토 상륙 작전인 「바다사자 작전」에 대비하여 48대의 D형과 85대의 E형이 잠수전차로 개조되었다. Ⅲ호 잠수 전차와 마찬가지로 포탑링과 각 해치의 방수 처리가 이루어졌으며, 포방패와 전방 기총, 기관실 흡기구에는 방수 커버가 씌워졌다.

하지만 작전이 중지되면서 Ⅳ호 잠수전차의 태반은 동부 전선에서 활동하던 제18 기갑 사단과 제7 기갑 사단에 배치, 통상적인 전차처럼 사용되었다.

■Ⅳ호 포병 관측 전차

독일군은 포병 연대의 자주포에 수반하여, 전방의 탄착 확인 등을 수행할 수 있는 Ⅲ호 포병 관측 전차를 운용했다. 하지만 동 차량은 무장이 MG34 기관총뿐이었기에 대전차 전투 능력이 부족했다. 관측 전차도 전투 능력을 갖출 필요가 생기면서 7.5cm 전차포 KwK40이 탑재된 Ⅳ호 전차를 기반으로 한 관측 전차의 제작이 1944년 4월부터 시작되었다.

Ⅳ호 포병 관측 전차는 전선에서 정비 및 수리를 위해 돌아온 H형과 J형을 개조하여 Fu4와 Fu8 무전기를 추가했다. 포탑 상면 우측에 증설된 안테나 마운

Ⅳ호 지휘 전차

전장: 7.02m 전폭: 2.88m 전고: 2.68m(안테나 미포함) 중량: 25t 승무원: 5명 무장: 48구경장 7.5cm 전차포 KwK40×1, MG34 7.92mm 기관총×1 최대 장갑 두께: 80mm 엔진: 마이바흐 HL120TR(300hp) 최대 속도: 40km/h

전차장용 큐폴라 좌측 전방에 TSR.1 잠망경 장비.

기관실 후부 우측에도 안테나 마운트를 증설, Fu8용 슈테른 안테나를 장착.

벤틸레이터 우측에 안테나 마운트를 증설, Fu5용 안테나를 장착

Ⅳ호 전차 G형과 H형을 기반으로 제작.

Ⅳ호 잠수 전차 D형

전장: 5.92m 전폭: 2.84m 전고: 2.68m 중량: 20t 승무원: 5명 무장: 24구경장 7.5cm 전차포 KwK37×1, MG34 7.92mm 기관총×2 최대 장갑 두께: 30mm 엔진: 마이바흐 HL120TR(300hp) 최대 속도: 40km/h

전차장용 큐폴라, 포탑 전면, 전방 기총에 방수 커버 장착.

전차장용 큐폴라에 스노클 파이프를 장비.

D형 외에 E형을 기반으로 한 잠수 전차도 제작되었다.

Ⅳ호 전차 판터 F형 포탑 탑재형

판터 F형의 포탑을 탑재.

Ⅳ호 전차 J형의 차체를 사용.

트에 Fu4용 1.4m짜리 안테나를 설치했으며 기관실 후면 우측 상면에 증설된 안테나 마운트에는 Fu8용 1.8m짜리 슈테른 안테나가 장착되었다. 또한 MG34 공축 기관총이 철거되었으며, 전차장용 큐폴라는 Ⅲ호 돌격포 G형의 것으로 교체되었다.

Ⅳ호 포병 관측 전차는 1945년 3월까지 133대 생산되었다.

■Ⅳ호 가교 전차

Ⅳ호 가교 전차는 크루프와 마기루스(Magirus)에서 제작되었다. 두 회사는 Ⅳ호 전차 C형/D형의 차대를 이용하여 Ⅳ호 가교 전차 b형을 20대, 그리고 여기에 더하여 크루프에서는 Ⅳ호 전차 F형의 차대를 사용하여 Ⅳ호 가교 전차 c형을 4대 생산했다.

크루프의 가교 전차는 가동식 크레인으로 매달아 올려 앞으로 전개하는 방식이었으나, 마기루스에서 생산된 차량은 가교를 전방으로 슬라이드하는 방식이 채용되었다.

■Ⅳ호 탄약 운반차

60cm 자주박격포 카를(Karl)이라는 이름으로 잘 알려진 040/041 병기 기재 카를(Gerät 040/041 Karl)에 사용되는 60cm 포탄 운반 전용 차량으로 Ⅳ호 전차 D형/E형/F형의 차대를 개조한 차량 12대가 만들어졌다.

차체 상부 우측 앞부분에 전동 크레인, 그 뒤에는 포탄 4발을 수납할 수 있는 대형 탄약 컨테이너가 설치되었다. 또한 개조 차량 12대 중에서 2대는 후에 카를의 주포 교체에 따라 54cm 포탄 운반용으로 개장되었다.

■Ⅳ호 전차 회수차

전선에서 정비 및 수리를 위해 돌아온 Ⅳ호 전차를 전용하여, 1944년 10월~1945년 3월 사이에 21대의 전차 회수차가 만들어졌다.

포탑링의 뻥 뚫린 부분을 목제 커버로 덮고, 이 커버 우측에 승강용 해치가 설치되었다. 차체 상면 조종수/무전수 해치 사이에는 도르래, 상면 우측에는 연약 지반 탈출용 각재, 상면 좌측에는 분해한 2t 크레인이 장비되었다.

■Ⅳ호 전차 판터 F형 포탑 탑재형

2차 대전 후기에 들어서면서부터는 48구경장 7.5cm 전차포 KwK40조차도 소련 전차를 상대하기에 위력이 충분하다고 말하기 어려워졌다.

이에 따라 Ⅳ호 전차의 화력 강화 방안 가운데 하나로 판터와 같은 70구경장 7.5cm 전차포 KwK42를 탑재하는 계획이 제안되었다. 실물 크기의 모크업을 제작, 계획을 검토했으나, 포탑 내부 용적 문제로 70구경장 7.5cm 전차포 KwK42의 탑재는 무리라고 결론이 나면서 계획은 취소되었다.

하지만, 이후에도 Ⅳ호 전차의 화력 강화를 위한 노력은 계속되었고, 1944년 11월에는 크루프에서 Ⅳ호 전차의 차체에 당시 개발 중이던 판터 F형의 포탑인 「슈말투름(Schmalturm, 폭이 좁은 포탑)」을 탑재하는 설계를 병기국에 제안했다. 하지만, 결국 이 설계안도 해결해야 할 문제(중량 과다, 조종수 및 무전수 해치의 배치 문제 등)가 많았기에 실현되지는 못했다.

■기타 시제차 및 계획 차량

유체 변속기 탑재차, 돌격교 탑재차, 차체 전방에 지뢰 제거 롤러가 부착된 지뢰 제거차, Ⅳ호 전차의 주행부를 그대로 사용한 장갑 페리, 액화 가스 연료 실험차 등의 시제 차량이 만들어진 것 외에 간이 생산 포탑 탑재안이 크루프에서 계획되기도 했다.

Ⅳ호 가교 전차 b형

전장: 11m 전폭: 3m 전고: 3.54m 중량: 28t 승무원: 2명 무장: MG34 7.92mm 기관총×1 최대 장갑 두께: 30mm 엔진: 마이바흐 HL120TR(300hp) 최대 속도: 40km/h

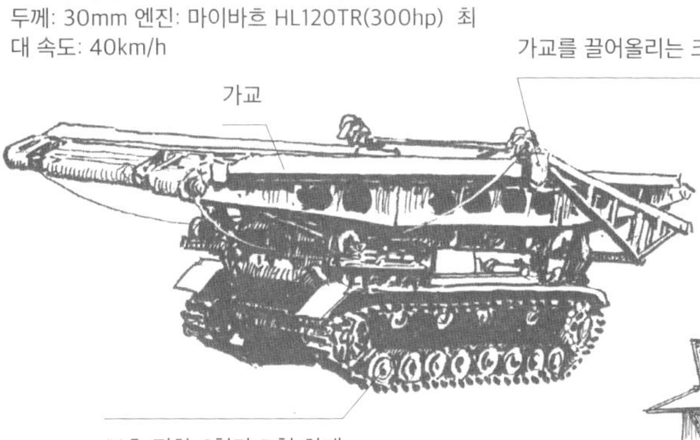

Ⅳ호 탄약 운반차

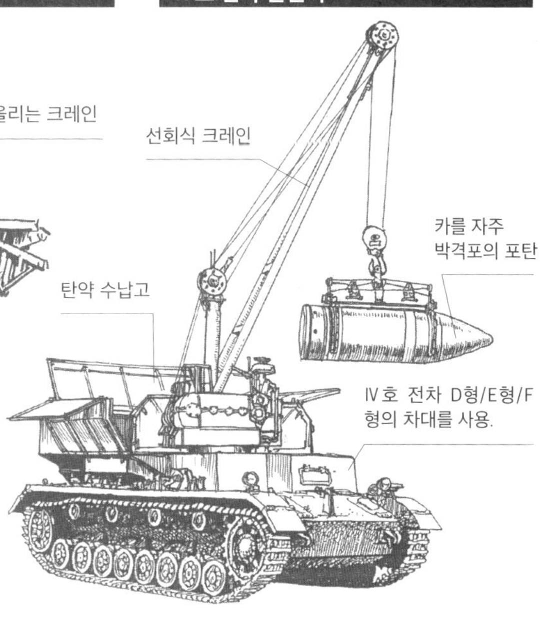

Ⅳ호 대전차 자주포

■10.5cm K18 탑재 Ⅳ호 a형 장갑 자주 차대

Ⅳ호 전차의 차대를 이용한 자주포의 첫 모델 「10.5cm K18 탑재 Ⅳ호 a형 장갑 자주 차대」는 병기국 제6과에서 제안한 적 토치카 공략용 자주포 개발 요청에 따라 크루프에서 제작한 차량이다.

차대로는 당시 독일군에서 가장 널리 쓰이던 양산 차량인 Ⅳ호 전차를 선정, D형의 차체 하부를 전용하고 차체 상부는 완전히 새로 설계했다. 전장 7.52m, 전고 3.25m, 전폭 2.84m, 중량 25t인 차체의 후방에 상부 개방형 전투실을 배치, 여기에 52구경장 10.5cm 직사포 K18을 탑재했다.

1940년 초에 2대의 시제차가 완성되었고, 1941년 5월에는 토치카 공략용에서 대전차 자주포로 운용 목적이 변경되었다. 10.5cm K18 탑재 Ⅳ호 a형 장갑 자주 차대는 1942년부터 양산 개시될 예정이었으나, 결국 2대의 시제차만으로 끝나고 말았다.

완성된 2대의 10.5cm K18 탑재 Ⅳ호 a형 장갑 자주 차대는 제521 전차 대대 3중대에 배치되어 1941년 여름, 동부 전선에 실전 투입되었다. 부대 배치된 뒤에 포신 고정구가 추가로 장비되었으며, 포구 제퇴기도 다른 형상의 것으로 변경되었다.

2대 모두 거듭된 전투로 손실되었으나, 52구경장 10.5cm 포는 상당히 강

10.5cm K18 탑재 Ⅳ호 a형 장갑 자주 차대

전장: 7.52m 전폭: 2.84m 전고: 3.25m 중량: 25t 승무원: 5명 무장: 52구경장 10.5cm 직사포 K18 ×1, MG34 7.92mm 기관총×1 최대 장갑 두께: 30mm 엔진: 마이바흐 HL120TR(300hp) 최대 속도: 40km/h

주포는 10.5cm 직사포 K18을 탑재.
전투실 후부는 상부 개방형으로 되어 있다.
Ⅳ호 전차 D형의 차대를 기반으로 만들어졌다.

나스호른(1943년 5월 이후 생산차)

전장: 8.44m 전폭: 2.86m 전고: 2.65m 중량: 24t 승무원: 4명 무장: 71구경장 8.8cm 대전차포 PaK43/1×1, MG34 7.92mm 기관총×1 최대 장갑 두께: 30mm 엔진: 마이바흐 HL120TR(300hp) 최대 속도: 42km/h

전투실 장갑 두께는 10mm.
71구경장 8.8cm PaK43/1을 탑재.
자주포 전용 Ⅲ/Ⅳ호 차대를 사용.

력했던 것으로 보이는데, 해당 차량의 포신에는 7개의 격파 마크와 "30 to"라는 문자가 적혀 있어 상당한 활약을 했다는 사실을 말해주고 있다. 전선의 승무원들은 「10.5cm K18 탑재 Ⅳ호 a형 장갑 자주 차대」라는 제식명보다는 「디커 막스(Dicker Max, 뚱보 막스)」라는 애칭으로 불렀다고 한다.

■나스호른

독일군은 1941년 후반부터 소련의 T-34 중형 전차와 KV 중전차에 대항하기 위해 7.62cm 대전차포 Pak36(r)과 7.5cm 대전차포 PaK40을 탑재한 마르더 대전차 자주포 등을 차례차례 개발하여 전장에 투입했다. 이 차량들은 기대했던 만큼의 전과를 올렸으나 보다 먼 거리에서 공격 가능한 차량이 필요해지면서 1942년 초, 자주포 전용 Ⅲ/Ⅳ호 차대에 크루프에서 개발 중이던 신형 8.8cm 대전차포 PaK43을 탑재한 대전차 자주포의 개발이 결정되었다.

1942년 10월에 PaK43의 차량 탑재형인 PaK43/1이 탑재된 시제차가 완성되었고, 「Ⅲ/Ⅳ호 차대 8.8cm PaK4 /1 탑재 자주포 Sd.Kfz.164 호르니세(Hornisse, 말벌)」이라는 이름으로 제식 채용되었다.

같은 해 7월의 쿠르스크 전투에 실전 투입된 호르니세는 공격력에서 티거 I과 판터를 능가하여 페르디난트 구축전차와 함께 독일군 최강의 전투 차량으로 활약했다.

1944년 1월에는 명칭이 「호르니세」에서 「나스호른(Nashorn, 코뿔소)」으로 변경되었다. 나스호른은 양산과 병행하여 개량 및 사양 변경이 실시되었는데, 차체 후면 머플러 폐지, 포신 고정구의 변경, 견인 케이블 설치 위치 변경 등이 이루어진 것 외에, 제작 기반이 된 Ⅳ호 전차의 사양 변경에 따라 보기륜 허브와 궤도의 형상 등, 주행부에서도 변경된 곳을 찾아볼 수 있다.

나스호른은 원래 1943년 12월에 생산 종료될 예정이었으나, 압도적인 공격력을 자랑하는 71구경장 8.8cm PaK43/41 탑재 차량을 요구하는 목소리가 여전히 높았기에 종전 무렵인 1945년 3월까지 계속 생산되었고, 최종적으로 494대가 만들어졌다.

호르니세(나스호른 극초기 생산차)

초기형 포신 고정구를 장비.
포대경을 장착.
71구경장 8.8cm PaK43/41을 탑재.
Ⅲ호 전차 G형/H형의 기동륜을 장착.
가로방향으로 배치된 대형 머플러를 장비.
⊙차체 후면의 변화
머플러
배기관
차간 표시등
1943년 3월까지의 생산차
배기관은 후방 배기로 변경.
머플러를 폐지하고 그 자리에 예비 보기륜 걸이를 설치.
1943년 4월 이후 생산차
⊙포신 고정구
1943년 5월 이전 생산차의 초기형
1943년 5월 이후 생산차의 후기형

Ⅳ호 자주 곡사포

■ 10.5cm leFH18/1 탑재 Ⅳ호 b형 자주포

10.5cm K18 탑재 Ⅳ호 a형 장갑 자주 차대의 뒤를 이어 육군 병기국 제6과로부터 28구경장 10.5cm leFH18/1 곡사포 탑재 자주포의 개발 요청을 받은 크루프에서는 Ⅳ호 전차의 차대를 개장한 설계안을 제출했다. 시제차 1호와 2호가 1941년 말에 완성되어, 1942년 1월에는 시험 평가가 실시되었다.

그 결과, 선행 양산형인 O시리즈를 10대 추가로 만들 것을 결정, 같은 해 11월에 완성되었고, 병기국에서는 이들 차량에 「10.5cm leFH18/1 탑재 Ⅳ호 b형 자주포」라는 제식명을 부여했다.

10.5cm leFH18/1 탑재 Ⅳ호 b형 자주포는 Ⅳ호 전차의 차대를 전용하기는 했으나, 전장을 짧게(이에 따라 보기륜 수는 8개에서 6개로 감소) 줄이는 등, 차체 하부에 상당한 개수가 이루어졌다. 차체 상부는 신규 설계로, 앞쪽의 조종실 좌측에 조종수석, 그 우측에 무전수석을 배치하고, 중앙에 포탑을 탑재, 기관실은 후방에 위치하게 되었다.

포탑은 상부 개방형으로, 전주 선회 방식이 아니라 좌우 각각 35°의 사각을 확보한 형태였다. 포탑 안에는 전차장, 포수, 장전수까지 3명이 탑승했으며, 60발의 포탑이 수납되었다. 주포인 10.5cm 곡사포 leFH18/1의 발사속도는 6발/분이었으며, 최대 사거리는 10,500m로 충분한 화력을 갖추고 있었다. 자주포인 만큼 장갑은 얇았는데, 차체 전면조차 20mm 정도에 불과했다. 하지만 그 덕분에 중량은 17t밖에 나가지 않는 경량으로, 마이바흐 HL66(188hp)엔진으로 최대 속도 45km/h를 낼 수 있는 등, 기동성은 양호했다.

10.5cm leFH18/1 탑재 Ⅳ호 b형 자주포는 1943년 1월부터 200대가 생산될 예정이었으나, 전용 설계된 차체로 인한 낮은 생산성과 높은 생산 비용, 그리고 같은 시기에 병행하여 개발이 진행되었던 Ⅲ/Ⅳ호 차대를 사용한 호이슈레케 쪽이 훨씬 성능이 우수하다는 것이 판명되면서, 10.5cm leFH18/1 탑재 Ⅳ호 b형 자주포는 1942년 11월에 개발이 중단되었다.

■ 10.5cm leFH18/1 탑재 Ⅳ호

10.5cm leFH18/1 탑재 Ⅳ호 b형 병기 운반차 호이슈레케 10

전장: 6.57m 전폭: 2.9m 전고: 2.65m 중량: 24t 승무원: 5명 무장: 28구경장 10.5cm 곡사포 leFH18/6 ×1 최대 장갑 두께: 30mm 엔진: 마이바흐 HL90(360hp) 최대 속도: 38km/h

10.5cm leFH18/1 탑재 Ⅳ호 b형 자주포

전장: 5.9m 전폭: 2.87m 전고: 2.25m 중량: 17t 승무원: 4명 무장: 28구경장 10.5cm 곡사포 leFH18/1×1 최대 장갑 두께: 20mm 엔진: 마이바흐 HL66TR(188hp) 최대 속도: 35km/h

주포는 10.5cm leFH18을 차재화한 10.5cm leFH18/1을 탑재.
Ⅳ호 전차의 차대를 사용하고는 있으나, 전장이 훨씬 짧아졌다.
상부 개방형 방식의 전투실
보기륜은 8개에서 6개 배치로 변경.
기관실 상면의 구조와 배치는 Ⅳ호 전차와 상당히 다른 모습을 하고 있다.

10.5cm leFH18/40/2 탑재 Ⅲ/Ⅳ호 자주 곡사포

전장: 7.195m 전폭: 3.0m 전고: 3m 중량: 25t 승무원: 5명 무장: 28구경장 10.5cm 곡사포 leFH18/40/2×1 최대 장갑 두께: 30mm 엔진: 마이바흐 HL90(360hp) 최대 속도: 42km/h

주포인 10.5cm leFH18/40/2는 지상에 내려놓고서도 사용 가능하다.
전투실 측면은 개폐 가능.
기관실은 독자 설계로 구성되었다.
차체는 나스호른/후멜용 Ⅲ/Ⅳ호 차대를 개수.

b형 병기 운반차 호이슈레케 10

10.5cm leFH18/1 탑재 Ⅳ호 b형 자주포의 개발이 진행되고 있던 1942년 봄, 병기국 제6과에서는 마찬가지로 28구경장 10.5cm 곡사포 leFH18/1을 탑재하면서도, 새로운 설계 콘셉트에 기반한 자주포의 개발을 크루프와 라인메탈에 요청했다.

신형 자주포에는 leFH18/1이 장비된 전주 선회식 포탑이 탑재되어야 하며, 필요에 따라서 포탑 그 자체를 차체에서 내려 지상에 설치하는 포대로도 사용 가능해야 한다는 요구가 있었는데, 크루프에서는 병기국의 요구 사양에 맞춰 1943년 3월에 시제차 3대를 완성했다.

호이슈레케(Heuschrecke, 메뚜기) 10이라는 이름이 붙은 크루프의 자주포 시제차는 나스호른이나 후멜에 사용되었던 Ⅲ/Ⅳ호 차대를 개수한 것을 사용했다. 호이슈레케의 최대 특징은 요구 사양대로 상부 개방형 포탑을 차체에서 내려, 포대로 사용 가능하다는 점이었다.

이 때문에 차체도 다른 차량에서는 찾아볼 수 없는 독특한 구조를 하고 있었는데, 차체 좌우 측면에 포탑을 싣고 내리는 데 쓰이는 가동식 리프팅 붐이 설치되어 있으며, 여기에 더하여 지상에 내린 포탑을 올리기 위한 조립식 포좌와 포대를 이동시키기 위한 바퀴까지 차체에 장비되어 있었다.

호이슈레케 10은 실용화를 위한 테스트가 계속 이뤄졌으나, 결국 시제차 제작만으로 개발이 중지되었다. 훌륭한 콘셉트를 자랑하던 호이슈레케가 채용되지 못한 것은, 우선 개발에 시간이 너무 많이 소요되었으며, 그 동안에 개발된 10.5cm 곡사포 leFH18/1 탑재 Ⅱ호 자주 곡사포 베스페가 급박하게 만들어진 차량임에도 불구하고 높은 완성도를 보인 데다 호이슈레케 10의 시제차가 완성되었을 무렵에는 이미 베스페의 양산이 시작되었기 때문이다.

호이슈레케 10의 양산형에서는 주포를 보다 강력한 leFH43으로 변경할 계획이 있었다고 전해진다.

■ 10.5cm leFH18/40/2 탑재 Ⅲ/Ⅳ호 자주 곡사포

병기국 제6과로부터 Ⅲ/Ⅳ호 차대에 10.5cm leFH18/1 장비 선회 포탑을 탑재하고, 필요에 따라 포탑을 차체에서 내려 포대로 운용 가능한 신형 자주포의 개발을 요청받은 라인메탈은 1944년에 10.5cm leFH18/40/2 탑재 Ⅲ/Ⅳ호 자주 곡사포의 시제차를 완성시켰다.

크루프의 호이슈레케와 경쟁 관계였기에 비슷한 형태를 하고 있었지만, 호이슈레케가 포탑 그 자체를 내려 포대로 사용했던 것과 달리, 라인메탈의 10.5cm leFH18/40/2 탑재 Ⅲ/Ⅳ호 자주 곡사포는 탑재 화포만을 내려 통상 화포와 똑같이 운용하도록 되어 있었다. 또한 화포를 매달아 올리고 내리기 위한 리프팅 붐 등의 기재는 장비되지 않았다.

라인메탈의 자주포 시제차도 크루프의 시제차와 마찬가지로 완성도는 높았으나, 다종다양한 전투 차량을 양산할 여유가 없던 시기였으며, 이미 Ⅱ호 자주 곡사포 베스페가 제식화되어 있었기

후멜 초기형

전장: 7.17m 전폭: 2.97m 전고: 2.81m 중량: 23t 승무원: 5명 무장: 30구경장 15cm 중곡사포 sFH18/1×1, MG34 7.92mm 기관총×1 최대 장갑 두께: 30mm 엔진: 마이바흐 HL120TRM(300hp) 최대 속도: 42km/h

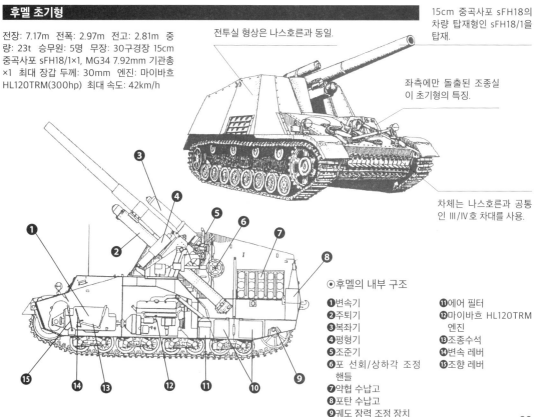

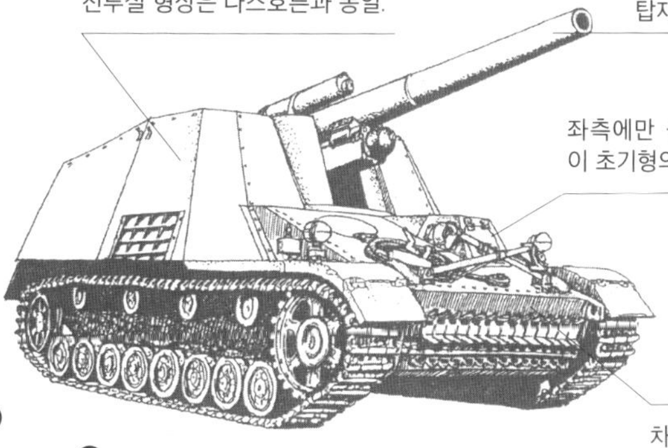
전투실 형상은 나스호른과 동일.
15cm 중곡사포 sFH18의 차량 탑재형인 sFH18/1을 탑재.
좌측에만 돌출된 조종실이 초기형의 특징.
차체는 나스호른과 공통인 Ⅲ/Ⅳ호 차대를 사용.

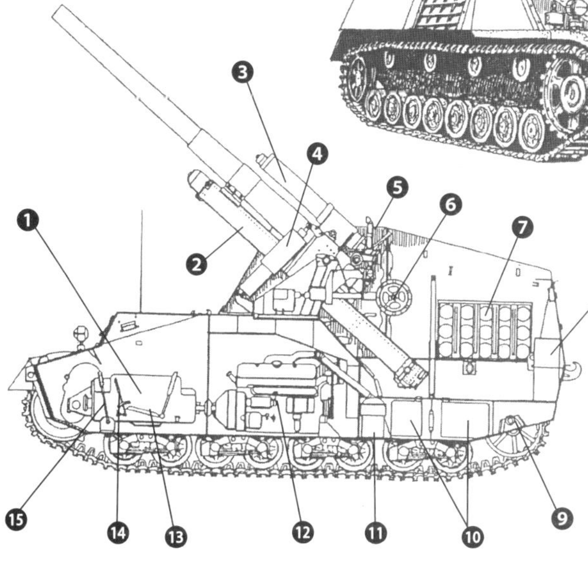
1
2
3
4
5
6
7
8
9
10
11
12
13
14
15

⊙후멜의 내부 구조

❶변속기
❷주퇴기
❸복좌기
❹평형기
❺조준기
❻포 선회/상하각 조정 핸들
❼약협 수납고
❽포탄 수납고
❾궤도 장력 조정 장치
❿연료 탱크
⓫에어 필터
⓬마이바흐 HL120TRM 엔진
⓭조종수석
⓮변속 레버
⓯조향 레버

에 시제차 1대만이 제작된 상태로 개발이 중지되었다.

■후멜

독일군은 1942년부터 자군의 주요 곡사포였던 15cm sFH18을 탑재하는 자주포의 개발을 본격적으로 시작했다. 1942년 7월, 자주포 전용으로 개발된 Ⅲ/Ⅳ호 차대를 사용할 것이 결정되면서, 같은 해 10월에 상당히 빠른 속도로 시제 1호차가 완성되었으며, 1943년 2월에 「15cm sFH18/1 탑재 Ⅲ/Ⅳ호 자주포 후멜(Hummel, 뒤영벌)」이라는 제식 명칭을 부여받고 양산이 시작되었다.

후멜은 차체 상부에서 전투실에 이르기까지 탑재 화포와 부수 비품을 제외하면 나스호른과 완전히 동일한 차체를 사용하고 있었는데, 후방 배치 전투실은 자주포에 있어 이상적인 레이아웃이었으며, 나스호른과의 공통화를 통해 생산성을 높이는 데도 성공했다.

전장 7.17m, 전폭 2.97m, 전고 2.81m, 중량 23t에 장갑 두께는 차체 전면 30mm/20°, 전부 상면 15mm/73°, 조종실 전면 30mm/26°, 상면 15mm/90°, 측면 20mm/0°, 후면 22mm/10~75°였으며 전투실은 전면 10mm/37°, 측면 10mm/16°, 후면 10mm/10°였다.

후멜은 쿠르스크 전투에서 처음 실전에 투입되었으며 대단히 우수한 성능을 보여주었기에, 1945년 종전 직전까지 생산이 지속되어 714대가 만들어졌다.

후멜도 다른 독일군 전투 차량들과 마찬가지로 생산 시기에 따라 거듭된 개량과 사양 변경이 이뤄진 것을 알 수 있는데, 차체 후면에 머플러가 장비된 것을 극초기형, 머플러가 폐지된 것을 초기형, 조종실 돌출부가 좀 더 커진 것을 후기형이라고 구분하고 있다.

■Ⅳ호 전차 로켓 발사기 탑재 시제차

2차 대전 독일군 차량 가운데 가장 다양한 파생형이 존재하는 Ⅳ호 전차 시리즈 중에서도 가장 특이한 차량 가운데 하나가 바로 이 로켓 발사기 탑재차일 것이다.

차체로는 구식화된 Ⅳ호 전차 C형을 유용했으며, 여기에 새로 설계된 전주 선회식 포탑을 얹었는데, 포탑 후부에는 28cm/32cm 로켓탄 4발이 수납된 가동식 로켓 발사기가 장비되었다. 실차 사진은 1장밖에 없으며, 제식 명칭이나 기타 상세 사항도 불명인데, 아마도 시제차 1대만으로 개발 종료된 것으로 추측된다.

후멜 후기형

후멜 탄약 운반차

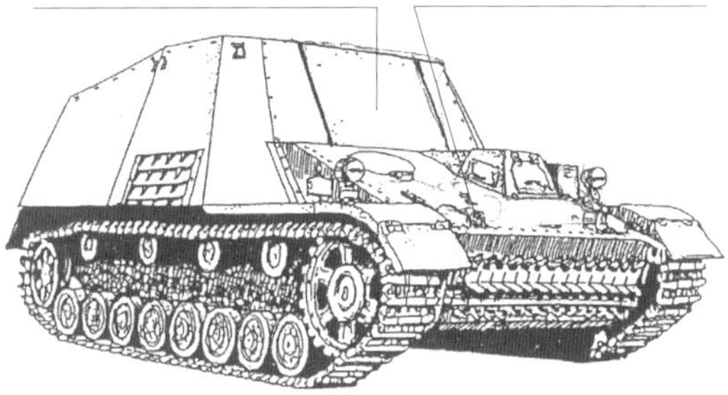

주포를 제거하고 전투실 전면을 장갑판으로 막았다.
포신 고정구도 철거.

Ⅳ호 전차 로켓 발사기 탑재 시제차

전장: 5.92m 전폭: 2.83m 무장: 28cm/32cm 로켓탄×4발 최대 장갑 두께: 30mm 엔진: 마이바흐 HL120TR(300hp) 최대 속도: 40km/h

포탑 후부에 로켓탄 4발이 장전된 가동식 발사기를 탑재.
포탑은 새로 설계되었다. 기관총 마운트와 관측용 바이저, 측면 해치 등은 Ⅳ호 전차의 것을 유용.
차체 전면에 증가 장갑을 장착한 Ⅳ호 전차 C형의 차체를 사용.

Ⅳ호 돌격전차와 돌격포

■Ⅳ호 돌격전차 브룸베어

알케트에서는 33B형 Ⅲ호 돌격 보병포의 후계 차량으로 1943년 4월부터 Ⅳ호 전차를 기반으로 보다 본격적인 차량인 Ⅳ호 돌격전차 브룸베어의 생산을 개시했다.

브룸베어는 Ⅳ호 전차의 차대 위에 전투실을 새로 설치하고, 15cm 돌격 곡사포 StuH43을 탑재한 차량이다. 돌격전차라는 이름에 맞게 브룸베어는 높은 장갑 방어력을 갖췄는데, 차체 전면 장갑 두께가 50+50mm/14°, 전투실 전면이 100mm/40°, 전투실 측면은 50mm/18°였다.

1943년 4~5월에 걸쳐 1차 생산 로트로 60대가 생산되었는데, 처음 8대는 Ⅳ호 전차 E형 또는 F형의 차대를, 이후 나머지 52대는 G형의 차대를 이용해 만들어졌다. 이렇게 생산된 첫 60대의 차량을 초기형이라 구분한다.

제1차 생산 이후, 1943년 12월부터 브룸베어의 생산이 재개되었다. 1944년 4월까지 생산된 61대를 중기형이라 구분하는데, 초기형과 달리 Ⅳ호 전차의 생산이 H형으로 이행되었기 때문에 H형의 차대를 사용했다.

주포로는 신형인 StuH43/1이 탑재되었으며, 조종수용 외부 관측 장치도 잠망경식으로 변경된 것 외에 전투실 측면 후부에도 피스톨 포트가 추가되었고, 상면의 포수용 해치를 폐지, 조준기의 슬라이드 커버만으로 변경되었다. 또한 벤틸레이터가 신설되었으며, 전차장/장전수용 해치 전방에 도탄 블록이 추가되는 등의 변경이 이루어졌다. 여기에 더해 주행부를 비롯한 세부 사양에도 H형에 준하는 변경이 있었다.

1944년 4월부터는 크게 사양 변경이

Ⅳ호 돌격전차 브룸베어 초기형

전장: 5.93m 전폭: 2.88m 전고: 2.52m 중량: 28.2t 승무원: 5명 무장: 12구경장 15cm 돌격 곡사포 StuH43×1, MG34 7.92mm 기관총×1 최대 장갑 두께: 100mm 엔진: 마이바흐 HL120TRM(300hp) 최대 속도: 40km/h

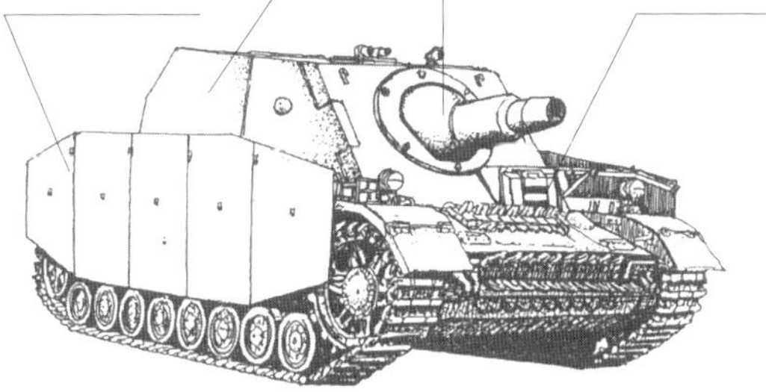

Ⅳ호 전차 E형/F형/G형의 차대를 사용했다.
15cm StuH43을 탑재.
차체 측면에 쉬르첸을 장비.
조종실 전면에 관측 바이저를 설치.

Ⅳ호 돌격전차 브룸베어 중기형

전장: 5.93m 전폭: 2.88m 전고: 2.52m 중량: 28.2t 승무원: 5명 무장: 12구경장 15cm 돌격 곡사포 StuH43×1, MG34 7.92mm 기관총×1 최대 장갑 두께: 100mm 엔진: 마이바흐 HL120TRM(300hp) 최대 속도: 40km/h

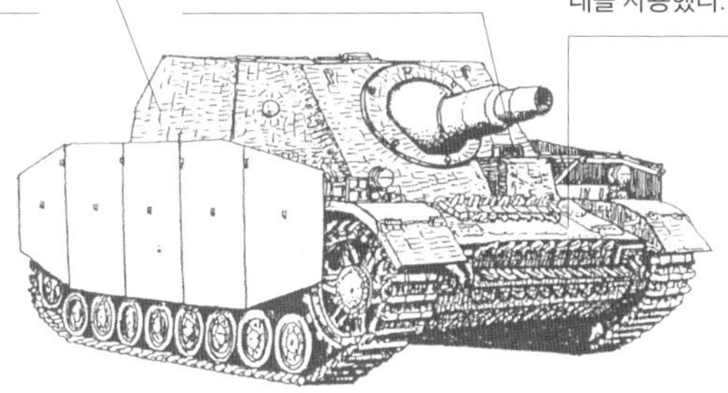

중기형에는 차체에 치메리트 코팅이 도포되었다.
조종수용 관측 바이저를 폐지하고 잠망경으로 변경.
중기형은 Ⅳ호 전차 H형의 차대를 사용했다.

Ⅳ호 돌격전차 브룸베어 후기형

전장: 5.93m 전폭: 2.88m 전고: 2.52m 중량: 28.2t 승무원: 5명 무장: 12구경장 15cm 돌격 곡사포 StuH43×1, MG34 7.92mm 기관총×2 최대 장갑 두께: 100mm 엔진: 마이바흐 HL120TRM(300hp) 최대 속도: 40km/h

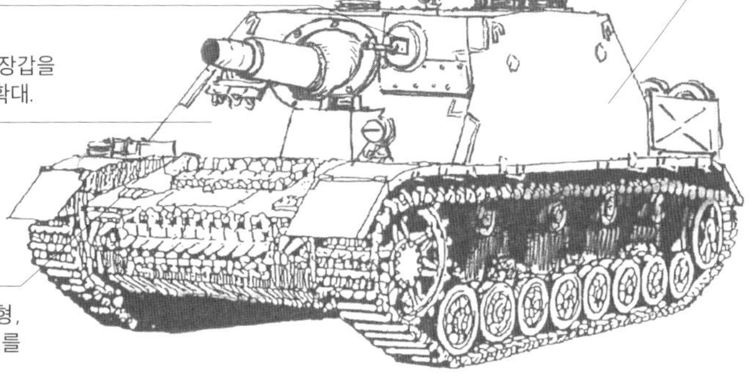

Ⅲ호 돌격포 G형과 같은 전차장용 큐폴라를 설치.
1944년 9월 이후 생산차는 치메리트 코팅이 폐지되었다.
조종실 전면 좌측 상단에 기관총 볼 마운트가 증설되었다.
전투실 전면 장갑을 차폭 전체로 확대.
생산 초기에는 Ⅳ호 전차 H형, 1944년 6월 이후에는 J형의 차대를 사용했다.

이뤄진 브룸베어 후기형의 생산이 시작되었다. 후기형에서는 전투실의 형상이 일신되었는데, 전투실 전면 장갑판은 차폭 전체 면적까지 늘어났으며, 전투실 측면은 장갑판 1장 구성으로 바뀌었다. 또한 전투실 전면 좌측 상부에는 전방 기총 마운트가 신설되면서 전투실 상면 배치도 대폭적으로 변경, Ⅲ호 돌격포 G형과 같은 전차장용 큐폴라가 설치되었다.

1944년 9월부터는 중량 증가에 따라 강철제 보기륜을 도입하게 되면서, 후기 생산차는 Ⅳ호 전차와 마찬가지로 주조제 유도륜과 세로형 머플러, 후부 대형 견인 고리 등도 같이 도입된 사양으로 제작되었다. 브룸베어 후기형은 생산 초기에는 Ⅳ호 전차 H형의 차대를 사용했으나, 6월 이후에는 J형 차대를 사용하게 되었다. 종전 무렵까지 브룸베어는 합계 306대가 생산되었다.

■Ⅳ호 돌격포

1943년 11월, 알케트 공장이 폭격을 당해 Ⅲ호 돌격포의 생산이 정체되었다. 이에 따라, 당시의 전선에서 가장 필요로 했던 차량 가운데 하나인 돌격포의 생산이 중단되는 것을 피하기 위해 Ⅳ호 전차의 차대에 Ⅲ호 돌격포 G형의 전투실을 올린 돌격포를 생산할 것이 결정되었다.

1943년 12월, 다임러-벤츠에서 30대의 Ⅳ호 돌격포가 생산되었으며, 1944년 1월부터는 Ⅳ호 전차를 생산하고 있던 크루프의 마그데부르크 공장에서 본격적인 양산을 시작, 1945년 4월까지 모두 1,141대가 만들어졌다.

1944년 1월 생산차까지는 Ⅳ호 전차 H형의 차대를 기반으로 하고 있었으며, 이후에는 J형의 차대를 이용해 만들어졌다. 생산 도중에 기반이 되었던 Ⅳ호 전차 H형과 J형, Ⅲ호 돌격포 G형과 같은 개량과 사양 변경이 이루어진 것 외에 포신 고정구와 조종수용 해치의 형상 변경, 조종실 전방 가동식 장갑판 추가 등과 같은 Ⅳ호 돌격포만의 독자적인 개량도 실시되었다.

Ⅳ호 돌격포 초기형

전장: 6.7m 전폭: 2.95m 전고: 2.2m 중량: 23t 승무원: 4명 무장: 48구경장 7.5cm StuK40×1, MG34 7.92mm 기관총×1 최대 장갑 두께: 80mm 엔진: 마이바흐 HL120TRM(300hp) 최대 속도: 38km/h

장전수용 해치 전방에 가동식 기관총용 방탄판을 장비.
48구경장 7.5cm StuK40을 탑재.
조종실 전면에 콘크리트를 덧발라 방어력을 높인 차량이 많았다.
차체 측면에 쉬르첸을 장비.
Ⅳ호 전차 H형의 차대를 사용.

Ⅳ호 돌격포 후기형

1944년 봄 무렵부터는 차내 조작식 MG34가 탑재되었다.
1944년 2월 이후부터는 Ⅳ호 전차 J형의 차대를 사용했다.
1944년 9월 이후부터는 치메리트 코팅이 폐지되었다.

전장: 6.7m 전폭: 2.95m 전고: 2.2m 중량: 23t 승무원: 4명 무장: 48구경장 7.5cm StuK40×1, MG34 7.92mm 기관총×1 최대 장갑 두께: 80mm 엔진: 마이바흐 HL120TRM(300hp) 최대 속도: 38km/h

Ⅳ호 구축전차

■E39 구축전차(초기 설계안)

1942년 후반, 병기국 제6과에서는 Ⅳ호 전차를 기반으로 하는 구축전차의 개발을 각 메이커에 지시했다. 1942년 12월에 크루프에서는 이에 응하여 이미 제작을 진행하고 있던 10.5cm 곡사포 leFH18/1 탑재 Ⅳ호 b형 자주포의 차체를 유용한 구축전차의 설계안을 병기국에 제시했다.

E39 구축전차라고 이름이 붙은 크루프의 설계안은 Ⅳ호 b형 자주포의 차체 상부에 48구경장 7.5cm 포 PaK39가 탑재된 전투실을 신설하고, 보다 방어력을 높이기 위해 차체 전면에 경사장갑을 증설한 것이었다. 하지만 E39 구축전차는 결국 페이퍼 플랜에 그치고 말았다.

■Ⅳ호 구축전차

Ⅳ호 전차의 차대를 이용한 구축전차의 개발은 1942년 9월에 제식화가 결정, 포마크(Vomag)사에서 개발을 진행하게 되었다. 1943년 12월에 완성된 Ⅳ호 구축전차의 시제차 O시리즈는 차체 전면과 전투실에 경사 장갑을 두르고 차고를 최대한 낮춘 것이 특징이었다.

전면 상부 장갑 두께는 60mm/45°, 전면 하부가 50mm/55°, 전투실 전면이 60mm/50°로, Ⅳ호 전차와 동급인 차체 크기로서는 충분한 방어력을 지니고 있었으며, 주포는 Ⅳ호 돌격포와 동등한 48구경장 7.5cm PaK39가 탑재되었다.

Ⅳ호 구축전차는 시제차인 O시리즈를 거쳐 1944년 1월부터 생산이 시작되었다. 기본적인 구조와 디자인은 O시리즈를 거의 그대로 답습하고 있었으나, 곡면 구조로 되어 있던 전투실 전면의 양쪽 측면은 양산차에 들어오면서 통상적인 평면 구성으로 변경되었다.

또한 생산과 병행하여 전면으로 중량이 쏠린 것에 대처하기 위한 중량 배분에 따른 차재 장비품의 배치 변경과 조

Ⅳ호 구축전차 초기형

생산 초기에는 포구 제퇴기를 장착.

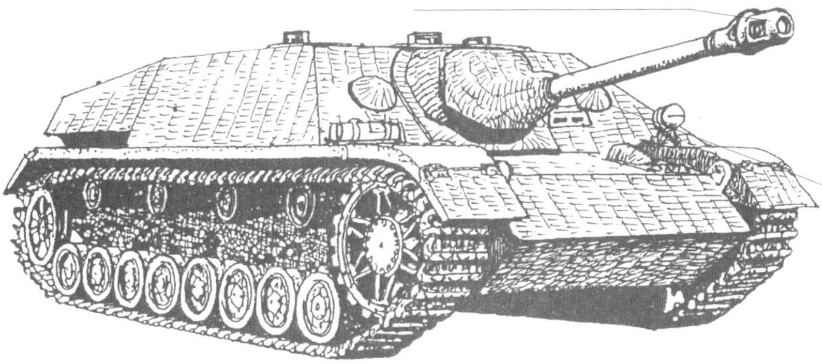

전장: 6.85m 전폭: 3.17m 전고: 1.86m 중량: 24t 승무원: 4명 무장: 48구경장 7.5cm PaK40×1, MG42 7.92mm 기관총×1 최대 장갑 두께: 80mm 엔진: 마이바흐 HL120TRM(300hp) 최대 속도: 40km/h

전투실 전면 양측에 장갑 커버를 씌운 기관총 포트를 설치.

Ⅳ호 구축전차

전장: 6.85m 전폭: 3.17m 전고: 1.86m 중량: 24t 승무원: 4명 무장: 48구경장 7.5cm PaK40×1, MG42 7.92mm 기관총×1 최대 장갑 두께: 80mm 엔진: 마이바흐 HL120TRM(300hp) 최대 속도: 40km/h

전투실 전면 좌측의 기관총 포트는 1944년 3월부터 폐지되었다.

1944년 9월까지는 치메리트 코팅이 실시되었다.

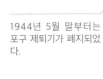

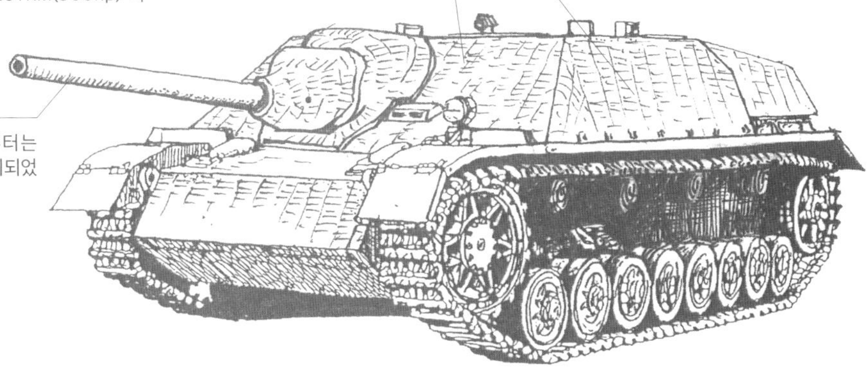

1944년 5월 말부터는 포구 제퇴기가 폐지되었다.

종수용 기관총 포트의 폐지, 차체 전면/전투실 전면 장갑판의 강화(두께 80mm) 등, 추가적인 변경과 개량이 이루어졌다.

1944년 8월부터는 70구경장 PaK42가 탑재된 장포신형 Ⅳ호 전차의 생산이 시작되었는데, 한동안은 48구경장 PaK39 탑재형도 병행 생산되었다. 같은 해 11월에 생산이 종료되기까지 합계 802대가 만들어졌다.

■Ⅳ호 전차/70(V)

Ⅳ호 구축전차는 개발 초기부터 판터에 탑재된 것과 같은 70구경장 7.5cm 전차포 KwK42의 탑재가 예정되어 있었다. KwK42는 판터 생산 라인으로의 공급이 최우선이었기 때문에 Ⅳ호 구축전차 탑재는 보류되었는데, 장포신화가 미뤄진 또 다른 이유로는 48구경장 7.5cm 포로도 충분히 주어진 역할을 수행 가능했기 때문이 아닐까 짐작되고 있다.

70구경장 KwK42의 설계를 고친 PaK42가 탑재된 Ⅳ호 구축전차는 1944년 4월에 시제차가 완성되었고 같은 해 8월부터 생산 개시되었는데, 주포의 공급을 제때 맞추지 못해 한동안은 48구경장 7.5cm 포 탑재형도 병행 생산되었다. 70구경장 7.5cm 포 PaK42 탑재형 Ⅳ호 구축전차는 원래 「Ⅳ호 전차 '랑(Lang, 길다)'(V)」이라고 명명되었으나, 11월에 「Ⅳ호 전차/70(V)」라는 제식 명칭으로 바뀌었다. 사실상 Ⅳ호 전차/70(V)의 실전 투입은 같은 해 12월에 벌어진 아르덴 전투 즈음이었다.

Ⅳ호 전차/70(V)는 생산 도중에 여러 차례에 걸친 개량이 이루어졌는데, 우선 9월에는 제1, 제2 보기륜이 강철제로 변경되었으며, 경량형 궤도 채용, 세로형 머플러로의 변경, 지지륜 개수를 한 쪽에 3개로 줄이는 등의 개량이 이루어졌으며, 11월에는 전투실 위에 2t 크레인 설치 마운트와 거리측정기 부착 기구, 차체 후면에 견인 고리가 추가되었다.

또한 최후기 생산차가 된 11월 이후 생산 차량에는 브레이크 점검 해치 위의 흡기구 폐지, 포신 고정구의 형상 변경 등의 개수가 이루어졌다. Ⅳ호 전차/70(V)는 1945년 4월까지 940대가 만들어졌다.

■Ⅳ호 전차/70(A)

대전 중반, Ⅳ호 전차의 화력 강화를 위해 판터용으로 개발된 70구경장 7.5cm 포 KwK42를 탑재하는 계획이 검토되었으나, 1943년 여름 무렵에 Ⅳ호 전차의 선회식 포탑에 KwK42를 탑재하는 것은 무리라는 결론이 내려졌다.

하지만, 강력한 소련 전차에 대항하기 위해서는 Ⅳ호 전차에도 70구경장 7.5cm 포의 탑재가 필수였기에 계획은 그 이후로도 계속되었다. 알케트에서는 선회식 포탑을 포기한 대신, 크게 손이 가는 개수를 하지 않고 Ⅳ호 전차의 차대에 곧바로 Ⅳ호 전차/70(V)의 전투실을 올리는 설계안을 병기국 제6과에 제

Ⅳ호 전차/70(V)

전장: 8.5m 전폭: 3.2m 전고: 2.0m 중량: 25.5t 승무원: 4명 무장: 70구경장 7.5cm PaK42×1, MG42 7.92mm 기관총×1 최대 장갑 두께: 80mm 엔진: 마이바흐 HL120TRM(300hp) 최대 속도: 35km/h

70구경장 7.5cm PaK42를 탑재.

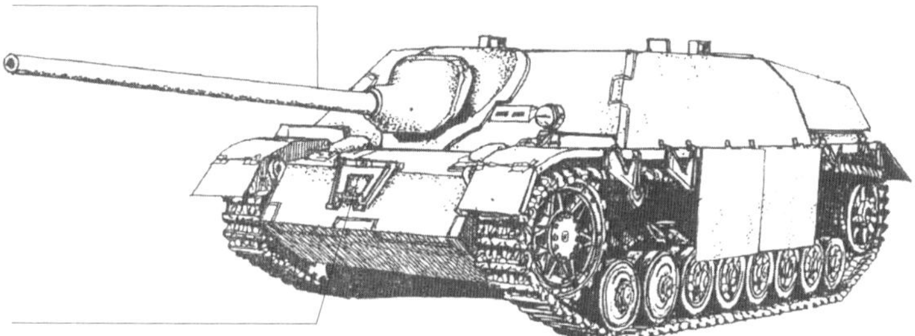

포신이 길어지면서 차체 전면에 포신 고정구를 설치.

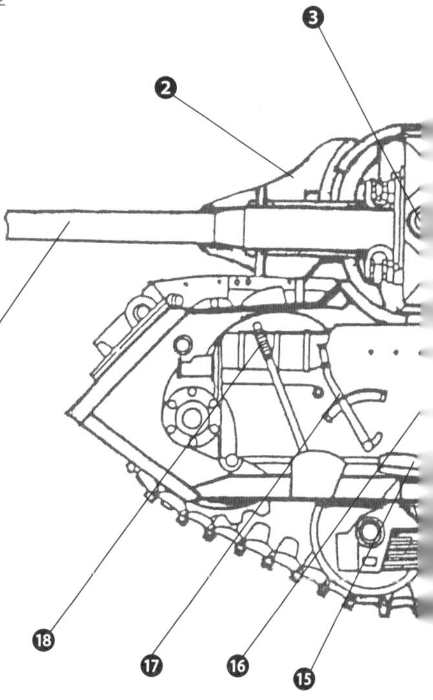

⊙Ⅳ호 전차/70(V)의 내부

❶70구경장 7.5cm PaK42
❷포방패
❸포이
❹조준기
❺포미
❻포탄 수납대
❼전차장용 잠망경
❽무전기
❾흡기관
❿마이바흐 HL120TRM 엔진
⓫냉각팬
⓬오일 쿨러
⓭기관실 격벽
⓮포수석
⓯조종수석
⓰변속기
⓱변속 레버
⓲조향 레버

출했다.

이 설계안은 Ⅳ호 전차/70(A)라는 이름으로 승인되어, 1944년 6~7월에 시제차가 완성되었다. Ⅳ호 전차/70(A)는 그 다음달인 8월부터 니벨룽 제작소(Nibelungenwerke)에서 양산을 시작, 1945년 3월까지 278대가 만들어졌다.

■Ⅳ호 구축전차 무반동식 L/71 8.8cm PaK43/2 탑재형

크루프에서는 1944년 11월부터 티거, 판터, Ⅳ호, 헤처 등의 화력 강화를 골자로 하는 개량 계획을 세우고 1945년 1월, 병기국에 제출했다. 전쟁이 거의 끝날 무렵이었기에 크루프에서 제출한 계획이 실현되지는 않았으나, 이 계획에는 Ⅳ호 전차/70(V)의 화력 강화안도 포함되어 있었다.

이 계획에 따르면 Ⅳ호 전차 J형의 차대를 거의 개조하지 않은 채, 상부 차체에 새로 설계된 전투실을 얹고, 여기에 71구경장 8.8cm 포 PaK43/2를 탑재하고자 했는데, Ⅳ호 전차의 차체 크기로는 원래 8.8cm 포의 탑재가 무리였기에 PaK43/2는 헤처의 슈탈 포가와 마찬가지로 무반동식으로 할 예정이었다고 알려져 있다.

71구경장 PaK43/2 탑재 Ⅳ호 구축전차는 도면 위의 계획만으로 끝났기에 상세한 사항은 불명이다.

Ⅳ호 전차/70(A) 시제차

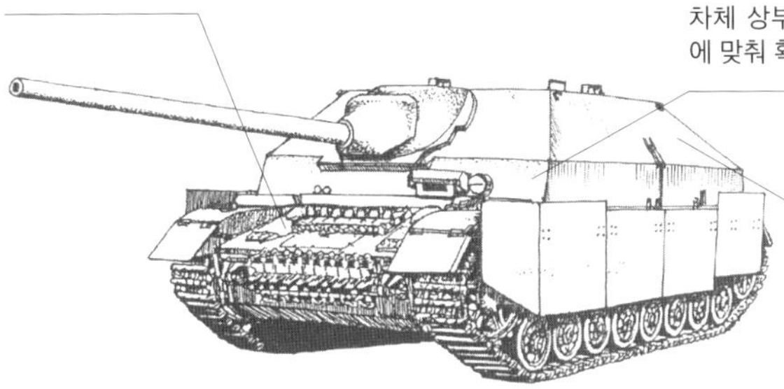

Ⅳ호 전차의 차대를 사용했다.

차체 상부 구조는 전투실에 맞춰 확대되었다.

Ⅳ호 전차/70(V)의 전투실을 거의 그대로 사용.

전장: 8.87m 전폭: 2.9m 전고: 2.2m 승무원: 4명 무장: 70구경장 7.5cm PaK42×1, MG42 7.92mm 기관총×1 최대 장갑 두께: 80mm 엔진: 마이바흐 HL120TRM(300hp) 최대 속도: 38km/h

Ⅳ호 전차/70(A) 양산차

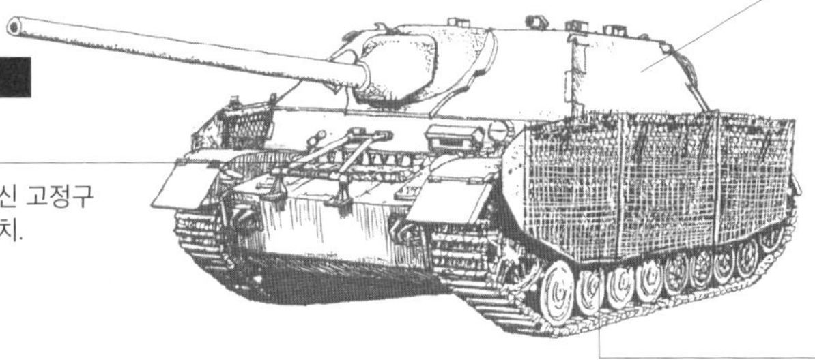

양산형은 전투실 측면이 장갑판 1장 구성으로 변경되었다.

포신 고정구 설치.

철망형 쉬르첸을 장비.

전장: 8.87m 전폭: 2.9m 전고: 2.2m 중량: 25.5t 승무원: 4명 무장: 70구경장 7.5cm PaK42×1, MG42 7.92mm 기관총×1 최대 장갑 두께: 80mm 엔진: 마이바흐 HL120TRM(300hp) 최대 속도: 38km/h

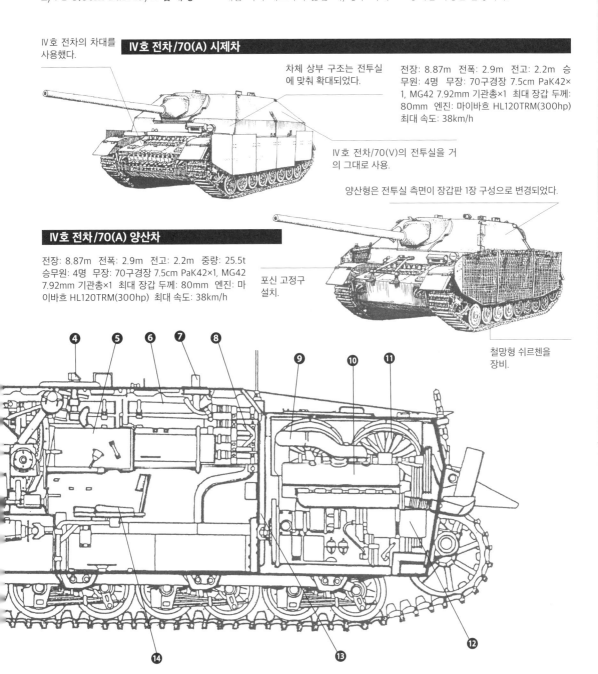

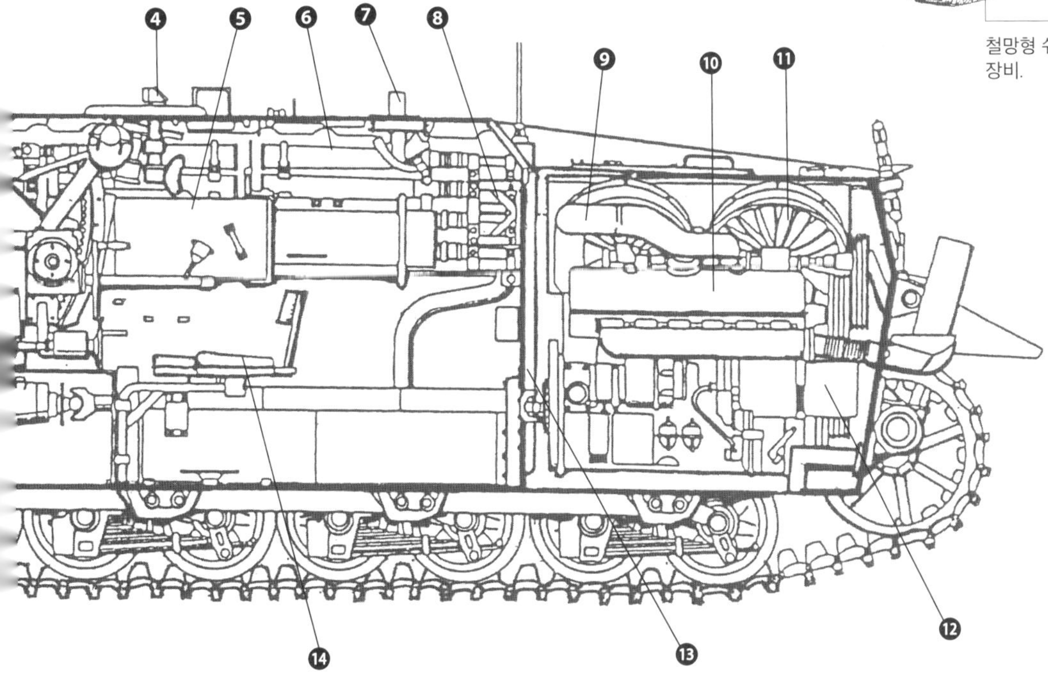

■뫼벨바겐 시제차

Ⅰ호 전차나 하프트랙을 기반으로 하는 대공 차량을 운용해온 경험을 통해, 보다 본격적인 대공 전차의 필요성을 통감함 독일군은, 1943년 5월에 Ⅳ호 전차의 차체를 사용하여 2cm 4연장 기관포 또는 3.7cm, 5cm 기관포를 탑재한 대공 전차의 개발을 결정했다.

같은 해 9월에 크루프에서 Ⅳ호 전차의 차체 상부를 개조한 시제차가 완성되었다. 뫼벨바겐(Möbelwagen, 가구 운반차)이라 불린 Ⅳ호 대공 전차는 차체 상부에 신설된 전투실에 2cm 4연장 대공 기관포인 Flakvierling38을 탑재하고 전후좌우를 가동식 장갑판으로 둘러싼 상자 모양의 구조였다.

시험 평가를 통해 양산이 결정되었으나, 양산형부터는 2cm 4연장 기관포보다 유효 사거리가 훨씬 긴 3.7cm 대공 기관포 FlaK43을 탑재하기로 정해지면서 2cm 4연장 모델은 시제차만으로 끝나게 되었다.

■3.7cm FlaK43 탑재 Ⅳ호 대공 전차 뫼벨바겐

3.7cm 대공 기관포 FlaK43을 탑재한 뫼벨바겐 양산형은 1944년 2월부터 생산이 시작되었다. 차체 구조는 시제차를 그대로 답습하고 있었으나, 생산 도중에 개량과 사양 변경이 실시되었다.

진짜 주력으로 삼으려 했던 오스트빈트, 쿠겔블리츠의 개발 지연으로 1945년 3월까지 생산이 계속되면서 독일 대공 전차로는 가장 많은 수인 240대가 만들어졌다.

■2cm Flakvierling38 탑재 Ⅳ호 대공 전차 비르벨빈트

뫼벨바겐은 저공으로 습격해오는 연합군 항공기에 대응하기 위해서는 전투실의 장갑판을 완전히 열어야만 했다. 하지만 이 경우, 승무원의 방어가 문제가 되면서, 선회 포탑을 갖춘 신형 Ⅳ호 대공 전차가 개발되었다.

비르벨빈트(Wirbelwind, 회오리바람)는 선회 포탑을 채용했기에, 한정된 내부 공간에 맞게 2cm 4연장 대공 기관포인 Flakvierling38이 탑재되었는데, 이 기관포는 발사속도가 800발/분~최대 1800발/분이며 최대 사거리가 2,200m라는 우수한 성능을 지니고 있

뫼벨바겐 시제차

전장: 5.92m 전폭: 3.0m 승무원: 6명 무장: 112.5구경장 2cm 4연장 대공 기관포 Flakvierling38×1, MG42 7.92mm기관총×1 대장갑 두께: 80mm 엔진: 마이바흐 HL120TRM(300hp) 최대 속도: 38km/h

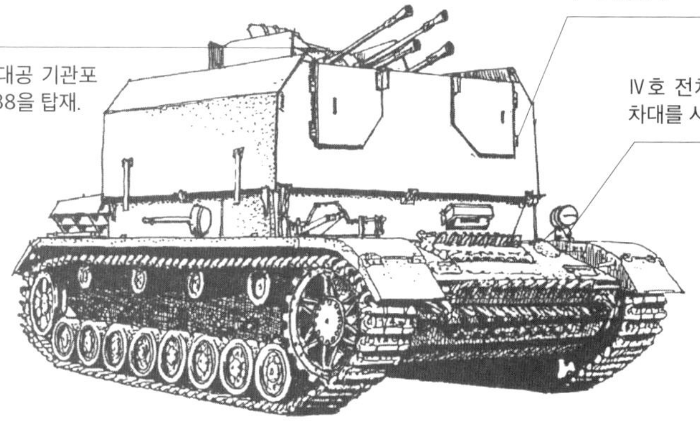
전투실은 사방으로 열 수가 있었다.
2cm 4연장 대공 기관포 Flakvierling38을 탑재.
Ⅳ호 전차 H형의 차대를 사용.

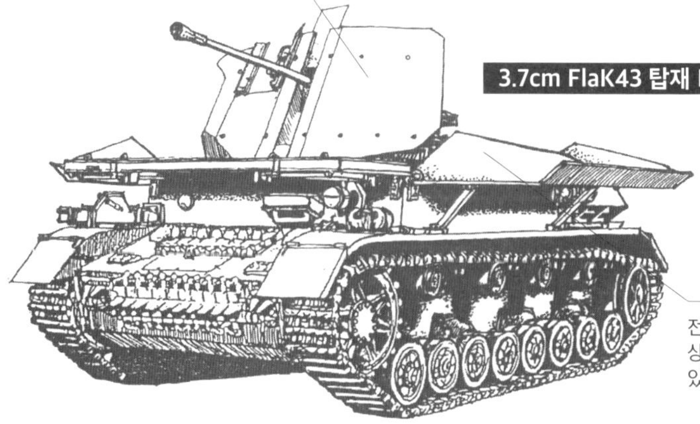
3.7cm 대공 기관포 FlaK43을 탑재.
전투실은 생산 시기에 따라 형상이나 구조에 조금씩 차이가 있었다.

3.7cm FlaK43 탑재 Ⅳ호 대공 전차 뫼벨바겐

전장: 5.92m 전폭: 3.0m 전고: 2.46m 중량: 25t 승무원: 6명 무장: 60구경장 3.7cm 대공 기관포 FlaK43/1×1, MG42 7.92mm 기관총×1 최대 장갑 두께: 80mm 엔진: 마이바흐 HL120TRM(300hp) 최대 속도: 38km/h

어 연합군의 야보(Jabo, 지상 공격기)를 충분히 상대할 수 있었다.

비르벨빈트는 신규 생산이 아니라 수리를 위해 돌아온 Ⅳ호 전차 G형/H형의 차체를 유용하여 만들어졌다. 비르벨빈트의 생산은 1944년 7월부터 시작되었는데, 원래라면 보다 강력한 3.7cm FlaK43이 탑재된 오스트빈트가 완성되는 대로 대체될 예정이었으나, 오스트빈트의 개발이 난항에 부딪치면서 1945년 3월까지 계속 생산되었고, 모두 합쳐 122대가 만들어졌다.

■3.7cm FlaK43 탑재 Ⅳ호 대공 전차 오스트빈트

오스트바우에서는 비르벨빈트의 개발과 병행하여 2cm 4연장 기관포보다 강력한 3.7cm 기관포 FlaK43을 탑재한 대공 전차의 개발을 진행했다. Ⅳ호 전차에 탑재 가능한 선회 포탑에 대형 기관포인 FlaK43을 집어넣는 것은 상당히 까다로운 일이었기에, 1944년 7월에 들어서야 비로소 3.7cm FlaK43 탑재 Ⅳ호 전차의 시제차가 완성되었다.

시제차는 Ⅳ호 전차의 차체에 비르벨빈트의 포탑과 비슷한 육각형 포탑이 탑재되었는데, 사격 등의 실용 확인 시험이 끝난 뒤, 오스트빈트(Ostwind, 동풍)이라는 이름으로 제식 채용을 결정, 같은 해 9월 5일에 오스트바우에 생산 발주가 들어갔다.

양산이 결정된 뒤인 1944년 9월 20일에는 먼저 시제차를 프랑스 전선의 SS 제12기갑 사단에 보내 실전 평가를 실시했다. 그리고 시제차 운용 시험 결과는 곧바로 오스트바우에 전달되었다.

오스트빈트는 포탑 장갑판과 기관실 점검 해치 사이에 간섭이 발생, 점검 해치를 열 수가 없어 엔진의 정비와 점검이 용이하지 못하다는 것이 판명되었다. 이에 따라 양산형부터는 포탑링을 약간 전방으로 옮겼으며, 여기에 맞춰 무전수용 해치도 조종수용 해치와 같은 위치에 오도록 전방으로 이동시킨 신규 설계 차체가 만들어지게 되었다.

오스트빈트는 1944년 12월부터 양산이 시작되어, 1945년 3월까지 22대가 만들어졌다고 알려져 있으나, 정확한 생산숫자는 불명이다. 또한 생산 차량 전부가 신규 생산 차체였던 것은 아니며, 일부는 Ⅳ호 전차 J형 후기 생산차 등의 차체에 예비 포신 수납 상자(차체 우측)을 추가했을 뿐, 포탑링과 무전수용 해치의 위치는 그대로인 채로 오스트빈트의 포탑을 얹은 차량도 존재했다.

■3cm 4연장 대공 기관포 탑재 Ⅳ호 대공 전차 체르슈퇴러45

1944년 11월에 오스트바우에서는 나날이 증대되는 연합군 지상 공격기의 위협에 대처하기 위해 비르벨빈트의 화력 강화를 계획했다. 포탑은 그대로 두고, 탑재 화포를 2cm 4연장 Flakvierling38에서 3cm 4연장 기관포인

2cm Flakvierling38 탑재 Ⅳ호 대공 전차 비르벨빈트

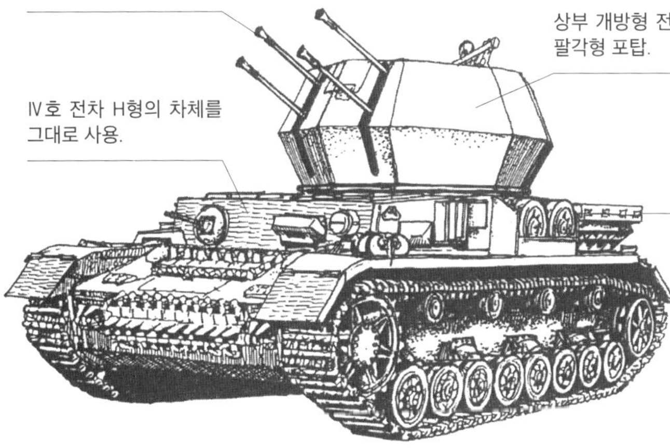
2cm 4연장 대공 기관포 Flakvierling38을 탑재.
상부 개방형 전주 선회식 팔각형 포탑.
Ⅳ호 전차 H형의 차체를 그대로 사용.
기관실 양 측면에 예비 포신 수납용 케이스를 설치.

전장: 5.92m 전폭: 2.9m 전고: 2.76m 승무원: 5명 무장: 112.5구경장 2cm 4연장 대공 기관포 Flakvierling38×1, MG34 7.92mm 기관총×1 최대 장갑 두께: 80mm 엔진: 마이바흐 HL120TRM (300hp) 최대 속도: 38km/h

3.7cm FlaK43 탑재 Ⅳ호 대공 전차 오스트빈트

전장: 5.92m 전폭: 2.95m 전고: 2.46m 중량: 25t 승무원: 5명 무장: 60구경장 3.7cm 대공 기관포 Flak43/1×1, MG34 7.92mm 기관총×1 최대 장갑 두께: 80mm 엔진: 마이바흐 HL120TRM(300hp) 최대 속도: 38km/h

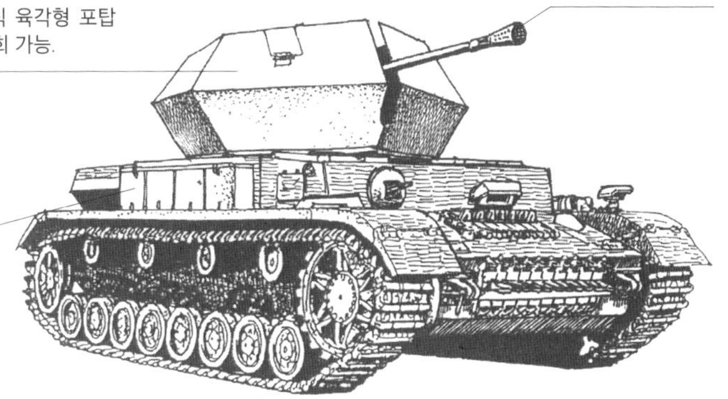
3.7cm 대공 기관포 FlaK43을 탑재.
상부 개방식 육각형 포탑은 전주 선회 가능.
차체 우측에 포탄 수납 상자를 설치.

Flakvierling103/38로 교체한 이 차량에는 「체르슈퇴러(Zerstörer, 파괴자)45」라는 이름이 붙었다.

상부 개방형 포탑이므로 쿠겔블리츠보다는 방어력이 낮았으나, 같은 기관포를 2배로 장비하고 있었기에 화력만큼은 체르슈퇴러45 쪽이 우위에 있었다. 또한 체르슈퇴러45의 생산이 시작되면 여분으로 남게 된 2cm 4연장 기관포 탑재 비르벨빈트의 포탑은 Ⅲ호 전차에 탑재할 계획이었다고도 한다.

체르슈퇴러45는 1944년 12월에 시제차 1대가 완성되었으나, 이미 본래의 계획인 쿠겔블리츠의 개발이 진행되고 있기도 했기에 체르슈퇴러45의 개발은 중지되었다.

■ 2연장 3cm MK103 탑재 Ⅳ호 대공 전차 쿠겔블리츠

1944년 1월에 개발이 결정된 쿠겔블리츠(Kugelblitz, 구형 번개)에는, 원형 외부 장갑 안쪽에 2연장 3cm 기관포 MK103을 장비한 구(球)형 포탑을 매다는 식으로 탑재하는 특수한 구조의 전주 선회식 밀폐 포탑이 채용되었다.

차체는 Ⅳ호 전차 J형을 기반으로 하고 있었으나, 일반 전차보다 훨씬 큰 포탑을 탑재하게 되면서 차체 상부 전투실 상면의 형상과 조종수/무전수용 해치의 위치가 변경되었다.

1944년 10월에 시제차 1대가 완성되었고, 이듬해인 1945년 2월에는 양산형 2대가 만들어졌다. 생산수는 시제차와 양산형을 합쳐 2~5대 정도가 만들어진 것으로 알려져 있다.

쿠겔블리츠는 종전 직전인 1945년 4월에 독일 본토에서의 전투에 투입되었다.

2연장 3cm MK103 탑재 Ⅳ호 대공 전차 쿠겔블리츠

전장: 7.02m 전폭: 2.88m 승무원: 4명 무장: 3cm 기관포 MK103×2, MG34 7.92mm 기관총×1 최대 장갑 두께: 80mm 엔진: 마이바흐 HL120TR(300hp) 최대 속도: 40km/h

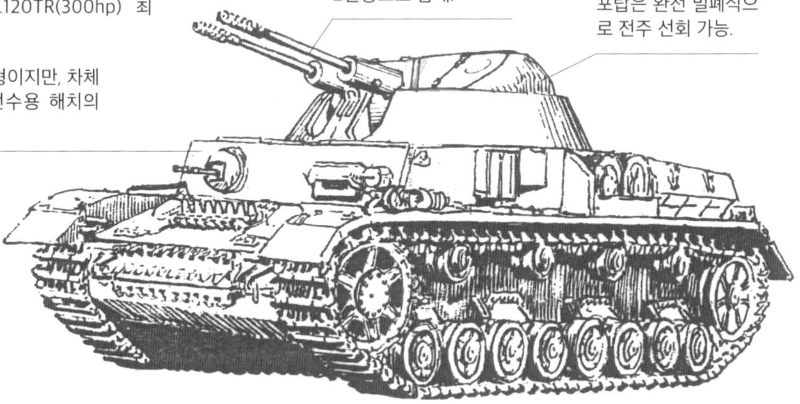

⊙쿠겔블리츠의 포탑

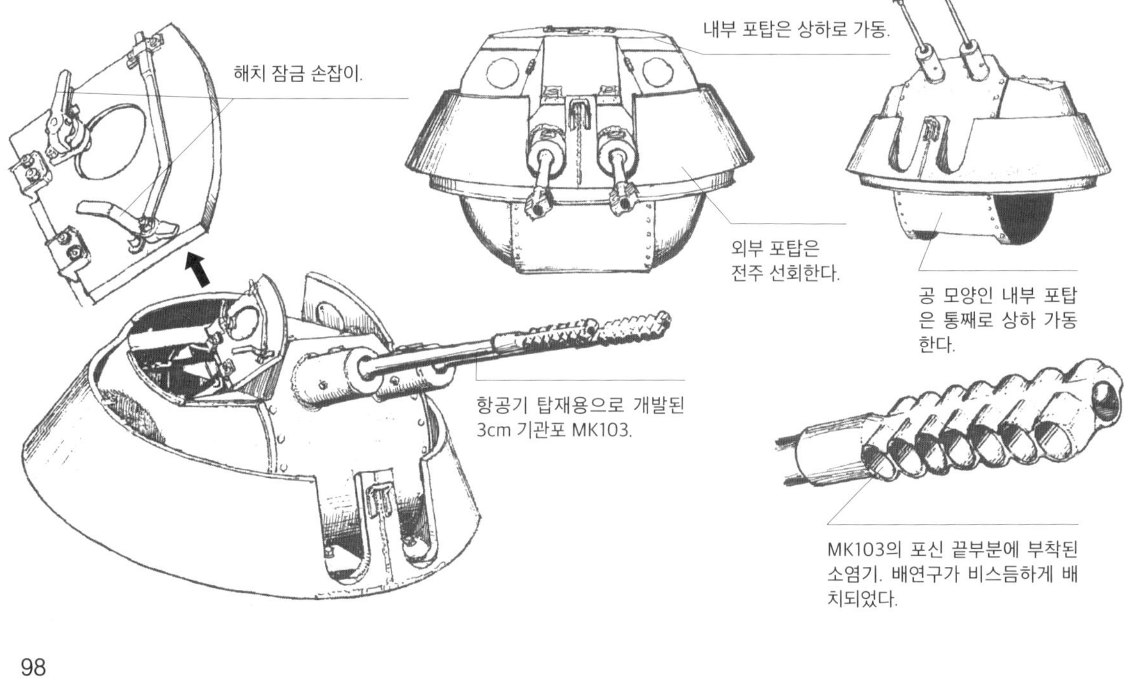

해치 잠금 손잡이.
내부 포탑은 상하로 가동.
외부 포탑은 전주 선회한다.
공 모양인 내부 포탑은 통째로 상하 가동한다.
항공기 탑재용으로 개발된 3cm 기관포 MK103.
MK103의 포신 끝부분에 부착된 소염기. 배연구가 비스듬하게 배치되었다.

2차 대전 최우수 전차

판터 전차와 파생형

Ⅴ호 전차 판터는 1943년 1월에 완성되었다. 화력, 방어력, 기동력 모든 면에서 우수했던 판터는 2차 대전 후기 독일의 주력 전차로 동부 전선, 서부 전선, 이탈리아 전선에서 연합군 전차를 압도하며, 전후에 영미 연합군으로부터 2차 대전 최우수 전차라고 평가 받을 정도의 성능을 보였다. 또한 판터 이상의 공격력을 갖춘 야크트판터도 전장에서 많은 전과를 올리며 2차 대전 최우수 구축전차로 평가 받고 있다.

판 터 D ~ G 형

■Ⅴ호 전차 VK3002의 개발

2차 대전 발발 이전인 1938년, 독일군은 Ⅲ호 전차 및 Ⅳ호 전차의 후계 차량인 20t급 전차 VK2001의 개발에 착수했는데, 이 개발 계획에 따라, Ⅲ호 전차를 개발한 다임러-벤츠, Ⅳ호 전차를 개발한 크루프에 MAN까지 가세하여 각각 VK2001(D), VK2001(K), VK2001(M)이라는 개발명 아래, 계획을 진행시켰다. 이후, 크루프의 VK2001(K)는 23t급인 VK2301(K)로, MAN의 VK2001(M)은 24t급인 VK2401(M)으로 발전해 나갔다.

하지만 1941년 여름, 동부 전선에서 소련의 T-34와 마주치게 되면서 상황은 일변했다. T-34는 화력, 방어력, 기동력의 모든 면에서 독일군 전차보다 우수하여, T-34를 격파하는 것이 결코 쉽지 않다는 것을 알게 되었기 때문이다.

독일군에 있어 T-34에 대항할 수 있는 신형 전차 개발이 급선무가 되면서, 1941년 11월 말, 병기국 제6과에서는 기존에 개발 중이던 20~24t급 전차로는 화력과 방어력이 충분치 못하다고 판단, 다임러-벤츠와 MAN에 새로이 30t급 전차의 개발을, 그리고 라인메탈에는 70구경장 7.5cm 포를 탑재할 수 있는 포탑의 개발을 요청했다.

두 회사는 1942년 2월 말까지 설계안을 정리, 1942년 3월 3일에 열린 회의에 다임러-벤츠의 설계안 VK3002(DB), MAN의 VK3002(MAN)가 올라왔는데,

VK3002(DB)

배연구가 1쌍인 포구 제퇴기가 부착된 70구경장 7.5cm 전차포 KwK42.
다임러-벤츠의 MB507 디젤 엔진을 탑재.
T-34의 영향을 받은 차체 디자인.

판터 D형

3연장 연막탄 발사기를 장비. 1943년 6월 이후에는 폐지되었다.
전차장용 큐폴라는 D형만이 원통형이다.
차체 전면의 좌우 양쪽에 보슈 라이트를 장비.
70구경장 7.5cm 전차포 KwK42를 탑재.
조종수용 여닫이식 관측창.
무전수용 사격 포트의 여닫이문.

전장: 8.86m 전폭: 3.42m 전고: 2.99m 중량: 44.8t 승무원: 5명 무장: 70구경장 7.5cm 전차포 KwK42×1, MG34 7.92mm 기관총×1 최대 장갑 두께: 80mm 엔진: 마이바흐 HL230P30(700hp) 최대 속도: 55km/h

히틀러는 차체의 디자인은 물론 디젤 엔진을 채용했다는 점에서 T-34와 매우 닮은 VK3002(DB)를 마음에 들어 했고, 해당 설계안에 대하여 강한 지지 의사를 보이며 생산 준비에 들어가도록 명령했다.

하지만 이 결정에 불복한 병기국 제6과와 특별 전차 위원회가 다시 심사에 들어간 결과, MAN의 설계안이 보다 우수하다고 판단을 내리고, 1942년 5월 14일에 VK3002(MAN)을 「V호 전차 판터(Panther, 표범)」이라는 이름으로 제식 채용하는 결정을 내렸다.

■판터 D형

1942년 9월에 모의 포탑을 얹은 수행 시험용 시제차 1호 V1, 그리고 9월말~10월 초에는 7.5cm 포가 탑재된 완전한 형태의 시제차 V2가 완성되었다. 이들 시제차를 통한 테스트를 마친 뒤, 추가적인 개량이 이루어졌고, 1943년 1월에 판터의 첫 양산형인 D형이 완성되었다.판터는 중형 전차이면서도 전장 8.86m, 전폭 3.42m, 전고 2.99m에 중량이 원래 계획했던 30t급에서 많이 벗어난 44.8t이나 되었기에 다른 국가의 기준대로라면 중전차에 상당하는 체급의 차량이었다. 차내 배치는 당시의 독일 전차의 표준적인 구성으로, 차체 앞부분에 변속기를 포함한 구동계 장치와 조종실이 배치되었으며, 중앙의 전투실 상면에 포탑이 탑재되었고, 차체 뒤쪽에는 기관실을 배치, 중앙에 엔진, 그리고 좌우에 라디에이터와 냉각팬이 설치되었다.

승무원은 5명으로, 차체 전방의 조종실 좌측에 조종수, 우측에 무전수, 포탑 내부 좌측에 포수, 그 후방에 전차장, 우측에 장전수가 탑승했다. Ⅲ호 전차와 Ⅳ호 전차를 시작으로 판터와 티거 등에서도 볼 수 있는 이러한 기능적인 승무원 배치는 단순한 제원표 상의 수치로는 나타내기 어려운 독일 전차 특유의 강점 가운데 하나였다.

전주 선회식 포탑에는 70구경장 7.5cm 포 KwK42가 탑재되었는데, 상하각은 -8°~+20°, 장갑 관통력은 철갑탄 PzGr39/42를 사용한 경우에 사거리 500m에서 124mm(수직면에 대하여 경사각 30°), 사거리 1,000m에서는 111mm, 사거리 2,000m에서도 89mm의 장갑을 뚫을 수 있을 정도였으며, 보다 고성능인 텅스텐 탄심 철갑탄 PzGr40/42를 사용하게 되면 같은 사거리에서 각각 174mm, 149mm, 106mm의 장갑을 관통할 수 있었다. 7.5cm KwK42는 당시 최강의 전차포로, T-34를 비롯한 모든 적 전차를 원거리에서도 쉽게 격파 가능했다.

이전까지의 독일 전차와 비교해 판터에 들어와서 가장 크게 달라진 점이라면 경사 장갑을 대폭 채용했다는 점으로, 차체 장갑 두께는 전면 상부가 80mm/55°(수직면에 대한 경사각), 전면 하부 60mm/55°, 측면 상부

판터 A형 초기형

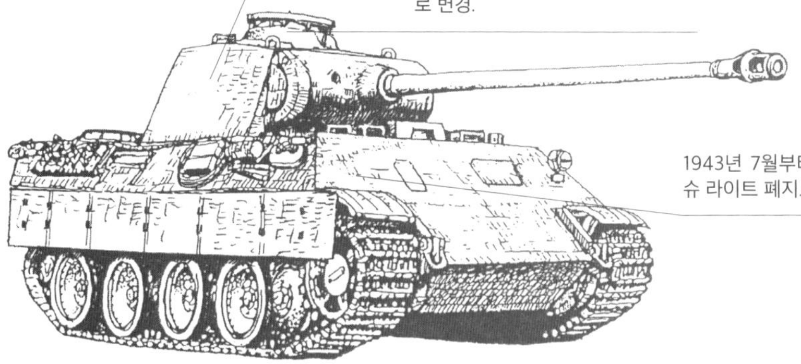

전장: 8.86m 전폭: 3.42m 전고: 2.99m 중량: 45.5t 승무원: 5명 무장: 70구경장 7.5cm 전차포 KwK42×1, MG34 7.92mm 기관총×1 최대 장갑 두께: 80mm 엔진: 마이바흐 HL230P30(700hp) 최대 속도: 46km/h

판터 A형 후기형

전장: 8.86m 전폭: 3.42m 전고: 2.99m 중량: 45.5t 승무원: 5명 무장: 70구경장 7.5cm 전차포 KwK42×1, MG34 7.92mm 기관총×2 최대 장갑 두께: 80mm 엔진: 마이바흐 HL230P30(700hp) 최대 속도: 46km/h

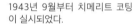

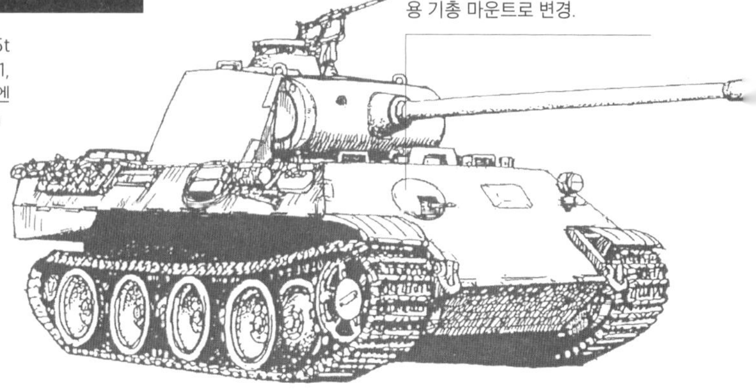

1943년 12월 생산차부터 MG34용 기총 마운트로 변경.

40mm/40°, 측면 하부 40mm/0°, 상면 16mm/90°, 후면 40mm/30°, 하면 전부 30mm/90°, 하면 중앙~후부 16mm/90°였으며, 포탑 장갑 두께는 전면 100mm/12°, 포방패 100mm/곡면, 측면 45mm/25°, 후면 45mm/25°, 상면 16mm/84~90°로 구성되어 있었다. 차체 전면의 80mm라는 두께는 기존의 Ⅳ호 전차 H형/J형과 다를 바 없었으나, 판터는 경사 장갑을 채용하고 있어 실질적으로는 140mm에 상당했다.

또한 기동력도 우수했는데, 700hp 출력을 내는 마이바흐의 HL230P30엔진(생산 초기에는 650hp 출력 HL210 엔진을 탑재)이 탑재되었으며, 주행부에는 접지압을 균등하게 배분하는 데 적합한 오버랩 배치 보기륜과 토션바 현가장치가 채용되어, 44.8t의 중량이 나감에도 불구하고 최대 시속 55km/h에 항속거리도 일반 도로에서 200km, 험지에서도 100km라는 성능을 발휘했다.

생산에는 개발 업체인 MAN 외에 다임러-벤츠, 헨셀, MNH가 참가, 1943년 1~9월 초순까지 842대가 만들어졌다.

생산 초기의 D형은 부대 배치가 우선이었기에, 시제차의 시험 평가 당시 문제로 지적되었던 부위의 개선이 충분히 이뤄지지 않았지만, 생산과 병행하여 개량과 사양 변경이 실시되면서, A형이 생산될 무렵에는 문제를 거의 해소할 수 있었다.

판터 D형의 첫 실전은 1943년 7월부터 시작된 사상 최대의 지상전이라 불렸던 쿠르스크 전투였다. 이 전투에서 판터 D형은 우려했던 대로 기계적인 초기 트러블을 일으키긴 했으나, 다수의 소련 전차를 격파하며 우수한 성능을 실증했다.

■판터 A형

1943년 8월에는 D형의 개량형인 A형이 완성되었다. A형에서는 포탑을 중심으로 개량이 이뤄졌는데, 전차장용 큐폴라가 잠망경이 내장되었으며 100mm로 장갑 방어력이 강화된 신형(D형까지는 두께 80mm)으로 바뀐 것 외에, 장전수용 잠망경의 설치, 포방패 접합부의 강화, 포탑 선회 및 상하각 가동 기구의 개량 등이 실시되었다.

또한 생산 도중에 전방 기총용 볼 마운트 설치나 주포 조준기의 변경, 포탑 피스톨 포트의 폐지 등, 여러 개량이 이뤄지기도 했으나, 기본 형상이나 구조는 D형과 비교해 크게 달라지지는 않았다.

A형의 생산(초기에는 D형과 병행 생산되었으며 후기에는 G형과 병행 생산되었다)은 MAN, 다임러-벤츠, MHN에 더하여 데마크(Demag)사에서 이뤄졌으며, 1943년 7월부터 1944년 7월 초순까지 2,200대가 만들어졌다.

■판터 G형

A형의 뒤를 이어 1944년 3월 말부터

판터 G형 후기형

1944년 9월부터 샷 트랩(Shot-trap) 현상을 방지하기 위해 아래쪽에 돌출부가 생긴 신형 포방패가 채용되었다.

조종수용 잠망경은 선회식 1개짜리로 변경.

조종수용 관측창 폐지.

전장: 8.86m 전폭: 3.42m 전고: 3.10m 중량: 45.5t 승무원: 5명 무장: 70구경장 7.5cm 전차포 KwK42 ×1, MG34 7.92mm 기관총×2 최대 장갑 두께: 80mm 엔진: 마이바흐 HL230P30(700hp) 최대 속도: 46km/h

판터 G형 강철제 보기륜 장착형

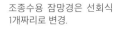

강철제 보기륜은 1944년 9월 이후, MAN에서 생산된 일부 차량에 사용되었다. 일러스트처럼 모든 보기륜을 강철제로 한 차량이 있는가 하면 고무 림이 달린 보기륜과 섞여 있는 차량도 존재했다.

생산이 시작된 G형은, 판터 전차의 완성형이라 할 수 있는 형식이다. G형의 설계에는 첫 양산형인 D형의 생산과 병행하여 연구와 개발이 진행된 장갑 강화형인 판터Ⅱ의 설계가 도입되어 있어, 방어력 강화와 생산성의 향상이 이루어졌다.

우선 가장 큰 변경점이라면, 차체 형상의 변경이다. 전면의 조종수용 관측창을 폐지하고, 차체 측면 장갑판을 50mm/30°의 1장짜리로 바꿨으며, 여기에 따른 중량 증가를 억제하기 위해 피탄률이 낮은 차체 전면 하부 장갑 두께를 50mm로, 하면 앞쪽을 25mm로 줄였다.

G형도 생산 도중에 빈번한 개량이 실시되었으며, MAN, 다임러-벤츠, MHN에서 1944년 3월~1945년 4월 말까지 2,953대가 생산되었다.

■적외선 투시 장치 탑재형 판터

독일은 2차 대전 중에 차량용, 보병 휴대 소화기용, 항공기 탑재용으로 각각의 용도에 맞춘 야간 투시 장치를 개발, 실전에 사용했다.

전차 탑재용 적외선 투시 장치는 1943년 중반에 실용화되어, 1944년 가을 이후부터는 전차용 적외선 투시 장치 FG1250을 장비한 판터 G형 야간 전투 사양이 최소 113대 이상 부대 배치되어 아르덴 전투와 베를린 공방전에서 활약했다.

■M10 판터

M10 판터

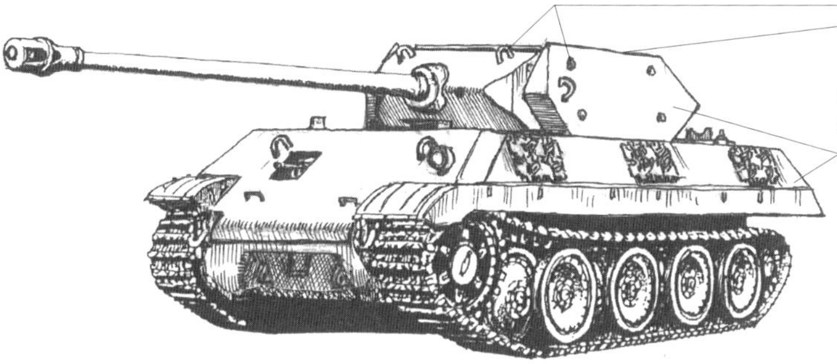

M10의 포탑 현수 고리와 볼트 등의 디테일까지 그럴듯하게 재현했다.
전차장용 큐폴라를 철거하고 2장짜리 평평한 해치를 설치했다.
포탑과 차체에 철판을 덧붙여 M10처럼 보이도록 위장.

⊙판터 G형의 구조

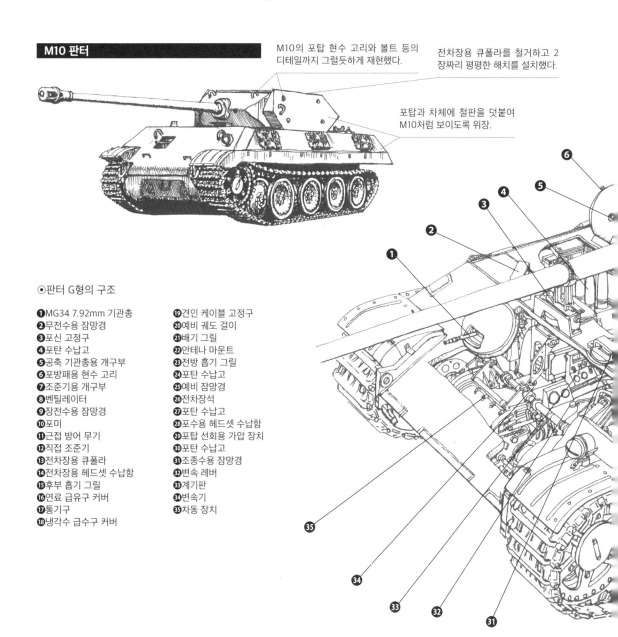

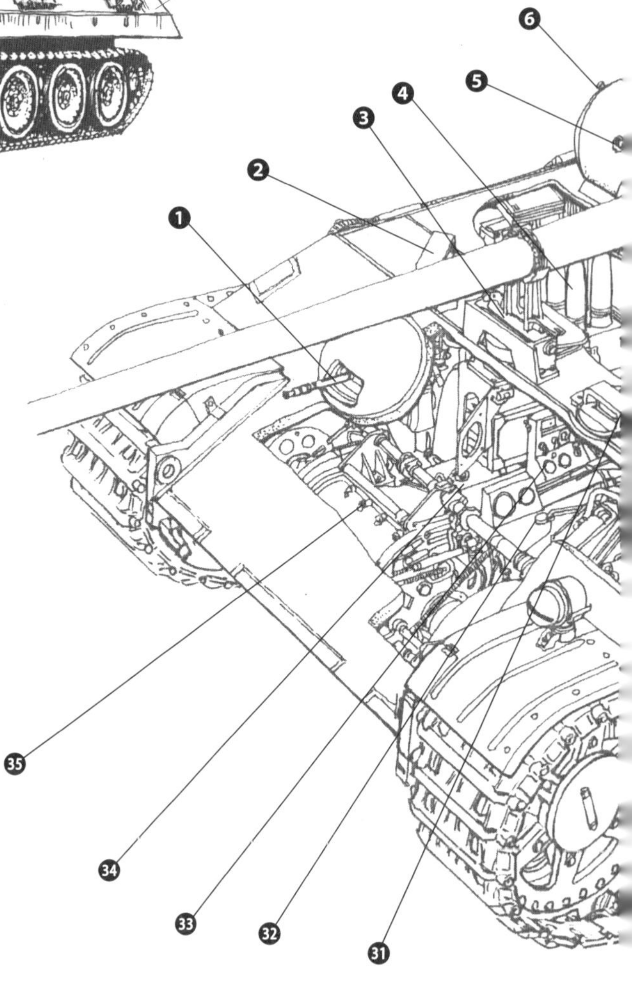

❶MG34 7.92mm 기관총
❷무전수용 잠망경
❸포신 고정구
❹포탄 수납고
❺공축 기관총용 개구부
❻포방패용 현수 고리
❼조준기용 개구부
❽벤틸레이터
❾장전수용 잠망경
❿포미
⓫근접 방어 무기
⓬직접 조준기
⓭전차장용 큐폴라
⓮전차장용 헤드셋 수납함
⓯후부 흡기 그릴
⓰연료 급유구 커버
⓱통기구
⓲냉각수 급수구 커버
⓳견인 케이블 고정구
⓴예비 궤도 걸이
㉑배기 그릴
㉒안테나 마운트
㉓전방 흡기 그릴
㉔포탄 수납고
㉕예비 잠망경
㉖전차장석
㉗포탄 수납고
㉘포수용 헤드셋 수납함
㉙포탑 선회용 가압 장치
㉚포탄 수납고
㉛조종수용 잠망경
㉜변속 레버
㉝계기판
㉞변속기
㉟차동 장치

1944년 12월 16일에 시작된 아르덴 공세 작전에서, 오토 슈코르체니 대령 휘하 제150 전차 여단의 코만도 부대는 교량 확보 등의 진격 지원과 후방 교란을 목적으로 한 「그라이프(Grief) 작전」을 실시했는데, 이 작전에는 미군으로 위장한 병력뿐 아니라, 미군 차량으로 위장한 특수 차량도 사용되었다.

이 특수 차량 중에서는 미군의 M10 대전차 자주포 위장 전차가 가장 유명한데, M10 판터는 판터 G형의 차체에 철판을 덧씌우고 전차장용 큐폴라를 철거한 뒤 심플한 해치로 바꿔 단 다음, 올리브드랩으로 도색하고 미군식 차량 번호를 그려넣는 등, 상당히 공을 들여 개조한 차량이다.

그라이프 작전을 위해 편성된 X전투단에는 5대의 판터가 배치되었다고 알려져 있으며, 이 중에서 차체 번호 B4, B5, B7, B10이 미군에 노획되었다.

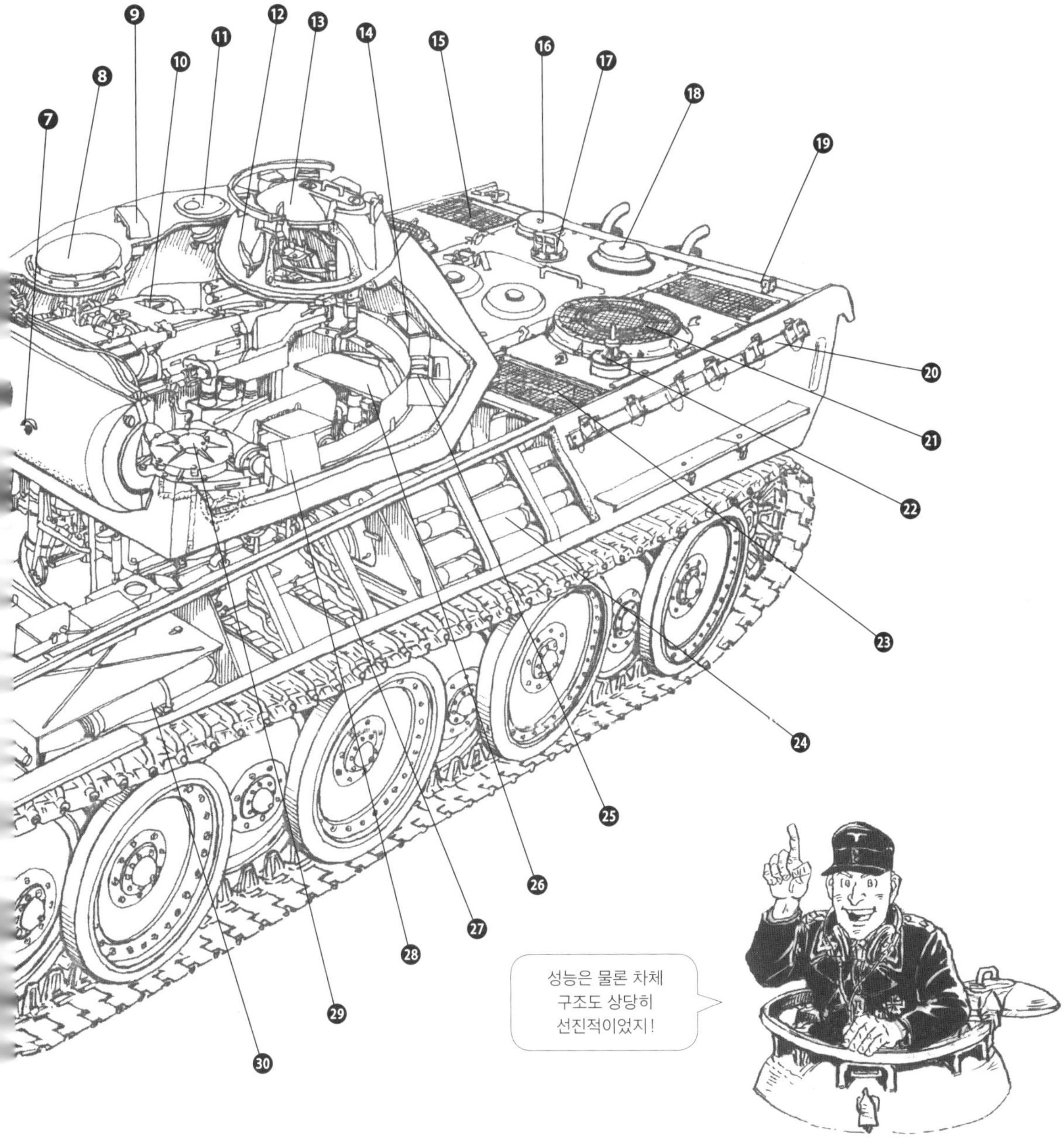

판터 A형

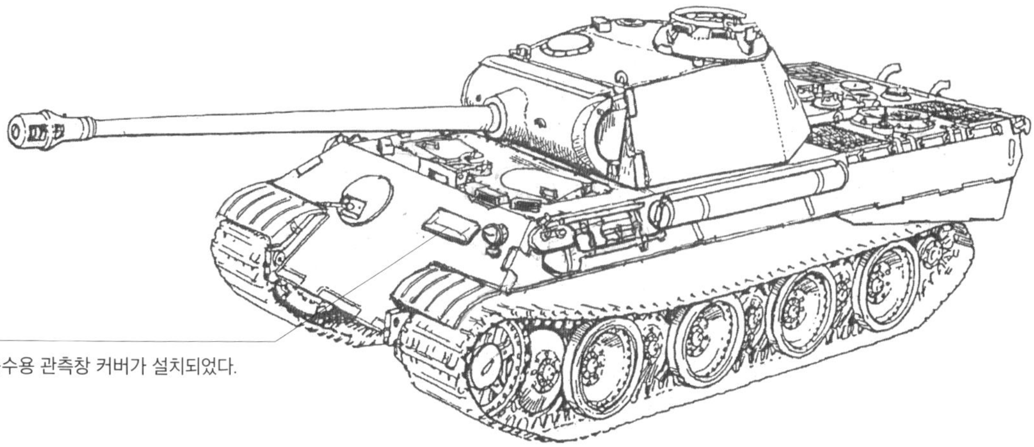

조종수용 관측창 커버가 설치되었다.

【A형의 무전수용 해치】

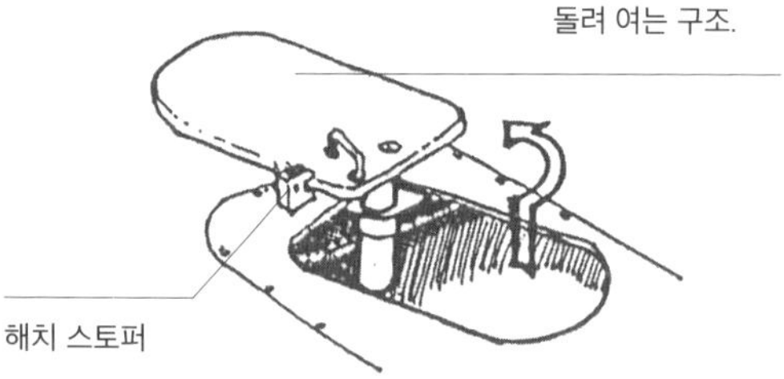

【G형의 조종수/무전수용 해치】

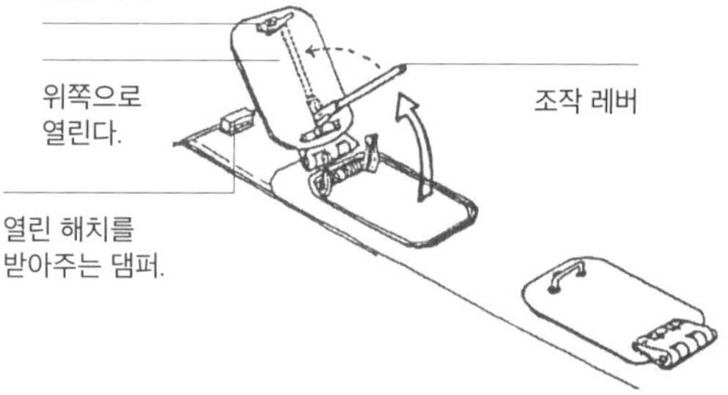

【포신 고정구와 통기구 커버】

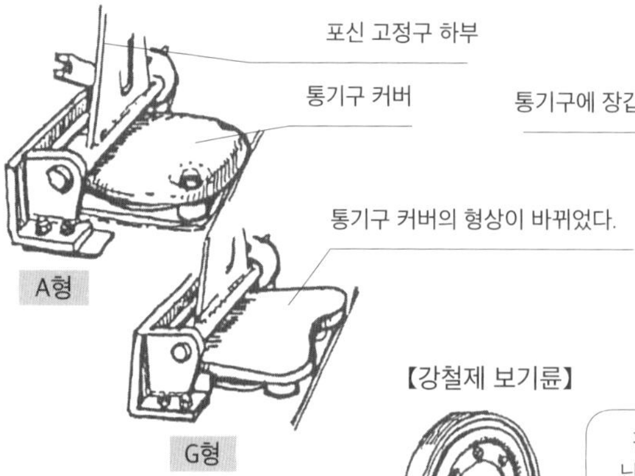

【차내 난방용 온풍 히터】

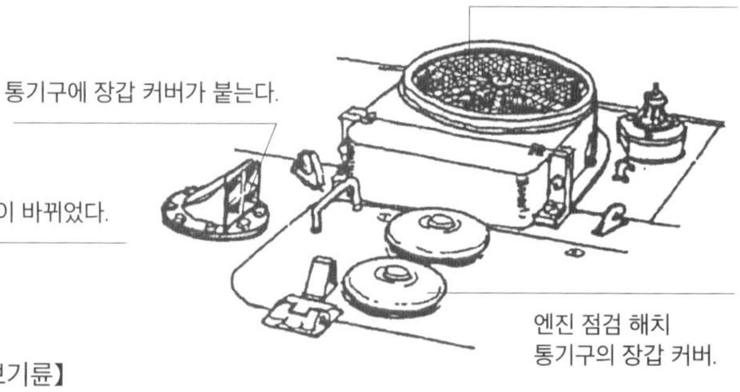

좌측 배기 그릴 위에 설치.
통기구에 장갑 커버가 붙는다.
엔진 점검 해치
통기구의 장갑 커버.

【강철제 보기륜】

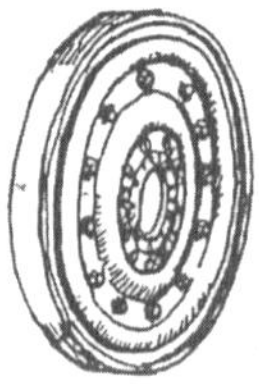

1944년 9월 MAN 생산
차량 일부에 사용.

【보슈 라이트】

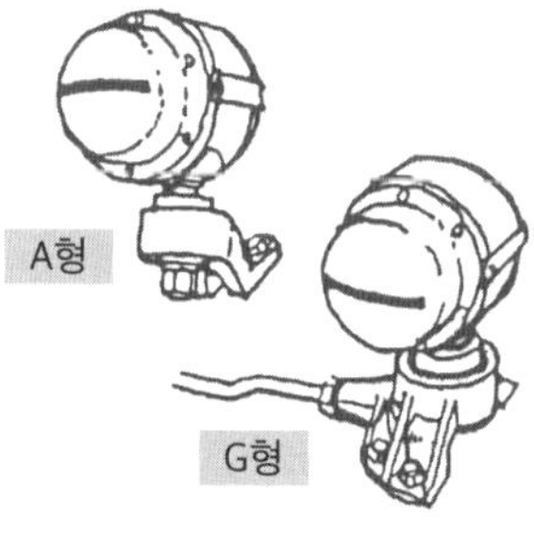

【G형의 조종수용 잠망경】

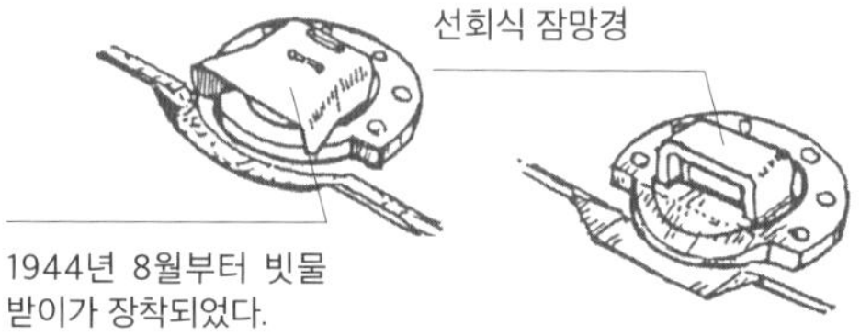

판터 G형 초기형

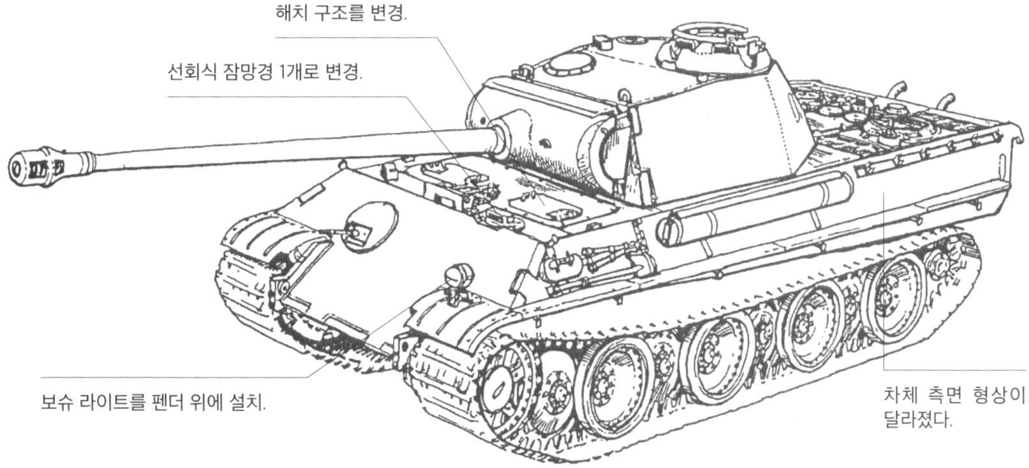

해치 구조를 변경.
선회식 잠망경 1개로 변경.
보슈 라이트를 펜더 위에 설치.
차체 측면 형상이 달라졌다.

판터 G형 후기형(1944년 10월 이후)

【차체 후면(우측)의 게펙카스텐】

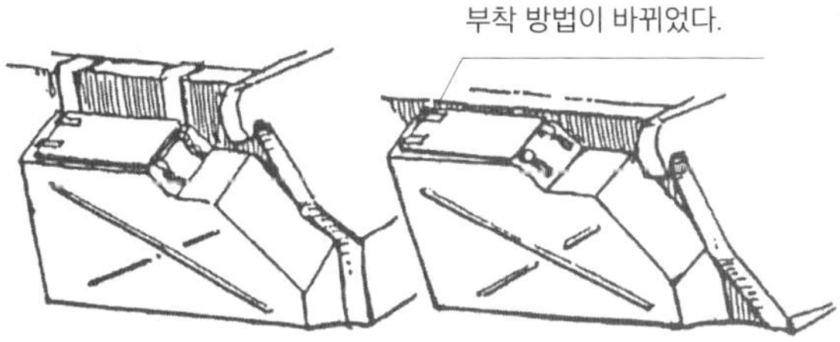

부착 방법이 바뀌었다.

A형 G형

【FG1250 적외선 투시 장치】

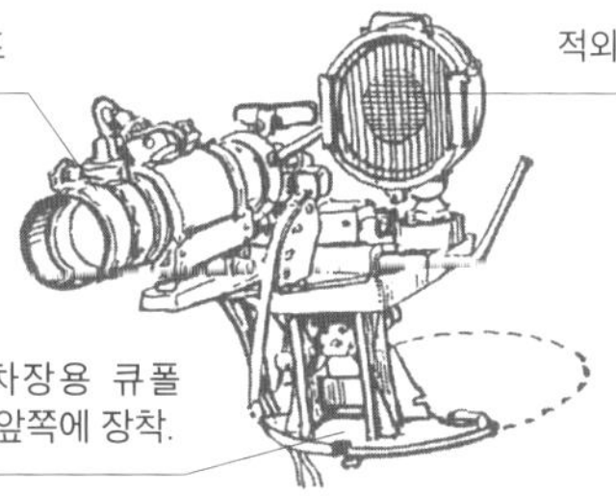

【배기관】

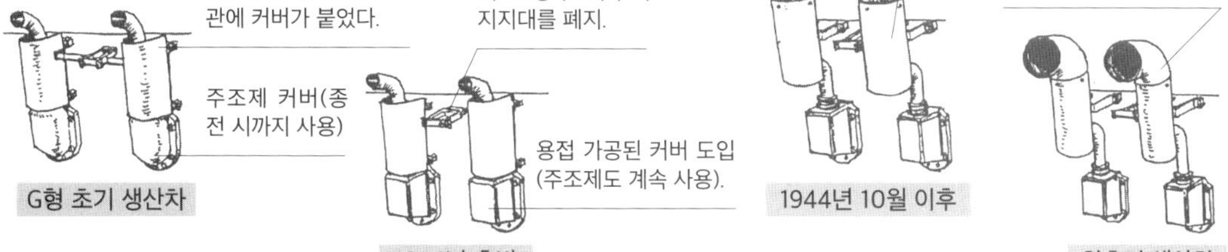

G형 초기 생산차 1944년 후반 1944년 10월 이후 최후기 생산차

⊙판터 D형의 포탑/전투실 내부

1. 포가 장갑 커버
2. MG34 공축 기관총
3. 흡기 파이프
4. 피스톨 포트 장갑 커버
5. 폐쇄기
6. 포미 안전 가드
7. 장전수석
8. 전차장석
9. 탄피받이
10. 승무원용 가스 마스크
11. 포탑 바스켓 바닥면
12. 조준기
13. 포탑 선회 기구
14. 수동 포탑 선회 핸들
15. 상하각 조정 핸들
16. 유압 기어
17. 포수석
18. 포탄 수납대
19. 프로펠러 샤프트
20. 유압 펌프
21. 포탑 구동 장치
22. 토션바
23. 포탄 수납대
24. 유압 댐퍼
25. 포탄 수납대

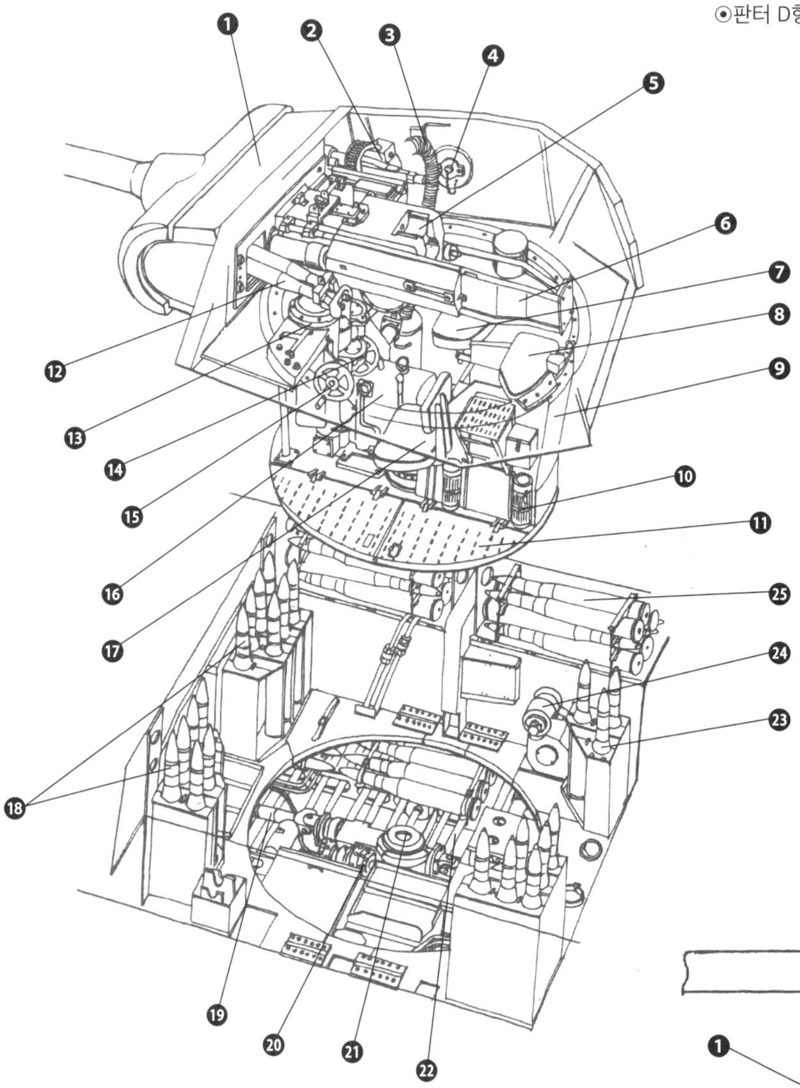

⊙판터 A형의 내부 구조

1. 조종수용 관측창
2. 조종수용 잠망경
3. 해치 개폐용 가압 장치
4. 포탄 수납고
5. 조준기
6. 포탑 선회용 베어링
7. 벤틸레이터
8. 흡기 파이프
9. 전차장용 잠망경
10. 포미 안전 가드
11. 후부 해치 잠금 기구
12. 전차장용 접이식 발걸이
13. 전차장용 시트
14. 미이바흐 HL230P30 엔진
15. 냉각수 탱크
16. 배기관
17. 발전용 보조 장치
18. 오일 쿨러
19. 연료 탱크
20. 배터리
21. 포수석
22. 포탑 선회용 주 모터
23. 장전수석
24. 발사 페달
25. 포탑 선회용 가압 장치
26. 조종수석
27. 변속 레버
28. 변속기
29. 차동 장치

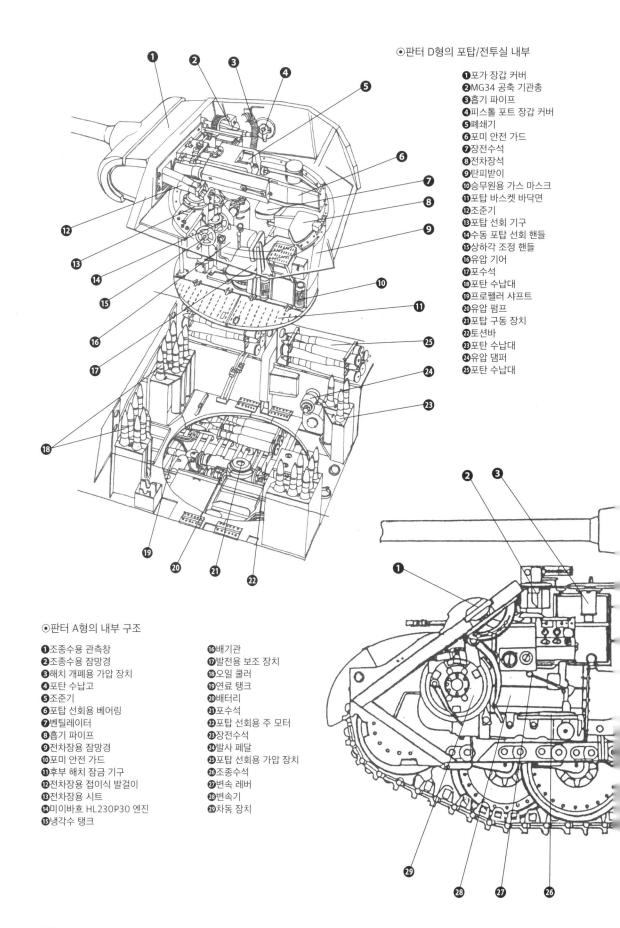

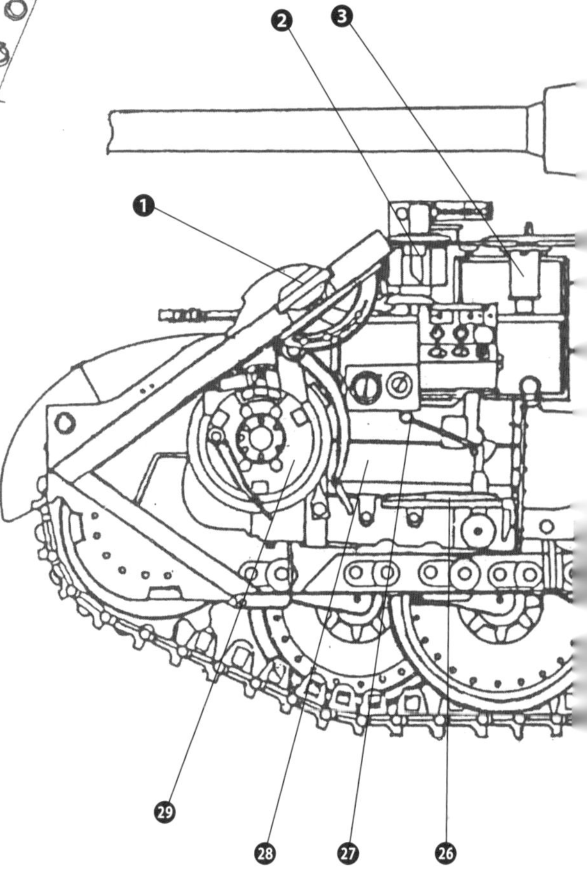

⊙7.5cm 전차포 KwK42의 포미 부근

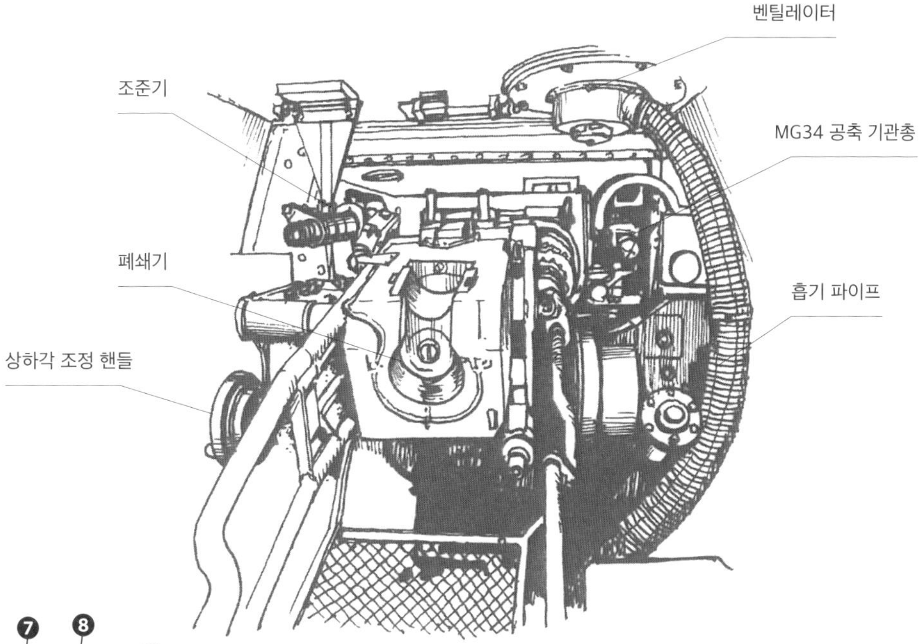

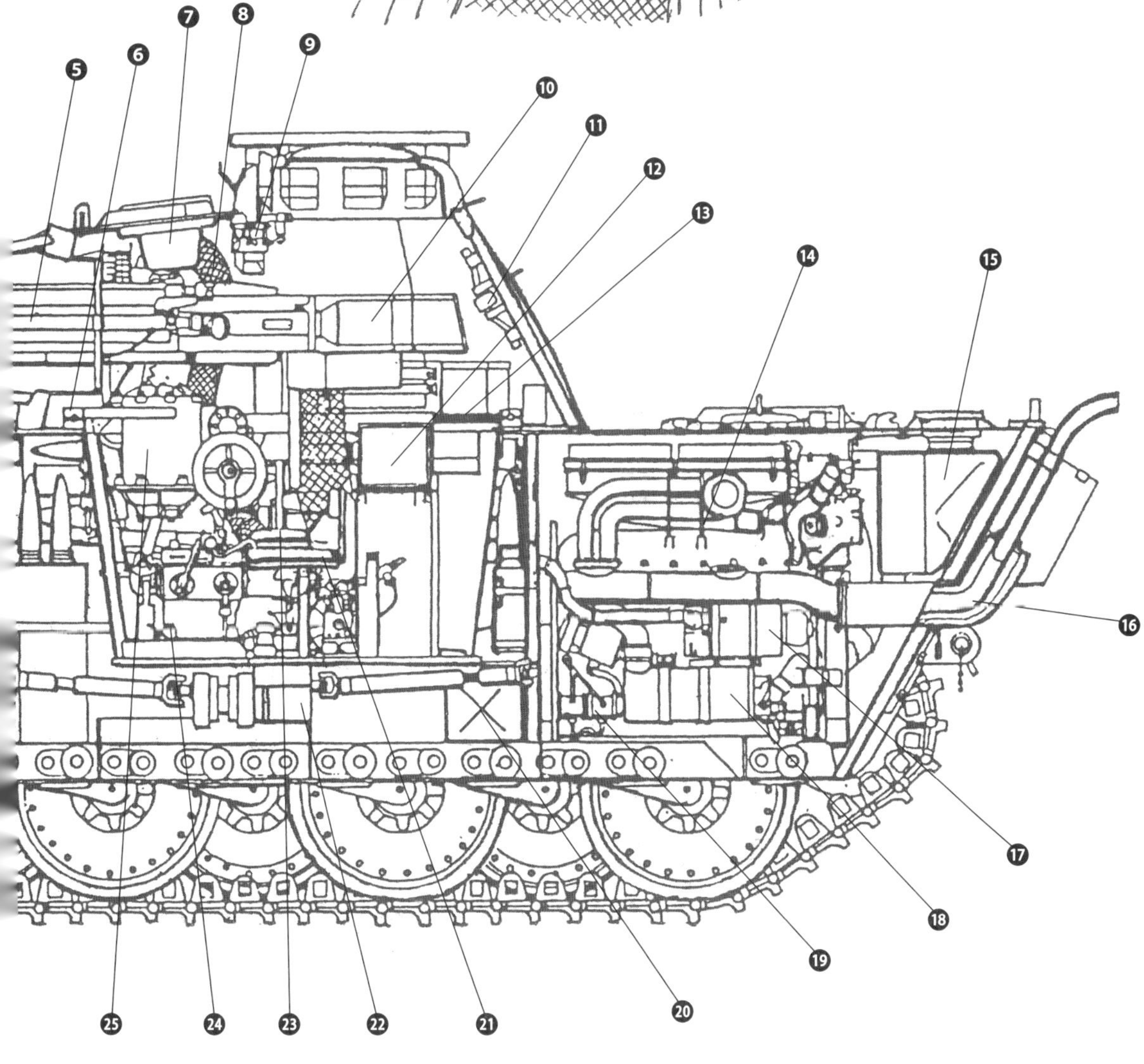

⊙판터 G형의 외부 장비품

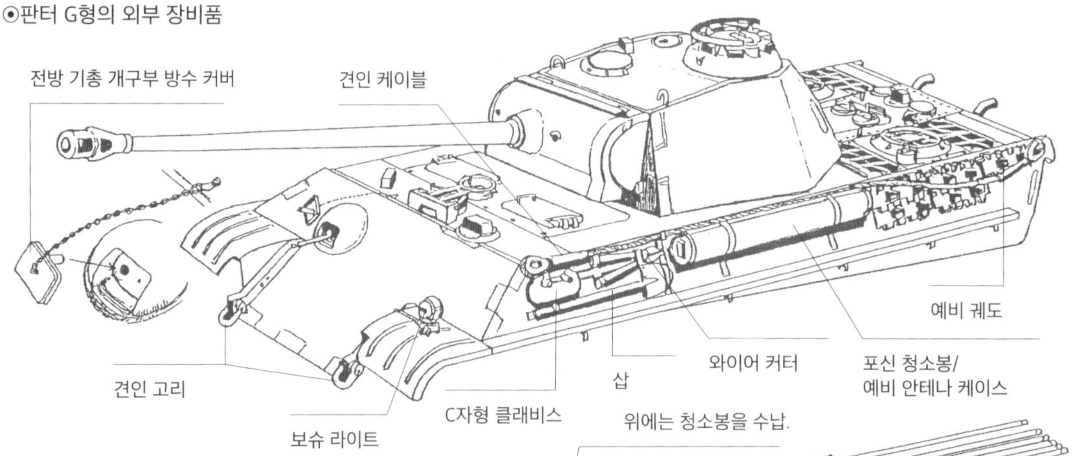

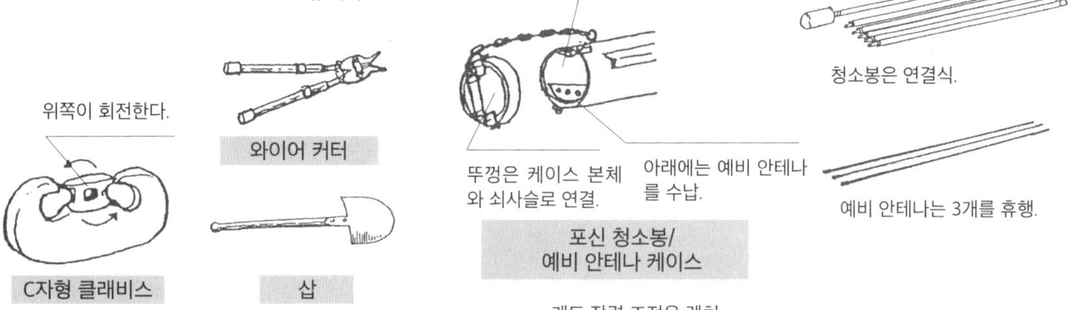

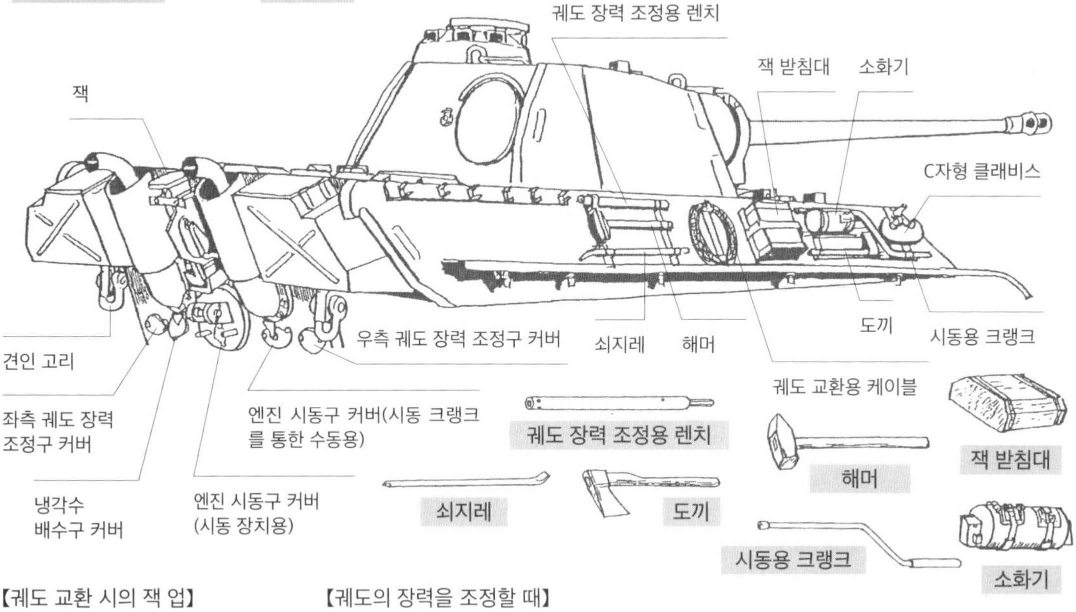

【궤도 교환 시의 잭 업】

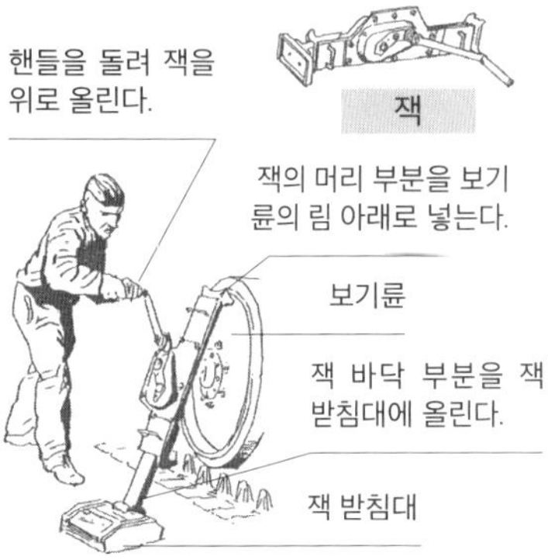

핸들을 돌려 잭을 위로 올린다.
잭
잭의 머리 부분을 보기륜의 림 아래로 넣는다.
보기륜
잭 바닥 부분을 잭 받침대에 올린다.
잭 받침대

【궤도의 장력을 조정할 때】

궤도 장력 조정구
커버를 연다.
궤도 장력 조정용 렌치를 밀어넣고 좌우로 돌려 적절한 장력으로 조정한다.

【동절기 수동 엔진 시동】

수동용 엔진 시동
크랭크를 넣는 구멍.
크랭크를 끼워 넣고 돌린다.

통상적으로는 조종실의 시동 모터를 사용해 엔진에 시동을 걸었지만, 동절기에는 배터리 소비를 줄이기 위해 수동으로 시동을 걸기도 했으며, 전용 엔진 시동기도 준비되었다.

판터의 파생형

■판터 지휘 전차

1943년 4월부터 1945년 2월까지의 기간 중에 Fu5, Fu8 무전기 탑재 차량과 Fu5, Fu7 무전기 탑재 차량을 합쳐 329대의 지휘 차량이 제작되어, 판터 전차 부대의 대대 본부와 중대 본부에 배치되었다.

지휘 전차는 전선에서 정비나 수리를 위해 돌아온 판터 D형/A형/G형을 개수하여 만들어졌으며, 차체 좌측에 있는 포신 청소봉/예비 안테나 케이스 밑에 연장용 안테나 로드 고정구(3개 장착), 그리고 기관실 맨 끝부분 중앙에 원통형 안테나 마운트가 증설되었다.

■베르게판터

판터와 티거의 부대 배치에 따라, 전장에서 행동 불능에 빠진 중량급 차량을 회수하기 위한 전용 차량의 필요성이 제기되었다.

이에 따라 1943년 3월에 판터의 차체를 사용한 전차 회수차인 베르게판터(Bergepanther)의 개발이 결정되어, 1943년 6월에 MAN에서 D형의 차체를 기반으로 한 12대의 차량이 만들어졌다. 최초의 베르게판터 12대는 포탑을 제거하고, 비어 있는 포탑링 부분을 목제 커버(반원형의 대형 해치를 설치)로 덮은 뒤, 조종수/무전수용 잠망경 가드 위에 대공 기관총가의 고정판, 기관실 위에 조립식 크레인 부착 마운트를 설치한 간이 형식이었다.

그 다음 달인 7월부터는 헨셸(실제 작업은 루어슈탈(Ruhrstahl)사에서 담당했다고도 알려져 있다), 1944년 2월부터는 데마크에서 제작되었다. 1943년 7월 이후에 만들어진 베르게판터는 A형과 G형을 기반으로 한 베르게판터 전용 차체를 사용했는데, 주위를 나무판으로 둘러막은 전투실 안에 40t 윈치, 차체 후부에는 대형 스페이드가 증설되었으며, 여기에 더하여 조립식 크레인, 연약 지반 탈출용 각목도 장비하고 있었다. 또한 차체 전면의 중앙 상부에 2cm 기관포인 KwK38이 탑재된 차량도 존재했다.

■베르게판터 개조 지휘 전차

엘레판트, 야크트티거를 장비한 독일군 굴지의 전투 부대 제653 중전차 구축 대대는 부대 고유의 좀 독특한 차량을 다수 운용했던 것으로도 잘 알려져 있다.

이 대대에서 사용한 개조 차량 가운데에는 베르게판터를 개조한 지휘 전차가 있는데, 베르게판터의 차체 상면 개구부를 강판으로 막고, 그 위에 쉬르첸을 장

판터 지휘 전차

전장:8.82m 전폭:3.42m 전고: 2.99m 중량: 44.8t 승무원: 5명 무장: 70구경장 7.5cm 전차포 KwK42×1, MG34 7.92mm 기관총×1 최대 장갑 두께: 80mm 엔진: 마이바흐 HL230P30(700hp) 최대 속도: 46km/h

Fu5용 안테나를 장비.
Fu8용 슈테른 안테나를 장비.
일러스트는 D형 기반이지만, A형/G형을 사용한 차량도 존재했다.

베르게판터

전장: 8.82m 전폭: 3.27m 전고: 2.74m 중량: 43t 승무원: 5명 무장: MG34 7.92mm 기관총×2(일부 차량에는 2cm 기관포 KwK38×1) 최대 장갑 두께: 80mm 엔진: 마이바흐 HL230P30(700hp) 최대 속도: 46km/h

착한 Ⅳ호 전차의 포탑을 설치한 것이었다. 이 포탑은 고정식이었으며, 기관실의 점검 해치를 열 수 있도록 게펙카스텐과 쉬르첸 뒷부분은 장비되지 않았다.

아마도 이것은 폐품을 이용한 재생 차량으로, 만들어진 것은 1대뿐인 것으로 보인다.

■베르게판터 개조 대공 전차

베르게판터에 2cm 4연장 대공 기관포 Flakvierling38이나 3.7cm 대공 기관포 Flak37을 탑재한 대공 전차가 만들어지기도 했다.

양자 모두 베르게판터 초기형의 포탑링 목제 커버 위에 대공 기관포를 올린 간이 개조 차량으로, 전자는 653 중전차 구축 대대 소속 차량이며, 후자는 소속 부대가 밝혀지지 않았다.

■판터 포병 관측 전차

판터 전차의 개발과 병행하여 판터의 차체를 사용한 포병 지원용 관측 전차의 개발이 라인메탈에서 진행되어, 1943년 7~9월에 시제차가 완성되었다.

시제차는 판터 D형의 차체를 그대로 사용, 전용 관측 기재가 장비된 포탑을 얹은 것으로, 포탑의 기본적인 형상은 D형과 다르지 않았으나, 주포와 포방패를 제거하고 모의 포신과 마운트가 설치되었다. 포탑 내부에는 좌우 기선(基線) 길이 1.25m인 거리 측정기와 TBF.2 관측용 잠망경, Fu8, Fu4 무전기 등이 설치되었다.

생산수는 불명으로, 41대가 만들어졌다는 설과 시제차 1대만으로 종료되었다는 설도 존재한다. 판터 포병 관측 전차의 개발 계획은 그 후로도 계속 이어져, 5cm 포가 탑재된 소형 포탑 탑재형을 비롯한 복수의 계획안이 구상되고 있었다.

■Ⅴ호 대공 전차 쾰리안

판터 전차를 기반으로 한 대공 전차의 개발은 제법 이른 시기부터 계획되고 있었는데, 원래는 8.8cm FlaK41을 탑재한 차량과 항공기 탑재용 20mm 기관포인 MG151/20을 상하로 2문씩 탑재한 차량이 고안되었으나, 양자 모두 설계안 단계로 그쳤다.

1943년 12월, 병기국에서는 판터 대공 전차에 3.7cm 기관포 Flakzwilling44를 탑재하기로 결정하고, 다임러-벤츠에 개발을 요청했으며 1944년 초에는 라인메탈에도 같은 사양의 대공 전차 개발을 명했다.

라인메탈에서는 Ⅴ호 대공 전차 쾰리안(Coelian, 사내 개발명은 대공 전차 341)을 설계, 실물 크기 모크업 차량을 제작했다. 하지만 차체 크기에 비해 3.7cm 기관포는 좀 부족하다는 이유로 1945년 1월 중반에 3.7cm 기관포형의 개발이 중지되었다.

이후, 개발 계획은 5.5cm 2연장 대공 기관포 게래트58을 장비하는 대공 전차로 이행되어, 1944년 10월에 라인메탈과 크루프가 병기국에 계획안을 제출했지만, 계획이 진전되기 전에 종전을 맞이하게 되었다.

판터 포병 관측 전차

전장: 6.87m 전폭: 3.42m 전고: 2.99m 중량: 44.5t 승무원: 5명 무장: MG34 7.92mm 기관총×2 최대 장갑 두께: 80mm 엔진: 마이바흐 HL230P30(700hp) 최대 속도: 46km/h

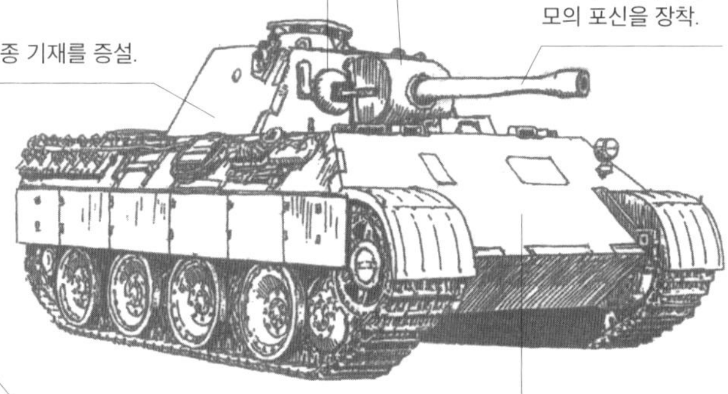

포방패를 철거하고 마운트를 설치.
MG34용 볼 마운트를 설치.
KwK42를 제거하고 모의 포신을 장착.
포탑 내에는 각종 기재를 증설.
차체는 판터 D형을 그대로 사용.

Ⅴ호 대공 전차 쾰리안

상면 해치 앞에 거리 측정기를 장착.
2연장 3.7cm 대공 기관포 Flakzwilling44를 탑재.
모크업은 판터 D형의 차체를 사용했다.
일러스트는 모크업 차량의 포탑. 다른 형태의 설계안도 존재했다.

야크트판터

■판터 차대 이용 구축전차의 개발

1942년 8월 3일, 병기국 제6과에서는 당시 개발이 진행 중이던 판터 전차의 차대를 사용하는 구축전차의 개발을 결정했다. 처음에는 다임러-벤츠에서 개발을 담당하고 크루프가 여기에 협력하는 형태로 설계 작업이 진행되고 있었으나, 다임러-벤츠에서의 판터 D형 양산이 지연되면서, 1943년 5월 24일부로 다임러-벤츠 주도로 개발을 계속 진행하는 것에는 변함이 없으나, MIAG (Mühlenbau und Industrie Aktiengesellschaft)가 개발에 협력하고, 이후의 양산도 MIAG에서 담당하는 것으로 정해졌다.

1943년 10월에 MIAG에서 시제 1호차가 완성되었고, 그 다음 달인 11월에는 2호차도 완성되었다. 그리고 1943년 11월 29일에 야크트판터(Pagdpanther)라는 이름으로 제식 채용되었다.

야크트판터는 전장 9.87m, 전폭 3.42m, 전고 2.715m에 중량 45.5t으로, 판터의 차대를 기반으로 하며, 차체 앞부분과 일체화된 전투실이 설치되었다. 차체 앞쪽에 변속기, 그 뒤에 조종실이 배치되었고, 조종실 좌측에는 조종수석, 오른쪽에는 무전수석이 설치되었다. 전투실은 조종실 후방의 공간에 위치하며, 중앙에 주포가 탑재되었고 좌측 앞부분에 포수석, 그 후방에 장전수석, 우측에는 전차장석이 배치되었다.

차체 장갑 두께는 차체 및 전투실 전면 상부가 80mm/70°(수직면에 대한 경사각. 이 경우, 경사각으로 인해 실질적으로는 160mm 두께에 해당한다), 전면 하부 50mm/55°, 측면 상부 50mm/40°, 측면 하부 40mm/0°, 전투실 상면 16mm(양산 51호차부터는 25mm로 강화), 전투실 후면 40mm/35°, 차체 후면 40mm/30°, 바닥면 16mm/90°였는데, 이 수치는 소련의 IS-2 중전차나 미국의 M26 퍼싱, 영국의 파이어플라이를 제외한 어떤 연합군 전차로도 정면에서는 야크트판터를 격파할 수 없다는 것을 의미했다.

전투실 전면에는 크루프의 71구경장 8.8cm 포인 PaK43/3이 탑재되었다. PaK43/3은 피모철갑탄인 PzGr39/43, 텅스텐 탄심 철갑탄인 PzGr40/43, 대전차 고폭탄인 HiGr39, 고폭탄인 Sprgr43 등과 같이 공격 목표에 맞게 다양한 종류의 8.8cm 포탄을 발사할 수 있었다.

PzGr39/43을 사용한 경우, 경사각 60°를 기준으로 사거리 100m에서 두께 203mm, 500m에서는 185mm, 1,000m에서 165mm, 그리고 사거리 2,000m에서도 132mm 두께의 장갑판을 관통 가능했으며, 보다 위력이 강한 PzGr40/43을 사용했을 경우에는 같은 사거리에서 각각 237mm, 217mm,

야크트판터 초기형(1944년 8월까지의 생산차)

전장: 9.87m 전폭: 3.42m 전고: 2.715m 중량: 45.5t 승무원: 5명 무장: 71구경장 8.8cm PaK43/3 ×1, MG34 7.92mm 기관총×1 최대 장갑 두께: 80mm 엔진: 마이바흐 HL230P30(700hp) 최대 속도: 46km/h

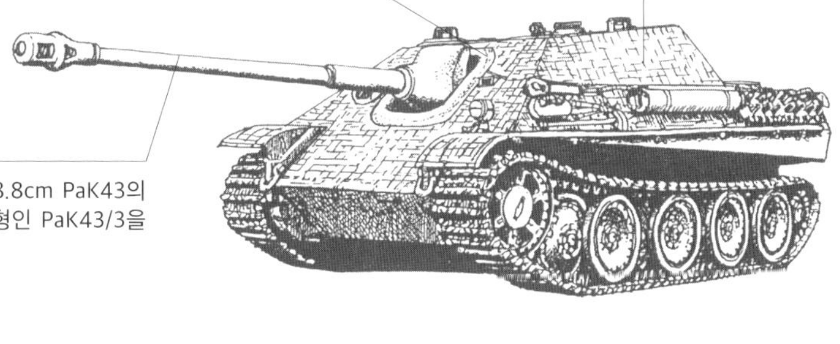

초기형의 특징인 주포 마운트 장갑 칼라는 안쪽에서 볼트로 고정.
초기형은 전량 치메리트 코팅이 되어 있었다.
71구경장 8.8cm PaK43의 차량 탑재형인 PaK43/3을 탑재.

야크트판터 후기형(1944년 10월 이후 생산차)

전장: 9.87m 전폭: 3.42m 전고: 2.715m 중량: 45.5t 승무원: 5명 무장: 71구경장 8.8cm PaK43/3×1, MG34 7.92mm 기관총×1 최대 장갑 두께: 80mm 엔진: 마이바흐 HL230P30(700hp) 최대 속도: 46km/h

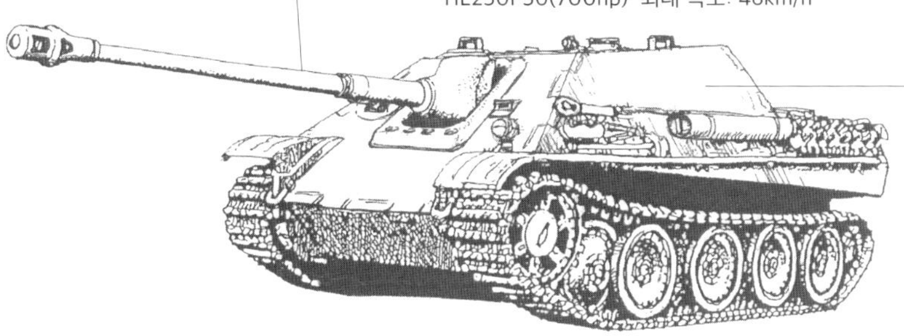

후기형의 주포 마운트 장갑 칼라. 바깥쪽에서 볼트로 고정했으며, 아래쪽은 한층 두께를 늘려 강화.
치메리트 코팅이 되어 있지 않다.

193mm, 153mm 두께의 장갑을 관통할 수 있었다. 야크트판터는 당시 존재했던 어떠한 연합군 전차도 격파할 수 있었던 것이다.

공격력, 방어력뿐만 아니라, 중량이 45t 가까이 나가면서도 최대 시속 55km/h에 항속거리 250km(양자 모두 일반 도로에서의 수치)라는 우수한 기동력을 보여주는 것은 개발 기반이 된 판터 전차에서 이어 받은 것이라 할 수 있을 것이다. 기관실 내에는 중앙에 마이바흐 HL230P30 V형 12기통 액랭식 가솔린 엔진(700ps)이 탑재되었으며, 좌우에 라디에이터와 냉각팬이 배치되어 있었다.

야크트판터는 생산 시기에 따라 달라지는 외견적 특징을 통해 초기형, 중기형, 후기형으로 크게 구분할 수 있는데, 이것은 당시의 독일군에서 실시한 구분법은 아니다.

흔히 말하는 초기형에서는 생산이 개시되고 얼마 되지 않아, 전투실 전면 좌측에 설치되어 있던 조종수용 잠망경용 개구부를 2개에서 1개로 변경했으며, 차체 후부 중앙의 원형 점검 해치 패널에 견인 고리를 추가한 것 외에 1944년 4~5월에는 기관실 상면 중앙 후부에 설치되어 있던 스노클용 개구부가 폐지되고, 2분할 포신을 사용하게 되었다. 하지만 완전히 2분할 포신을 사용하게 된 것은 1944년 10월 이후의 일로, 그 전까지는 구형인 일체식 포신도 사용되었다.

여기에 더하여 차체 후면의 배기관 양측에 냉각용 흡기관이 추가되었다. 판터와 마찬가지로 야크트판터에서도 배기관은 가장 빈번하게 사양 변경이 이뤄진 곳 가운데 하나였다. 6~8월이 되자 신형 포구 제퇴기 도입에 더하여 전투실 상면에 3개소의 2t 크레인용 마운트가 설치되었고, 전투실 상면 좌측에는 근접 방어 무기(Nahverteidigung-

⊙전방 기총의 구조

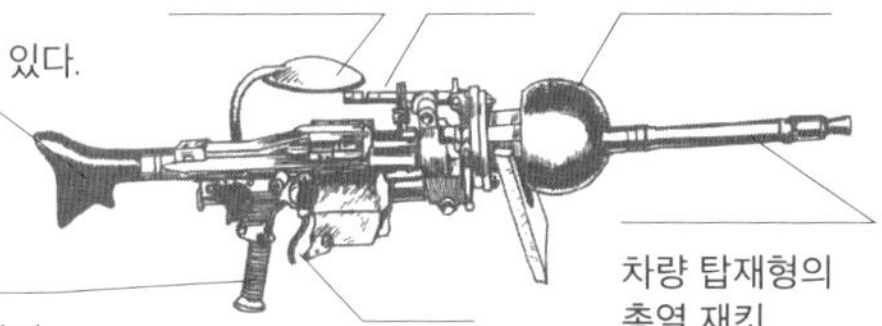

판터나 티거 등, 대전 중기 이후의 차량에 설치.

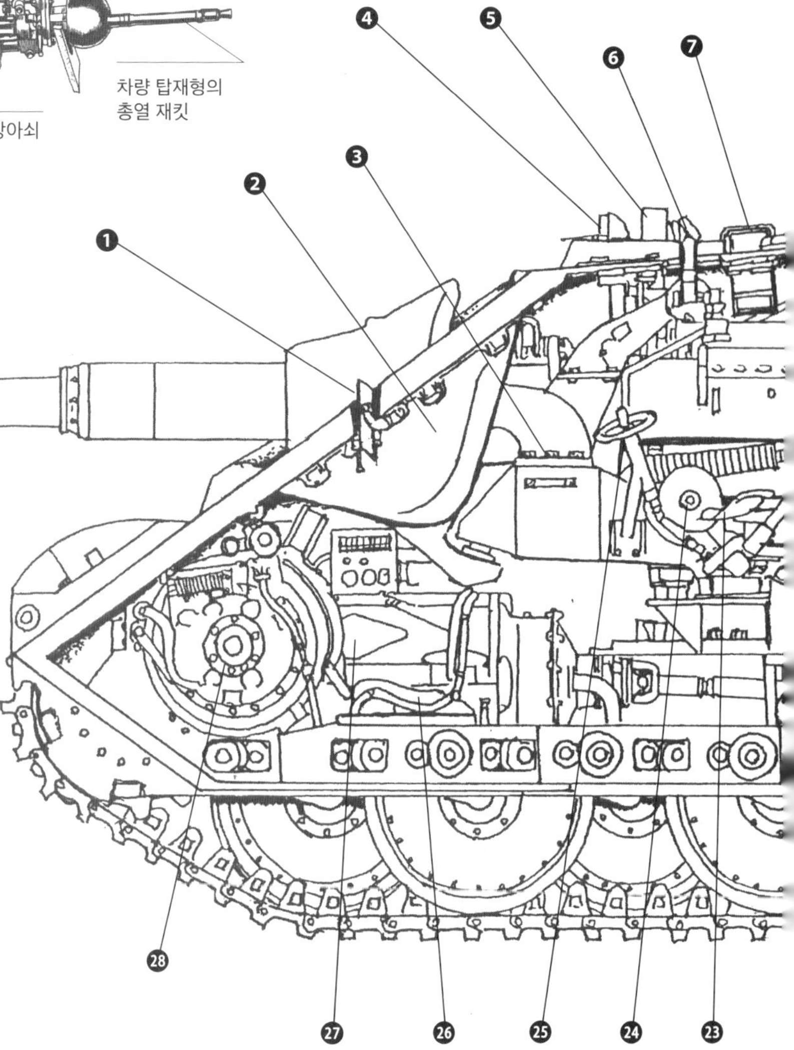

swaffe)가 장비되었다. 또한 양산 제51 호차부터는 전투실 상면의 장갑 두께가 16mm에서 25mm로 강화되었다.

1944년 9월경에 생산된 차량은 중기형이라 불리는데, 주포 마운트 장갑 칼라를 바깥쪽에서 볼트로 고정하는 방식으로 바뀐 것이 특징이다. 하지만 이 장갑 칼라는 하부 볼트가 피탄 당하기 쉬웠기 때문에 이 방식의 사용은 단기간으로 그쳤고, 그 다음 달인 10월부터는 하부의 두께를 늘린 신형으로 변경되었다.

이 신형 포방패를 갖춘 차량은 후기형이라 불리는데, 후기형에 들어와서도 배기관의 변경, 신형 유도륜의 도입 등이 있었으며, 12월에는 판터 G형과 동일한 기관실 상면 패널이 사용되기 시작했다. 독일군의 제식 서류상으로는 이 G형 패널을 갖춘 차량을 「G2형」, 그 이전 차량을 「G1형」이라 구분하고 있다.

이후에도 차재 공구의 이설, 기관실 상면 흡기구의 증설과 좌측 배기관 그릴 위에 설치된 차내 난방용 온풍식 히터, 소염 머플러 달린 배기관 등이 도입되었다.

야크트판터는 1943년 12월~1945년 4월말까지 415대가 만들어졌다. 생산 대수는 적었으나, 특유의 우수한 성능을 유감없이 발휘하여 다수의 연합군 전차를 격파했다. 전후, 야크트판터는 우수한 성능과 활약상으로, 연합국으로부터도 「2차 대전 최우수 구축전차」라는 평가를 받고 있다.

⊙야크트판터의 내부 구조

❶조종수용 잠망경
❷주포 마운트 장갑 칼라
❸요가(搖架, Cradle)
❹포대경
❺전차장용 잠망경
❻조준기
❼전차장용 우측 잠망경
❽포미
❾벤틸레이터
❿포탄 수납대
⓫후부 잠망경
⓬후면 해치 잠금 레버
⓭포미 안전 가드
⓮마이바흐 HL230P30 엔진
⓯냉각수 탱크
⓰배기관
⓱발전용 보조 기관
⓲오일 쿨러
⓳연료 펌프
⓴배터리
㉑프로펠러 샤프트
㉒토션바 스프링
㉓포수석
㉔상하각 조정 핸들
㉕포 좌우 선회 핸들
㉖조종수석
㉗변속기
㉘차동 장치

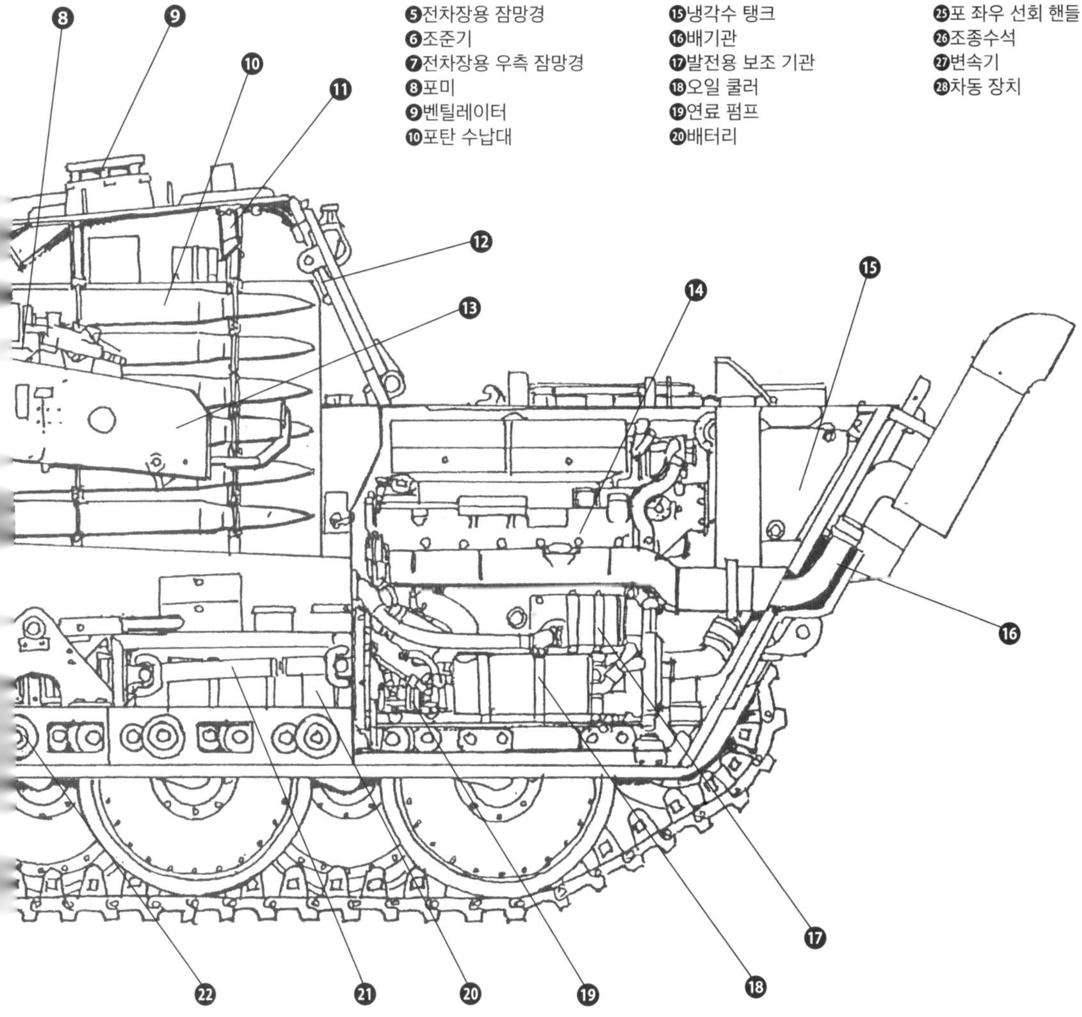

차세대 판터 전차

■판터 F형

판터의 뒤를 잇는 차기 양산형이 될 예정이었던 F형의 최대 특징은 다임러-벤츠에서 설계한 신형 포탑 슈말투름이 채용되었다는 것이다. 슈말투름은 피탄률이 높은 전면의 폭을 줄이고, 샷 트랩이 쉽게 발생하지 않는 소형 포방패가 장비되었는데, 디자인 개선만이 아니라 장갑 두께 자체도 전면 120mm/20°, 측면 60mm/20°, 후면 60mm/20°, 상면 40mm/90°로 강화되었고, 여기에 더하여 당시로서는 획기적이라 할 장비인 스테레오식 광학 거리 측정기가 탑재되어 명중률이 크게 향상되었다.

차체에도 약간의 사양 변경이 이루어졌는데, 전방 기관총 마운트가 StG44 돌격소총용 마운트로 변경되었고, 조종실 상면의 장갑 두께를 늘렸으며, 조종수/무전수 해치가 슬라이드식으로 변경되었다.

1944년 8월부터 완성된 2기의 포탑 시제품을 G형 차체에 탑재하고 테스트를 개시했는데, 종전 시까지 8대분의 F형 차체가 완성되었다고 전해진다.

또한 F형 포탑 시제품이 완성되어 테스트를 시작하고 얼마 지나지 않은 1944년 11월, 크루프에서는 71구경장 8.8cm 전차포 KwK43을 탑재하는 화력 강화안을 제출했다. F형 포탑은 7.5cm KwK42를 장비하는 것을 전제로 설계되었지만, 복좌 실린더를 개량하고 포이를 포탑 전면 장갑판보다 앞쪽에 배치하면 8.8cm KwK43의 탑재도 충분히 가능했다. 여기에 사격 정밀도를 높이기 위해 포신 안정 장치를 탑재하는 것도 검토되었다.

■판터 II

판터 D형의 생산이 막 시작된 1943년 1월 22일, 비교적 이른 시기였지만 차체 전면 장갑을 80mm에서 100mm로, 차체 측면은 45mm에서 60mm로 늘려 장갑을 강화한 개량형의 개발 계획이 발안되었다. 1943년 2월에는 가능한 한 티거 II와 구성 부품을 공통화하며, 신규 설계된 포탑을 탑재할 것이 정해졌고, 같은 해 4월에는 이 개량형을 판터 II라 명명했다.

당초의 계획으로는 1943년 9월에 완성 예정이었으나, 티거 II와의 부품 공통화라는 것이 계획이 지체되는 원인이 되었다. 여기에 더하여 1944년 4월에 판터 II의 설계 노하우가 적용된 판터 G형이 등장하게 되면서 판터 II의 개발이 그다지 의미를 갖지 못하게 되었다.

하지만 판터 II의 개발이 완전히 중지된 것은 아니었으며, 대전 말기에는 시제품 차체를 2대 제작하라는 지시가 내려져, 1944년 말에는 차체만이지만 1대 완성되었다. 원래 계획으로는 판터 II에도 슈말투름을 탑재할 예정으로, 포탑 전면 장갑판 앞쪽에 포이 커버를 설치하고 8.8cm KwK43을 탑재하는 것도 검토되었다고 한다.

판터 F형

전장: 8.86m 전폭: 3.44m 전고: 2.92m 중량: 45t 승무원: 5명 무장: 70구경장 7.5cm 전차포 KwK42×1, MG34 7.92mm 기관총×1 최대 장갑 두께: 80mm 엔진: 마이바흐 HL230P30(700hp) 최대 속도: 55km/h

포탑은 F형에 맞춰 새로 개발된 슈말투름을 탑재.
조종실 상면 장갑을 강화.
포구 제퇴기는 장착되지 않았다.
StG44 돌격소총용 마운트로 변경.
거리 측정기를 장비, 명중률이 향상되었다.
보기륜은 강철제가 표준이 되었다.

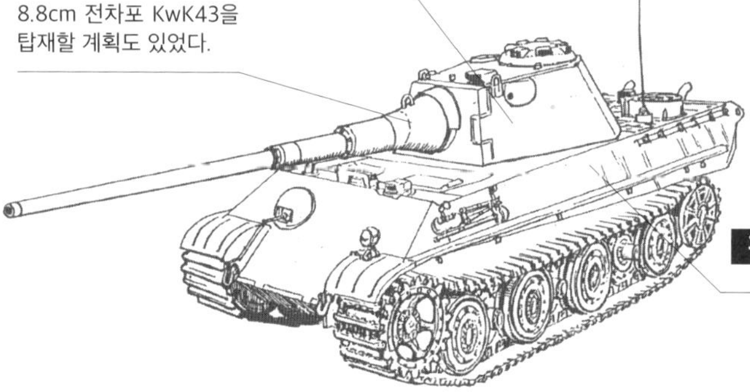
포탑은 아마도 F형과 같은 슈말투름을 탑재할 예정이었던 것으로 추정된다.
8.8cm 전차포 KwK43을 탑재할 계획도 있었다.
차체는 신규 설계되었다.

판터 II

연합군을 공포에 빠뜨린 무적전차

티거 I 과 파생형

티거 I 은 2차 대전의 전차들 중에서 가장 유명한 차량이라 해도 과언이 아닐 것이다. 티거 I 은 1942년 6월부터 생산이 시작되어, 같은 해 8월 말에 전장에 등장했다. 강력한 8.8cm 포와 전면 장갑 두께 100mm라는 강력한 장갑 방어력, 중전차로서는 매우 양호한 기동력으로 동부 전선, 북아프리카 전선, 이탈리아 전선, 서부 전선 등, 모든 전장에서 몇 배 이상의 교환비로 적 전차를 격파, 연합군 전차병들의 공포의 대상이 되었다.

VK4501(P)와 티거 I

■독일의 중전차 개발

독일은 1935년 3월 16일에 재군비를 선언한 뒤, 무기 개발을 본격적으로 개시하면서 주력 전차(ZW), 지원전차(BW)에 이어 중전차의 개발에도 착수했다. 병기국은 1937년 1월, 헨셸에 30t급 전차의 개발을 요청했는데, 헨셸에서는 1938년 8월에 시제차인 DW. I , 그리고 이듬해인 1939년 초에는 개량형인 DW. II 를 차례로 완성시켰다.

■VK3001(P)/(H)

처음에는 헨셸에서만 진행했던 30t급 전차의 개발에, 1939년 10월부터는 포르셰도 참가하게 되었다. 1941년 3월, 헨셸에서는 DW. I 과 DW. II 의 개량 발전형인 VK3001(H)를 만들었으며, 포르셰에서는 1940~1941년에 걸쳐 VK3001(P)의 차체 시제품을 완성시켰다(양사 모두 포탑은 미완성).

하지만 양사의 시제차 VK3001은 차체 주행 테스트만이 이뤄진 상태에서 개발이 중지되었으며, 병기국의 새로운 요청에 따라 헨셸에서는 36t급인 VK3601(H), 포르셰에서는 45t급인 VK4501(P)의 개발로 이행했다.

■VK4501(P) 티거(P)

포르셰의 중전차 개발은 헨셸보다 먼저 진행되어, 1942년 4월 18일에 VK4501(P)의 시제차 1호가 완성되었다. VK4501(P)는 전장 9.34m, 전폭 3.38m, 전고 2.8m에 중량 57t이었다. 차체의 장갑 두께는 전면 상부 100mm/60°(수직면에 대한 경사각), 전면 하부 80mm/45°, 전부 상면 60mm/78°, 측면 60mm/0°, 후면 100mm/0°, 바닥면 20mm/90°였다. 차체 후부는 기관실로, 2기의 포르셰 타입 101/1 가솔린 엔진(합계 620hp)에 지멘스 슈케르트(Siemens-Schuckert)사의 aGV275/24 발전기를 직결하여 동사의 D1495a 전기 모터를 구동하는 방식을 채용했다.

전방으로 치우친 형태로 탑재된 크루프제 포탑은 후에 등장하는 티거 I 의 포탑과 거의 같았으나, 상면의 형상에 차이가 있었다. 주포는 56구경장

VK3001(P) 타입 100

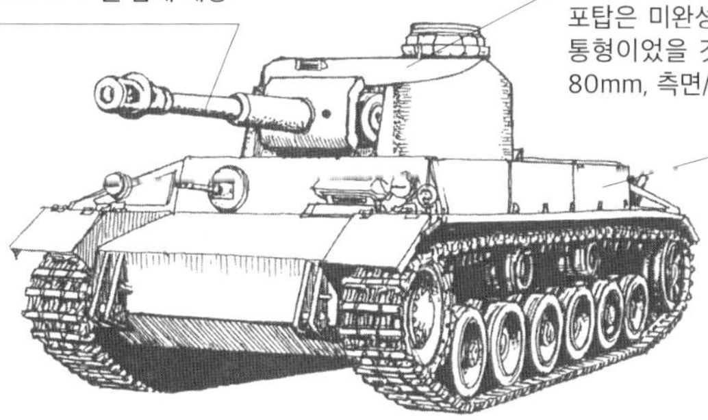

주포는 크루프의 8.8cm 포를 탑재 예정.

포탑은 미완성이었지만, 남은 구조도를 통해 일러스트와 같은 원통형이었을 것이라고 추측되고 있다. 포탑의 장갑 두께는 전면 80mm, 측면/후면 60mm를 예정하고 있었다.

VK3001(P)는 차체만이 완성되었는데, 장갑 두께는 전면이 50mm, 측면 40mm, 후면 30mm이었고, 차체 후부에는 슈타이어 타입 100 엔진(210hp)이 2기(합계 420hp) 탑재되었다.

VK4501(P) 티거(P)

포탑은 티거 I 과 거의 같으나 상면 형상이 조금 다르다.

기관실은 가솔린 엔진과 전동 모터가 탑재된 하이브리드 구동.

56구경장 8.8cm 전차포 KwK36을 탑재.

전면 장갑 두께는 100mm.

전장: 9.34m 전폭: 3.38m 전고: 2.8m 중량: 57t 승무원: 5명 무장: 56구경장 8.8cm 전차포 KwK36×1, MG34 7.92mm 기관총×2 최대 장갑 두께: 100mm 엔진: 슈타이어 타입 101/1(310hp)×2(합계 620hp) 최대 속도: 35km/h

8.8cm 전차포인 KwK36이 탑재되었으며, 포탑의 장갑 두께는 전면이 100mm/10°, 포방패 70~145mm/0°, 측면~후면 80mm/0°, 상면 25mm/85~90°였다.

VK4501(P)는 가솔린 엔진과 전기 모터의 조합이라는 혁신적인 하이브리드 구동 방식을 택한 것이 도리어 화가 되어, 시제차의 테스트 결과는 그리 좋지 못했으며, 개발도 난항을 겪고 있었다. 하지만 그럼에도 불구하고 시제차가 완성되기 전에 100대의 생산 명령이 내려져 있었다.

■VK3601(H)와 VK4501(H)

한편, 헨셀에서 개발하고 있던 VK3601(H)는, 1941년 6월 11일에 크루프에 VK3601(H)용으로 6개의 포탑과 7대분의 차체 장갑판 제작 발주를 넣었으나, 탑재 예정이었던 75.5구경장 7.5cm 구경 감소포의 포탄 재료가 되는 텅스텐강의 안정된 공급이 어려워짐에 따라 7.5cm 구경 감소포의 채용은 중지되었으며, 이에 따라 포탑의 제작도 중지되고 말았다.

병기국에서는 헨셀에 8.8cm 전차포 KwK36이 장비된 포탑을 탑재할 수 있도록 설계 변경을 요청했다. 헨셀에서는 이 요청을 받아들여, 시제차가 완성되어 있던 VK3601(H)의 차체를 확대하고 개량하여 이미 제조가 진행되고 있던 포르셰의 VK4501(P)용 8.8cm 포탑을 탑재한 VK4501(H)를 설계, 개발하기로 했다.

8.8cm 포 탑재 시제차의 제작과 병행하여, 1942년 2월에 병기국에서는 헨셀에, 라인메탈에서 개발 중인 70구경장 7.5cm 포를 장비하는 포탑의 탑재도 검토하도록 명했다. 이 7.5cm 포는 8.8cm 포보다 구경은 작지만, 관통력은 훨씬 강했다. 헨셀에서는 목제 모크업을 제작, 탑재 가능 여부를 실증했으나, 7.5cm 포는 판터 전차(당시 개발명으로는 VK3002)에 탑재하는 것이 최우선이었기에 7.5cm 포 장비 포탑의 탑재는 중지되었다. 만약 계획대로 진행되었다고 했을 경우에는 양산 100호차까지는 8.8cm 포를 탑재한 H1형, 101호차부터는 7.5cm 포를 탑재한 H2형의 양산으로 이행할 예정이었다.

VK4501(H)의 시제 1호차인 V1은 1942년 4월에 완성되었다. VK4501(H)는 극히 기본에 충실한 디자인으로, 중량은 원래 계획했던 45t을 훨씬 넘는 57t으로 완성되었다. 시제 1호차인 V1은 차재 공구와 사이드 펜더, 파이펠 필터(Feifel Filter, 공기 정화 필터), 포탑 후부의 게펙카스텐 등의 차외 장비품은 장착되지 않았으나, 티거 I 의 기본적인 디자인은 이미 이 단계에서 확립되어 있었다.

당초에 채용이 확실해 보였던 포르셰의 VK4501(P)가 계속해서 문제를 일으키면서 골머리를 앓고 있던 병기국에서는 VK4501(P)의 채용을 포기하고, 헨셀의 VK4501(H)를 「Ⅵ호 전차 H1형」이라는 이름으로 제식 채용했다. 이후 「티거 E형」이라 개칭하고, 다시 「티거 I 」이라고 명칭을 변경했다.

■티거 I

VK3001(H)

전장: 5.81m 전폭: 3.16m 전고: 1.85m 중량: 32t 승무원: 5명 무장: 24구경장 7.5cm 전차포 KwK37×1, MG34 7.92mm 기관총×2 최대 장갑 두께: 50mm 엔진: 마이바흐 HL116(300hp) 최대 속도: 35km/h

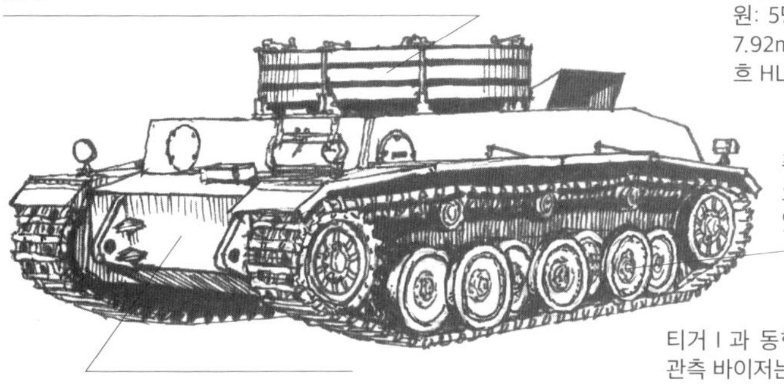

주행 시험 당시에는 포탑이 채 완성되지 못하여 중량이 같은 밸러스트를 대신 올렸다. 이후 포탑 시제품이 완성되었으나, 차체에 올려지는 일 없이 고정 포대로 사용되었다.

주행부에는 토션바 현가장치와 오버랩식 보기륜 배치가 채용되었으며, 지지륜이 설치되었다.

차체 전면 장갑 두께는 50mm

VK3601(H)

전장: 6.05m 전폭: 3.14m 전고: 2.70m 중량: 40t 승무원: 5명 무장: 75.5구경장 7.5cm 게래트0725×1, MG34 7.92mm 기관총×2 장갑 두께: 차체 전면 80mm, 포탑 전면 100mm 엔진: 마이바흐 HL174(550hp) 최대 속도: 40km/h

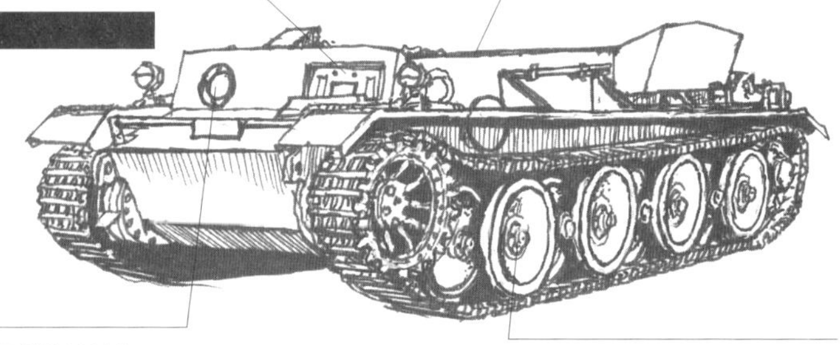

티거 I 과 동형인 조종수용 관측 바이저는 미장비.

포탑은 미완성으로, 차체에 탑재되지 않은 채 개발이 중지되었다.

티거 I 과 동형인 MG34 기총 볼 마운트는 미장비.

기동륜, 보기륜, 유도륜은 티거 I 과 동형. 궤도는 티거 I 의 철도 수송용 궤도로 사용되었다.

티거 I 의 최초 생산차는 6월에 완성되었다. 티거 I 은 전장 8.45m, 전폭 3.70m, 전고 3.00m에 중량 57t으로, 차체는 이전까지 만들어졌던 독일 전차의 표준인 상자 모양 디자인을 이어받은 모습으로, 차체 맨 앞부분에 조향 장치와 변속기, 바로 뒤에는 좌측에 조종수석, 우측에 무전수석이 배치되었고, 중앙에는 전투실이 위치했다. 전투실 상부 측면에는 포탄 수납대가 자리했으며 바닥 밑에 설치된 포탄 수납고까지 합치면 92발의 포탄을 휴행할 수 있었다.

차체 후부의 기관실 중앙에는 650hp 출력의 마이바흐 HL210P45 액랭식 V형 12기통 가솔린 엔진(1943년 5월 생산된 251호차 이후부터는 700hp인 HL230P45 엔진으로 변경)이 탑재되었으며, 엔진 양 측면에는 연료 탱크와 라디에이터, 라디에이터 냉각팬이 배치되었다. 기관실 안에는 온도가 160도 이상으로 오르면 작동하는 자동 소화장치도 장비되었으며, 중량 57t이라는 거체인 만큼 사용 가능한 가교에도 제한이 있었기에 도하용 잠수 장비도 갖춰져 있었다.

차체의 장갑 두께는 전면 100mm/25°(수직면에 대한 경사각), 하부 전면 60mm/65°, 전부 상면 60mm/80°, 차체 전면 100mm/9°, 측면 상부 80mm/0°, 측면 하부 60mm/0°, 후면 80mm/0°, 상면 25mm/90°, 바닥판 25mm/90°였으며, 포탑의 장갑 두께는 전면 100mm/10°, 포방패 70~145mm/0°, 측면~후면 80mm/0°, 상면 25mm/85~90°라는 중장갑을 갖추고 있었다.

주포로 탑재된 56구경장 8.8cm KwK36은 당시 가장 강력한 전차 탑재포로, 통상 철갑탄인 PzGr39를 사용한 경우, 사거리 1,000m에서 두께 100mm(입사각 30°) 장갑판을 관통할 수 있었으며, 텅스텐 탄심을 통해 보다 높은 관통력을 갖춘 PzGr40의 경우에는 같은 사거리에서 138mm 두께의 장갑판을 관통 가능했다. 이 수치는 당시 존재했던 모든 연합군 전차를 원거리에서 격파할 수 있다는 것을 의미했다.

포탑 내부에는 좌측 후방에 전차장, 그 앞에 포수, 우측에 장전수가 배치되었으며, 전차장은 큐폴라를 통해 모든 방향의 관측이 가능했다. 포탑 하부는 바스켓 형식으로 되어 있어, 포탑이 어느 방향을 향하더라도 내부의 승무원들은 아무런 지장 없이 작업을 수행할 수 있었는데, 이러한 기능적인 내부 구조는 제원표에는 드러나지 않는 독일 전차의 숨은 강점 가운데 하나였다.

방어력과 공격력 모두 나무랄 데가 없었던 티거 I 은 기동력 또한 중전차치고는 양호한 편이었는데, 최대 시속 40km/h(초기형은 45km/h)에 항속 거리 120km(일반 도로 기준)이었다. 이후 티거 I 에 대항하기 위해 개발된 연합군의 중전차(소련의 IS-2는 중량 45t에 최대 시속 38km/h, 미국의 M26 퍼싱은 41.8t에 40km/h)와 비교했을 때, '티거 I 의 약점은 낮은 기동력'이라는 속설은 맞지 않는 얘기라는 것을 알 수 있다.

다만, 주행부의 복잡한 구조는 티거 I 에 있어 뼈아픈 단점이라 할 수 있었다. 오버랩식 배치된 주행부는 접지압을 낮추는 데 있어서는 매우 훌륭한 아이디

티거 I 초기형 (1943년 6월까지의 생산차)

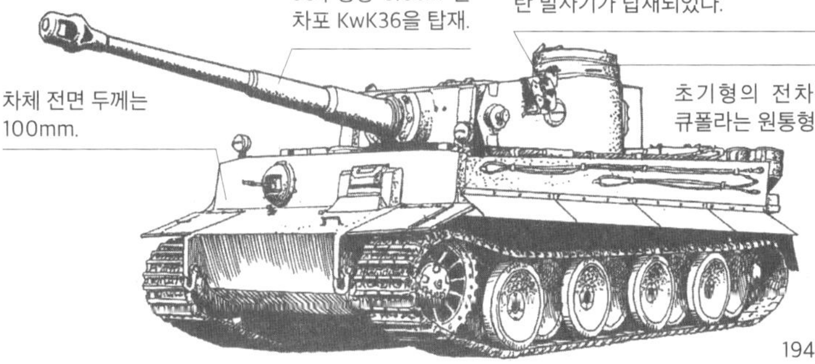
56구경장 8.8cm 전차포 KwK36을 탑재.
1943년 5월까지는 포탑 측면에 연막탄 발사기가 탑재되었다.
차체 전면 두께는 100mm.
초기형의 전차장용 큐폴라는 원통형.

전장: 8.45m 전폭: 3.70m 전고: 3.00m 중량: 57t 승무원: 5명 무장: 56구경장 8.8cm 전차포 KwK36×1, MG34 7.92mm 기관총×2 최대 장갑 두께: 100mm(포방패 145mm) 엔진: 마이바흐 HL210P45(650hp) 최대 속도: 45km/h

티거 I 중기형 (1943년 7월~1944년 1월 생산차)

전장: 8.45m 전폭: 3.70m 전고: 3.00m 중량: 57t 승무원: 5명 무장: 56구경장 8.8cm 전차포 KwK36×1, MG34 7.92mm 기관총×2 최대 장갑 두께: 100mm(포방패 145mm) 엔진: 마이바흐 HL230P45(700hp) 최대 속도: 40km/h

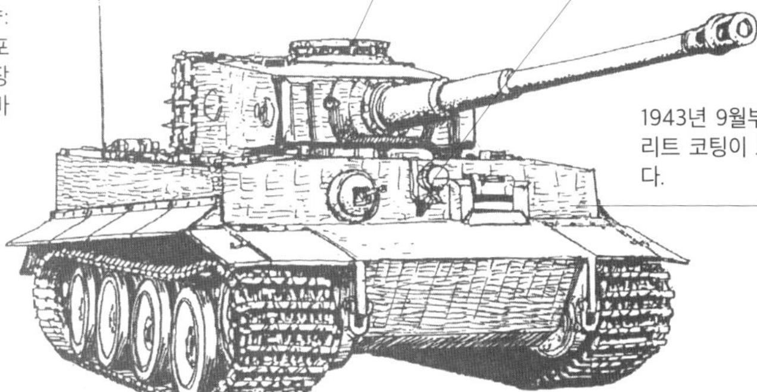
1943년 7월부터 전차장용 큐폴라를 신형으로 변경.
모슈 라이트는 1개로 변경. 1943년 10월부터는 차체 상부 중앙에 설치되었다.
1943년 9월부터 치메리트 코팅이 도포되었다.

어였으나, 보기륜의 교환과 같은 정비에 수고가 많이 들었으며, 진창 투성이인 동부 전선에서는 틈새에 진흙이나 눈이 끼면서 주행에 지장을 초래하는 경우도 잦았다. 또한 철도 수송 시에는 화차의 폭을 넘는 차폭으로 인해, 바깥쪽 보기륜을 제거하고, 궤도도 폭이 좁은 철도 수송용으로 교환해야만 했다.

티거 I 은 1942년 6월부터 1944년 8월까지 1,346대가 생산되었다. 티거 I 도 다른 독일 전차들과 마찬가지로 생산 과정에서 여러 차례의 사양 변경과 개량이 이뤄졌는데, 가장 큰 변경으로는 사이드펜더의 설치, 파이펠 필터의 설치와 폐지, 보슈 라이트의 설치 위치 변경, 포탑 후부 우측의 탈출용 해치 설치, 포탑 후부 게펙카스텐의 표준화, 엔진 교체, 포탑 측면 예비 궤도 걸이의 설치, 연막탄 발사기의 폐지, 전차장용 큐폴라의 변경, 장전수용 해치의 변경, 잠수 장치의 폐지, S마인 발사기의 폐지, 포탑 상면 장갑 강화, 근접 방어 무기 장비, 신형 기동륜과 유도륜, 강철제 보기륜 도입, 2t 크레인용 마운트의 설치 등이 있었다.

티거 I 은 생산 시기에 따라 볼 수 있는 외견적인 특징에 따라 초기형과 중기형, 후기형이라는 3종류로 크게 구분할 수 있는데, 일반적으로는 원통 모양의 전차장용 큐폴라를 갖춘 것을 초기형, 1943년 7월부터 전차장용 큐폴라를 신형으로 변경하여 생산되기 시작한 것을 중기형, 1944년 2월 이후 생산되어 강철제 보기륜을 사용하는 것을 후기형이라 구분하고 있다.

티거 I 의 부대 배치는 1942년 8월부터 시작, 같은 달에는 제502 중전차 대대가 동부 전선의 레닌그라드 전구에 도착했으며, 11월에는 제501 중전차 대대가 북아프리카 전선의 튀니지에 파견되었다.

티거 전차 대대는 45대 편성으로, 각 중대에는 14대가 편성되었으나, 항상 최전선에 투입되는 티거 부대는 필연적으로 차량의 소모도 격심했기에 항시 완전 편제 상태를 유지하는 것은 어려운 일이었다. 그 때문에 차량의 부대 이동이나 부대 재편, 다른 부대로의 편입 등이 빈번하게 행해졌다.

제501, 제502 중전차 대대에 이어 제503, 제504, 제505, 제506, 제507, 제508, 제509, 제510 중전차 대대, 제301, 제316(무선 조종) 중전차 중대, 그로스도이칠란트 전차 연대, SS 제1, SS 제2, SS 제3 전차 연대, SS 제101, SS 제102, SS 제103 중전차 대대, 그리고 후멜 중전차 중대, 파더보른(Paderborn) 중전차 중대, 쿠머스도르프(Kummersdorf) 전차 대대, 마이어 전투단 등에 배치되었다. 또한 헝가리군에도 10대가 공여되었다.

티거 I 이 처음 투입된 1942년 후반의 레닌그라드 전구에서는 초기 트러블로 인해 생각만큼의 활약을 보여주지 못했으나, 1943년 1~3월에 있었던 북아프리카 튀니지에서의 전투와 사상 최대의 전차전이었던 1943년 7월의 쿠르스크 전투에서는 티거 I 의 성능이 유감없이 발휘되었고, 많은 수의 적 전차를 격파했다. 이후에도 동부 전선, 이탈리아 전선, 서부 전선에서 전쟁사에 남을 활약을 펼치며 미하엘 비트만이나 오토 카리우스와 같은 다수의 전차 에이스를 낳았다.

티거 I 후기형(1944년 2월 이후 생산차)

전장: 8.45m 전폭: 3.70m 전고: 3.00m 중량: 57t 승무원: 5명 무장: 56구경장 8.8cm 전차포 KwK36×1, MG34 7.92mm 기관총×2 최대 장갑 두께: 100mm(포방패 145mm) 엔진: 마이바흐 HL230P45(650hp) 최대 속도: 40km/h

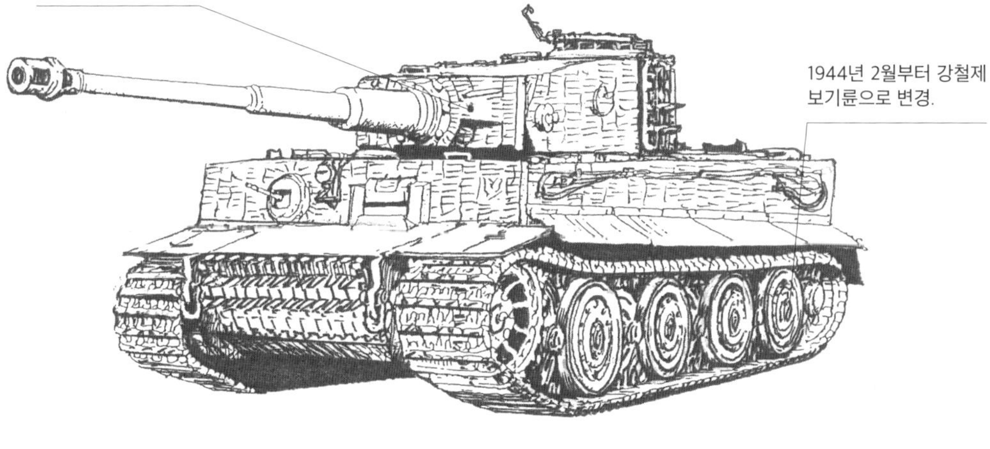

1944년 4월부터 단안식 조준기로 변경.
1944년 2월부터 강철제 보기륜으로 변경.

⊙티거 I 초기형의 내부 구조

1 마이바흐 HL210P45 엔진
2 탄피 받이
3 포미 안전 가드
4 포미(폐쇄기)
5 주퇴기
6 무전수용 잠망경
7 MG34 7.92mm 기관총
8 후부 프로펠러 샤프트
9 포탑 선회용 모터
10 전부 프로펠러 샤프트
11 포탑 모터 구동축
12 토션바 스프링
13 토션바 앵커
14 변속기
15 조향 장치

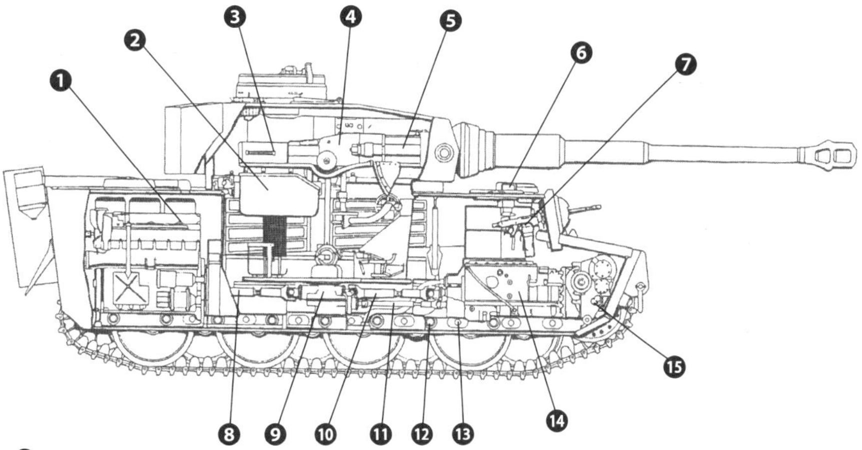

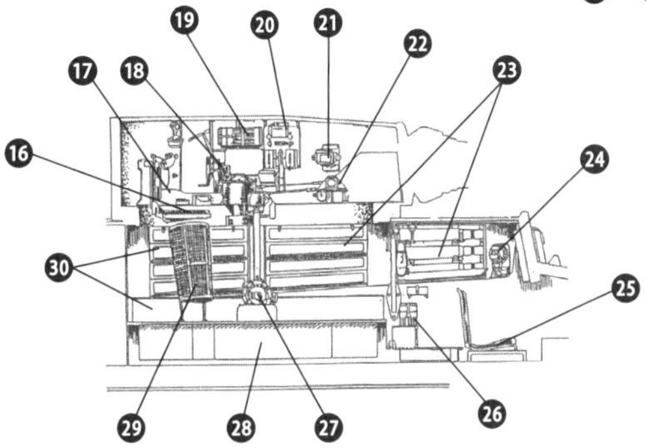

⊙포탑/전투실/조종실 좌측

16 전차장석
17 지도 꽂이
18 신호 권총
19 가스 마스크 케이스(포수용)
20 포탑 전장 패널
21 포수용 관측 장치
22 포탑 방향 표시기
23 포탄 수납고
24 자이로 방위계
25 조종수석
26 가스 마스크 케이스(조종수용)
27 포탑 동력 장치
28 잡구함
29 신호기 수납함
30 포탄 수납고

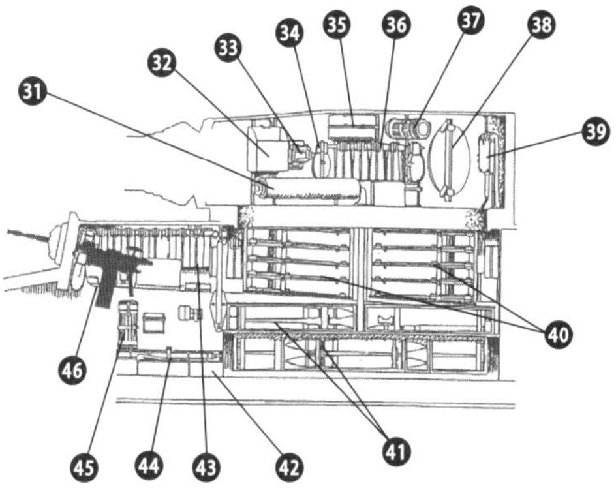

⊙포탑/전투실/조종실 우측

31 평형 실린더
32 잡구함
33 장전수용 관측 장치
34 수통
35 MG34용 양각대 및 개머리판 수납함
36 MG34용 탄입대
37 가스 마스크 케이스(장전수용)
38 탈출용 해치
39 퓨즈 박스
40 포탄 수납고
41 포탄 수납고
42 공구함
43 MG34용 탄입대
44 무전수석
45 가스 마스크 케이스(무전수용)
46 MG34 7.92mm 기관총

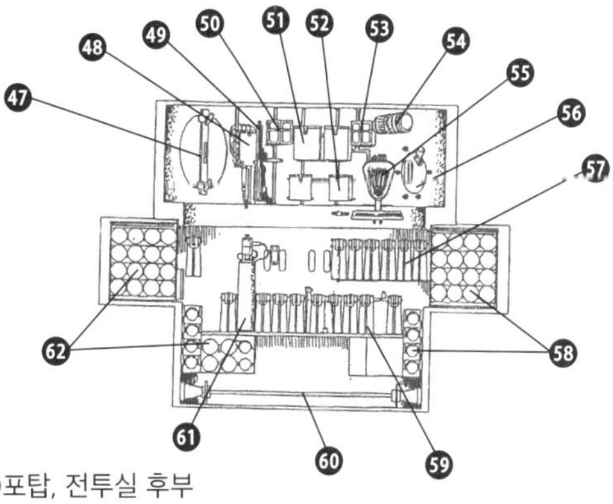

⊙포탑, 전투실 후부

47 탈출용 해치
48 퓨즈 박스
49 MP40 기관단총
50 관측 장치용 예비 방탄 유리
51 헤드셋 수납함(좌우에 설치)
52 신호탄(좌우에 설치)
53 관측 장치용 예비 방탄 유리
54 가스 마스크 케이스(전차장용)
55 전차장석
56 피스톨 포트
57 MG34용 탄입대
58 포탄 수납고
59 MG34용 탄입대
60 토션바
61 자동식 소화기
62 포탄 수납고

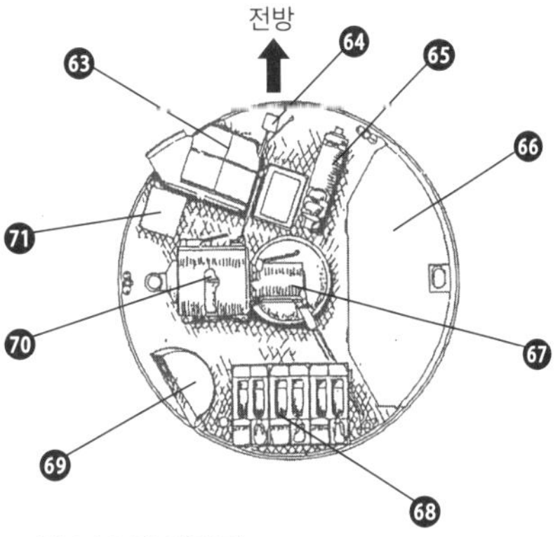

⊙포탑 바스켓 바닥면

63 포탑 선회용 페달
64 공축 기관총 격발 페달
65 소화기
66 바닥면 포탄 수납고 뚜껑
67 포탑 동력 장치
68 물통
69 신호기 수납 바스켓
70 포탑 선회용 모터
71 포미용 비품 상자

⦿승무원의 배치
전차장
포수
조종수
장전수
무전수
1
2
3
4
5
37
36
35
34
33
32
31
30

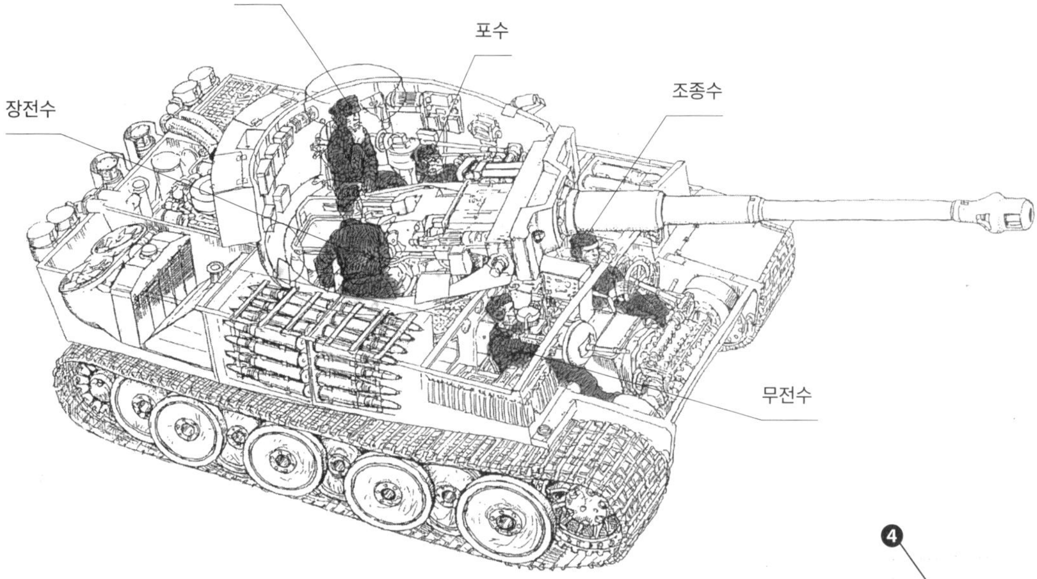

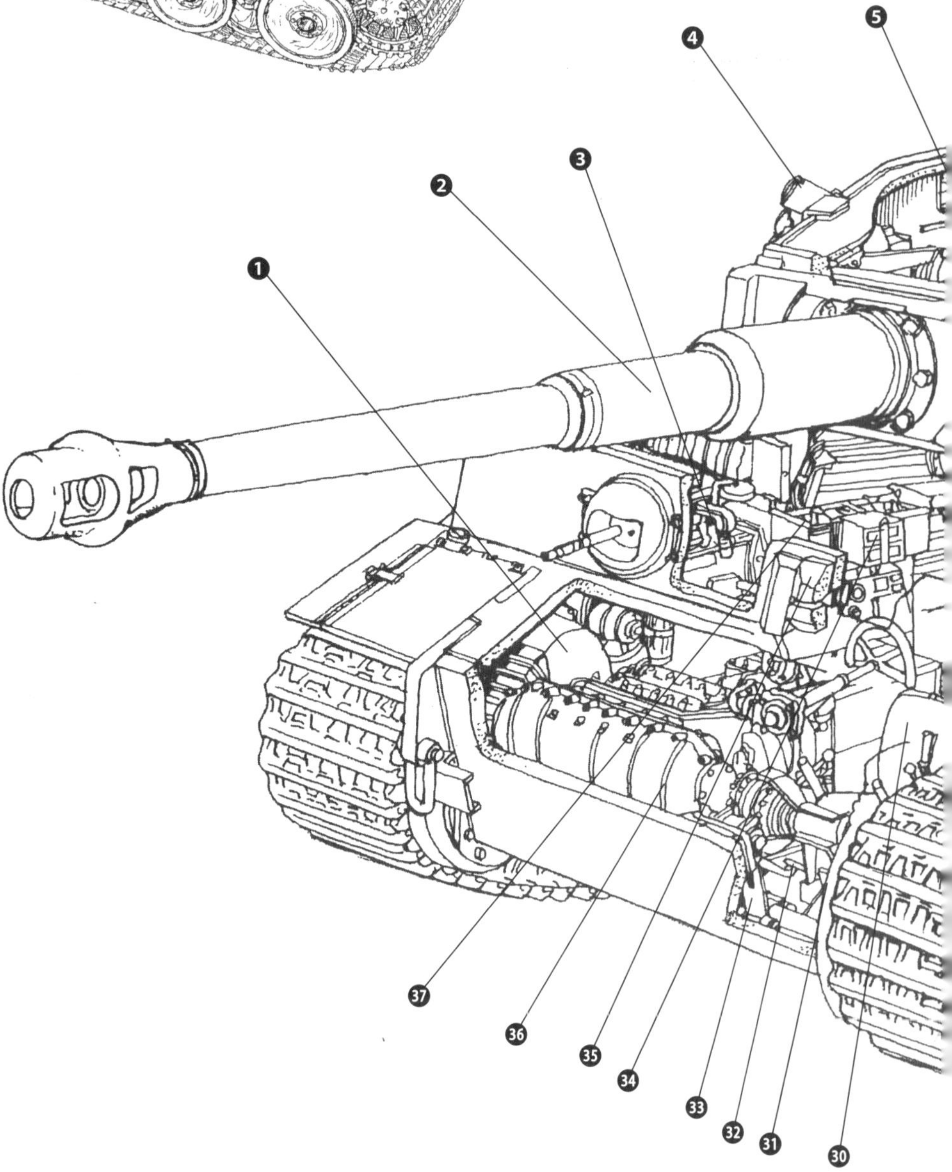

◉티거 I 초기형의 구조

1 제동 장치
2 56구경장 8.8cm 전차포 KwK36
3 MG34용 탄입대
4 연막탄 발사기
5 MG34용 탄입대
6 가스 마스크 케이스(장전수용)
7 포미
8 탈출용 해치
9 KwK36용 조준기
10 벤틸레이터
11 퓨즈 박스
12 전차장용 가드
13 전차장용 큐폴라
14 큐폴라 내장형 외부 관측 장치
15 게펙카스텐
16 파이펠 필터용 덕트
17 파이펠 필터
18 연료 탱크
19 기관실 격벽(방화벽)
20 MG34용 탄입대
21 포탑 선회 기어
22 신호기 수납 바구니
23 포탑 바닥판 지지봉
24 포수석
25 포탑 동력 장치
26 포탑 선회 페달
27 공축 기관총 격발 페달
28 주포 상하각 조정 핸들
29 완충기
30 조종수석
31 클러치 페달
32 브레이크 페달
33 엑셀 페달
34 관측창 예비 방탄 유리
35 조종수용 관측 바이저
36 조향 장치
37 무전기

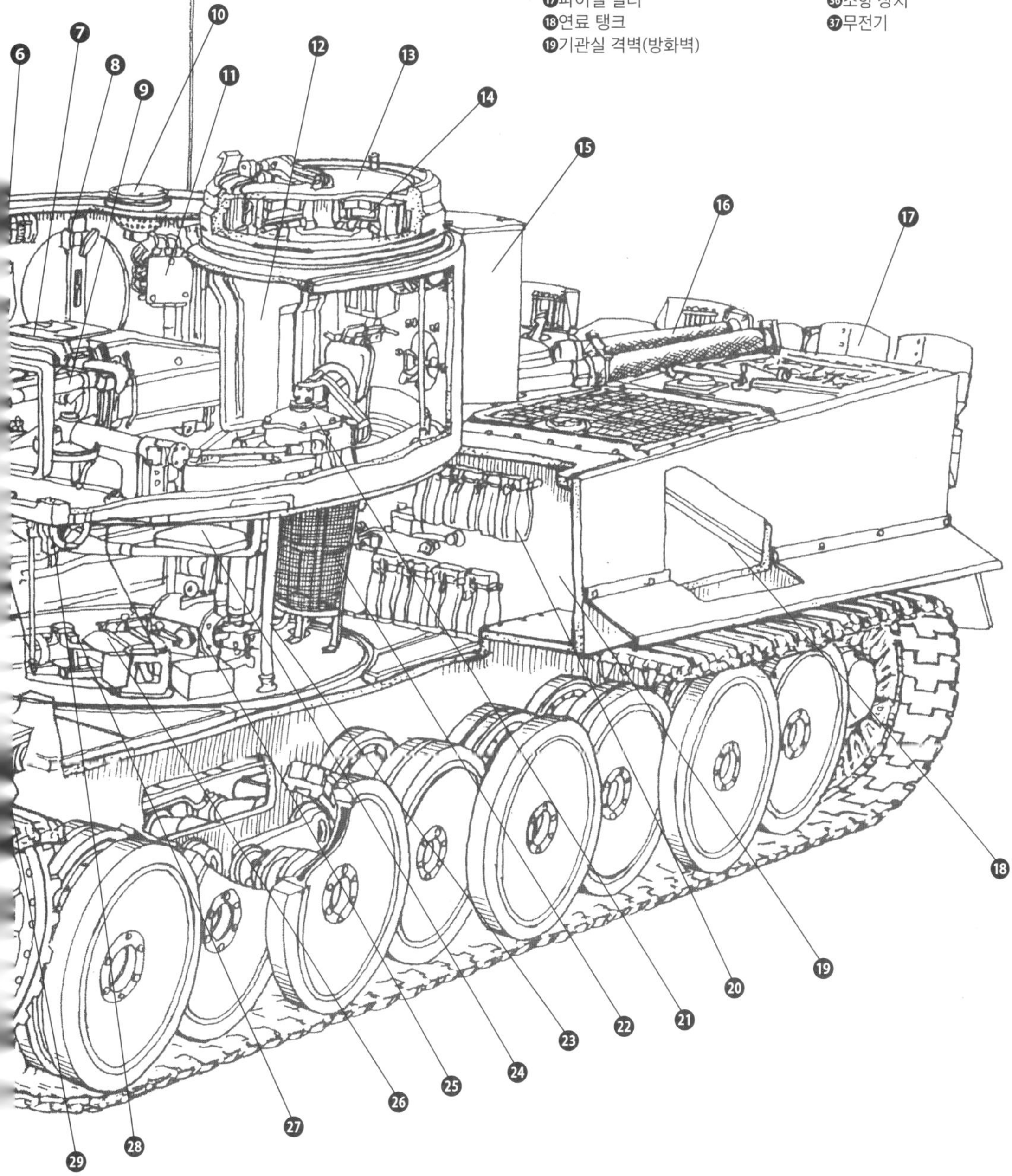

⦿동력 장치의 구조

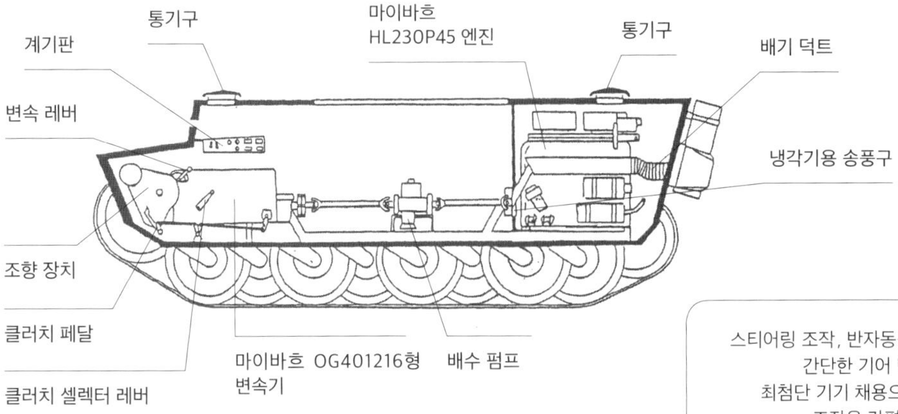
통기구
계기판
마이바흐
HL230P45 엔진
통기구
배기 덕트
변속 레버
냉각기용 송풍구
조향 장치
클러치 페달
마이바흐 OG401216형
변속기
배수 펌프
클러치 셀렉터 레버

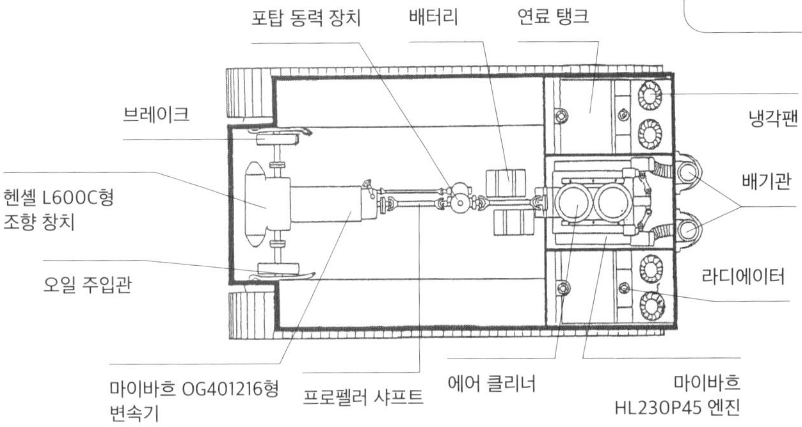
포탑 동력 장치
배터리
연료 탱크
브레이크
냉각팬
배기관
헨셸 L600C형
조향 장치
오일 주입관
라디에이터
마이바흐 OG401216형
변속기
프로펠러 샤프트
에어 클리너
마이바흐
HL230P45 엔진

스티어링 조작, 반자동식 클러치를 통한
간단한 기어 변속….
최첨단 기기 채용으로 티거 I 의
조작은 간편했지!

⦿조종수석 배치도

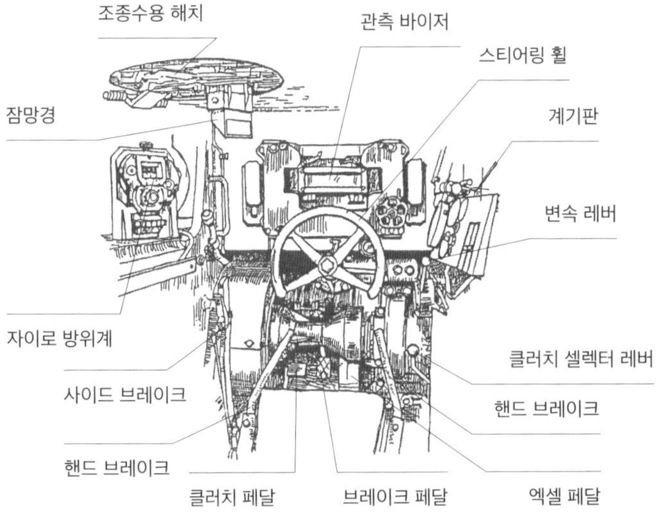
조종수용 해치
관측 바이저
스티어링 휠
잠망경
계기판
변속 레버
자이로 방위계
클러치 셀렉터 레버
사이드 브레이크
핸드 브레이크
핸드 브레이크
클러치 페달
브레이크 페달
엑셀 페달

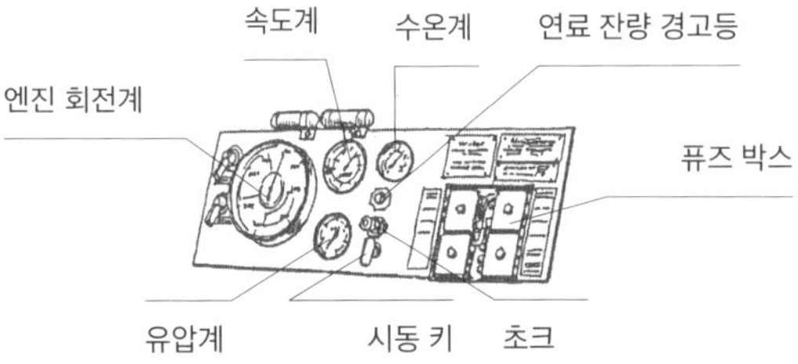
속도계
수온계
연료 잔량 경고등
엔진 회전계
퓨즈 박스
유압계
시동 키
초크

⦿변속기

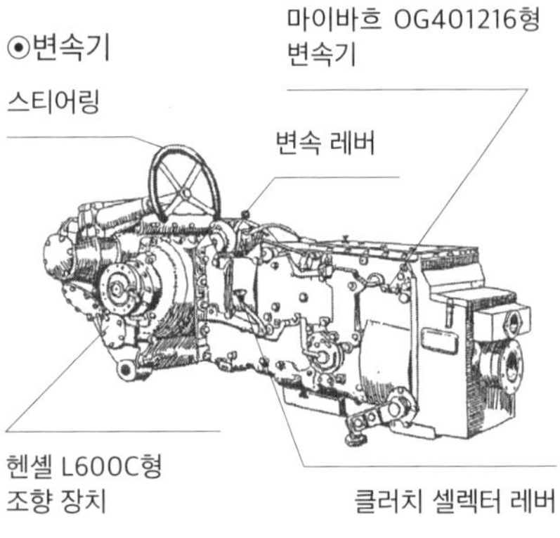
마이바흐 OG401216형
변속기
스티어링
변속 레버
헨셸 L600C형
조향 장치
클러치 셀렉터 레버

⦿마이바흐 HL230P45 엔진

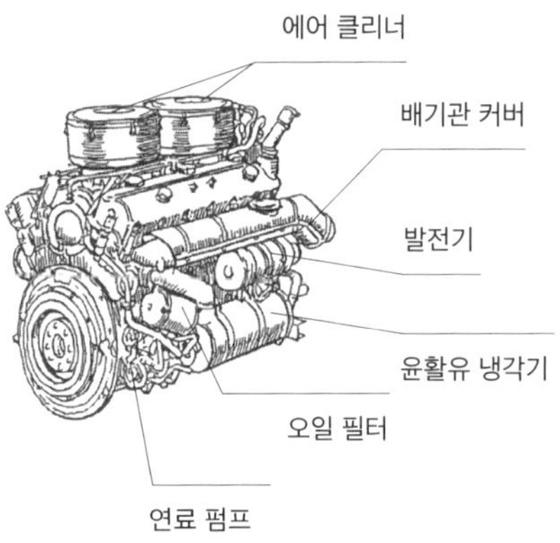
에어 클리너
배기관 커버
발전기
윤활유 냉각기
오일 필터
연료 펌프

⦿연료 공급 시스템
연료 급유구
라디에이터
기회기
압송용관
오버플로우관
라디에이터
연료 탱크
연료 탱크
연료 탱크
연료 흡입관 밸브
연료 배출구
연료 펌프
연료용 필터
⦿냉각 시스템
라디에이터
냉각수 이송관
냉각수 주입구
냉각팬
배수 밸브
배출구
라디에이터
윤활유 냉각기
⦿초기형~중기형의 주행부
기동륜
수송 시에는 바깥쪽 보기륜을 탈거한다.
유도륜
토션바
궤도 장력 조정 장치
완충기
유도륜
서스펜션 암
기동륜
제1/제3/제5/제7 보기륜
제2/제4/제6/제8 보기륜
⦿초기형의 잠수 장비
스노클 파이프
전방 기총 볼 마운트
방수 커버
벤틸레이터 커버
스노클 파이프
초기형 티거 I 는 잠수
도하 기능도 갖춘
슈퍼 탱크였지!
티거 I

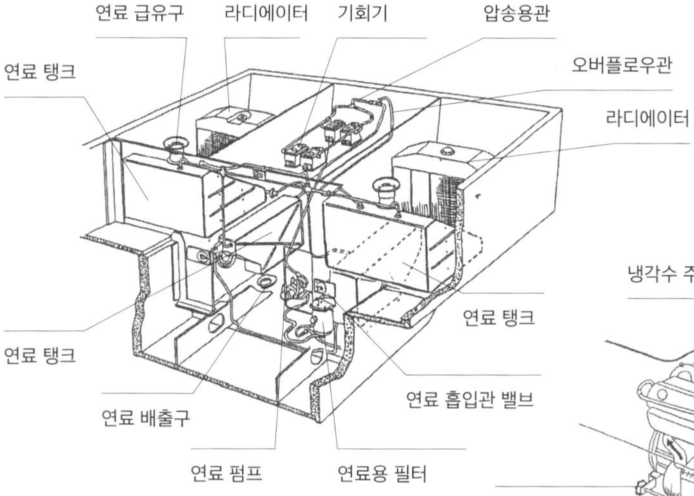

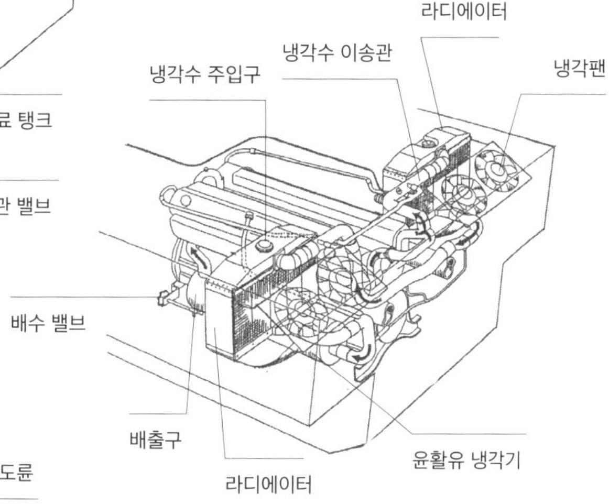

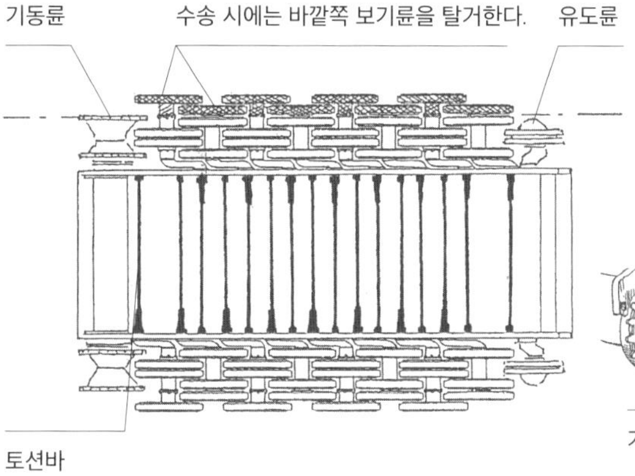

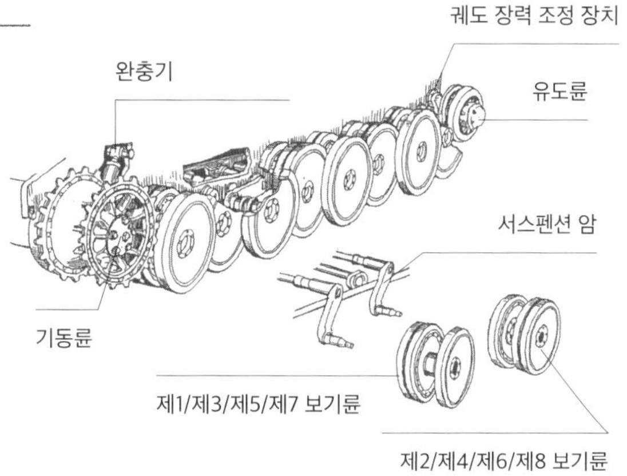

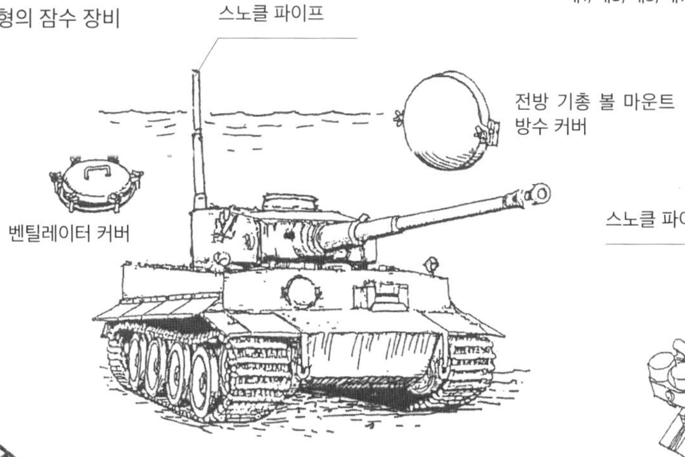

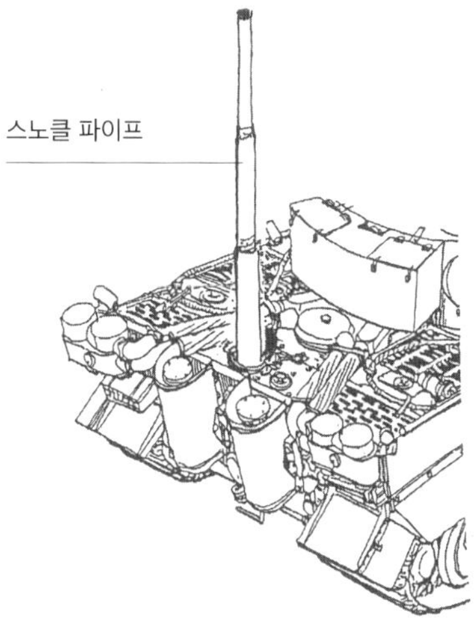

극초기형 1942년 9월~11월 생산차

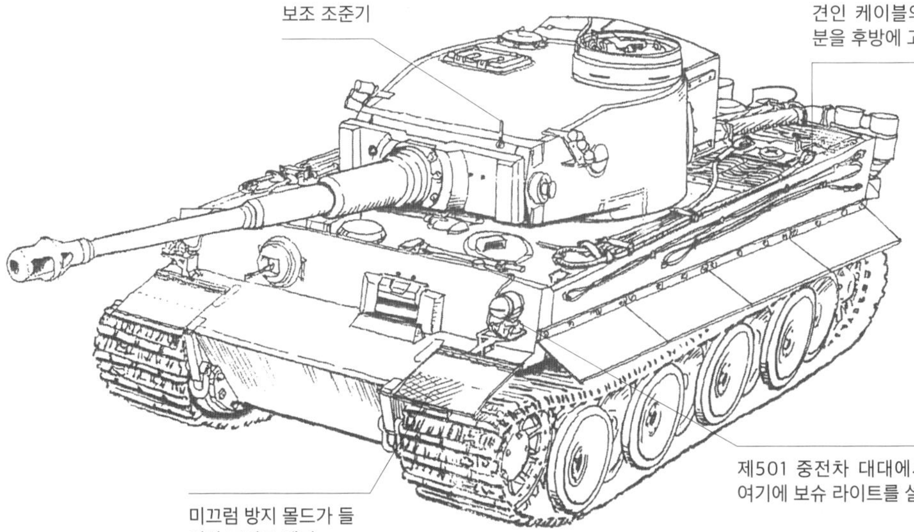

보조 조준기
견인 케이블의 아이 부분을 후방에 고정.
제501 중전차 대대에서는 여기에 보슈 라이트를 설치.
미끄럼 방지 몰드가 들어간 프런트 펜더.

【차체 전방(좌측)】
제501 중전차 대대 차량

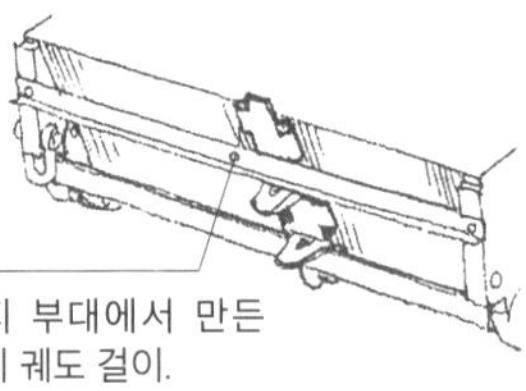

현지 부대에서 만든 예비 궤도 걸이.

【차체 전면】

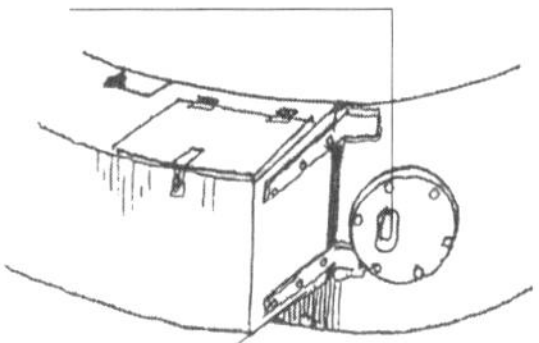

피스톨 포트 설치.
게펙카스텐 측면에 고정구 설치.

【포탑 후부 우측】

【포신 청소】

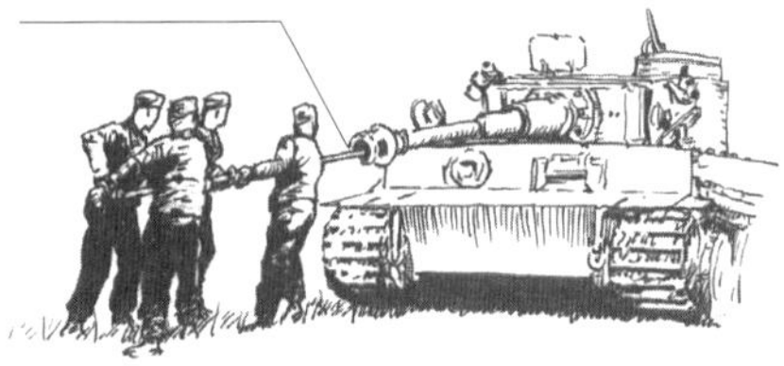

연결한 포신 청소봉.
티거 I 의 경우에는 3~4명이 소요되었다.

【제501 중전차 대대 차량의 차체 후면】

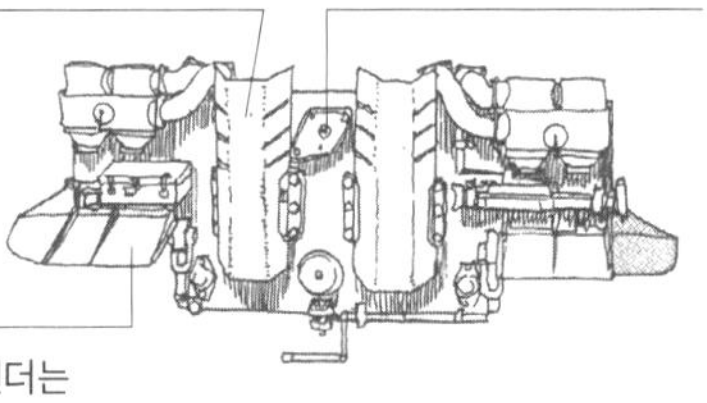

부대에서 제작한 배기관 커버를 장착.
엔진 시동용 어댑터를 비스듬하게 설치.
리어 펜더는 독자 형상.

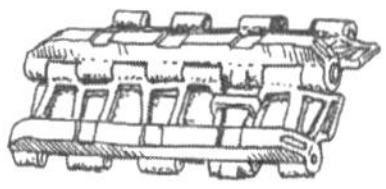
전투용 궤도
Kgs63/725/130

철도 수송용 궤도
Kgs/63/520/130

【궤도 교환 방법】

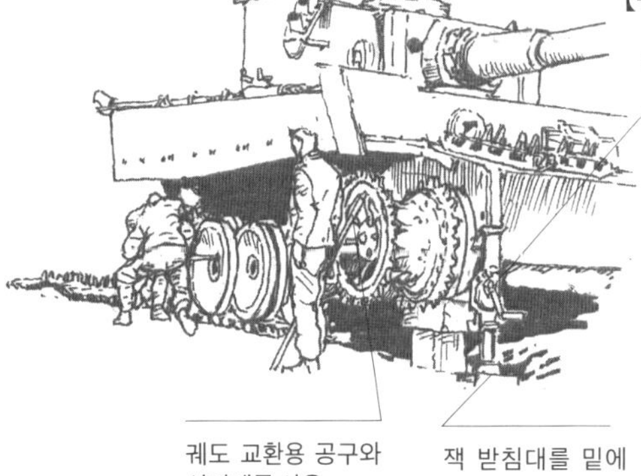

잭으로 차체를 들어올린다.
궤도 교환용 공구와 쇠지레를 사용.
잭 받침대를 밑에 놓는다.

궤도 교환용 케이블을 사용해 궤도를 움직인다.

초기형 1942년 12월~1943년 6월 생산차
【전방 기총 볼 마운트】
방수 커버 고정용 나비 너트.
1942년 8월~1943년 6월까지 연막탄 발사기를 설치.
근접 방어무기인 S마인을 설치(차체 상면에 5곳).
MG34 기관총
조준용 구멍
방진 커버를 장착.
잠수 시에 방수 커버를 장착.
【포방패 좌측의 변화】
1942년 10월부터 대형 삽을 설치.
견인 케이블과 차재 공구의 위치를 변경.
조준기용 개구부
탈출용 해치 변경
1944년 12월부터 두께를 늘려 장갑 강화.
작은 차양을 올린 차량도 있었다.
가공 처리는 여러 다른 베리에이션이 존재했다.
【차체 전면】
예비 궤도 걸이를 장착.
1943년 11월부터 조종수용 관측 바이저 위의 잠망경용 개구부를 폐지.
벤틸레이터 커버
【차체 후면】
나중에는 파이펠 필터를 떼어낸 차량도 많았다.
궤도 교환용 공구함을 장비.
1943년 초부터 배기관 커버를 표준 장비.
1943년 4월부터 포탑 측면에 예비 궤도 걸이를 장비.

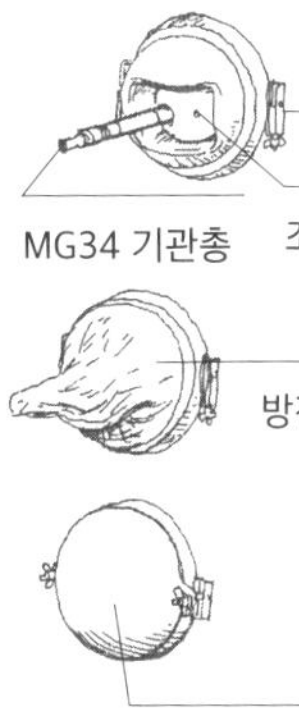

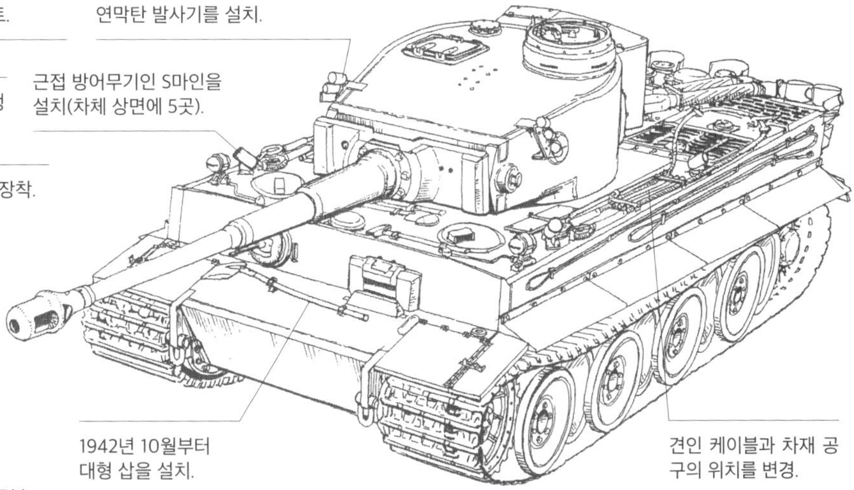

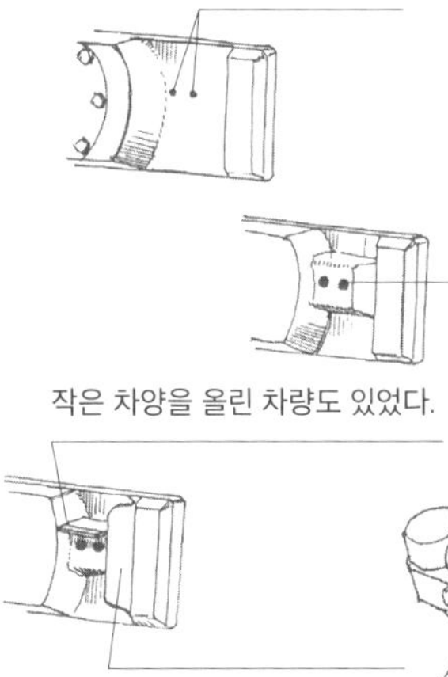

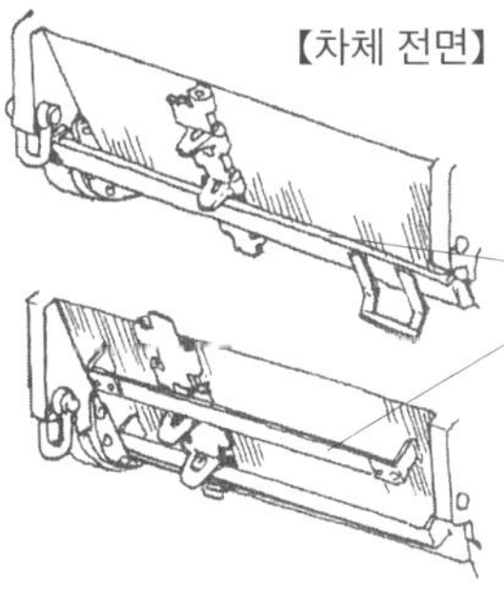

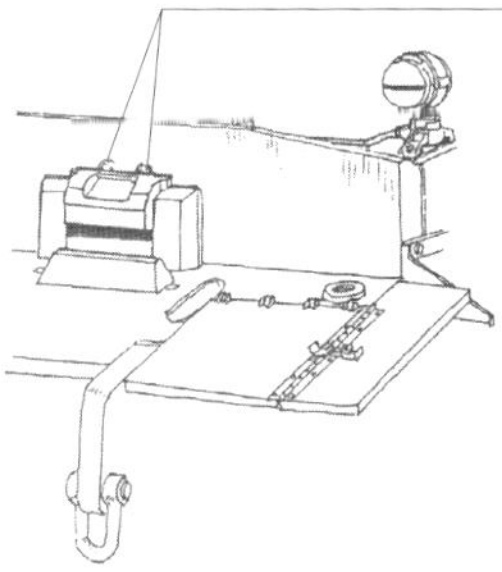

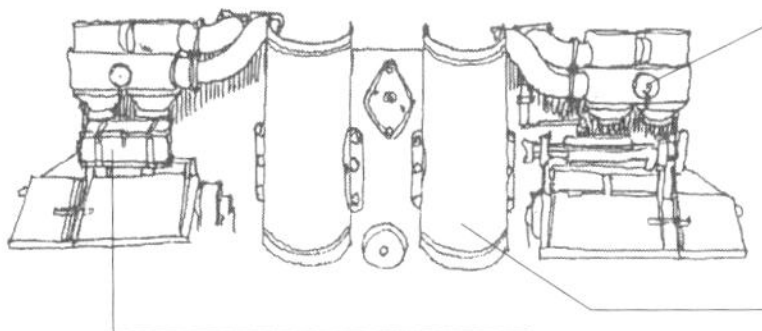

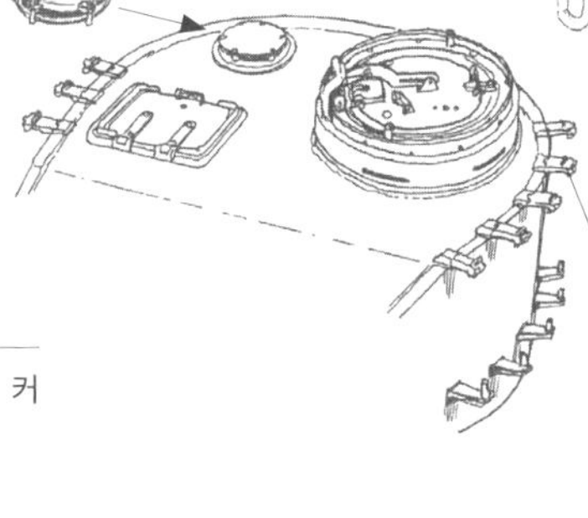

⊙티거 I 중기/후기형의 변천
중기형 1943년 7월~1944년 1월 생산차
【장전수 해치의 변천】
초기형/중기형
손잡이가 우측으로 치우쳐 있다.
포탑 상면판의 두께가 늘어나
주위의 단차가 없어졌다.
후기형
티거 II 와 동형.
최후기형
전차장용 큐폴라는 잠망경
이 내장된 신형으로 변경.
파이펠 필터는 폐지.
우측 보슈
라이트 폐지.
주행부는 초기형과 동일.
【1943년 10월 이후의 보슈 라이트】
【초기형~중기형의 차체 상면 전부】
초기형
차재 공구의 설
치 위치 변경.
초기형
【차체 좌측면】
중기형
1943년 10월부터 보슈 라이
트의 위치를 이쪽으로 변경.
중기형
1943년 12월에 흡기
구 커버판을 폐지.
【차체 후면】
초기형
【포탑 후부 좌측】
피스톨 포트
1943년 8월에 파
이펠 필터를 완전
히 폐지.
엔진 시동용
어댑터.
1943년 11월부터 포신 고정구를
설치. 1944년 2월에 폐지.
초기형 초기 생산차
HL210P45 전용
소형 피스톨 포트로 변경.
극초기형의 차간 표시등
초기형 후기 생산차 이후
HL210P45/HL230P45 공용
초기형~후기형의
차간 표시등
내공 기관총가
【전차장용 큐폴라】
중기형
예비 궤도 걸이는 초기형인
1943년 생산차부터 설치.

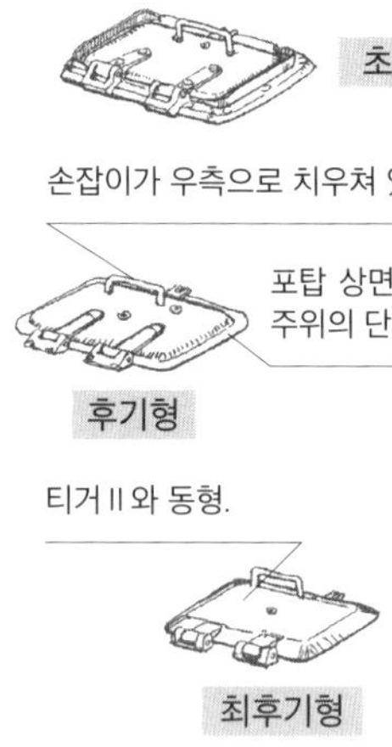

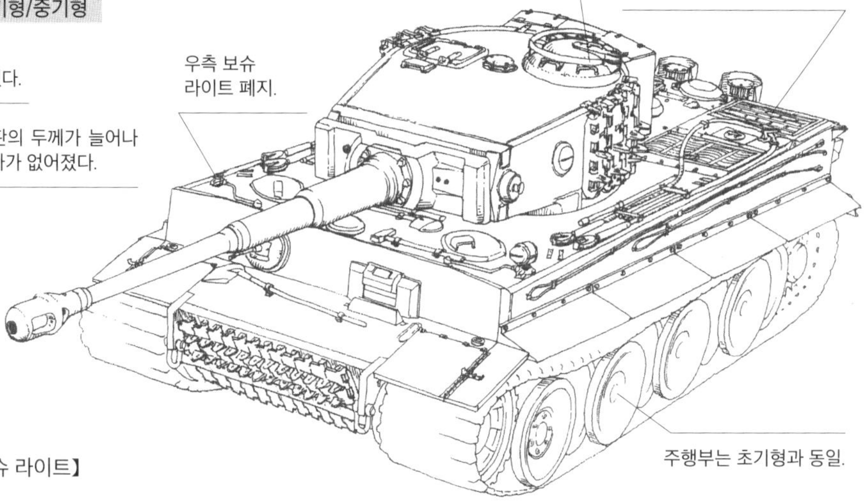

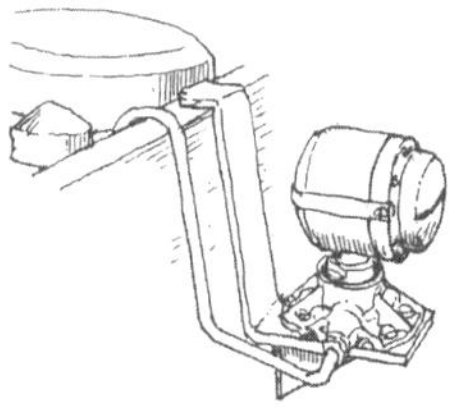

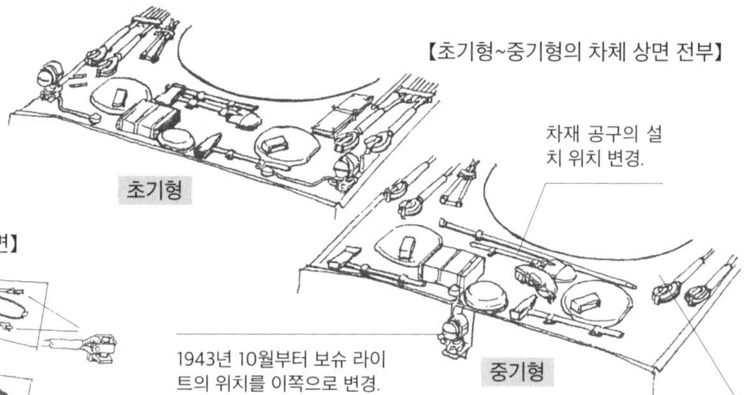

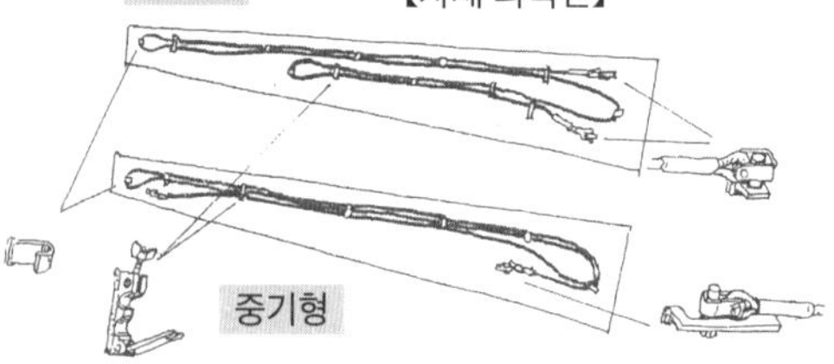

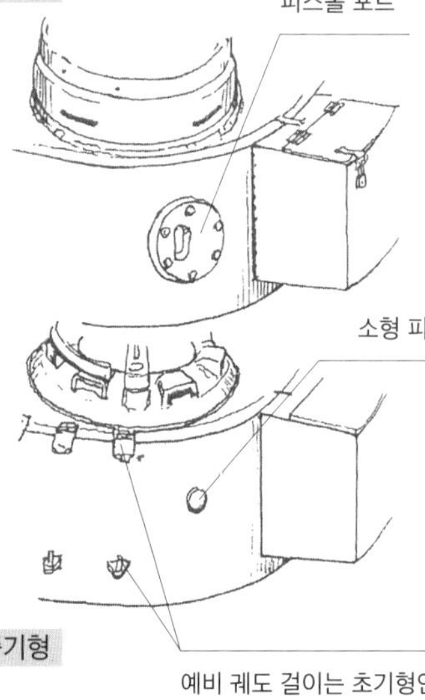

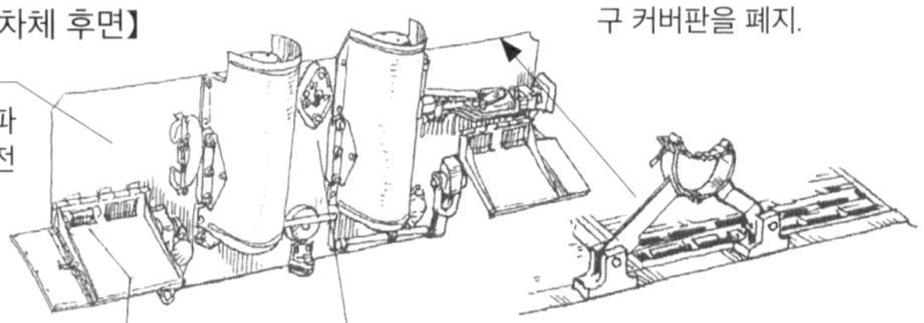

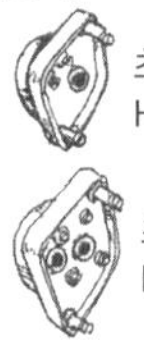

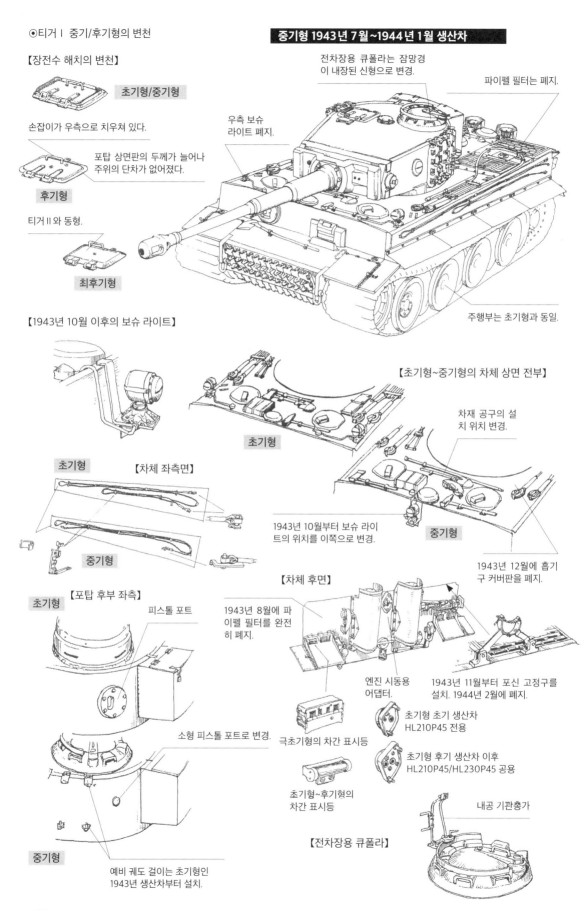

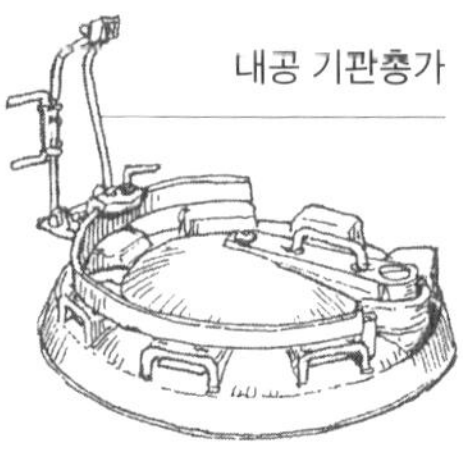

【포구 제퇴기】

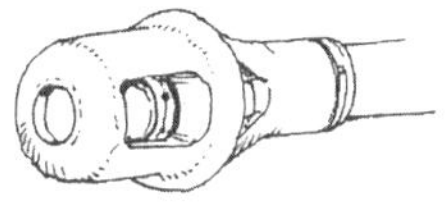

1944년 3월까지 쓰인 초기형.

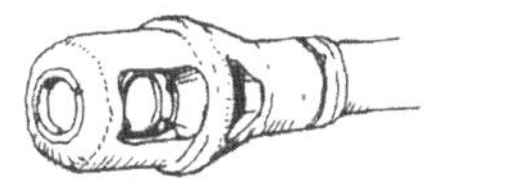

1944년 4월부터 채용된 후기형. 티거 II와 같은 경량형.

후기형 1944년 2월 이후 생산차

1944년 4월부터 단안식 조준기를 사용하게 되면서 조준기용 개구부도 1개로 바뀜.

1944년 3월부터 포탑 상면 장갑을 25mm에서 40mm로 강화.

중기형인 1943년 10월 생산차부터 전면 중앙에 보슈 라이트를 설치.

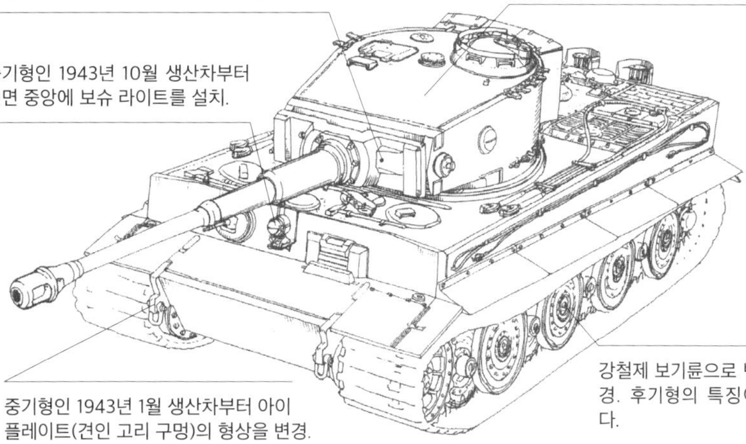

중기형인 1943년 1월 생산차부터 아이 플레이트(견인 고리 구멍)의 형상을 변경.

강철제 보기륜으로 변경. 후기형의 특징이다.

【중기형인 1944년 1월 생산차 이후의 아이 플레이트】

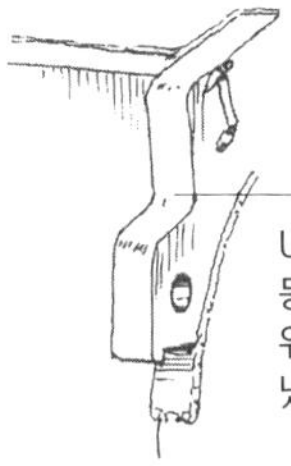

U자형 고리의 가동 범위 확대를 위해 상부를 깎아 냈다.

1944년 5월부터 포탑 상면 3개소에 2t 크레인 거치 마운트가 설치되었다.

1944년 3월부터 근접 방어 무기를 장비.

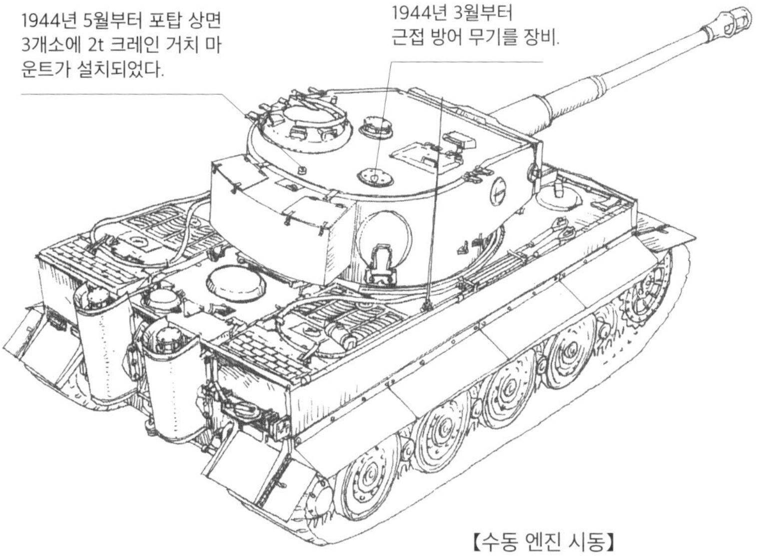

【기동륜】

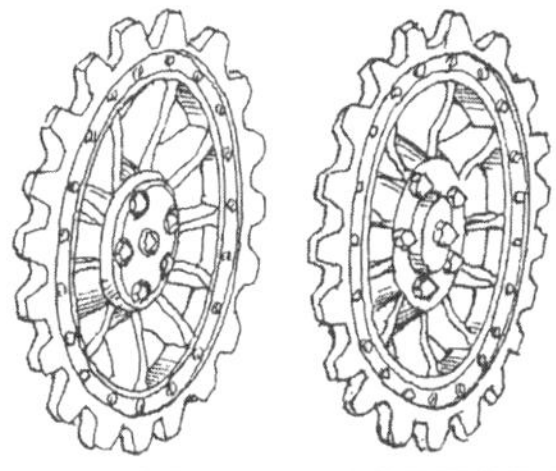

초기형 중기형/후기형

【보기륜】

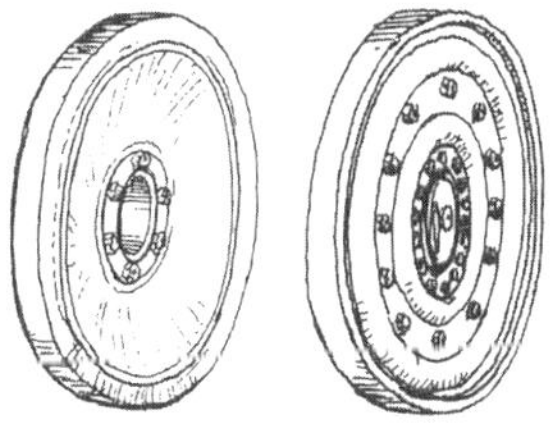

초기형/중기형 후기형

【수동 엔진 시동】

엔진 시동구에 크랭크를 끼워 넣는다.

크랭크를 돌려 엔진에 시동을 건다.

【견인 방법】

차체 후면의 견인 고리.

S자형 클래비스

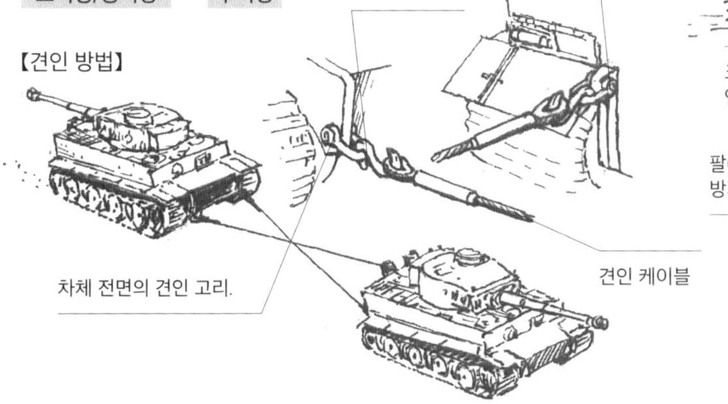

차체 전면의 견인 고리.

견인 케이블

팔(八)자 모양 미끄럼 방지 몰드가 들어갔다.

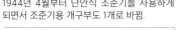

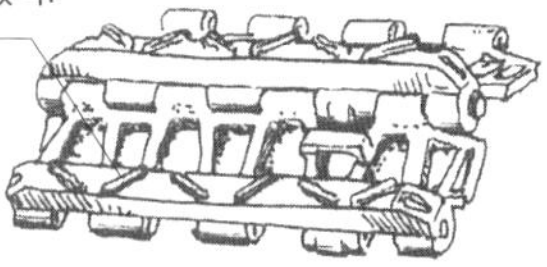

1943년 12월부터 도입된 신형 궤도.

⊙56구경장 8.8cm 전차포 KwK36의 포미

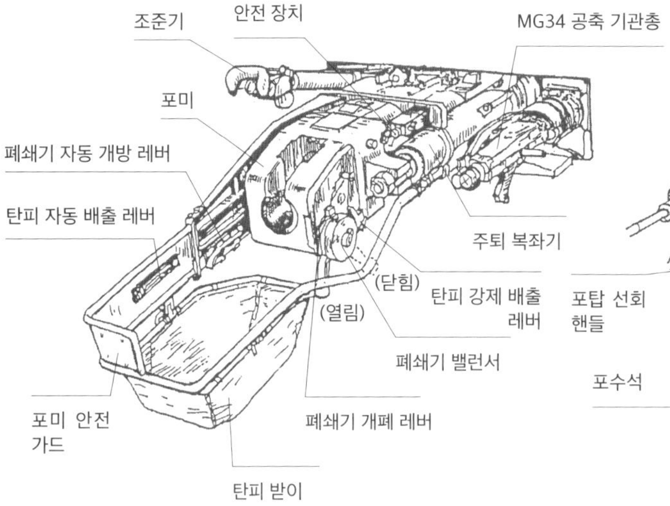

⊙포수석 주변의 배치

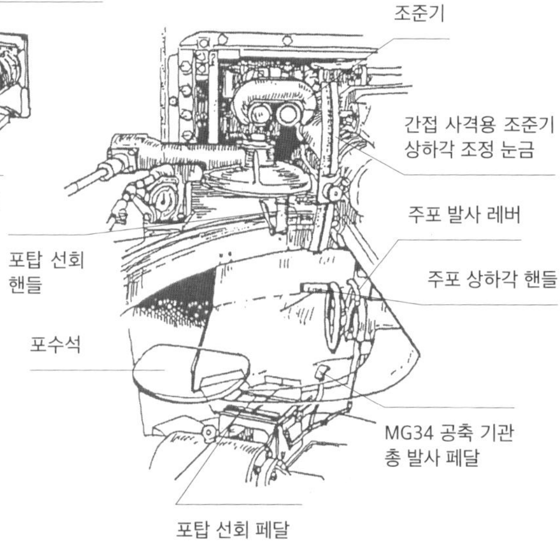

⊙독일 전차의 조준 방법

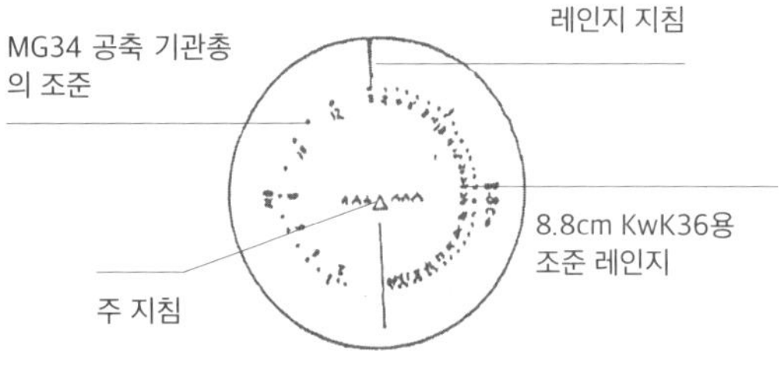

【거리 1,300m의 적 전차에 조준을 맞춰보자】

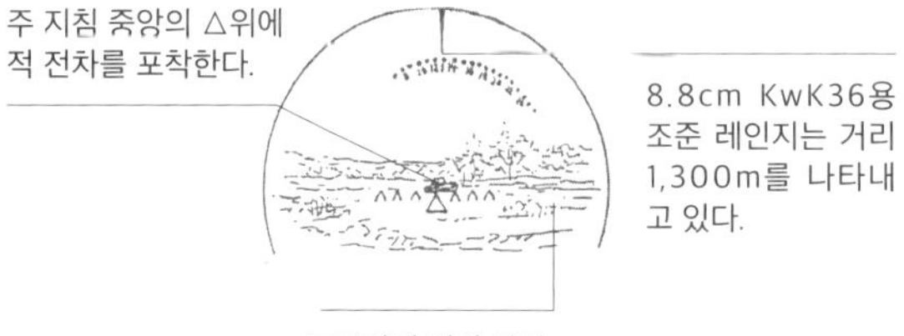

주 지침 중앙의 △위에 적 전차를 포착한다.
8.8cm KwK36용 조준 레인지는 거리 1,300m를 나타내고 있다.

조준기에 비친 광경.

⊙공격 절차

단계 1

전차장: 큐폴라의 관측창을 통해 색적, 적 전차를 발견.
「목표 발견! 포탑 3시 방향, 적 전차 거리 1,300.」

단계 2

포수: 발 밑의 포탑 선회 페달로 포탑을 움직이고, 바로 앞에 있는 수동 포탑 선회 핸들과 주포 상하각 조정 핸들로 미세 조정하여 조준을 적 전차에 맞춘다. 표적이 이동하고 있을 경우에는 이동 속도를 계산(리드를 적용)하여 목표보다 앞쪽을 조준하여 쏜다.
「조준 완료!」

단계 3

장전수: 목표에 맞는 포탄을 선택. 이 경우에는 철갑탄을 장전한다.
「철갑탄, 장전 완료!」

단계 4

전차장: 「발사!」
포수: 주포 격발 레버를 당긴다.

단계 5

전차장: 신속하게 상황을 확인한다.
「명중!」

티거 I 및 VK3001(H)의 파생형

■티거 I 의 파생형

극히 적은 수가 만들어진 지휘차(48대)와 B.IV 폭약 운반차를 운용하는 원격 조종용 지휘 전차(50~60대 정도)를 제외하면 티거 I 의 파생형이라 부를 수 있는 것은 슈투름티거와 베르게티거 I 정도가 전부이다.

티거 I 의 파생형이 적은 것은 무엇보다도 당시의 독일군에서는 1대라도 더 많은 티거 I 을 필요로 했기 때문이었다. 또한 티거 I 은 생산에 대단히 손이 많이 가는 데다 생산 비용도 많이 들었기에 다른 차종으로의 개조 기반으로 쓰기에는 비용 대 효과라는 점에서도 그다지 현실적이지 못했기 때문이기도 했다.

■슈투름티거

브룸베어보다 강력한 돌격전차를 목표로 개발된 것이 바로 슈투름티거(Sturmtiger)이다. 슈투름티거의 가장 큰 특징이라면 바로 대구경 38cm 로켓포인데, 이 포는 원래 해안에서 적 함정을 공격할 수 있는 무기로 해군에서 라인메탈에 개발을 요청했던 38cm 구포(臼砲) 562호 병기(Gerät 562)를 기초로 하고 있었다.

당초에는 해군에서 이 로켓 무기의 자주포화를 검토하고 있었으나, 육군에서 이 계획을 이어받게 되면서 1943년 5월에 티거 I 의 차체에 38cm 로켓포를 탑재한 자주포의 개발이 결정되었다.

귀중한 티거 I 의 차체를 사용한 것은 구경이 38cm에 달하는 거대한 포탄을 차내에 적재할 수 있는 차량이 차체가 큰 티거 I 외에는 달리 없었기 때문으로, 슈투름티거는 신규 생산이 아니라 전선에서 수리, 정비를 위해 돌아온 티거 I 의 차체를 개장하여 만들어졌다. 이 작업은 알케트에서 담당했으며, 1943년 10월에는 시제차 1호가 완성, 1944년 8월부터 생산이 시작되었다.

슈투름티거는 티거 I 의 차체 상부 상면부터 기관실 직전까지의 상면을 제거하고, 그 위에 전투실을 증설한 구조로 되어 있다. 전투실은 전면 150mm, 측면/후면 80mm, 상면 40mm 두께의 중장갑으로, 중량은 티거 I 보다 훨씬 무거운 65t에 달했다. 탑재포인 38cm StuM WR61은 최대 사거리 5,560m였으며 그 위력은 절대적이었다.

전투실 전면에 38cm 로켓포 StuM WR61을 탑재했으며, 우측에 MG34가 장비된 볼 마운트, 좌측에는 조준구와 조종수용 관측창이 설치되었다. 전투실 상면 우측 전방에는 벤틸레이터, 중앙에 승무원 출입과 포탄 적재용을 겸하는 해치가 위치했으며, 후부 해치에는 근접 방어 무기가 장비되었고, 후부 해치 좌측에는 선회식 잠망경이 설치되었다. 전투실 후면 중앙에는 탈출용 해치, 후면

슈투름티거

전장: 6.28m 전폭: 3.57m 전고: 2.85m 량: 65t 승무원: 5명 무장: 5.4구경장 38cm 로켓포 StuM RW61×1, MG34 7.92mm 기관총×1 최대 장갑 두께: 150mm 엔진: 마이바흐 HL230P45(650hp) 최대 속도: 40km/h

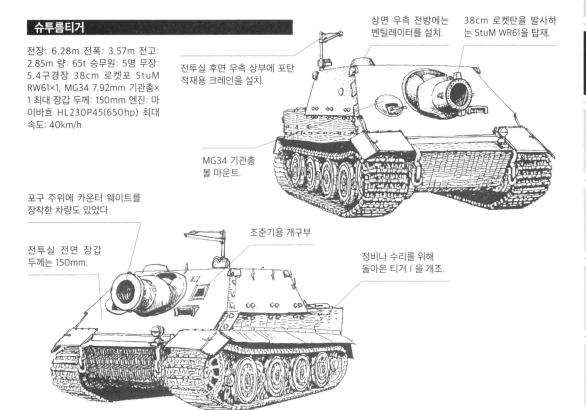

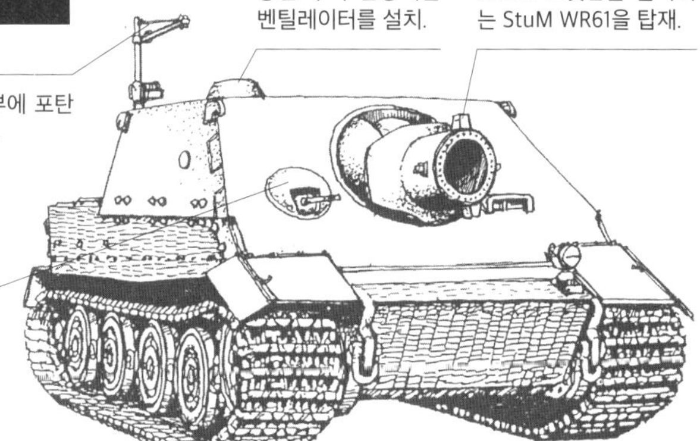
상면 우측 전방에는 벤틸레이터를 설치.
38cm 로켓탄을 발사하는 StuM WR61을 탑재.
전투실 후면 우측 상부에 포탄 적재용 크레인을 설치.
MG34 기관총 볼 마운트.

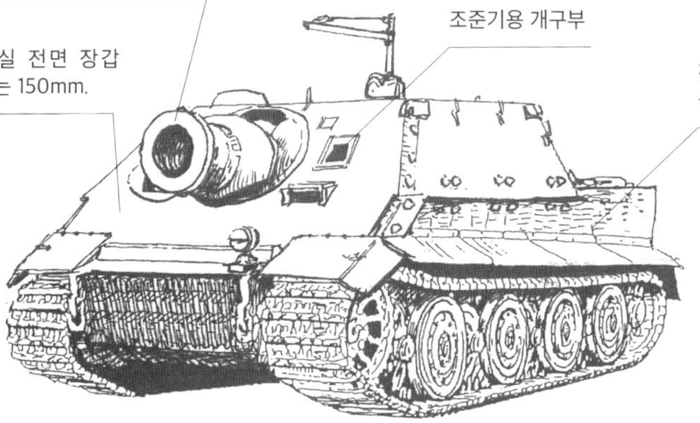
포구 주위에 카운터 웨이트를 장착한 차량도 있었다.
조준기용 개구부
전투실 전면 장갑 두께는 150mm.
정비나 수리를 위해 돌아온 티거 I 을 개조.

우측에는 포탄 적재용 크레인이 설치되었다. 또한 전투실 내의 좌우 양측에는 포탄 수납고가 있었는데, 합계 14발의 38cm 로켓탄을 탑재할 수 있었다.

슈투름티거는 1944년 12월까지 18대가 만들어졌다.

■베르게티거

베르게티거(Bergetiger)는 군의 제식 차량이 아니라, 제508 중전차 대대가 현지에서 손상된 티거를 개조해서 만든 전차 회수차이다.

주포를 철거한 포탑 상면에 가동식 크레인을 설치하고, 포탑 후면에는 윈치를 증설했으며, 차체 전면에는 견인 장비, 전부 상면에는 분해한 크레인을 장비했다. 이 차량은 1944년 1월에 3대 만들어졌다고 알려져 있다.

■12.8cm 대전차 자주포(장갑 자주 차대 V형) 슈투러 에밀

1941년 5월 26일, 히틀러는 추후에 등장이 예상되는 연합군 전차를 격파할 수 있는 12.8cm 포 탑재 중 대전차 자주포의 개발을 군에 요구했다. 이에 따라, 당시에 헨셸에서 개발 테스트를 진행하고 있던 30t급 전차 VK3001(H)의 차대를 전용하여 상부 개방형 전투실에 라인메탈의 61구경장 12.8cm K40을 탑재한 자주포가 1941년 8월에 2대 만들어졌다.

이 자주포는 VK3001(H)의 차대를 연장하여 12.8cm 포를 탑재했기에, 전장 9.8m, 중량 35t의 거체를 자랑했는데, 개발 기반이 되었던 VK3001(H)가 4대밖에 만들어지지 않았기 때문에, 이 이상의 생산은 이루어지지 않은 채, 2대가 만들어진 것으로 끝났다.

완성된 2대의 차량은 제521 중전차 대대 3중대에 배치되어, 1942년 여름 무렵부터 활약했다. 상세한 것은 불명이지만, 상당한 전과를 올린 것으로 알려져 있다. 이 자주포는「12.8cm 포 탑재 장갑 자주 차대 V호」라는 제식 명칭이 부여되었으나, 일선 장병들 사이에서는「슈투러 에밀(Sturer Emil, 고집쟁이 에밀)」이라는 애칭으로 불렸다. 최종적으로는 소련군에 1대는 격파당했으며, 나머지 1대는 노획당했다.

■VK3601(H) 전차 회수차

포탑이 탑재된 완전한 형태로 완성되지 못한 VK3001(H)와 VK3601(H)였지만, 슈투러 에밀 외에도 시제차를 전용한 파생형이 만들어졌다.

VK3601(H)은 완성된 차체 가운데, 4대가 20t 윈치를 장비한 전차 회수차로 개조되어 티거 중전차 대대에 배치되었다.

베르게티거

전장: 3.70m 전폭: 3.00m 무장: MG34 7.92mm 기관총×1 최대 장갑 두께: 100mm(포방패 145mm) 엔진: 마이바흐 HL230P45(650hp) 최대 속도: 40km/h

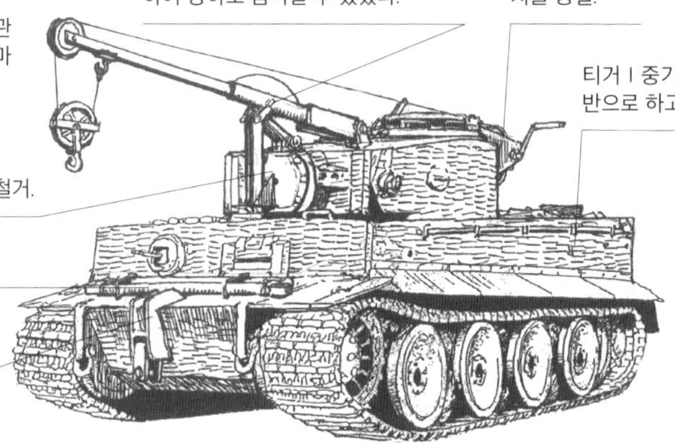
크레인은 포방패의 가동 기구를 이용하여 상하로 움직일 수 있었다.
포탑 후부에 윈치를 증설.
티거 I 중기형을 기반으로 하고 있다.
주포를 철거.
전부 상면에 분해한 크레인을 장비.
차체 전면에 견인 장치를 증설.

12.8cm 대전차 자주포 슈투러 에밀

전장: 9.7m 전폭: 3.16m 전고: 2.7m 중량: 35t 승무원: 5명 무장: 61구경장 12.8cm 직사포 K40 ×1, MG34 7.92mm 기관총×1 최대 장갑 두께: 50mm 엔진: 마이바흐 HL116S(300hp) 최대 속도: 40km/h

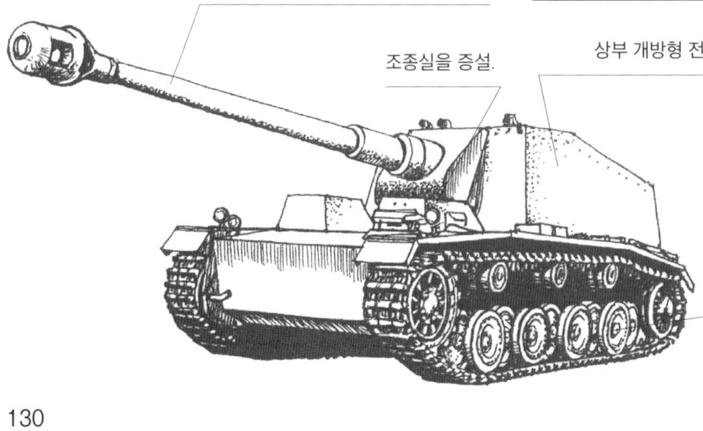
61구경장 12.8cm 직사포 K40을 탑재.
조종실을 증설.
상부 개방형 전투실.
VK3001(H) 시제차의 차대를 유용. 차체를 연장했기에 보기륜이 1개 증설되었다.

포르셰 티거의 파생형

■페르디난트

1942년 9월 22일의 회의를 통해, 채용하지 않기로 결정된 VK4501(P)의 장갑용 자재(100대분)을 사용한 중 돌격포의 개발이 결정되었다. 1943년 2월 6일에는「페르디난트(Ferdinand)」라는 제식명이 부여되었으며, 1943년 3월부터 생산이 개시되어, 1943년 5월 12일까지 시제차 1대와 양산차 90대가 만들어졌다.

차대는 VK4501(P)의 것을 그대로 사용했으나, 기관실을 조종실 후방에 배치했고, 그 뒤에 전투실이 위치했다. VK4501(P)와 마찬가지로 하이브리드 구동 방식이었으나, 엔진은 마이바흐 HL120TRM으로 변경되었으며, 기관실 내에 동형 엔진을 2기 병렬 배치하고 지멘스 슈케르트의 aGV 발전기가 설치되었다.

100mm 두께였던 차체 전면 상부와 차체 상부 전면에는 100mm 두께의 증가 장갑판이 장착되어 200mm 두께가 되었다. 이에 따른 중량 증가를 억제하기 위하여 측면과 후면은 이전과 동일한 80mm 두께가 되었다. 또한 새로 설계된 전투실은 전면 200mm, 측면/후면 80mm 두께였다. 전투실 전면 중앙에는 71구경장 8.8cm 전차포 PaK43/2가 탑재되었는데, PaK43/2는 매우 강력한 포로, 피모 철갑탄 PzGr39/10을 사용했을 경우에는 사거리 2,000m에서 132mm(입사각 30°) 두께의 장갑판을 관통할 수 있었다.

완성된 페르디난트는 시험평가용으로 돌려진 생산 1호차를 제외한 전량이 제653, 제654 중 전차 구축 대대에 배치되어, 1943년 7월 5일부터 시작된「치타델레(Zitadelle, 성채) 작전」에 투입되었다. 첫 실전이었던 쿠르스크 전투에서는 약 40대가 손실되는 동안, 502대나 되는 소련 전차를 격파했다.

■엘레판트

쿠르스크 전투와 이후의 격전에서 살아남은 페르디난트는 전부 독일 본토로 송환되어, 1943년 12월부터 니벨룽 제작소에서 수리와 개량이 이루어졌다.

외견 상으로 보이는 주된 개량점으로는, 전방 기총의 추가, 보슈 라이트의 폐지, 펜더 앞쪽 지지대 추가, 차체 상부 측면 맨 앞부분의 관측창 폐지, 조종수용 잠망경에 바이저 추가, 기관실 상면 흡기/배기구 그릴의 형상 변경 및 좌우 점검 해치 설치, 전투실 전면 좌우에 빗물 받이 추가, 주포 마운트의 보조 포방패 장착 방법의 변경(안쪽과 바깥쪽을 반대로 장착), 전차장용 해치를 360° 외부 관측이 가능한 큐폴라로 변경, 신형 궤도 도입, 치메리트 코팅의 도포 등이 있었다.

1944년 2월 말에 제식명을「엘레판트(Elefant, 코끼리)」라 개칭하고, 같은 해 3월 중반까지 47대가 개량을 마쳤다. 엘레판트는 전부 제653 중전차 구축 대대에 배치하기로 되어 있었으나, 1944년 1월 22일에 연합군이 안치오에 상륙하면서 여기에 대처하기 위해 개량 작업이 한창이던 2월 16일에 그때까지 완성되어 있었던 11대로 편성된 제653 중전차 구축 대대 1중대를 이탈리아로 급파했다. 남은 차량은 개조 작업이 끝난 1944년 4월 2일에 동 대대 2, 3중대에 배치되어 동부 전선으로 파견되었다.

거듭된 격전으로 소모되고 살아남은 차량은 2중대에 모아서 제614 중전차 구축 중대를 편성, 독립 운용되었다. 최후까지 살아남은 엘레판트는 베를린 전투에도 참가했는데, 제1, 3중대는 후에 야크트티거를 장비한 신생 653중전차

페르디난트

전장: 8.14m 전폭: 3.38m 전고: 2.97m 중량: 65t 승무원: 6명 무장: 71구경장 8.8cm 전차포 PaK43/2×1 최대 장갑 두께: 200mm 엔진: 마이바흐 HL120TRM(265hp)×2(합계 530hp) 최대 속도: 30km/h

전방 기총은 미장비.
전차장용 해치는 큐폴라가 아닌 평평한 앞뒤 2장짜리 해치였다.
좌우에 보슈 라이트를 장비.
VK4501(P)의 차대를 사용.

엘레판트

전장: 8.14m 전폭: 3.38m 전고: 2.97m 중량: 65t 승무원: 6명 무장: 71구경장 8.8cm 전차포 PaK43/2×1, MG34 7.92mm 기관총×1 최대 장갑 두께: 200mm 엔진: 마이바흐 HL120TRM(265hp)×2(합계 530hp) 최대 속도: 30km/h

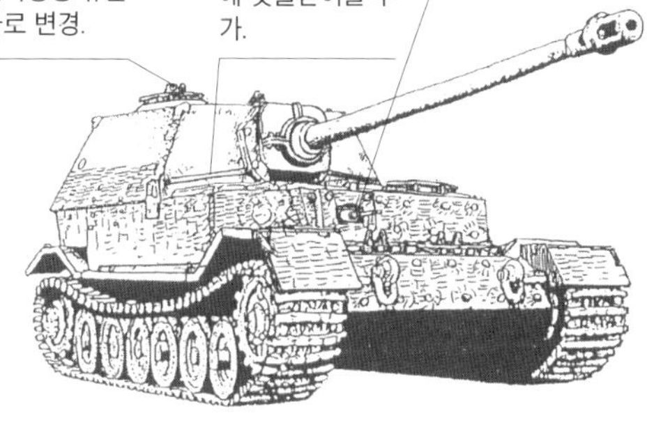

⊙엘레판트의 내부 구조

❶조향 레버
❷MG34 7.92mm 기관총
❸라디에이터 냉각팬
❹조준기
❺전차장용 잠망경
❻벤틸레이터
❼잠망경
❽포탄 수납대
❾통기구
❿D149a 전기 모터
⓫포수석
⓬주포 상하각 조정 핸들
⓭주포 선회 핸들
⓮HL120TRM 엔진
⓯aGV 발전기
⓰조종수석

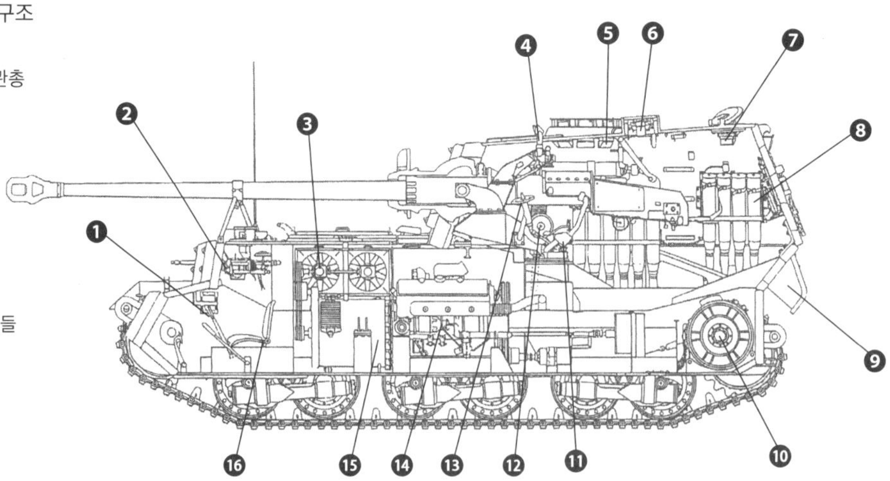

구축 대대의 편성 모체가 되었다.

■Ⅵ호 지휘 전차(P)

VK4501(P)의 대부분은 페르디난트 구축전차의 차대로 전용되었으나, 적어도 1대는 포탑과 차체 각 부위의 개수를 받고 1944년에 제653 중전차 구축 대대에서 지휘 전차로 실전에 투입되었다.

■티거(P) 전차 회수차

티거(P) 전차회수차는 VK4501(P)을 기반으로 만들어졌으나, 조종실 후방에 기관실이 설치되어 있어, 외견적으로는 오히려 페르디난트와 더 닮은 모습이었다.

차체 전방 좌측의 조종수용 관측 바이저는 그대로 남아 있었으나, 우측의 전방 기총 마운트는 철거, 장갑판으로 막혀 있었다. 차체 후부에는 소형 전투실이 설치되어, 전면 우측에 MG34 기총 마운트, 상면 전방에 원형 해치, 상면 후방에 차내 조종식 MG34가 장비되었다. 전투실 후면에는 해치가 설치되어 있었는데, 이것은 Ⅳ호 전차의 포탑 좌측면 해치를 유용한 것이었다.

기관실 상면 후부에는 분해한 크레인을 장비했으며, 크레인 사용 시에는 조립한 크레인을 전투실 좌측에 설치하도록 되어 있었다.

티거(P) 전차 회수차는 3대가 만들어졌으며, 페르디난트 부대에 배치되었다.

■람티거(Rammtiger)

VK4501(P)의 파생형 가운데 하나로 「람티거(Rammtiger)」 혹은 「람판처 티거(P)」라는 특수 차량도 만들어졌다. 람티거는 시가전 상황에서 적이 숨어 있는 건물의 파괴 및 장해물 배제를 위해 개발된 차량으로, VK4501(P)의 차체 위에 장갑 차체를 덧씌운 특이한 형상을 하고 있었다. 전면/상면 50mm, 측면/후면 30mm 두께의 장갑판으로 구성된 장갑 차체의 앞부분은 충각으로 되어 있어, 직접 들이받아 대상물을 파괴하도록 만들어졌다.

람티거는 1943년 8월에 3대가 만들어져 실전에 투입되었다고 알려져 있으나 상세한 것은 불명이다.

티거(P) 전차 회수차

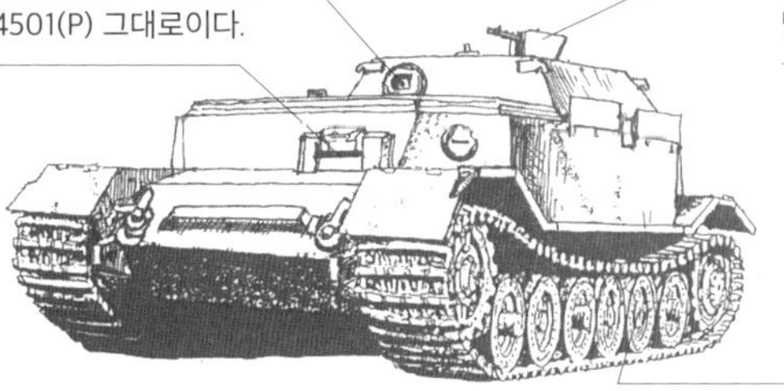
전투실 전면 우측에 MG34 기관총을 장비.
전투실 후부에 차내 조작식 MG34 기관총을 장비.
조종수용 관측 바이저는 VK4501(P) 그대로이다.
차대는 VK4501(P)을 사용.

람티거

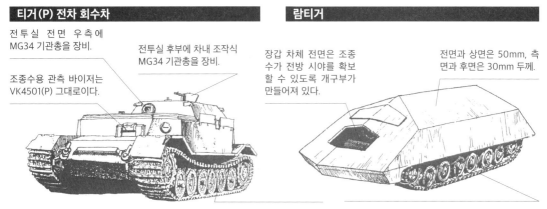

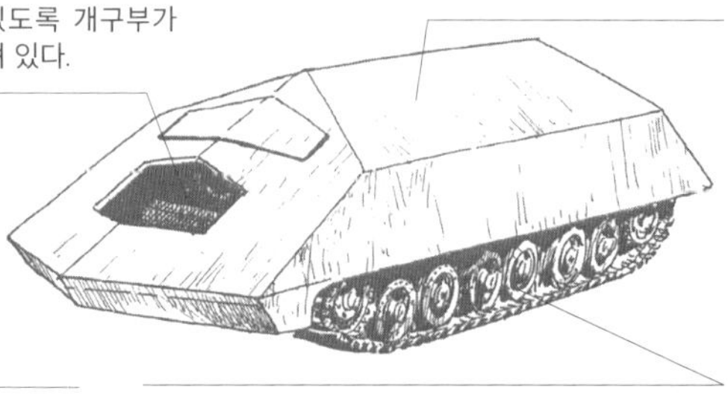
장갑 차체 전면은 조종수가 전방 시야를 확보할 수 있도록 개구부가 만들어져 있다.
전면과 상면은 50mm, 측면과 후면은 30mm 두께.
VK4501(P) 위에 장갑 차체를 씌운 간단한 구조.

2차 대전 최강 전차

티거 II와 파생형

1942년 여름에 등장한 티거 I 은 연합군 전차를 압도했고, 1943년 후반에는 영미 연합군과 소련군 전차병들이 두려워하는 존재가 되었다. 독일군은 티거 I 의 생산과 병행하여, 한층 더 강력한 중전차의 개발을 진행, 1943년 11월에 티거 II 를 완성시켰다. 또한 1944년 2월에는 티거 II 를 기반으로 12.8cm 포가 탑재된 중 구축 전차 야크트티거를 완성시켜, 전장에 투입했다. 이 차량들은 2차 대전 전차의 정점에 해당하며, 그 성능은 문자 그대로 「제2차 세계 대전 최강 전차」라는 칭호에 걸맞은 것이었다.

티거 II

■VK4502의 개발

VI호 전차(후의 티거 I)의 개발이 정식으로 결정된 1941년 5월 26일의 육군 회의에서, 히틀러는 보다 화력을 강화한 차량이 필요하다고 제언했다. 회의에서 이 발언이 나온 후, 먼저 병기국 제6과(차량 설계과)에서는 VK4501(P)의 개발에 착수한 포르셰에 대하여 이 차량에 탑재 예정이었던 56구경장 8.8cm 전차포 KwK36 대신, 아직 제식 채용된 지 얼마 되지 않았던 화포로 훨씬 강력한 위력의 라인메탈제 74구경장 8.8cm 대공포 FlaK41의 탑재 가능 여부의 검토를 타진했다. 하지만 포르셰로부터의 답변은 크루프 설계 포탑에는 74구경장 8.8cm 포의 탑재가 무리라는 것이었다. 결국 VI호 전차(티거 I)에는 당초 예정대로 56구경장 8.8cm 전차포 KwK36을 탑재하게 되었다.

하지만 장포신 8.8cm 포의 탑재 계획은 계속 이어져, 티거 I 의 개발이 일단락된 1943년 2월 5일에 병기국 제4과(화포 설계과)에서는 크루프와 71구경장 8.8cm 전차포 KwK43의 개발 계약을 맺었다. 원래 탑재하고자 했던 FlaK41은 크루프의 라이벌이라 할 수 있는 라인메탈에서 개발한 화포였기에, 크루프에서도 자사 설계 포탑에는 자사에서 개발한 화포를 탑재하기를 강력히 원하고 있었기 때문이었다.

■VK4502(P)

포르셰에서는 VI호 전차로 개발한 VK4501(P)가 채용되지 않게 되면서, 새로이 71구경장 8.8cm 전차포 KwK43을 탑재한 신형 중전차 타입180의 설계에 착수했다. 타입180은 차체와 포탑의 레이아웃, 주행부의 구조, 구동기구 등의 기본적인 부분을 VK4501(P)의 구조를 답습하고 있었으나, 차체와 포탑 디자인에 경사 장갑을 도입한 모습을 하고 있었다. 차체 전면의 장갑 두께는 80mm/45°, 측면 및 후면 장갑도 80mm 두께였으며, 크루프에서 설계한 포탑은 전면 100mm/곡면, 측면 80mm 두께였다. 화포의 대형화에 더

VK4502(P) 포탑 전방 배치안

주포는 전용으로 개발된 71구경장 8.8cm
전차포 KwK43을 탑재할 예정이었다.
크루프에서 포르셰의
VK4502(P)를 위해 개
발한 이른바 「포르셰 포
탑」을 탑재.
전면 장갑 두께는 80mm/45°로 할 예정이었다.
차체는 이전 설계안인 VK4501(P)와 같은 레
이아웃을 채용, 차체 후부에 기관실을 배치.

기관실은 조종실
뒤에 배치.
후방에 포르셰 포탑을 탑재.

VK4502(P) 포탑 후방 배치안

하여 장갑도 강화되면서 중량은 VK4501(P)보다 5t이 늘어난 65t으로 예상되었다.

차체 후부에는 포르셰의 타입 103/3 엔진(300hp)이 2기(합계 600hp) 탑재되었으며, 각 엔진은 발전기에 직결되어 여기서 만들어진 전기로 지멘스제 전기 모터를 구동, 여기에 연결된 기동륜을 움직이도록 되어 있었다.

포르셰에서는 최초의 설계안인 타입 180A 외에, 탑재 엔진과 조향 장치(전기식과 유압식)의 변경과 포탑의 위치를 바꾼 설계안 타입 180B, 181A, 181B, 181C도 병기국 제6과에 제시했다. 포르셰의 타입 180/181 시리즈는 1942년 2월에 병기국 제6과에 의해 VK4502(P)라는 개발명(티거 P2라고 불리기도 했다)이 부여되었고, 시제차가 완성되기도 전에 100대를 생산할 것을 결정, 포탑은 크루프에서 제작하고 차체의 제조와 조립 작업은 포르셰의 니벨룽 제작소에서 담당하기로 했다.

하지만 전작인 VK4501(P)와 마찬가지로 구동 기구에 문제가 있음이 판명되었고, 1942년 11월에 VK4502(P)의 개발은 중지되었다.

■티거 II

1941년 5월 26일의 회의 직후, 포르셰뿐 아니라 VI호 전차의 개발에 관여했던 헨셸에 대해서도 병기국 제6과에서 장포신 8.8cm 포를 탑재하는 차량의 개발 지시가 내려졌으며, 1942년 8월에는 VK4502(P)용으로 크루프에서 설계한 포탑을 사용할 것이 결정되었다.

VK4501(H)가 티거 I 으로 제식 채용되었던 것도 있어, 헨셸에서는 1942년 11월부터 71구경장 8.8cm 전차포 KwK43 탑재 신형 전차 VK4503(H)의 개발(티거 H3이라 불리기도 했다)을 본격적으로 개시했다.

하지만 헨셸에서는 티거 I 의 생산, 개수, 개조 작업과 병행하여 VK4503(H)의 개발까지 진행해야 했으며, 여기에 MAN에서 개발 중이던 판터 II 와 기본 부품의 공통화라는 사정까지 겹치면서 작업은 그리 순탄하게 진행되지 않았다. 1943년 3월 13일에는 VK4503(H)에서 「티거 II」라고 개칭되었으나, 이것은 공식 명칭이 아니었고, 같은 해 6월에 들어서야 「티거 B형」이라는 명칭이 공식으로 부여되었다.

티거 II 의 시제차 1호는 1943년 11월에 완성되었으며, 그 다음 달인 12월에는 2호차와 3호차가 뒤를 이어 완성되었다. 그리고 이듬해인 1944년 1월부터는 양산이 시작되었다.

티거 II 는 전장 10.286m, 전폭 3.755m, 전고 3.090m에 중량 69.8t에 달하여, 티거 I 을 훨씬 능가하는 중전차였다. 차내 배치 구성은 당시 독일 전차의 표준에 따라, 차체 앞쪽에 조향 장치와 변속기, 그 뒤에 조종실을 설치하여 좌측에는 조종수석, 우측에는 무전수석이 위치했으며, 차체 후부에는 기관실이 자리를 잡았다. V호 전차 판터와 마찬가지로 차체 전체에 경사 장갑이 도입되었으며, 차체 장갑 두께는 전면 상부 150mm/50°(수직면에 대한 경사각), 전면 하부 100mm/50°, 측면 상부 80mm/25°, 측면 하부 80mm/0°, 후면 80mm/30°, 상면 및 바닥면은 40mm/90°였다.

티거 II 초기 생산분 47대는 포르셰의 VK4502(P)용으로 설계된 포탑, 흔히 말하는 「포르셰 포탑」이 탑재된 모습으로 완성되었다. 포르셰 포탑은 곡면으로 구성된 포탑 전면에 포탄이 명중했을 때 샷 트랩 현상 발생 우려가 있었다. 그 때문에 형상을 개선한 포탑이 새로 설계되어 1944년 6월에 생산된 48호차부터 탑재되었다.

새로운 양산형 포탑, 이른바 「헨셸 포탑」의 장갑 두께는 전면이 180mm/10°, 측면 및 후면 80mm/20°, 상면 40mm/78~90°였다. 전면을 평면 경사 장갑으로 만들면서, 샷 트랩 현상 발생 염려가 사라졌으며, 측면과 후면 경사각을 얕게 주면서 내부 용적이 늘어나, 포탄

티거 II 포르셰 포탑형

전장: 10.286m 전폭: 3.755m 전고: 3.09m 중량: 69.8t 승무원: 5명 무장: 71구경장 8.8cm 전차포 KwK43×1, MG34 7.92mm 기관총×2 최대 장갑 두께: 150mm 엔진: 마이바흐 HL230P30(700hp) 최대 속도: 35km/h

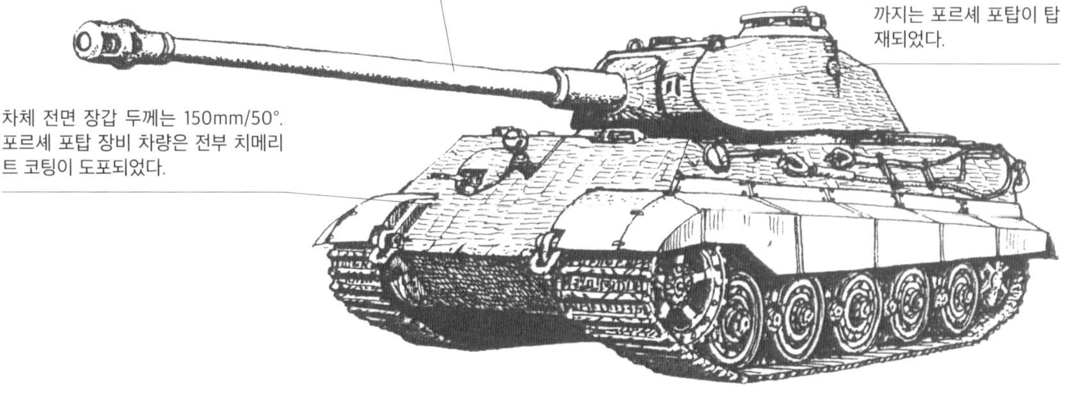

생산 초기의 8.8cm KwK43은 일체식 포신을 사용했다.
양산 1호차부터 47호차까지는 포르셰 포탑이 탑재되었다.
차체 전면 장갑 두께는 150mm/50°. 포르셰 포탑 장비 차량은 전부 치메리트 코팅이 도포되었다.

탑재수도 증가했다. 또한 포르셰 포탑보다 단순한 형상이었기에 생산성도 향상되었다.

주포로 채용된 71구경장 8.8cm 전차포 KwK43은 통상 철갑탄인 PzGr39/40과 텅스텐 탄심 철갑탄 PzGr40/43, 성형 작약탄인 Gr39/43HL, 고폭탄인 Sprgr을 사용할 수 있었다. 포탄은 포탑 수납부에 22발(포르셰 포탑의 경우에는 16발), 전투실 수납부에 64발, 합계 86발을 탑재하고 있었다.

주포인 KwK43은 당대 최강의 전차포로 PzGr39/40을 사용한 경우, 사거리 100m에서 203mm(입사각 30°), 1,000m에서는 165mm, 사거리 2,000m에서는 132mm 두께의 장갑을 관통할 수 있었으며, 이보다 훨씬 관통력이 높은 PzGr40/43을 사용한 경우에는 사거리 100m에서 237mm, 2,000m에서도 153mm 두께의 장갑을 관통 가능했다. 이 수치는 당시의 전장에 투입된 어떠한 연합군 전차도 사거리 밖에서 일방적으로 격파할 수 있다는 것을 의미했다.

차체 후부에 위치한 기관실의 구조 배치는 판터와 매우 비슷했는데, 중앙에 700hp 출력의 마이바흐 HL230P30엔진이 탑재되었으며, 그 좌우에 라디에이터와 냉각팬이 배치되었다. 공격력과 방어력 면에서 타의추종을 불허하는 압도적 성능을 자랑했던 티거Ⅱ였지만, 거의 70t 가까이 나가는 거체였기에 기동력은 빈말로도 양호하다고 하기는 어려웠으나, 공격력과 장갑방어력에 우선순위를 둔 중전차라는 점을 감안한다면 낮은 기동력은 어쩔 수 없는 부분이라 할 것이다.

티거Ⅱ는 생산 도중에 포탑의 변경뿐 아니라 각종 개량과 신형 부품의 도입, 생산성 향상을 위한 공정 간략화 등이 실시되었으며, 1944년 1월~1945년 3월까지 489대가 생산되었다. 이 중에는 통상형 외에 20대의 지휘 전차도 있었다.

■티거Ⅱ의 계획형

전쟁이 끝날 때까지 무적을 자랑했던 티거Ⅱ였지만, 양산과 병행하여 한층 더 개량·강화하는 계획안이 구상되고 있었다. 먼저, 화력 강화안을 살펴보면, 1944년 11월에 크루프에서 68구경장 10.5cm 전차포로 교체하는 설계안을 제출했다.

또한 화력 강화와 함께 사격 정밀도 향상안도 구상되었는데, 1944년 10월에는 SZF3 자이로 안정식 망원 조준경을 탑재하는 설계안이 만들어졌다. SZF3은 조준기를 자이로 안정기를 통해 안정화시키고, 조준경의 레티클에 주포를 연동시켜 조준한다는, 극히 정밀한 시스템으로, 실제 완성된 시제품을 티거Ⅱ에 탑재하여 시험 평가를 실시했다고 전해진다.

이 외에도 사격 정밀도 향상안으로, 좌우 기선 길이 1.6m인 Em.1.6mR(Pz) 스테레오식 거리 측정기를 탑재하는 계획이 있었다. 이 거리 측정기는 원래 1943년 7월부터 제작될 예정이었으나, 개발에 시간이 걸리면서, 완성된 것은 대전 말기의 일로, 티거Ⅱ에 탑재되지 못한 채 종전을 맞게 되었다.

그리고 티거Ⅱ의 단점이었던 기동 성능을 개선하는 계획으로는, 출력 1,200hp로 연료 분사 장치가 달린 HL232, 1,000hp인 HL232RT 디젤 엔진, 940hp에 연료 분사 장치를 갖춘 HL234, 포르셰의 가스 터빈 엔진 등의 연구와 개발이 진행되고 있었다. HL234는 종전 무렵에 시제품이 완성되어 시험 평가가 이루어졌다.

이외에도 판터 G형에서 실용화되었던 적외선 투시 장치를 장비하는 계획과 포탑 위에 MG151/20 2cm 대공 기관포를 탑재하는 계획도 있었다.

1944년 6월에 생산된 양산 48호차
부터는 헨셀 포탑이 탑재되었다.
1944년 4월부터 도입
된 2분할식 포신.

티거Ⅱ 헨셀 포탑형

전장: 10.286m 전폭: 3.755m 전고: 3.09m 중량: 69.8t 승무원: 5명 무장: 71구경장 8.8cm 전차포 KwK43 ×1, MG34 7.92mm 기관총×2 최대 장갑 두께: 150mm 엔진: 마이바흐 HL230P30(700hp) 최대 속도: 35km/h

⦿티거 II 의 변천

포르셰 포탑형
1944년 1월~5월 생산차(양산 1호차~47호차)

벤틸레이터 커버
커버를 떼어낸 벤틸레이터

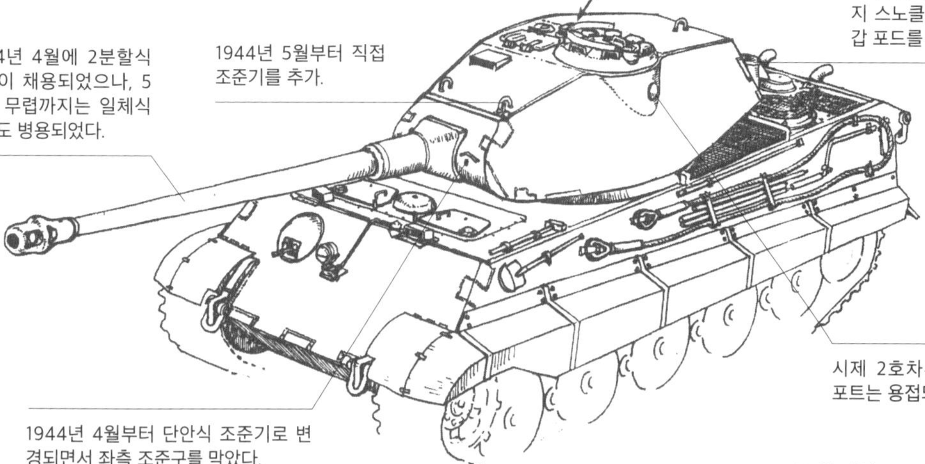

1944년 3월 생산차까지 스노클 수납부의 장갑 포드를 설치.
1944년 4월에 2분할식 포신이 채용되었으나, 5월말 무렵까지는 일체식 포신도 병용되었다.
1944년 5월부터 직접 조준기를 추가.
시제 2호차부터 피스톨 포트는 용접되었다.
1944년 4월부터 단안식 조준기로 변경되면서 좌측 조준구를 막았다.

【포구 제퇴기】

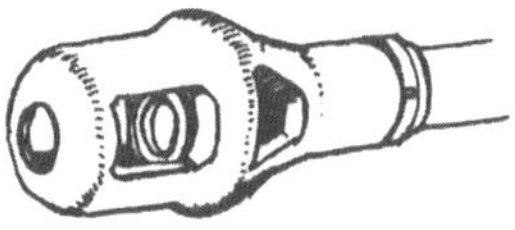

초기형

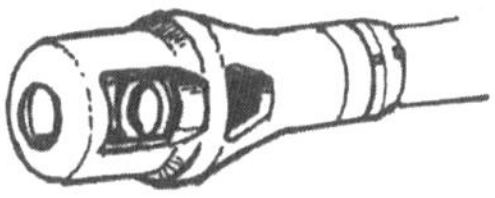

1944년 4월부터 도입된 신형

시제 2호차

스노클 파이프
스노클 수납부의 개폐식 장갑 포드
연락용 소형 해치 폐지.
장갑 포드를 연 상태.
무전수용 잠망경 전방을 깎아내는 가공을 하지 않았다.

【시제차~극초기형의 기동륜】

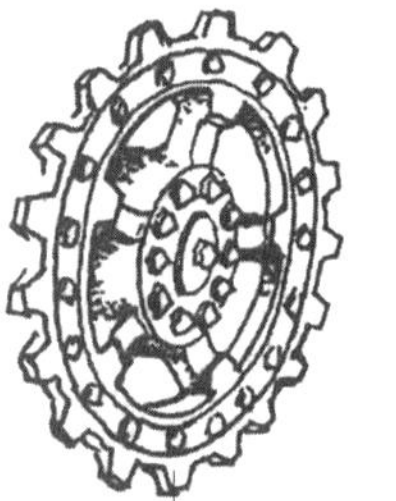

톱니 18개가 붙은 타입.

【시제 3호차~1944년 3월 생산차의 배기관】

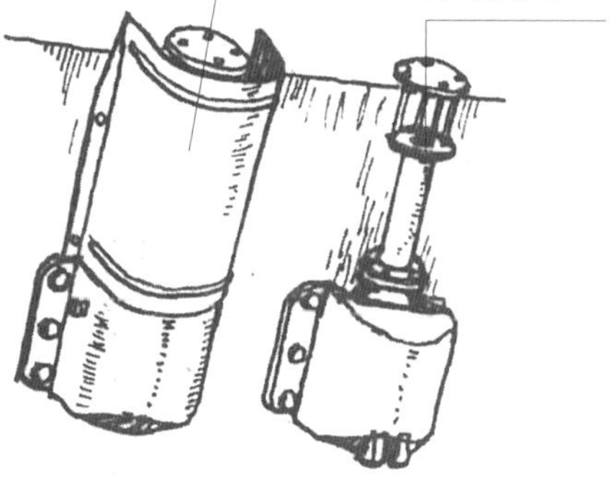

배기관 커버. 1944년 5월에 폐지.
배기구에 방수용 밸브를 장비.

【궤도】

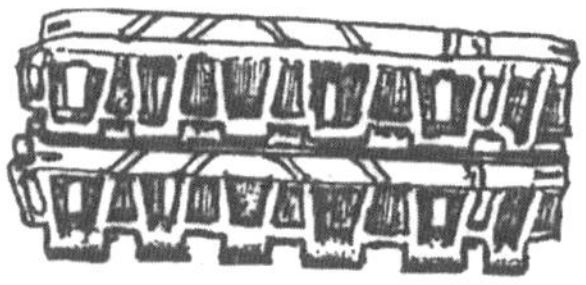

시제차~극초기형의 궤도 Gg24/800/300

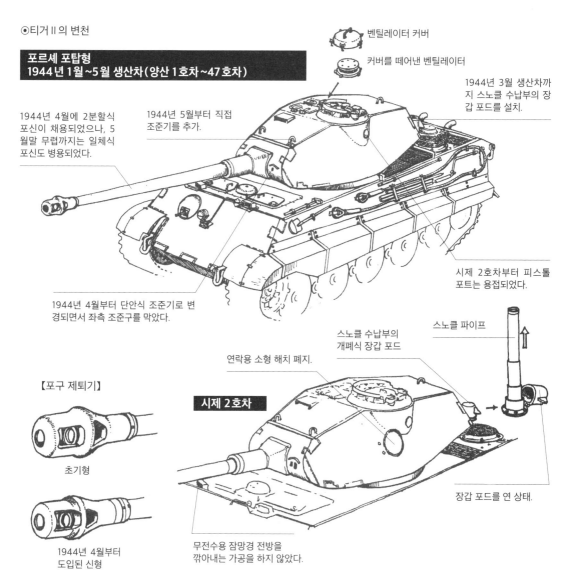

1944년 5월부터 사용된 표준 궤도 Gs26/800/300

헨셀 포탑형 1944년 6월 생산차(양산 48호차) 이후

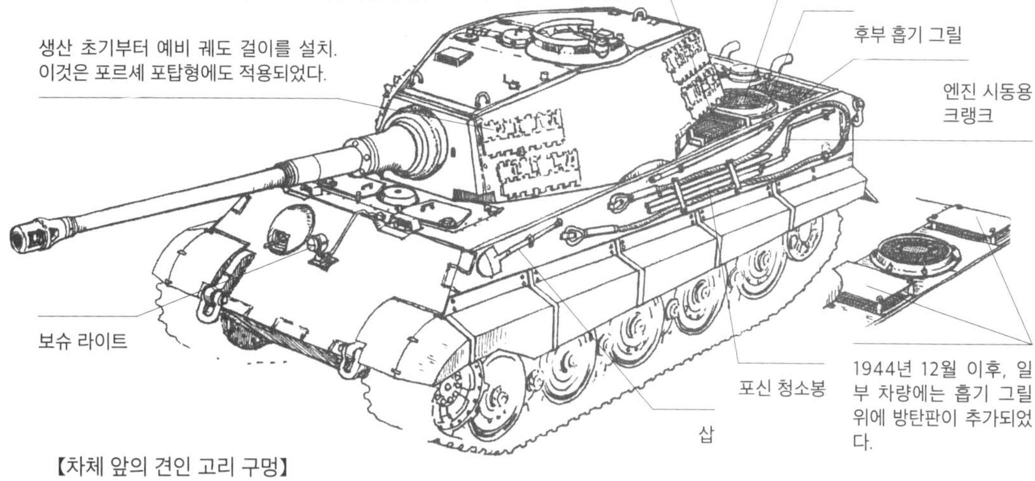

1944년 9월부터 전방 흡기 그릴에 철망 커버를 장비.
배기 그릴
쇠지레
후부 흡기 그릴
엔진 시동용 크랭크
생산 초기부터 예비 궤도 걸이를 설치. 이것은 포르셰 포탑형에도 적용되었다.
보슈 라이트
포신 청소봉
삽
1944년 12월 이후, 일부 차량에는 흡기 그릴 위에 방탄판이 추가되었다.

【차체 앞의 견인 고리 구멍】

앞부분은 움푹 들어가지 않은 평탄한 형상.

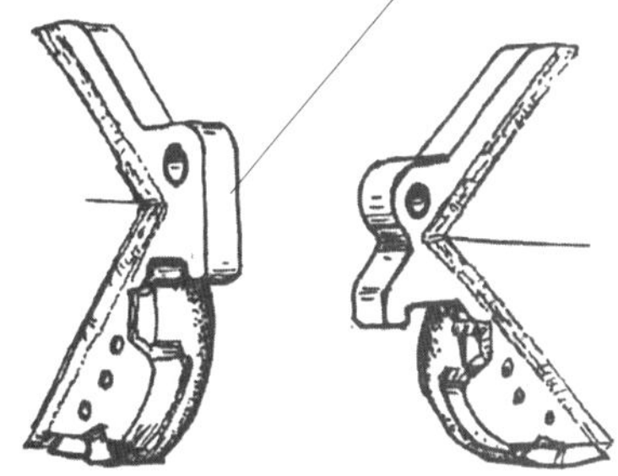

1944년 3월까지의 생산차 1944년 4월 이후 생산차

【장전수용 해치】

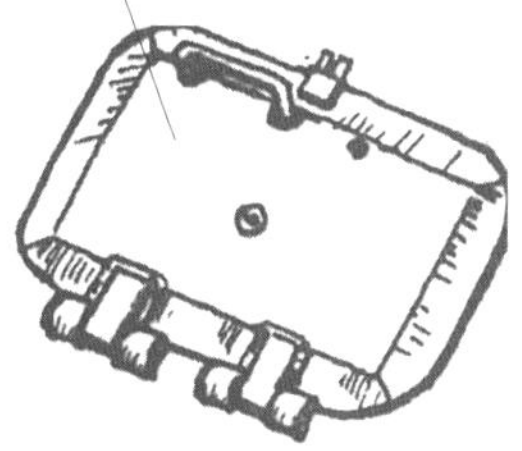

평면 가공.

헨셀 포탑형
1944년 7월 이후 생산차

강판 프레스 가공.

포르셰 포탑형

【헨셀 포탑형의 포방패 베리에이션】

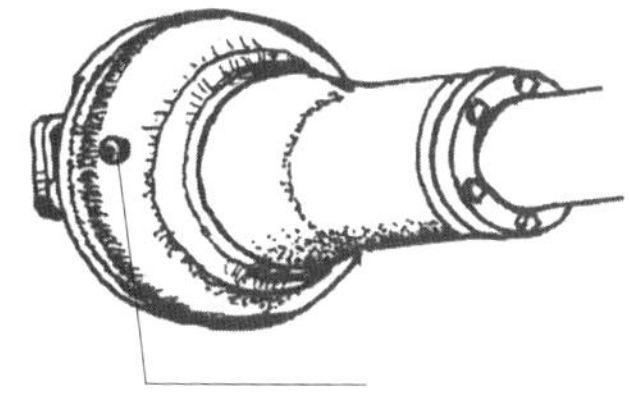

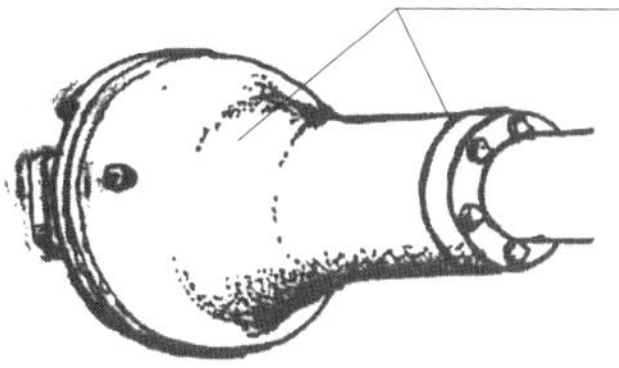

【조종실 상면 중앙 벤틸레이터 커버】

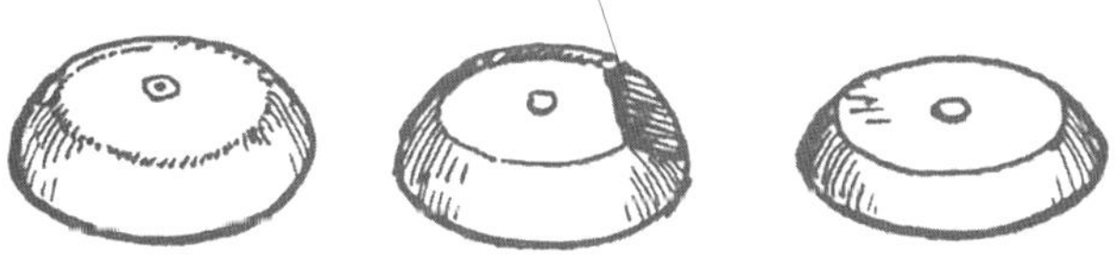

포탑 가동에 간섭되지 않도록 깎아냈다.

시제차 | 헨셀 포탑형 초기 생산차 | 헨셀 포탑형 후기 생산차

【포탑 후면 해치】

패널은 볼트 고정. 주포 교환 시에는 패널을 통째로 제거한다.
피스톨 포트

포르셰 포탑형

헨셀 포탑형
1944년 8월 이전 생산차

장갑 커버를 씌웠다.

헨셀 포탑형
1944년 8월 이후 생산차

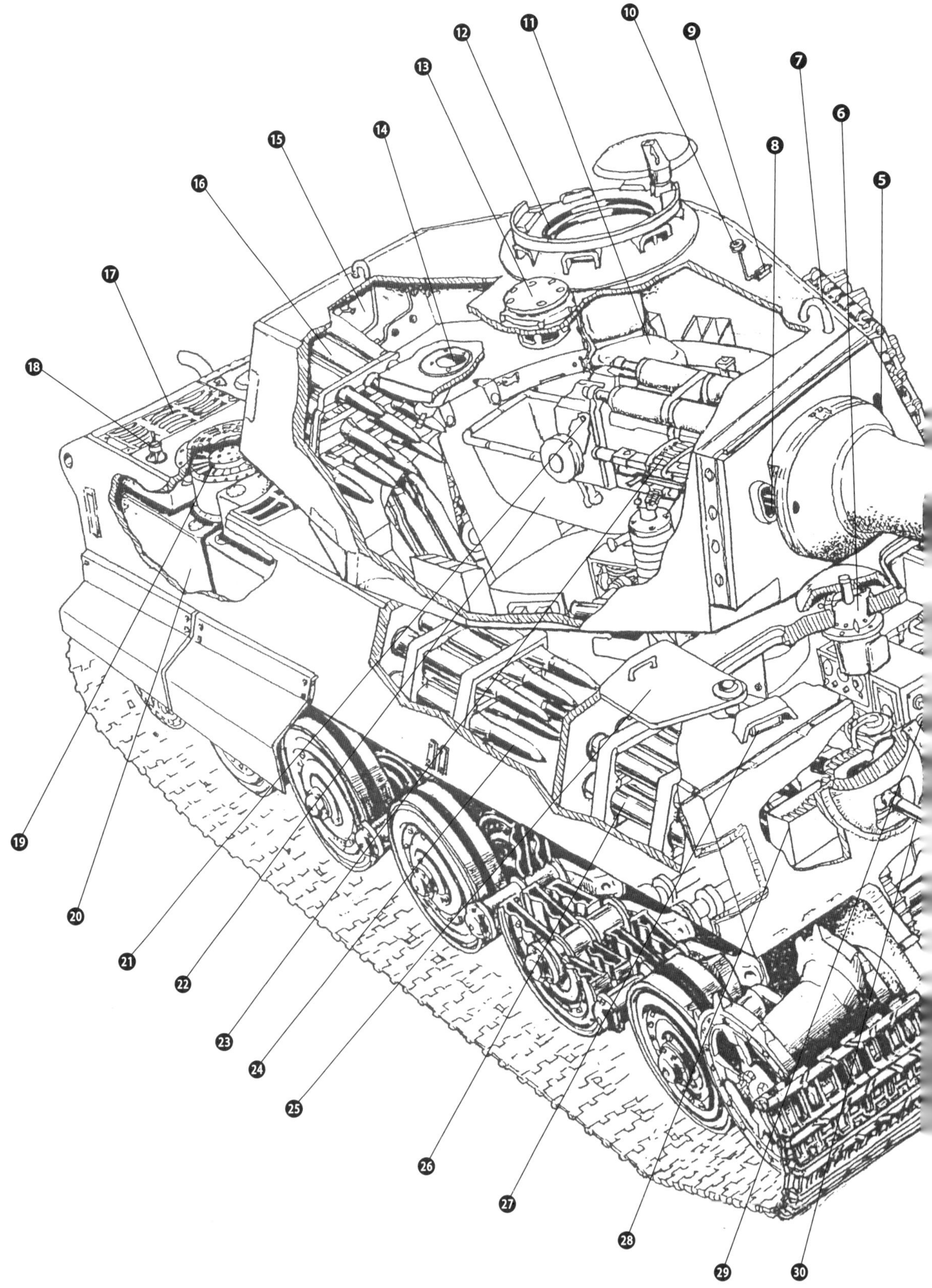
5
6
7
8
9
10
11
12
13
14
15
16
17
18
19
20
21
22
23
24
25
26
27
28
29
30

티거 II 지휘전차 (Sd.Kfz.267)

기관실 최후방 중앙에 원통형 안테나 마운트를 증설, Fu8용 슈테른 안테나를 장비.

포탑 상면 우측에도 안테나 마운트를 증설하여 Fu5용 안테나를 장비.

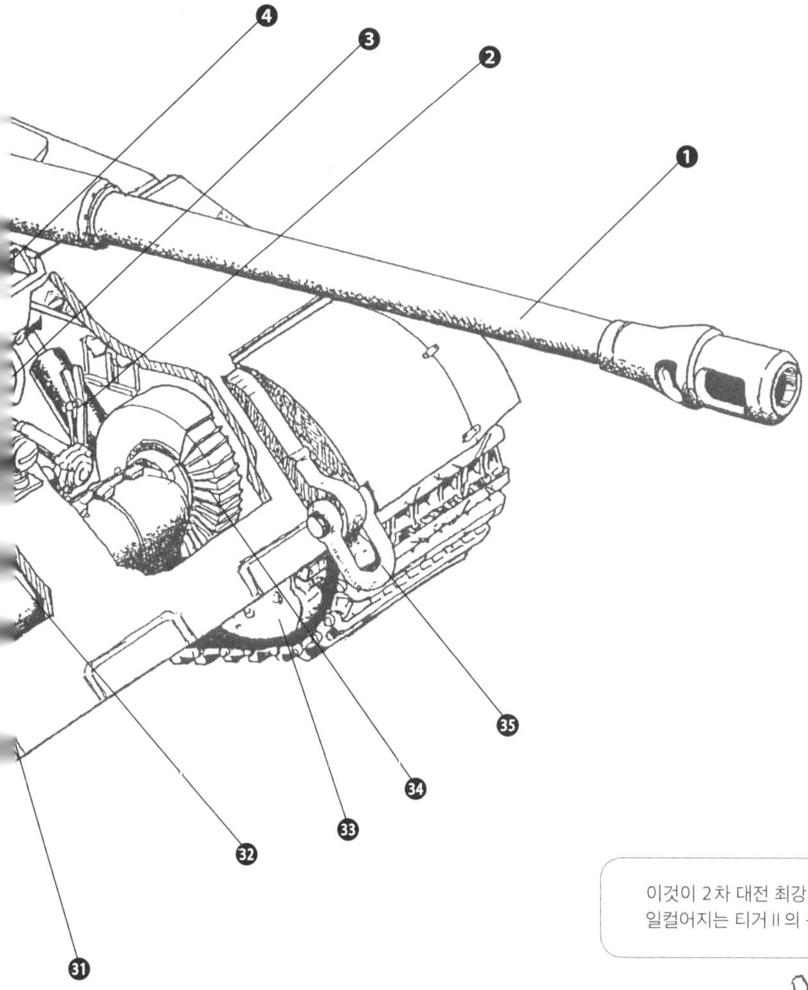

⊙티거 II 의 구조

❶71구경장 8.8cm 전차포 KwK43
❷핸드 브레이크 레버
❸스티어링
❹조종수용 잠망경
❺조준기용 개구부
❻벤틸레이터
❼크레인용 현수 고리
❽공축 기관총구
❾직접 조준 기구
❿2t 크레인 설치 마운트
⓫전차장석
⓬전차장용 큐폴라
⓭벤틸레이터
⓮근접 방어 무기
⓯후면 해치
⓰포탄 수납대
⓱흡기 그릴
⓲안테나 마운트
⓳냉각팬
⓴연료 탱크
㉑포미
㉒탄피 받이
㉓MG34 공축 기관총
㉔포탄 수납대
㉕무전수용 해치
㉖포탄 수납대
㉗무전수용 잠망경
㉘MG34용 탄약통
㉙무전기
㉚MG34 7.92mm 기관총
㉛조향 장치
㉜변속기
㉝최종 감속기 레버
㉞브레이크 유닛
㉟견인 고리

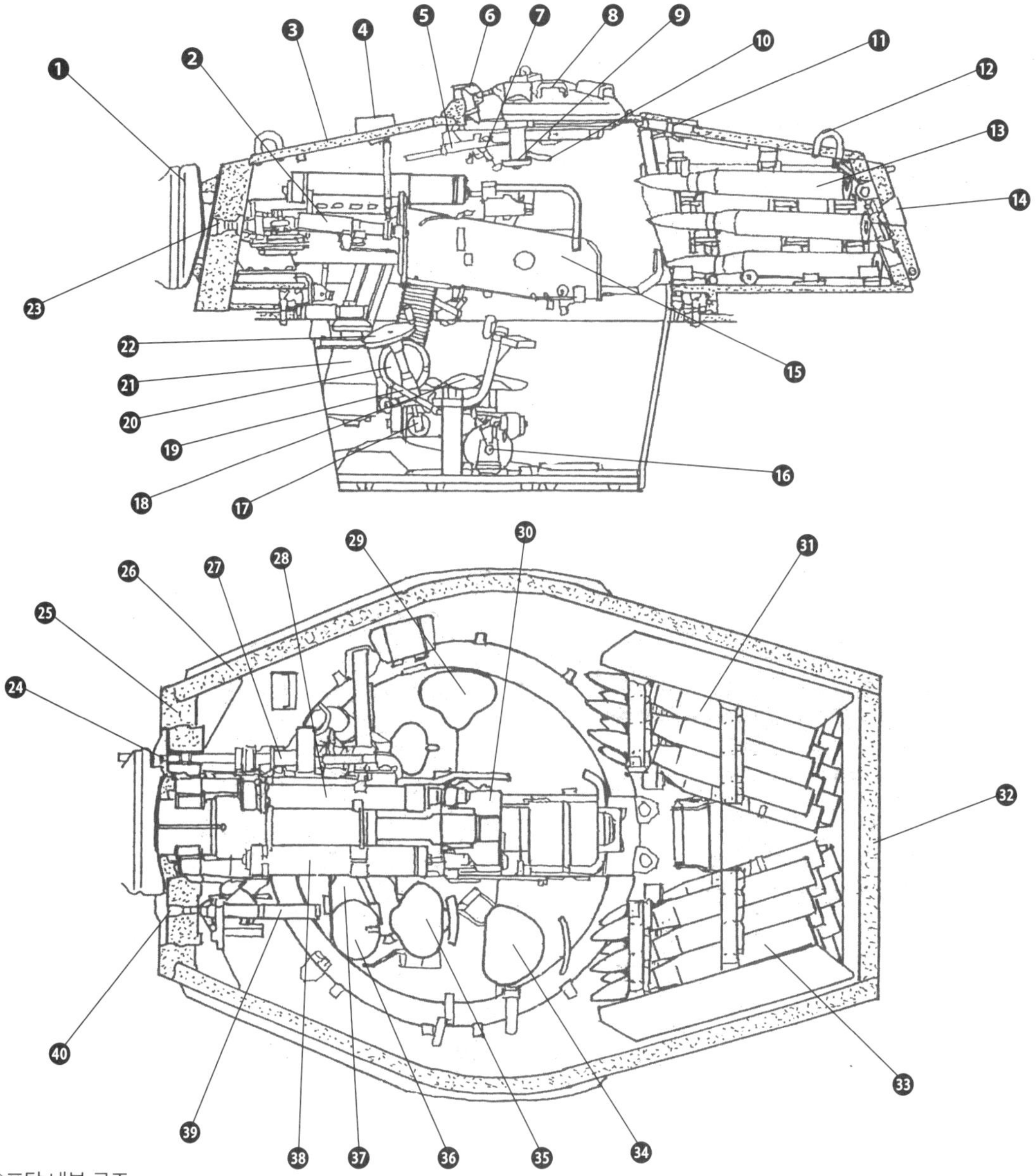

⊙포탑 내부 구조

1 포방패
2 조준기
3 상면 장갑판(두께 40mm)
4 장전수용 잠망경
5 장전수 해치 개폐 완충기
6 큐폴라 내장식 잠망경
7 근접 방어 무기 발사관
8 전차장용 큐폴라
9 큐폴라 해치 잠금 손잡이
10 큐폴라 해치 개폐 레버
11 탄피 배출 해치
12 크레인용 현수 고리
13 포탄 수납대
14 피스톨 포트용 장갑 마개
15 포미 안전 가드
16 콤프레서
17 유압 모터
18 포수석
19 공축 기관총 격발용 페달
20 주포 상하각 조정 핸들
21 포탑 선회 구동 장치
22 수동 포탑 선회 핸들
23 조준기용 개구부
24 공축 기관총구
25 전면 장갑(두께 180mm)
26 측면 장갑(두께 80mm)
27 MG34 공축 기관총
28 주퇴기
29 장전수석
30 포미
31 우측 포탄수납대
32 후면 장갑(두께 80mm)
33 좌측 포탄 수납대
34 전차장석
35 포수석
36 수동 포탑 선회 핸들
37 포탑 선회 구동 페달
38 복좌기
39 조준기
40 조준기용 개구부

포탑 안에서 대형인
8.8cm 포탄을 장전하는 건
무척 힘들었어.

⊙근접 방어 무기

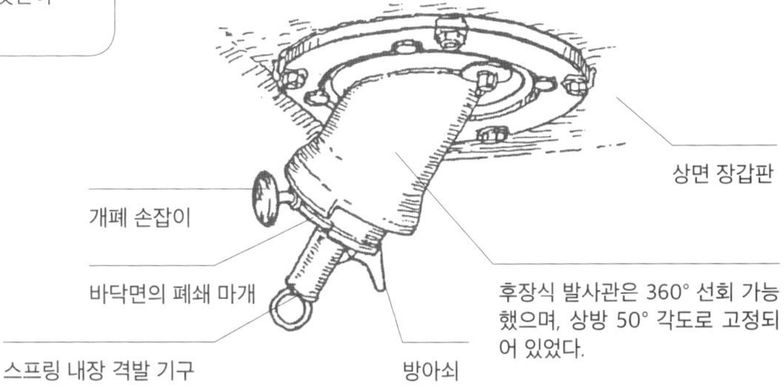

【근접 방어 무기의 사용 순서】

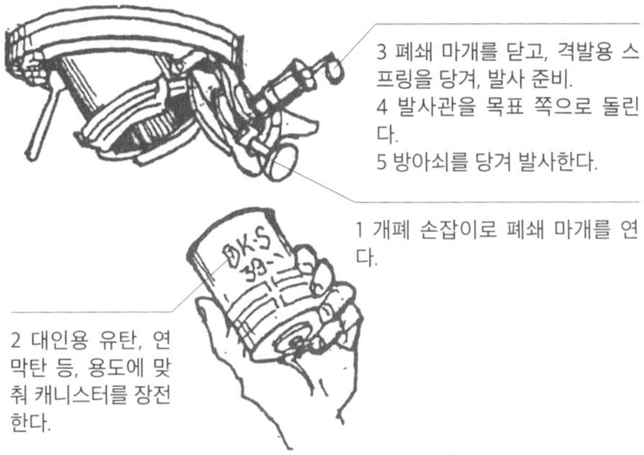

3 폐쇄 마개를 닫고, 격발용 스프링을 당겨, 발사 준비.
4 발사관을 목표 쪽으로 돌린다.
5 방아쇠를 당겨 발사한다.
1 개폐 손잡이로 폐쇄 마개를 연다.
2 대인용 유탄, 연막탄 등, 용도에 맞춰 캐니스터를 장전한다.

【포르셰 포탑의 상면】

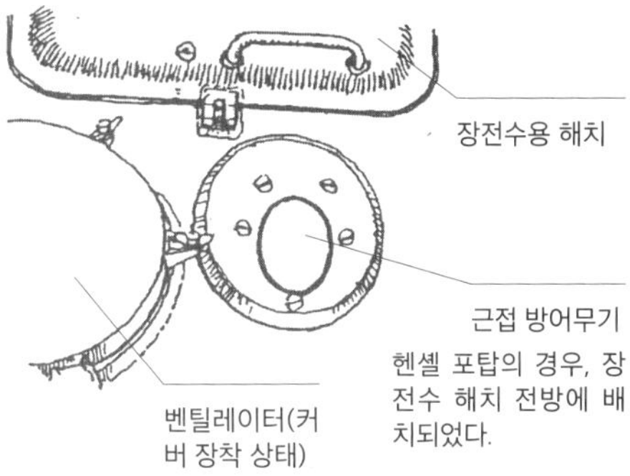

【신호탄 등을 발사할 때】

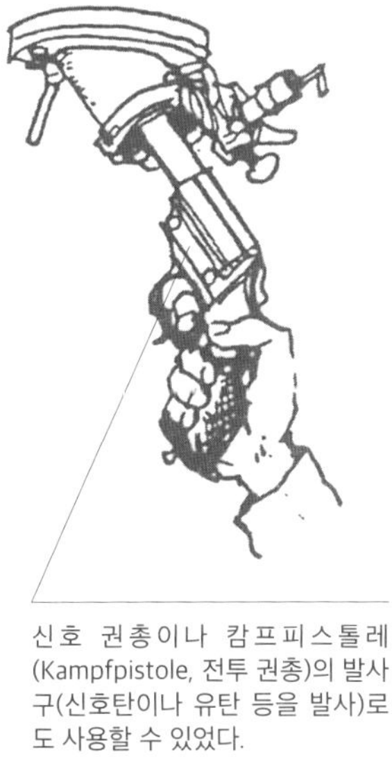

야크트티거와 그릴레 자주포

■야크트티거

야크트티거의 개발은 1943년 초, 일선 부대에서 나온 "3,000m 거리에서 소련 전차를 격파할 수 있는 12.8cm 포 탑재 중돌격포"라는 요망이 발단으로, 이에 따라 차체의 개발은 헨셸에서, 탑재포의 개발은 크루프에서 담당하게 되었다.

티거Ⅱ의 개발을 병행하고 있던 헨셸에서는 1943년 봄에 12.8cm 돌격포/구축전차의 설계안 2종을 정리해 올렸다. 제1안은 티거Ⅱ의 차체를 연장하여 차체 중앙에 전투실을 배치하는 것이었고, 제2안은 제1안과 같은 차체이지만 엔진을 차체 전방에 수용하고 전투실을 후방에 배치하는 것이었다.

헨셸에서 내놓은 제2안은 포신을 포함한 전장을 짧게 줄일 수 있었던 반면, 상당한 설계 변경이 필요했으며, 주포의 포신이 엔진 교환 등의 작업에 방해가 된다는 단점도 있었다. 1943년 5월, 병기국 제6과에서는 보다 현실적인 제1안을 선택하고 개발 차량에 대하여 「야크트티거(Jagdtiger)」라는 제식명을 부여했다. 1944년 2월에 양산 1호차가 완성된 이후, 야크트티거는 종전 시까지 약 82대(정확한 수량은 불명)가 만들어졌다.

야크트티거는 티거Ⅱ를 기반으로 하고 있으나, 차체를 연장했으며, 주포의 부각(俯角) 확보를 위해 차체 전방(조종실) 상면이 5cm 정도 낮게 만들어졌다. 차체 레이아웃은 티거Ⅱ와 마찬가지로 차체 앞쪽에 변속기, 그 뒤에 조종실이 설치되었으며, 조종실 좌측은 조종수석, 우측은 무전수석이 배치되었고, 차체 중앙이 전투실, 그 후방에 기관실이 위치했다.

전장 10.654m, 전폭 3.625m, 전고 2.945m에 중량 75t에 달했던 야크트티거의 장갑 두께는 차체 전면 상부가 150mm/50°, 차체 전면 하부 100mm/50°, 전투실 전면 250mm/15°, 측면 상부 80mm/25°, 측면 하부 80mm/0°, 차체 후면 80mm/30°, 전투실 후면 80 mm/3°, 상면 및 바닥면은 40mm/90°였다.

주포인 55구경장 12.8cm 포 PaK44(후에 PaK80으로 개칭)는 2차 대전 당시 사용된 최강의 차량 탑재포로, 티거Ⅱ나 엘레판트, 야크트판터의 71구경장 8.8cm 전차포를 능가했는데, 피모철갑탄인 PzGr43을 사용할 경우, 사거리 2,000m에서 148mm(입사각 30°)의 장갑을 관통할 수 있는 성능을 자랑했다.

엔진은 티거Ⅱ와 동일한 700hp 출력의 마이바흐 HL230P30 엔진이 탑재되었으나, 티거Ⅱ 이상으로 무거운 차량이었기에 당연하게도 기동 성능은 낮은 편이었다. 야크트티거는 원래 개발 기반이 되었던 티거Ⅱ의 현가장치를 그대로 사용할 예정이었으나, 개발 도중에 포르셰에서 설계한 현가장치가 헨셸의 것보다 생산성이 더 높고 생산 비용이 저렴하다는 제안이 들어오면서, 완성차에 양

야크트티거의 주포 12.8cm 대전차포 PaK44

구경: 12.8cm 전장: 7.023m 중량: 10,160kg 사각: 상하각 -7.51°~+45.27° 포구 초속: 920m/s 최대 사거리: 24,410m 장갑 관통력: 피모 철갑탄 PzGr43 사용 시, 사거리 1,000m에서 167mm(입사각 30°), 사거리 2,000m에서 148mm

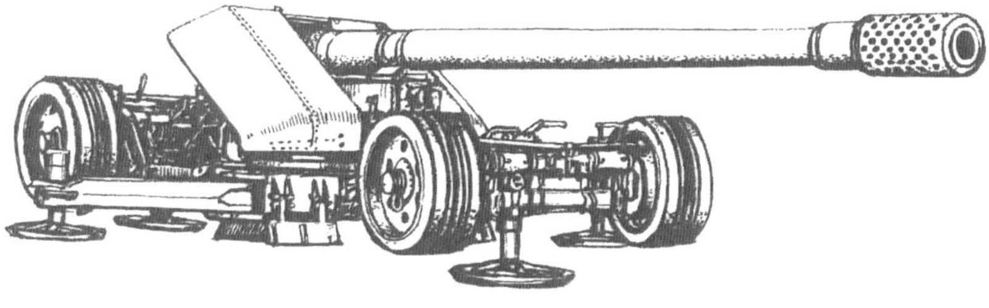

야크트티거 포르셰 현가장치 장비형

12.8cm PaK44를 탑재.

포르셰 현가장치 장비형은 모두 치메리트 코팅이 도포되었다.

전장: 10.5m 전폭: 3.77m 전고: 2.82m 중량: 75.2t 승무원: 6명 무장: 55구경장 12.8cm PaK44(PaK80)×1, MG34 7.92mm 기관총×2 최대 장갑 두께: 250mm 엔진: 마이바흐 HL230P30(700hp) 최대 속도: 34.6km/h

포르셰 현가장치 장비형은 양산 1호차와 3~11호차까지 10대였다.

사의 현가장치를 장비하고 성능 시험을 실시하게 되었다.

1944년 2월에 완성된 야크트티거 양산 1호차는 포르셰의 현가장치를, 2호차는 티거Ⅱ와 같은 헨셸의 현가장치를 장비했다. 시험 평가 결과, 2호차에서는 별다른 문제가 발생하지 않았으나, 1호차는 저속에서 궤도에 피칭이 발생했다. 포르셰에서는 사용 궤도였던 Gg24/800/300에 문제의 원인이 있다고 보고, 마찬가지로 포르셰 현가장치를 사용하는 3호차에는 엘레판트용 구궤도인 Kgs62/640/130을 사용하여 주행 시험을 실시했다. 그러나 문제는 여전히 해결되지 않았고, 결국 다시 헨셸의 현가장치가 채용되었다.

하지만, 당시 이미 포르셰 현가장치의 생산 준비가 끝나 있었기 때문에, 같은 해 9월까지 생산된 10대는 포르셰 현가장치를 장비한 상태로 완성되었다. 야크트티거가 최초로 배치된 제653 중전차 구축 대대의 경우, 헨셸 현가장치를 단 차량 외에 6대의 포르셰 현가장치를 단 차량도 섞여 있었다.

양산 12호차부터는 전부 헨셸제 현가장치를 장비하고, Gg26/800/300 궤도를 사용했다. 야크트티거는 생산 대수가 적었기에 제653 중전차 구축 대대 외에 제512 중전차 구축 대대에만 배치되는 것에 그쳤다.

■야크트티거 8.8cm PaK43 /3D 탑재형

원래 야크트티거는 제1차 생산 로트 150대, 이후 월 50대 생산이라는 계획이 잡혀 있었으나, 실제 생산 진행 상황은 계획과는 거리가 한참 멀었다. 개발 기반이 된 티거Ⅱ의 생산 지연과 생산 설비에 대한 연합군의 공습이 생산 부진의 주된 이유였지만, 12.8cm PaK44의 생산이 지체된 것도 큰 영향을 주었다.

1945년 3월경, 야크트판터의 71구경장 8.8cm PaK43/3의 설계를 고친 PaK43/3D를 탑재하자는 안이 나오면서, 이 포를 탑재한 야크트티거가 만들어지게 되었는데, 1945년 4월 이후에 극히 소수(1~4대로 추정됨)이 제작되었다.

야크트티거 헨셸 현가장치 장비형

전장: 10.5m 전폭: 3.77m 전고: 2.95m 중량: 75.2t 승무원: 6명 무장: 55구경장 12.8cm PaK44(PaK80)×1, MG34 7.92mm 기관총×2 최대 장갑 두께: 250mm 엔진: 마이바흐 HL230P30(700hp) 최대 속도: 34.6km/h

헨셸 현가장치 장비형은 약 8개월 동안 72대밖에 만들어지지 않았으나 생산 시기에 따라 세부적인 차이를 발견할 수 있다.

헨셸 현가장치 장비형 가운데 처음 5대에는 치메리트 코팅이 도포되었다.

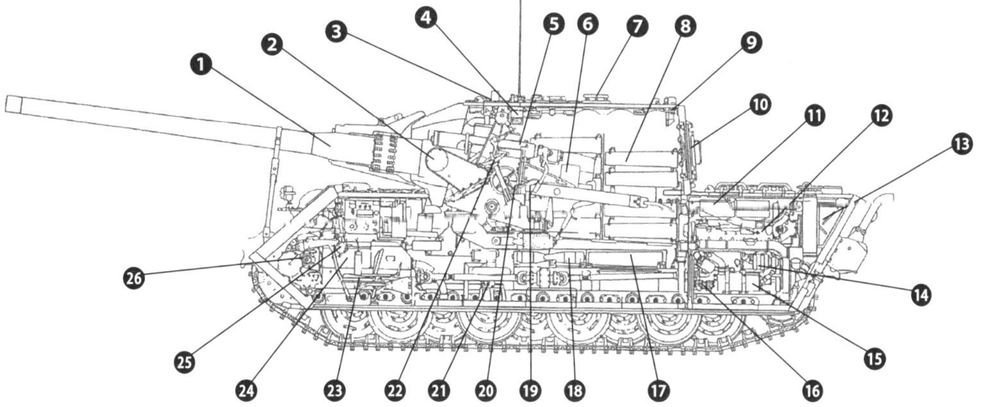

⊙야크트티거의 내부 구조

❶12.8cm PaK44
❷요가
❸전차장용 잠망경
❹전차장용 우측 잠망경
❺주퇴기
❻포미
❼벤틸레이터
❽탄피 수납대
❾후방 관측용 잠망경
❿후면 해치
⓫에어 클리너
⓬마이바흐 HL230P30 엔진
⓭냉각수 탱크
⓮발전용 보조 기관
⓯오일 쿨러
⓰연료 펌프
⓱탄피 수납대
⓲포탄 수납대
⓳포수석
⓴상하각 조정 핸들
㉑프로펠러 샤프트
㉒주포 선회 핸들
㉓조종수석
㉔변속기
㉕스티어링
㉖조향 장치

■야크트티거 계획형

1944년 11월에는 크루프에서 66구경장 장포신화로 화력을 향상시키는 계획안이 제안되었다. 간단한 개념도밖에 남아 있지 않아 상세한 사항은 불명이지만, 66구경장 12.8cm 포로 교체하면서, 사격 시에 후퇴 복좌하는 포미가 전투실 후면에 닿지 않도록 전투실 후방에 커다란 돌출부를 증설할 예정이었던 것으로 보인다.

하지만, 주포 탑재 공간 확보의 어려움과 기동력 저하 문제 등, 해결할 문제가 많았고, 무엇보다도 55구경장 12.8cm PaK44가 충분하고도 넘치는 위력을 지니고 있었기에 야크트티거의 장포신형은 페이퍼 플랜으로 끝났다.

■그릴레 17/그릴레 21

1942년 6월에 17cm 포 이상의 대형 화포를 탑재하는 자주포의 개발이 결정되면서, 개발 담당 메이커로 지정된 크루프에서는 17cm 직사포 K72와 21cm 구포 Msr18/1을 탑재 가능한 차체 설계에 착수했다.

당초에는 계획 당시, 가장 큰 궤도식 차량이었던 티거 I 의 차체를 전용할 예정이었으나, 1943년 1월에는 보다 대형인 티거 II 의 개발이 진행됨에 따라 해당 차량의 차체를 이용할 것이 결정되었다.

17cm K12 자주 직사포 그릴레 17 (809호 병기)와 21cm Msr18/1 자주 구포 그릴레 21(810호 병기)는 티거 II 의 엔진, 변속기, 기동륜, 보기륜, 궤도를 사용했지만, 차체는 완전히 새로 설계되었는데, 차체 길이는 티거 II 보다 길고 보기륜은 좌우 각 11개 구성이었다. 차체 전면의 조종실 바로 뒤에는 기관실, 그리고 차체 후부에 전투실이 설치되었다.

전투실에 탑재된 17cm 포와 21cm 포는 포가까지 통째로 후방으로 슬라이드시켜, 차체에서 내릴 수 있었다. 지원 차량이었기에 장갑은 얇은 편으로 차체 전면이 30mm, 측면과 후면은 각 16mm 두께였다. 티거 II 보다 차체는 훨씬 컸으나, 장갑이 얇았기 때문에 중량은 60t 미만으로 억제할 수 있었으며, 티거 II 와 같은 엔진을 탑재하고 있었기에 45km/h의 최고 속도를 낼 수 있는 등, 기동성은 양호했다.

1943년 가을에 시제차가 완성될 예정이었으나, 티거 II 의 생산이 지연되었고, 탑재 화포의 개발도 늦어지면서 결국은 차체만이 완성된 채로 종전을 맞게 되었다.

야크트티거 8.8cm PaK43/3D 탑재형

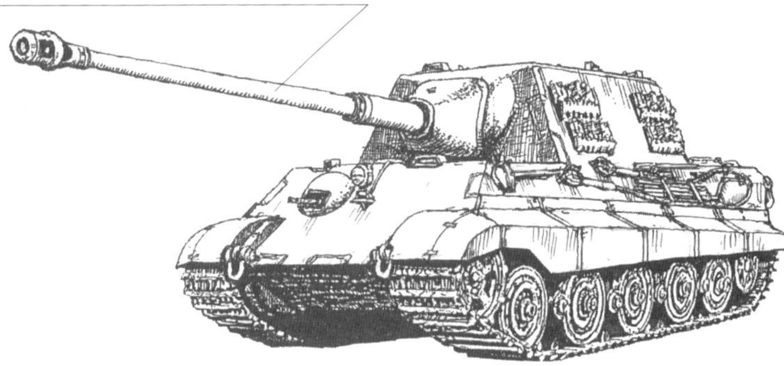

야크트판터의 8.8cm PaK43/3을 야크트티거용으로 개수한 PaK43/3D를 탑재.

전폭: 3.77m 전고: 2.95m 승무원: 6명 무장: 71구경장 8.8cm PaK43/3D ×1, MG34 7.92mm 기관총×2 최대 장갑 두께: 250mm 엔진: 마이바흐 HL230P30(700hp) 최대 속도: 35km/h

17cm K72 자주 직사포 그릴레 17

주포인 17cm 직사포 K72는 지상에 내려놓고 사용할 수도 있었다.

차체는 완전 신규 설계. 차체 전면 장갑은 30mm, 측면/후면은 16mm 두께였다.

티거 II 의 엔진, 변속기, 기동륜, 보기륜, 궤도를 사용. 차체가 티거 II 보다 길어지면서 보기륜은 양쪽에 각 11개씩 배치되었다.

전장: 13m 전폭: 3.27m 전고: 3.15m 중량: 58t 승무원: 7명 무장: 55구경장 17cm 직사포 K72×1, MG34 7.92mm 기관총×1 최대 장갑 두께: 30mm 엔진: 마이바흐 HL230P30(700hp) 최대 속도: 45km/h

그 외의 궤도식 전투 차량

2차 대전 당시의 독일군은 실로 다양한 전투 차량을 개발했다. 이 중에는 소수 생산에 그친 차량이 있는가 하면, 시제차이면서도 실전에 투입된 차량도 적지 않다. 여기서는 독일군 최대의 궤도식 전투 차량인 카를과 최소 차량인 골리아트 등에 대하여 해설하고자 한다.

자주포/폭약 운반차

■병기 기재 카를

1930년대 중반, 독일군은 재군비를 진행함과 동시에 장래의 전쟁에 대비한 준비도 실시했다. 당시, 최대의 가상 적국은 이웃의 대국인 프랑스로, 이에 대비하기 위해서는 프랑스와 독일 국경을 따라 지어진 요새 지대 마지노선의 공략이 필수였다.

1936년에 독일군은 마지노선 공략을 위해 대구경포 개발에 착수했다. 육군 최고 사령부에서 병기국 제4과에 요구한 당초의 사양은 구경 80cm인 구포로, 최대 사거리는 2t 포탄으로 최대 사거리 2,000m, 4t 포탄의 경우에는 최대 사거리 1,000m였다. 이 사양에 맞춰, 병기국 제4과에서는 라인메탈에 중(重) 구포의 포탄은 관통 성능과 작약의 폭발력을 높인 2종류로, 중량은 약 2t, 최대 사거리 3,000m이며 포는 분해 수송이 가능해야 하며, 포의 방열부터 포격까지 소요되는 시간은 6시간 이내여야 한다는 요구 사양을 제시했다.

라인메탈에서는 1937년 1월까지 설계 사양을 정리하여 병기국 제4과에 제안했다. 그 내용은, 구경 60cm에 2t 포탄을 사용하며, 최대 사거리 3,000m, 자주식이며, 중량은 55t이라는 것이었다. 1937년 6월에 병기국 제4과의 승인을 받자, 라인메탈에서는 중 자주 구포의 개발에 착수했다.

1940년 5월에 시제차의 주행 시험이 시작되었고, 1941년 2월부터 8월까지 60cm 구포가 탑재된 생산 1~6호차가 완성되었다. 완성 이전인 1940년 11월, 개발 중이던 중 자주 구포에 「병기 기재 040(Gerät 040)」, 그리고 1941년 2월에는 개발에 관여했던 카를 하인리히 에밀 베커(Karl Heinrich Emil Becker) 장군의 이름을 딴 「카를 병기 기재」라고 명명되었다. 또한 6대의 카를에는 각각 「아담(Adam)」, 「에바(Eva)」, 「토르

병기 기재 카를 1호/2호차

전장: 11.37m 전폭: 3.16m 전고: 4.78m 중량: 124t 승무원: 19명 무장: 8.44구경장 60cm 구포 병기 기재 040×1 엔진: 다임러-벤츠 MB503A(580hp) 최대 속도: 10km/h

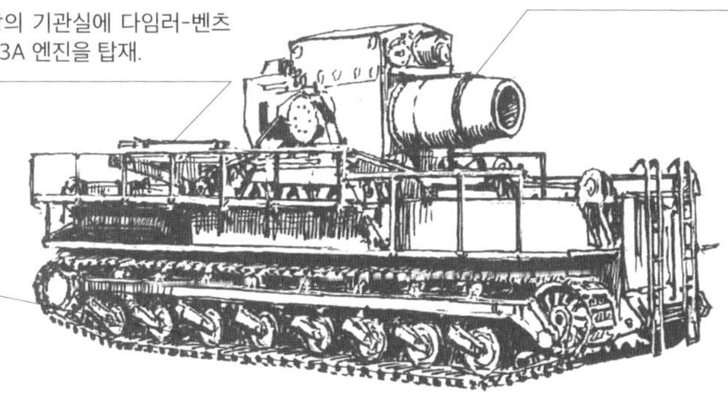

병기 기재 카를 3호~6호차

전장: 11.37m 전폭: 3.16m 전고: 4.78m 중량: 124t 승무원: 19명 무장: 8.44구경장 60cm 구포 병기 기재 040×1 엔진: 다임러-벤츠 MB503A 또는 MB507C(580hp) 최대 속도: 6km/h

3~5호차는 MB507C 엔진, 6호차는 MB503A 엔진이 탑재되었다.
이쪽이 차체 전부로, 조종실이 설치되었다.
1, 2호차와는 주행부 구조가 다르다.

(Thor)」, 「오딘(Odin)」, 「로키(Loki)」, 「지우(Ziu, 고대 게르만 신화의 군신)」이라는 애칭이 붙었다.

카를은 전장 11.37m, 전폭 3.16m, 전고 4.78m에 중량 124t이라는 거체였다. 차체 앞부분에는 다임러-벤츠의 M503A 또는 MB507C 엔진과 변속기가 탑재되었으며, 전방 좌측에는 조종실이 설치되었다. 중앙에는 8.44구경장 60cm 구포(병기 기재 040)이 탑재되었으며, 차체 후방에는 연료 탱크가 위치했다. 또한 1호차와 2호차는 한쪽에 8개의 보기륜이 배치되었으나, 3호차 이후부터는 한쪽에 11개의 보기륜이 배치되었으며 현가장치도 개량되었다.

60cm 구포의 사각은 상하각 0°~+70°에 수평각 8°였으며, 사용 탄종에 따라 달라지지만 최대 사거리는 6,640m에 2.5m 두께의 콘크리트를 관통할 수 있었다. 또한, 사거리 연장을 위해 54cm 구포(병기 기재 041)가 개발되었으며, 최대 사거리는 10,060m에 달했다. 카를은 필요에 따라 60cm 구포와 54cm 구포로 주포를 교체하는 방식으로 운용됐다. 이 때문에 기록 사진 상으로는 같은 차체더라도 운용 시기에 따라 다른 포가 탑재된 사진을 볼 수 있다.

카를은 너무나도 거대했기에 운용에는 19명이나 되는 인원을 필요로 했다. 전선까지 자력으로 이동하는 것도 불가능했기에 차체, 포신, 포가, 장전 장치를 분해, 수송하는 전용 트레일러나 철도 수송용 전용 화차까지 만들어졌다.

카를이 완성되었을 때는 이미 파리가 함락된 뒤로, 마지노선 공략이라는 당초의 목적에는 사용하지 못한 대신, 1941년 6월 22일에 시작된 소련 침공 작전에 투입되었다. 그중에서도 1942년 6월에 있었던 세바스토폴 요새 공략전이 특히 유명했는데, 여기에는 3대의 카를이 투입되어 당시, 세계에서 가장 견고한 요새라 일컬어졌던 세바스토폴 요새를 분쇄했다.

■Ⅳc형 8.8cm FlaK 탑재 특수 차대

독일군은 마지노선 공략을 위해, 병기 기재 카를 외에도 다양한 특수 차량을 개발했다. 그 가운데 하나로 8.8cm 고사포를 탑재한 중 대공 자주포도 있었다.

1940년 초, 크루프에서 Ⅳc형 자주 차대라는 명칭으로 56구경장 8.8cm 고사포 탑재 대공 자주포의 개발이 진행되었다. 하지만 해당 대공 자주포가 완성되기 전에 프랑스가 항복했기에, 1941년에 병기국에서는 대전차 자주포로 계획을 전환, 크루프에 개발을 속행시켰다. 8.8cm 고사포는 프랑스전에서 대전차 공격에도 절대적인 위력을 발휘하면서 유효성을 실증했기에 병기국의 판단은 매우 적절한 것이었다.

1942년 11월경에 Ⅳc형 장갑 자주 차대 시제차 1호가 완성되었다. 「Ⅳ」라는 숫자가 들어가기는 했으나 Ⅳ호 전차의 파생형은 아니었고, 차체는 완전 신규 설계(Ⅳ호 전차의 부품이 일부 사용됨)였다. 차체 전방에 조향 장치와 변속기가 위치했으며, 그 뒤에는 조종실이 배치되었다. 조종실 뒤에는 짐칸이 설치되었으며, 여기에 포방패를 장착한 상태

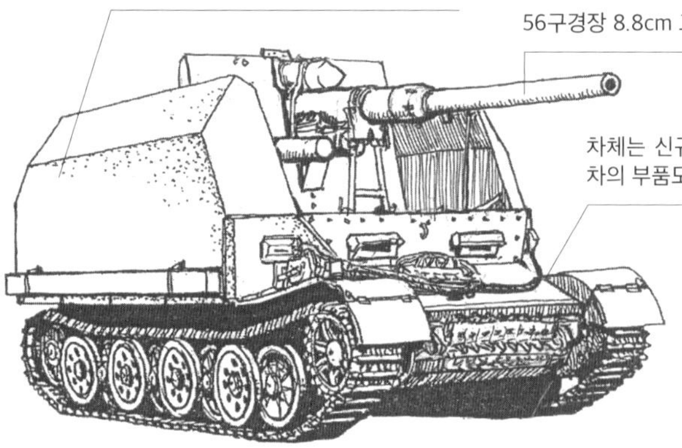

전투실은 좌우와 후방으로 열렸다. 전면 두께는 20mm. 측면과 후면은 14.5mm.
56구경장 8.8cm 고사포 FlaK37을 탑재.
차체는 신규 설계였지만 Ⅳ호 전차의 부품도 일부 사용되었다.

Ⅳc형 8.8cm FlaK37 탑재 특수 차대 시제차 1호

전장: 7m 전폭: 3m 전고: 2.8m 중량: 26t 승무원: 8명 무장: 56구경장 8.8cm 고사포 FlaK37×1 최대 장갑 두께: 50mm 엔진: 마이바흐 HL90TR(360hp) 최대 속도: 35km/h

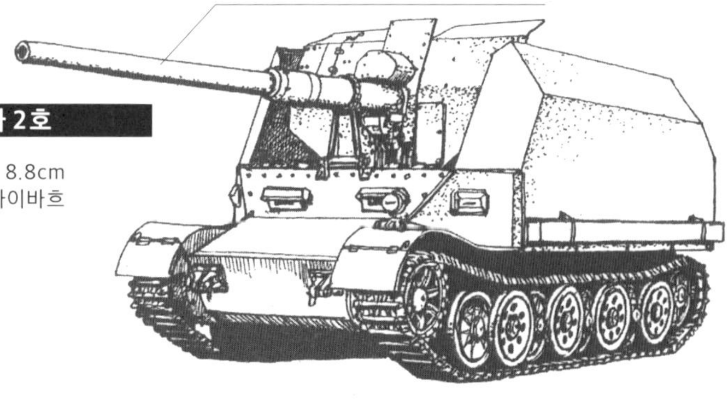

75구경장 8.8cm 고사포 FlaK41을 탑재.

Ⅳc형 8.8cm FlaK41 탑재 특수 차대 시제차 2호

전폭: 3m 전고: 2.8m 승무원: 8명 무장: 75구경장 8.8cm 고사포 FlaK41×1 최대 장갑 두께: 50mm 엔진: 마이바흐 HL90TR(360hp) 최대 속도: 35km/h

그대로의 8.8cm FlaK37이 탑재되었다.

전투실이 되는 짐칸 좌우 양 측면과 후면은 가동식 장갑판으로 둘러싸여 있으며, 주행 시에는 완전히 닫은 상태로, 수평 사격 시에는 반쯤 연 상태(포의 조작 편의성과 승무원 방어를 양립시킴), 그리고 대공 사격 시에는 수평으로 펼친 상태가 되었다. 전투실 전면 장갑 두께는 20mm였으며, 측면과 후면은 14.5mm였다.

차체 후부 기관실에는 마이바흐 HL 90 엔진(360hp)가 탑재되었으며, 주행부는 하프트랙과 같은 경량형 보기륜이 오버랩 방식으로 배치되었고, 토션바 현가장치가 채용되어 있었다.

1942년 6월에는 성능 향상을 목표로, 크루프에서는 FlaK37보다 고성능인 8.8cm 고사포 FlaK41을 탑재하는 계획을 병기국에 제시했다. 병기국의 승인을 얻은 크루프는 FlaK41의 개발에 착수하여 1943년 11월에 FlaK41 탑재 시제 2호차를 완성했다. FlaK41 탑재 시제 2호차도 기본적인 디자인과 구조는 1호차와 같았으나, 조향 장치와 변속기가 신형으로 교체되었다.

최종적으로 Ⅳc형 8.8cm FlaK 탑재 특수 차대는 운용과 비용 측면의 이유에서 개발이 중지되었으나, 주포를 FlaK37로 교체한 시제 2호차는 이탈리아 전선에서 사용되었다.

■7.5cm PaK40/4 탑재 RSO

구식화된 경전차나 반 궤도/차륜형 장갑차뿐만 아니라, 궤도식 견인차로 개발된 RSO 또한 대전차 자주포의 차대로 선정되면서, RSO를 기반으로 하는 PaK40 탑재 대전차 자주포 개발이 1943년 봄부터 시작되었다.

PaK40의 생산 업체인 라인메탈에서는 PaK40을 전주 선회식 고정 포대에 설치한 시제차를, RSO를 생산하던 슈타이어에서는 바퀴와 포다리가 붙어 있는 PaK40을 그대로 탑재한 시제차를 개발했다.

같은 해 9월, 실용 평가 결과, 라인메탈의 시제차가 채용되면서 10월부터 생산이 시작되었다. RSO 대전차 자주포는 공격력만 놓고 따졌을 경우, 소련의 IS 중전차 시리즈 이외의 어떠한 연합군 전차도 격파할 수 있는 화력을 지녔지만, 저속이기에 기동성은 좋다고 말하기 어려웠고, 방어력에도 문제가 있었기에 생산 개시 결정 직후, 개발이 중지되었다.

■경 폭약 운반차 골리아트

2차 대전 당시, 독일군에서는 여러 종류의 원격 조작식 소형 차량을 개발, 전장에서 사용했는데, 이 중에서 가장 널리 알려진 것이라면 역시 독일군 최소 전차라고 일컬어지는 「골리아트(Goliath)」일 것이다. 골리아트는 지뢰 제거나 적의 진지, 차량의 파괴를 목적으로 보르크바르트(Borgward)사에서 개발한 유선 유도식 경 폭약 운반차이다.

조작병은 조이스틱 모양의 컨트롤러를 이용하여 골리아트를 원격 조작하여 목적지까지 움직이고 자폭시켰다. 최초 모델인 전기 모터 구동 방식의 Sd.Kfz.302는 60kg의 폭약을 적재했지만,

7.5cm PaK40/4 탑재 RSO

전장: 4.57m 전폭: 1.99m 전고: 2.6m 중량: 5.2t 승무원: 4명 무장: 46구경장 7.5cm 대전차포 PaK40/4×1 최대 장갑 두께: 5mm 엔진: 슈타이어 V8(70hp) 최대 속도: 17.2km/h

PaK40의 차량 탑재형인 PaK40/4를 탑재.
장갑판으로 증설된 조종실.
견인 트랙터인 RSO를 기반으로 만들어졌다.

경 폭약 운반차 골리아트(Sd.303a)

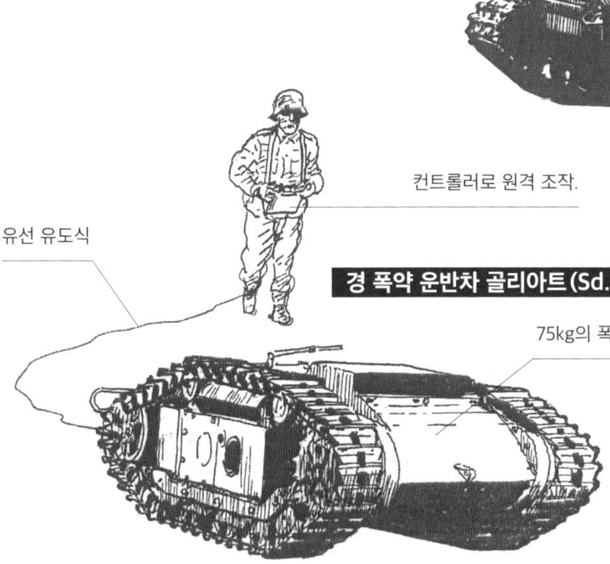

전장: 1.63m 전폭: 0.91m 전고: 0.62m 중량: 0.43t 적재 폭약량: 75kg 엔진: 췬다프 SZ7(12.5hp) 최대 속도: 12km/h

이후 개발된 췬다프(Zündapp)사제 가솔린 엔진이 탑재된 Sd.Kfz.303a는 75kg, 개량형인 Sd.Kfz.303b는 100kg의 폭약을 적재 가능했다.

■B.Ⅳ 폭약 운반차

보르크바르트에서는 1939년 11월부터 지뢰 제거를 위한 유도 차량의 개발에 착수하여, B.Ⅰ과 개량형인 B.Ⅱ, B.Ⅲ을 개발했다. 이들 차량은 골리아트와 마찬가지로 목적지까지 원격 조작한 다음, 그 자리에서 자폭시키는 방식이었다.

1941년 10월에 병기국으로부터 1회용이 아닌, 승무원 탑승 조작과 무선 유도 모두가 가능한 폭약 운반차의 개발 요청을 받은 보르크바르트는 1942년에 B.Ⅳ를 완성시켰다. B.Ⅳ는 차체 전방 우측에 조종실이 설치되어 있어, 슬로프 형태로 경사가 진 차체 전부 상면에 450kg의 폭약을 적재하고 있었다. B.Ⅳ에는 조종수가 운전하여 목표 근처까지 이동한 다음, 원격 조작으로 목표 지점에 도착, 폭약을 투하하고 안전 지대까지 돌아온 다음에 기폭시키는 방식이 채용되었다.

B.Ⅳ는 1942년 4월부터 생산이 시작되어, 원격 조작식 차량으로 쓸모가 많았던 A형, 개량형인 B형과 C형을 합쳐 상당히 많은 숫자인 1,181대(시제차 12대를 포함)가 생산되었다. 또한 1945년 4월에는 54대의 B.Ⅳ에 6문의 판처슈레크(Panzerschreck)를 설치한 간이 대전차 전투 차량이 만들어져, 베를린 전투에 투입되었다.

■중형 폭약 운반차 슈프링거

슈프링거(Springer)는 B.Ⅳ의 소형화 버전이라고도 할 수 있는 무선 조정식 폭약 운반차로, 운용 방법은 B.Ⅳ와 동일하게 목표 부근까지 조작병이 운전한 다음, 무선 유도를 실시하는 식이었다. 반 궤도식 차량인 케텐크라프트라트(Kettenkraftrad)의 엔진, 구동 장치와 보기륜, 궤도 등의 주행 부품을 이용하여 만들어졌다.

이 차량은 Ⅲ호 돌격포 G형으로 편성된 무선 조종 전차 중대에 배치되었다.

B.Ⅳ 폭약 운반차 B형

전장: 3.65m 전폭: 1.8m 전고: 1.19m 중량: 3.6t 승무원: 1명 적재 폭약량: 450kg 엔진: 보르크바르트 6M(49hp) 최대 속도: 38km/h

조종실. 폭약을 설치할 때는 무선 유도로 실시한다.

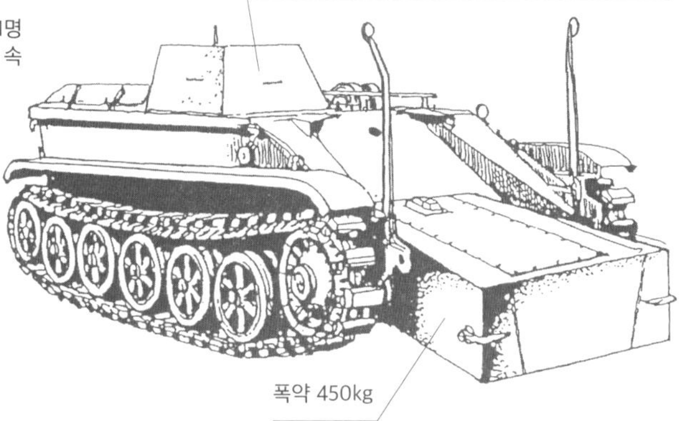

폭약 450kg

판처슈레크를 6문 설치.

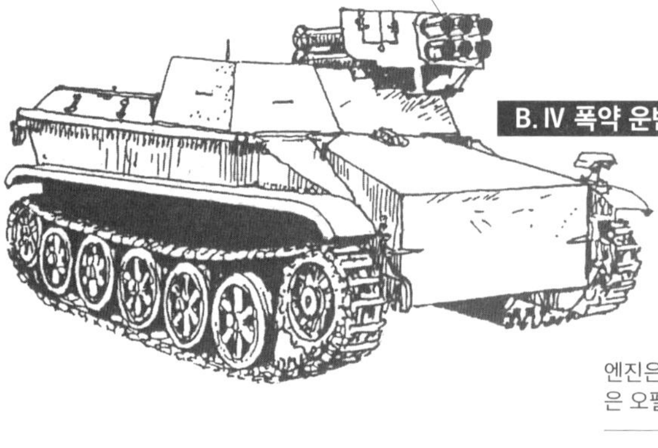

B.Ⅳ 폭약 운반차 B형 판처슈레크 탑재형

전장: 3.65m 전폭: 1.8m 승무원: 1명 적재 폭약량: 450kg 엔진: 보르크바르트 6M(49hp) 무장: 판처슈레크 6문 최대 속도: 38km/h

목표 근처까지는 조작병이 조종, 이후 무선 조작으로 목표에 접근했다.

엔진은 케텐크라프트라트와 같은 오펠 올림피아 엔진을 탑재.

중형 폭약 운반차 슈프링거

전장: 3.17m 전폭: 1.43m 전고: 1.45m 중량: 2.4t 승무원: 1명 적재 폭약량: 330kg 엔진: 오펠 올림피아(37hp) 최대 속도: 42km/h

구동 장치, 보기륜, 궤도도 케텐크라프트라트의 부품을 전용했다.

독일 전차 기술의 집대성

계획 전차

2차 대전 당시, 독일군은 다종다양한 전투 차량을 개발, 차례차례 전장에 투입했다. 하지만, 그중에는 시제품 단계에 그친 차량이 있는가 하면, 계획 단계에서 중지된 이른바 페이퍼 플랜도 많았다. 이 가운데에서는 마우스와 E 시리즈가 특히 잘 알려져 있다. 독일군에서는 장래의 주력 전차로 판터와 티거의 개량형, 그 외의 차량은 38D 시리즈의 파생형으로 통일하려는 구상을 하고 있었다.

마 우 스

■초중전차 마우스

1941년 11월 29일에 열린 총통 관저에서의 회의에서 히틀러는 포르셰 박사에게 초중전차의 개발을 요청, 이듬해인 1942년 3월 21~22일에는 포르셰에서 100t급 초중전차의 개발이 제식으로 결정되었다.

포탑 및 탑재 화기의 개발은 크루프에서 담당, 같은 해 4월에는 포탑에 관한 사양이 작성되었다. 또한 6월에는 포르셰에서 타입 205라 이름 붙인 설계안을 제시했다. 타입 205 설계안은 후에 등장하는 마우스와 비교해, 전체적인 디자인이나 엔진, 발전기, 전기 모터를 이용한 하이브리드 방식 구동부를 채용했다는 점은 같지만, 무장은 포구 제퇴기가 달린 15cm 전차포와 10cm 전차포가 탑재되었으며, VK4501(P)와 같은 형식의 보기륜 2개 1조인 토션바 내장 외장식 종형 현가장치가 채용되었다. 또한 승무원 해치의 형상이나 외부 관측창 여닫이 커버의 유무 등, 세부 사양에서도 약간씩의 차이점이 있었다.

1943년 2월, 병기국과 크루프의 회의 결과, 탑재 화포는 55구경장 12.8cm 전차포 KwK44와 36구경장 7.5cm 전차포 KwK44의 조합으로 결정되었는데, 후에 15cm 전차포로 교체하는 것도 가능하도록 설계하기로 했다. 포르셰에서는 설계만을 담당하고, 이후의 차체 및 포탑은 크루프에서 제작하고, 차재 장비, 엔진의 탑재 등, 최종 조립은 알케트에서 맡기로 했다.

1943년 2월 13일에는 포르셰에서 설계한 초중전차에 「마우스(Maus, 생쥐)」라는 제식명이 부여되었으며, 같은 달 22일에는 크루프에 120대분의 차체 및 포탑 제작 발주가 들어갔다. 또한 11월에는 알케트에 이를 운반해 보내기로 했으며, 5월에는 135대로 증산할 것이 결정되었다.

1943년 12월에 모의 포탑을 탑재한 시제차 1호가 완성되었으며, 이듬해인 1944년 6월에는 포탑을 탑재한 2호차가 완성되었다. 하지만 개발은 계속 지연되었고, 알케트는 Ⅲ호 돌격포 증산만으로도 버거웠기에 마우스의 조립에 손을 댈 여력이 없었다. 이 때문에 1944년 11월에는 마우스의 개발 중지가 결정되었다. 시제차 3~6호는 조립 도중 단계에서 작업이 정지되었으며, 결국 종전 시까지 온전한 형태로 완성된 것은 1호차와 2호차뿐이었다.

마우스는 차체 앞부분에 조종실과 기관실이 설치되었으며, 포탑은 차체 후방에 배치되었다. 포탑의 주무장은 12.8cm 전차포 KwK44, 부무장은 36.5구경장 7.5cm 전차포 KwK44(24구경장 7.5cm 전차포의 포신을 연장한 것)을 공축으로 배치했다. 12.8cm KwK44는 PzGr43을 사용했을 경우, 사거리 1,000m에서 200mm, 2,000m에서 178mm 두께의 장갑판을 관통 가능하여, 어떤 연합군 전차라도 쉽게 사거리 밖에서 격파할 수 있었다.

또한 7.5cm KwK44은 성형 작약탄을 사용하면 사거리 1,500m에서 100mm 두께의 장갑을 관통할 수 있는 위력을 지니고 있었다. 탄약은 포탑과 차체 내부의 탄약 수납대에 7.5cm 포탄 100발, 12.8cm 포탄 68발을 수납했다.

기관부는 터보차저를 장비하여 최대 출력 1,200hp를 낼 수 있는 MB517 가솔린 엔진(1호차는 1,080hp 출력의

마우스 시제차 2호

전장: 10.09m 전폭: 3.67m 전고: 3.66m 중량: 188t 승무원: 5명 무장: 55구경장 12.8cm 전차포 KwK44×1, 36.5구경장 7.5cm 전차포 KwK44×1, MG34 7.92mm 기관총×1 최대 장갑 두께: 240mm 엔진: 다임러-벤츠 MB517(1,200hp) 최대 속도: 20km/h

포탑 전면 장갑 두께는 240mm.
공축 부무장으로 36.5구경장 7.5cm 전차포 KwK44 탑재.
주무장으로 12.8cm 전차포 KwK44를 탑재.
양산형은 형상이 변경된 포탑이 탑재될 예정이었다.
조종실 뒤에 기관실을 배치.
차체 전면 장갑 두께는 200mm.

MB509)과 전기 모터를 조합한 하이브리드 방식이 채용되었고 차체 각 부위에는 방수 실링 가공이 이루어져 있어, 기관실의 조종수용 해치와 흡기/배기 그릴을 덮는 커닝 타워를 장착하면 수심 8m의 수중에서도 주행 가능했다. 전투 중량 188t이라는 거체였기에 기동성은 좋지 않았고, 최고 시속도 20km/h에 불과했다.

차체와 포탑 모두 경사 장갑을 채용, 충분한 피탄 경시가 고려되어 있었는데, 차체 장갑 두께는 전면 상부 200mm/55°(수직면에 대한 경사각), 전면 하부 200mm/35°, 측면 180mm/0°(하부 스커트 부분은 100mm), 후면 상부 150mm/37°, 후면 하부 150mm/30°, 조종실 상면 100mm/90°, 기관실~후방 상면 50mm/90°이며, 포탑 전면은 220~240mm/곡면, 포방패 250mm, 측면 200mm/30°, 후면 200mm/15°, 상면 60mm/90°로 대단히 견고했다.

포탑 전면이 만곡되어 있어 샷 트랩 현상이 일어날 수 있다는 점이 문제시되었으나, 이 점에 대해서는 비교적 이른 시기부터 대책이 검토되어 있었으며, 1944년 3월 중반에 크루프에서는 형상을 바꾼 마우스Ⅱ 포탑을 설계, 같은 해 5월에는 1/5 크기로 축소한 검토용 목제 모크업이 만들어지기도 했다.

마우스Ⅱ는 2호차의 포탑과 마찬가지로 12.8cm 포 KwK44와 7.5cm 포 KwK44가 탑재되었으나, 포탑의 디자인이 대폭 변경되면서 전면 장갑판은 샷트랩 현상의 염려가 없도록 경사각이 들어간 평평한 형상으로 바뀌었다. 또한 스테레오식 거리 측정기가 장비되어 사격 정밀도의 향상을 꾀했다. 마우스 자체는 개발이 중지되었으나, 마우스Ⅱ의 포탑은 E100 양산형에 도입하는 것도 고려되어 있었다고 전해진다.

마우스는 1944년 말에 평가를 종료하고 쿠머스도르프에 보관되고 있었으나, 종전 직전인 1945년 5월에 소련군과의 전투를 위해 2호차를 전장으로 이동시켰다. 하지만 도중에 기계 고장으로 행동 불능에 빠지면서 폭파 처분되고 말았다.

이후 침공해온 소련군은 방치되어 있던 2호차와 시험장에 있던 1호차를 노획했다. 멀쩡한 상태의 1호차의 차체에 2호차의 포탑을 올려, 거의 완전한 모습의 마우스를 손에 넣은 소련군은 마우스를 소련 본국의 쿠빙카 육군 시험장으로 운반했다.

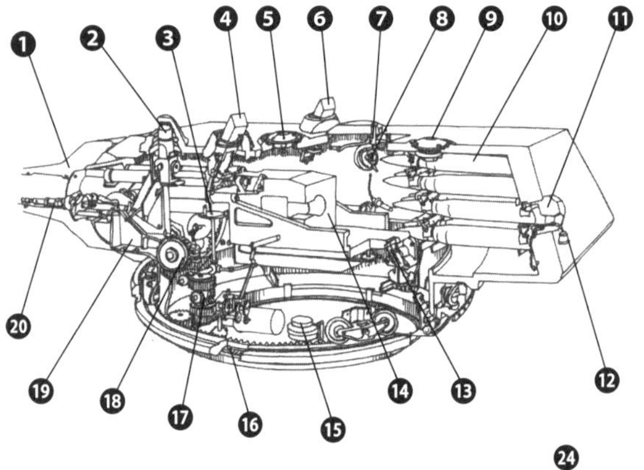

⊙마우스 시제차 2호의 포탑 내부

❶포방패
❷잠망경식 조준기
❸수동 포탑 선회 핸들
❹전차장용 잠망경
❺벤틸레이터
❻장전수용 잠망경
❼장전수용 해치
❽측면 피스톨 포트
❾벤틸레이터
❿포탄 수납대
⓫포탄 보급구
⓬피스톨 포트용 장갑 마개
⓭포신 고정구
⓮포미
⓯슬리브 링
⓰베어링
⓱포탑 선회 기어
⓲포 상하각 조정 장치
⓳포가
⓴MG34 공축 기관총

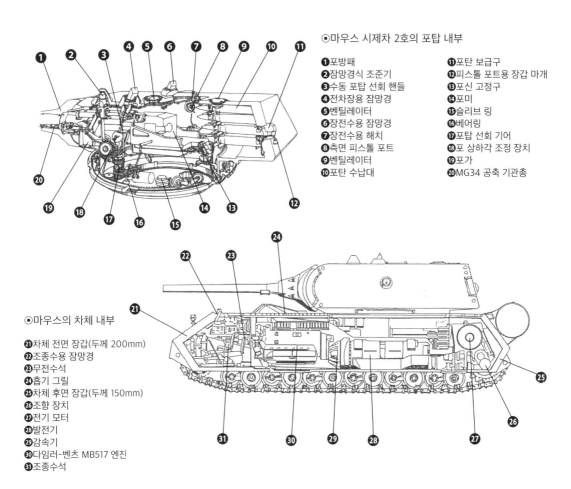

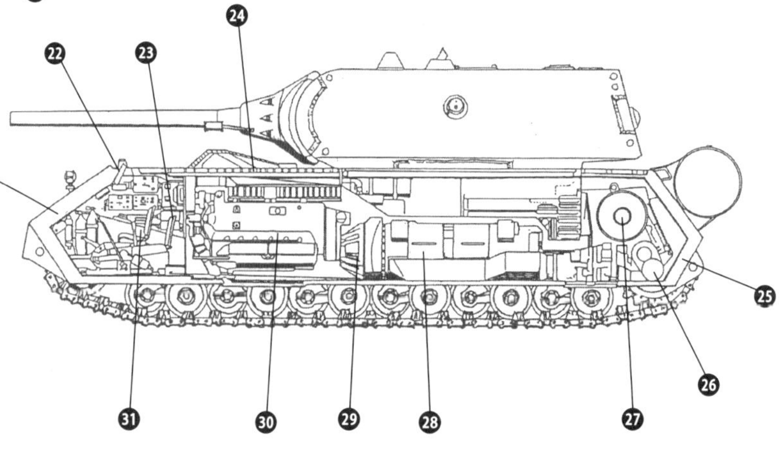

⊙마우스의 차체 내부

㉑차체 전면 장갑(두께 200mm)
㉒조종수용 잠망경
㉓무전수석
㉔흡기 그릴
㉕차체 후면 장갑(두께 150mm)
㉖조향 장치
㉗전기 모터
㉘발전기
㉙감속기
㉚다임러-벤츠 MB517 엔진
㉛조종수석

E 시리즈

1942년 5월, 병기국 제6과의 크니프캄프 박사는 각각의 파츠와 구성품 등을 공통화하여 크기가 다른 전투 차량의 생산 효율화와 병기 체계의 단순화를 목표로 한 차세대 차량, 「E 시리즈」의 개발 계획을 입안했다.

이듬해인 1943년 4월부터 정식으로 개발이 시작되어, 각 체급별로 E10, E25, E50, E75, E100이라는 개발 계획안이 준비되었다.

■E10 경구축전차

경량급인 E10은 헤처의 후계 차량이 될 48구경장 7.5cm PaK39가 탑재된 10t급 경구축전차로, 주포를 포함한 전장은 6.91m, 차체 길이는 5.35m, 차폭 2.86m, 차고 1.76m였다. 장갑 두께는 차체 전면 상부 60mm/60°, 차체 전면 하부 30mm/60°, 차체 측면 20mm/10°, 상면 10mm, 차체 후면 상부 20mm/15°였으며, 엔진은 400hp 출력의 마이바흐 HL100을 탑재할 예정이었다.

차고를 대단히 낮춘 디자인이 특징인 E10의 진짜 특필할 만한 특징은 차고 변경 기능이 장비되어 있다는 점이었다. E10은 1944년 여름에 마기루스와 KHD에 3대의 시제차가 발주되었으나, 헤처의 후계 차량으로 38D의 개발이 결정되면서 개발이 중지되었다.

■E25 구축전차

25t급 구축전차로 계획된 것이 바로 E25였다. 개발 담당이었던 아르구스(Argus)사의 설계에 따르면, 차체 모든 방향으로 피탄 경시가 들어가 있었으며, 차체 길이 5.66m, 전폭 3.41m, 전고 2.03m에, 엔진과 구동 장치를 일체화한 파워팩 방식을 채용하여 전장을 줄이는 방향으로 설계되었다.

E25의 장갑 두께는 전면 상부 50mm/50°, 전면 하부 50mm/55°, 측면 30mm/52°, 전투실 상면 20mm, 후면 상부 30mm/40°, 후면 하부 30mm/50°였다. 주포는 판터와 같은 70구경장 7.5cm 전차포 KwK42를 탑재, 구축전차로서는 충분한 공격력과 방어력을 갖출 예정이었다.

엔진은 원래 E10과 마찬가지로 마이바흐의 12기통 HL100을 탑재할 예정이었으나, 1945년 3월 말에는 연료 분사 장치가 장착되어 보다 강력한 HL101로 변경되었다. 보기륜은 E10과 같이 직경이 큰 강철제가 채용되었으며, 궤도는 700mm로 중형 전차나 중전차급의 광폭 궤도를 사용할 예정이었다.

E25는 1943년부터 아르구스에서 설계 및 개발이 진행되어 1945년 1월에 제식 생산 발주가 이루어졌으나, 제작에 착수하기 전에 전쟁이 끝나고 말았다.

■E50, E75 중전차

판터의 후계 차량이 될 50t급 E50과 티거 II 의 후계 차량인 E75의 개발은 아들러(Adler)사에서 담당했으며, 두 차량은 차체의 체급은 다르지만 같은 차체 디자인을 하고 있어, 차체 각 부와 기관부, 주행부 등의 구성 부품 상당수를 공통화하여 생산성 향상과 제조 비용 절

E10 경구축전차

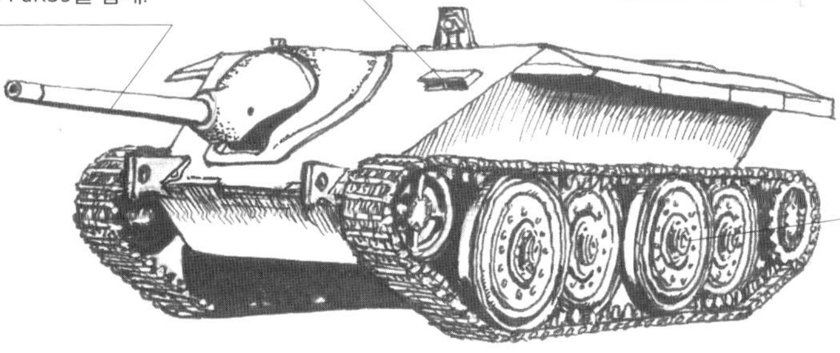
헤처와 같은 48구경장
7.5cm PaK39를 탑재.
조종수용 관측 바이서
차고 조정식 현가장치를 채용,
포격 시에는 차체를 낮췄다.

E25 구축전차

전투실 상면에 소형
포탑을 탑재하는 계
획도 있었다.
전면 장갑 두께는 50mm.
주포는 판터와 같은 70구경장
7.5cm 전차포 KwK42를 탑재.
700mm 광폭 궤도를 사용할 예정이었다.
강철제 대형 보기륜 장비.

감을 꾀하는 한편으로 장갑 두께와 탑재 화포, 보기륜의 배치 변경을 통해 각각의 요구에 맞는 사양으로 만들 수 있게 되어 있었다.

E50, E75 모두 차체의 디자인 및 레이아웃은 티거Ⅱ를 답습하고 있어, 두 차량의 차체 길이, 차폭, 차고는 같지만, E75 쪽의 장갑이 좀 더 두텁고(그만큼 차내 공간은 약간 좁아졌다), 방어력이 강화되었다. 엔진은 연료 분사 장치가 붙은 900hp 출력의 마이바흐 HL234, 현가장치는 MAN에서 제작한 외장식 디스크 스프링 방식이 채용될 예정이었는데, E50은 측면 3개의 현가장치에 보기륜 6개 배치였던 것과 달리 E75은 고중량에 대처하기 위해 현가장치 4개에 보기륜 8개 배치였다. 최고 속도(도로 주행)는 E50이 60km/h, 보다 중량이 나가는 E75는 40km/h를 예정하고 있었다.

포탑 및 탑재 무장에 관해서는 두 차량 모두 상세한 사항은 알 수 없으나, 포탑링은 같다고 알려져 있다. E50은 판터 F형의 슈말투름에 탑재된 70구경장 7.5cm KwK42 또는 71구경장 8.8cm KwK43, E75는 거리 측정기가 장비된 티거Ⅱ의 포탑에 KwK43 또는 그보다 한 등급 위의 화포를 장비하는 것이 일반화되어 있지만, E 시리즈의 기본 콘셉트인 "구성 부품의 공통화"를 감안해서 본다면 양자 모두 슈말투름 포탑에 E50은 KwK42, E75는 KwK43를 탑재하는 것도 생각해볼 수 있을 것이다.

E50, E75 모두 종전 시까지 차체 설계 디자인만이 진행된 채, 페이퍼플랜으로 끝나고 말았다.

■초중전차 E100

E 시리즈 중에서 가장 개발이 진전되었던 차량은 100t급 초중전차인 E100이었다. E100의 개발도 아들러에서 담당, 1943년 6월 30일부터 개발이 시작되었다. E100은 티거Ⅱ를 한 둘레 더 크게 만든 것 같은 디자인으로, 차체는 티거Ⅱ 이상으로 장갑 경사각을 강조한 것이 특징이었다. 차체 장갑 두께는 전면 상부 200mm/60°, 전면 하부 150mm/50°, 측면 120mm(+사이드 스커트 60mm), 차체 후면 150mm/30°, 상면 40mm, 바닥면 전방 80mm, 바닥면 중앙~후방 40mm였다.

시제차의 차체는 잠정적으로 티거Ⅱ와 같은 마이바흐 HL230P30(700hp)를 탑재하기로 되어 있었으나, 양산형부터는 고출력 신형 엔진인 HL234(900hp)를 탑재할 예정이었다. 전투 중량이 약 120t(계획치)에 달했기 때문에 최고 속도가 23km/h에 불과하여 기동력은 좋지 못했지만, 그래도 영국의 처칠 보병 전차와 동급이었으며, 대전 말기에 영미 연합군이 티거Ⅱ에 대항하여 개발 중이었던 일련의 몬스터 전차에

E50 전차

주포는 판터와 같은 70구경장 7.5cm 전차포 KwK42 또는 티거Ⅱ의 71구경장 8.8cm 전차포 KwK43을 탑재했을 것으로 보인다.
아마도 포탑은 판터 F형 포탑인 슈말투름을 탑재.
차체의 형상, 크기는 E75와 같지만 장갑 두께가 다르다.
현가장치 및 보기륜은 E75와 동형이지만 현가장치 1개분이 적은 보기륜 6개 배치.

E75 중전차

포탑 형상은 불명. 완성 예상도에서는 거리 측정기가 달린 티거Ⅱ의 포탑으로 그려진 것이 많다.
주행부는 현가장치 4개, 보기륜 8개로 구성.
장갑은 E50보다 두껍게 만들어질 예정이었다.

비한다면 양호한 수치였다.

포탑은 개발 담당이었던 크루프의 초기 설계 디자인을 살펴보면, 원래는 마우스의 포탑을 전용, 주포를 15cm 전차포 KwK44로 교체할 예정이었던 것으로 보인다. 1944년에는 크루프에서 포탑 전면을 평평한 형상으로 바꾸고, 스테레오식 거리 측정기를 장비한 신형 포탑의 설계안을 작성했다. 계획치에 따르면 신형 포탑의 장갑 두께는 전면 200mm/30°, 측면 80mm/29°, 후면 150mm/15°, 상면 40mm로, 마우스의 것보다 장갑 두께를 줄여 상대적으로 중량을 가볍게 했다.

전황 악화로 E100도 1944년 11월에 제작 중지가 결정되었으나, 장갑 차체를 제작하고 있던 하우스텐베크의 헨셀 공장에서는 이후에도 조금씩 작업을 속행, 종전 무렵에는 시제차의 차체가 거의 완성되어 있었다.

■8.8cm 연장식 FlaK 탑재 대공 전차

대전 말기, 크루프에서는 연합군의 차세대 전투기 및 전투 공격기를 중고도에서 격추 가능한 대공 전차의 개발에 착수했다. 계획안으로는 당시 개발 중이던 E100 또는 마우스의 차체를 전용, 연장식 FlaK42 8.8cm 대공포를 장비한 대형 포탑을 탑재할 예정이었다.

포탑 중앙에 연장식 대공포를, 측면에는 스테레오식 거리 측정기를 장비하고 대공포 양 옆에는 장전수를 2명씩, 후부 왼쪽에는 전차장, 오른쪽에는 포수를 배치했다. 이 대공 전차는 E100 또는 마우스로 편성된 초중전차 대대의 대대 본부 중대에 3대씩 배치될 예정이었으며, 운용 시에는 색적 및 추적 레이더를 탑재한 차량과 함께 운용하는 것도 고려되었던 것으로 보인다.

1945년 5월말, 크루프를 접수한 소련군은 설계실에 남아 있던 연장식 8.8cm 대공 전차용 포탑의 설계도와 자료 일체를 압수했으며, 그 직후에 쿠머스도르프 육군 실험장에서 8.8cm 연장식 대공포를 탑재한 초대형 포탑의 모크업을 발견했다. 소련군은 이 모크업을 본국으로 가져가 연구 자료로 사용했다.

E100 초중전차

전장: 10.27m 전폭: 4.48m 전고: 3.29m 중량: 140t 승무원: 5명 무장: 38구경장 15cm 전차포 KwK44×1, 36.5구경장 7.5cm 전차포 KwK44×1, MG34 7.92mm 기관총×1 최대 장갑 두께: 240mm 엔진: 마이바흐 HL234(900hp) 최대 속도: 40km/h

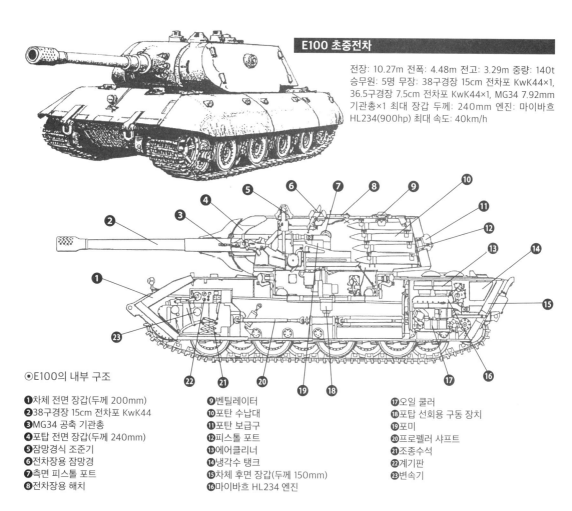

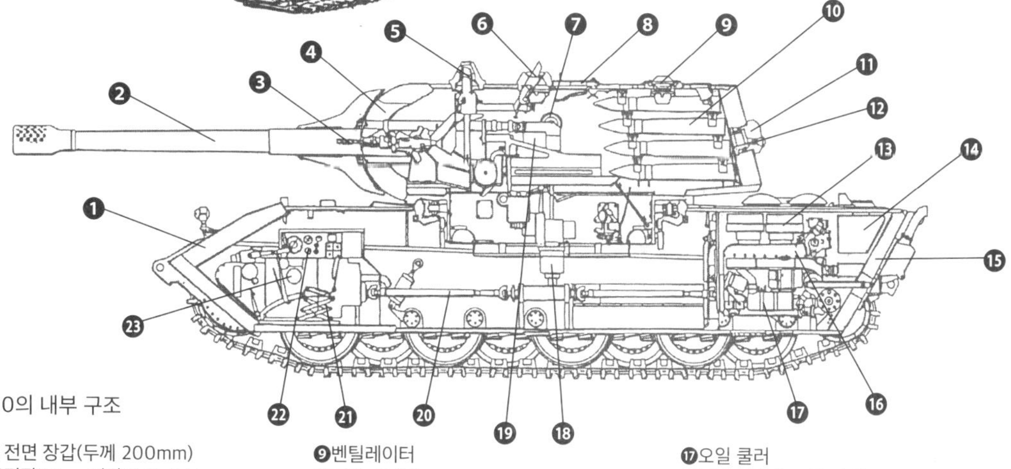

⊙E100의 내부 구조

❶차체 전면 장갑(두께 200mm)
❷38구경장 15cm 전차포 KwK44
❸MG34 공축 기관총
❹포탑 전면 장갑(두께 240mm)
❺잠망경식 조준기
❻전차장용 잠망경
❼측면 피스톨 포트
❽전차장용 해치
❾벤틸레이터
❿포탄 수납대
⑪포탄 보급구
⑫피스톨 포트
⑬에어클리너
⑭냉각수 탱크
⑮차체 후면 장갑(두께 150mm)
⑯마이바흐 HL234 엔진
⑰오일 쿨러
⑱포탑 선회용 구동 장치
⑲포미
⑳프로펠러 샤프트
㉑조종수석
㉒계기판
㉓변속기

그 외의 계획안

■포르셰 타입 245-010 경전차

1943년 5월, 독일군에서는 보병 지원용 신형 경전차의 개발을 각 제작사에 요청했다. 신형 전차의 요구 사양은, 우선 탑재포는 사거리 400m에서 110mm 두께의 장갑을 관통 가능해야 하며, 적 지상 공격기의 공격에 대처할 수 있도록 대공 사격도 가능해야 했다. 또한 차체와 포탑은 전면 장갑뿐 아니라 상면에도 충분한 장갑 방어력을 갖춰야 한다는 것이었다.

이러한 요구 사양에 맞춰, 포르셰에서는 라인메탈과 협력하여 신형 경전차의 설계에 착수했다. 포르셰의 설계안 타입 245-010은 차체 주위에 경사 장갑을 채용한 디자인으로, 장갑 두께는 차체 전면 60mm, 측면 40mm, 후면 25mm로 예정되었다.

차체 앞부분에는 조종실을 배치하고, 차체 전면 좌측 윗단에 조종수용 잠망경을 설치, 그 뒤에 있는 전투실 위에 포탑을 탑재하고, 차체 후부에는 포르셰의 타입 1010 엔진(345hp)과 변속기, 조향 장치를 일체화한 파워팩을 탑재하도록 되어 있었다.

전주 선회식 포탑은 주조제로, 라인메탈에서 개발 예정이었던 5.5cm 기관포 MK112를 탑재했는데, MK112는 벨트 급탄식으로, 포구 초속 600m/s, 포의 사각은 상하 -8°~+82°였으며, 대지, 대공 사격이 모두 가능하도록 설계되었다.

주행부는 2개의 강철제 보기륜이 겹쳐지도록 조합한 보기가 한쪽에 3조씩 배치되었으며, 현가장치는 수직 코일 스프링 방식이 채용되었다. 포르셰다운 참신한 디자인의 차량이었으나, 설계가 끝난 1944년에 계획이 중지되었다.

■포르셰 타입 255 구축전차

1943년 후반, 포르셰와 라인메탈이 협력하여 개발을 진행한 타입 245는 경전차형 외에 정찰 전차형, 구축전차형 등의 파생형도 계획되어 있었다.

여기에 더하여 포르셰에서는 타입 245를 발전시킨 타입 255도 계획하고 있었는데, 타입 255는 105mm 포를 탑재한 구축전차로, 차체 디자인은 타입 245와 마찬가지로 전면은 물론 측면과 후면에 이르기까지 전체에 경사 장갑을 도입, 장갑 방어력을 높였다. 전투실 전면에는 단포신 105mm 포를 탑재했으며, 전투실 상면에는 30mm 기관포가 장비된 리모콘 조작식 소형 포탑을 올릴 예정이었다.

최종적으로는 타입 255도 설계안 이상으로 진전되지 못한 채, 페이퍼플랜으로 끝나고 말았다.

포르셰 타입 245-010 경전차

차체 전면 장갑 두께는 경전차로서는 중장갑인 60mm가 될 예정이었다.
주포는 라인메탈에서 개발한 벨트 급탄식 5.5cm 기관포 MK112를 탑재. 포신은 최대 82°까지 올릴 수 있어 대공 사격도 가능했다.
주조제 포탑은 원형. 장갑 두께는 40mm.

포르셰 타입 255 구축전차

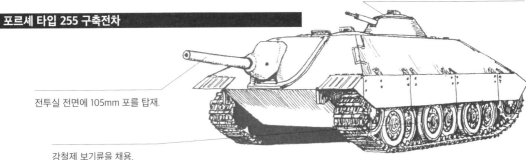

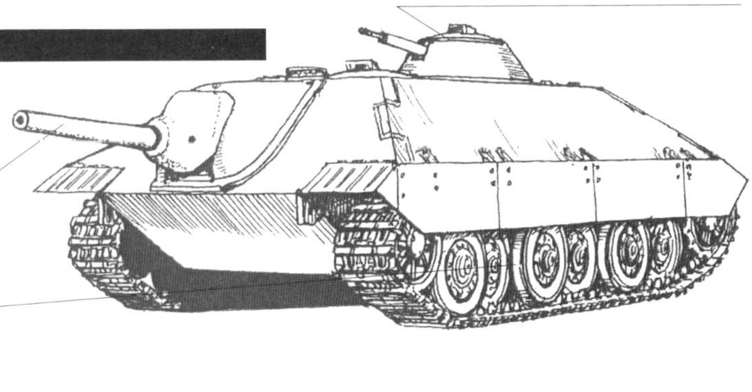
30mm 기관포가 장비된 소형 포탑을 탑재.
전투실 전면에 105mm 포를 탑재.
강철제 보기륜을 채용.

독일 기갑부대를 음지에서 지탱한 외국산 전차

노획 전차

대전 초반에 쾌속으로 진격해 나갔던 독일군은 동부 전선, 북아프리카 전선으로 차례차례 전선을 확대해갔다. 하지만 전장이 확대되어감에 따라 독일군이 당초에 우려했던 전차 부족은 점차 심각한 문제가 되었고, 이를 해결하기 위한 수단 가운데 하나가 바로 노획 전차의 활용이었다. 독일제 전차보다 성능이 떨어지거나 구식화된 것도 많았지만, 이러한 차량들은 자주포나 지원 차량으로 개조되어 독일군 기갑 부대의 전력 보충에 상당한 기여를 했다.

프랑스제 전차

1940년 5월 10일부터 시작된 프랑스전은 개전 후 불과 1개월이 조금 지난 6월 21일에 프랑스의 항복으로 끝났다. 그 결과, 독일군은 대량의 프랑스제 전투 차량을 접수했는데, 이들 차량들 중에 태반은 기동성이나 승무원 배치, 외부 관측 성능에 문제가 있어 독일군의 운용에는 맞지 않는 것이 많았다.

대부분의 차량은 후방의 2선급 부대로 돌려져, 보병 지원이나 경비, 게릴라 토벌 등에 사용되었으나, 일부는 포탑을 철거하고 자주포 차대로 개조되거나 탄약 운반차 또는 견인차로 사용되었다.

프랑스제 차량 중에서 독일군이 유용하게 사용했던 것은 로렌 견인차와 르노 UE였는데, 이 중에서도 로렌 견인차는 중앙에 기관실, 차체 후부에 적재 공간이 위치하는 레이아웃으로 자주포 차대로의 전용에 적합했다.

프랑스군 노획 전차는 정비나 부품 수급의 편의를 위해 대부분이 프랑스 전선에서 활동한 부대에 배치되었으나, 일부는 동부 전선이나 이탈리아 전선에서 사용되기도 했다. 독일에서는 프랑스제 차량에 다음과 같은 독일군 명칭(외국제 기재 번호)를 부여했다.

르노 FT-17 = 17 730(f) 전차

※독일어 표기로는 Pz.Kpfw.17 730(f)

르노 R35 = 35R 731(f) 전차

르노 D1 = D1 732(f) 전차

르노 D2 = D2 733(f) 전차

호치키스 H35 = 35H 734(f) 전차

호치키스 H38/39 = 38H 735(f) 전차

르노 ZM = ZM 736(f) 전차

FCM36 = FCM 737(f) 전차

AMC35 = AMC 738(f) 전차

소뮤어 S35 = 35S 739(f) 전차

르노 B1 bis = B2 740(f) 전차

B2 740(f) 전차

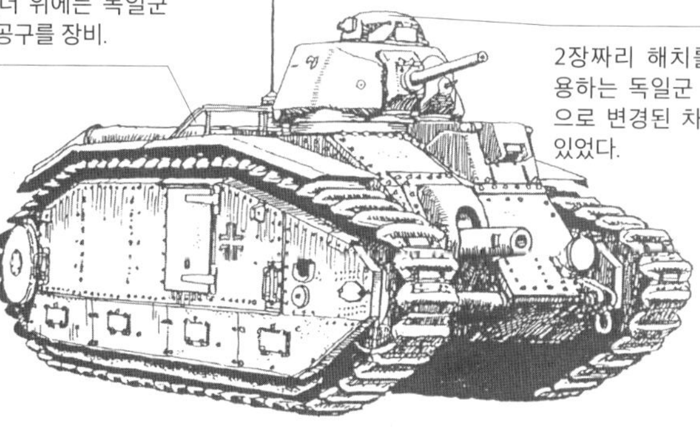

거의 B1 bis 전차와 차이가 없었다. 펜더 위에는 독일군 사양 차재 공구를 장비.

2장짜리 해치를 사용하는 독일군 사양으로 변경된 차량도 있었다.

전장: 6.38m 전폭: 2.49m 전고: 2.81m 중량: 32t 승무원: 4명 무장: 17구경장 7.5cm 전차포 KwK35(f)×1, 32구경장 4.7cm 전차포 KwK35(f)×1, MG31(f) 7.5mm 기관총×2 최대 장갑 두께: 60mm 엔진: 르노 BDR(300hp) 최대 속도: 27.6km/h

B2(f) 화염 방사 전차

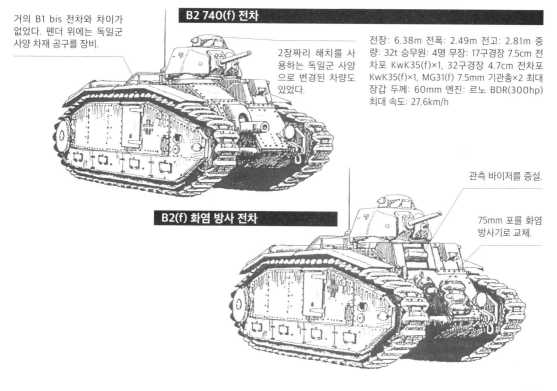

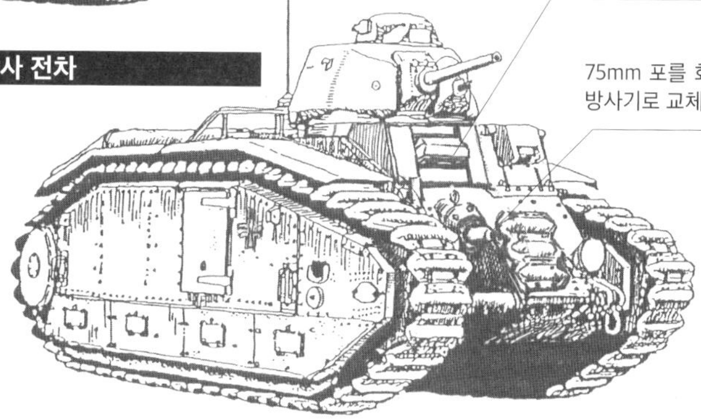

관측 바이저를 증설.

75mm 포를 화염 방사기로 교체.

10.5cm leFH18/3 탑재 B2(f) 자주 곡사포

전장: 7.5m 전폭: 2.52m 전고: 3.05m 중량: 32.5t 승무원: 4명 무장: 28구경장 10.5cm 경 곡사포 leFH18/3×1 최대 장갑 두께: 60mm 엔진: 르노 BDR(300hp) 최대 속도: 28km/h

포탑 및 차체 상부 일부를 철거하고 상부 개방형 전투실을 설치.

10.5cm leFH18/3 탑재.

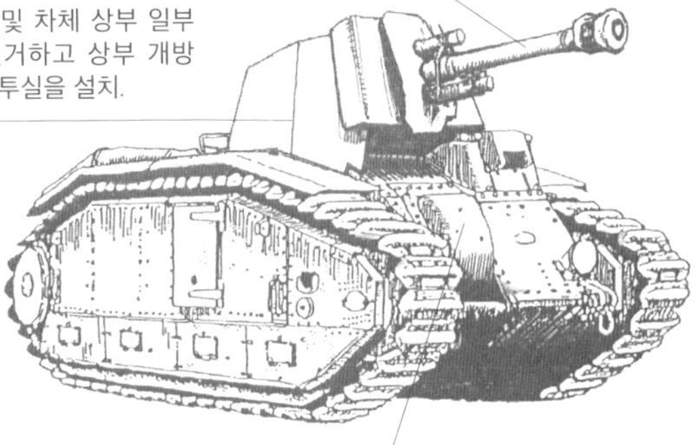

차체 전면 우측의 75mm 포를 철거.

B2(f) 조종 훈련용 전차

포탑 및 차체 상부를 철거하고 조종 훈련차로 개조.

75mm 포도 철거되었다.

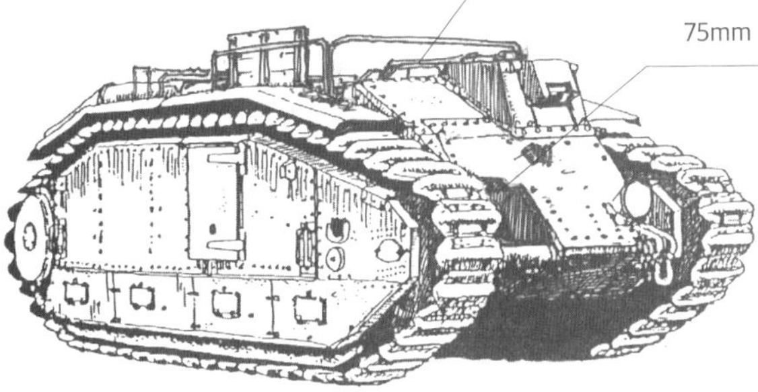

35S 739(f) 전차

차체는 소뮤어 S35 그대로.

독일군 사양 해치로 변경.

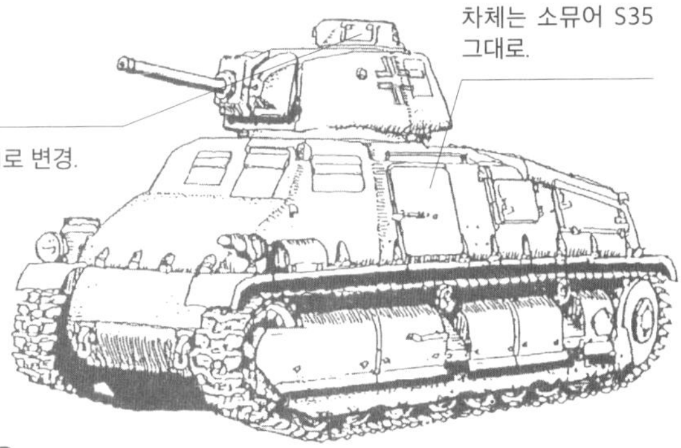

전장: 5.38m 전폭: 2.12m 전고: 2.62m 중량: 19.5t 승무원: 3명 무장: 34구경장 4.7cm 전차포 KwK35(f)×1, MG31(f) 7.5mm 기관총×2 최대 장갑 두께: 47mm 엔진: 소뮤어 V-8 (190hp) 최대 속도: 40.7km/h

35S 739(f) 조종 훈련용 전차

포탑을 철거했다.

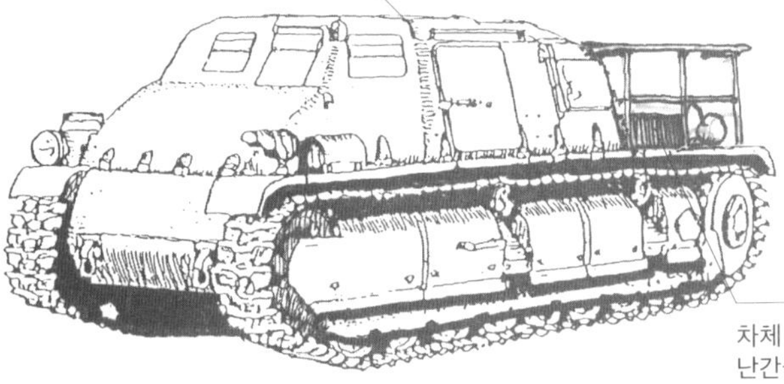

차체 후부를 대폭 개조하여 난간을 설치.

7.5cm PaK40/1 탑재 로렌 견인차(f)대전차 자주포 마르더 I

포방패는 신규 설계.

차체 후부에 전투실을 증설.

7.5cm 대전차포 PaK40의 차량 탑재형인 PaK40/1을 탑재.

조종실 상면에 포신 고정구를 증설.

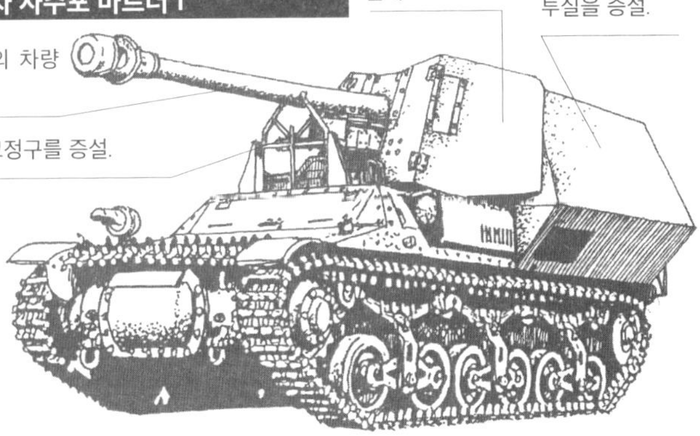

15cm sFH13/1 탑재 로렌 견인차(f) 자주 곡사포

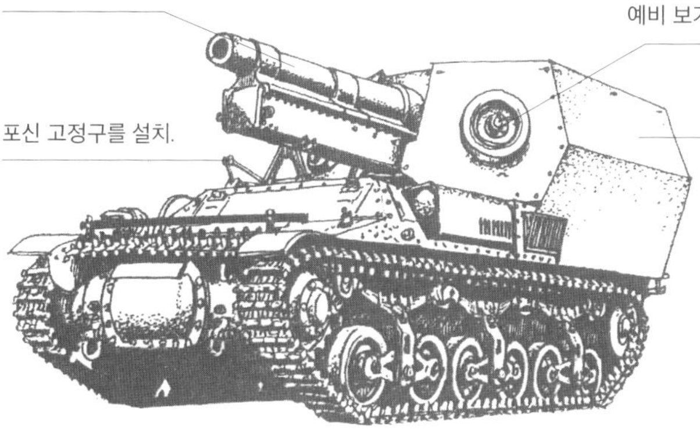

전장: 5.31m 전폭: 1.83m 전고: 2.23m 중량: 8.49t 승무원: 4명 무장: 17구경장 15cm 중 곡사포 sFH13/1×1 최대 장갑 두께: 12mm 엔진: 드라이에 103TT(70hp) 최대 속도: 34km/h

10.5cm leFH18 탑재 로렌 견인차(f) 자주 곡사포

로렌 견인차(f) 포병 관측 차량

차체 전면에 증가 장갑판을 추가.
전투실을 증설.

7.5cm PaK40 탑재 39H(f) 대전차 자주포

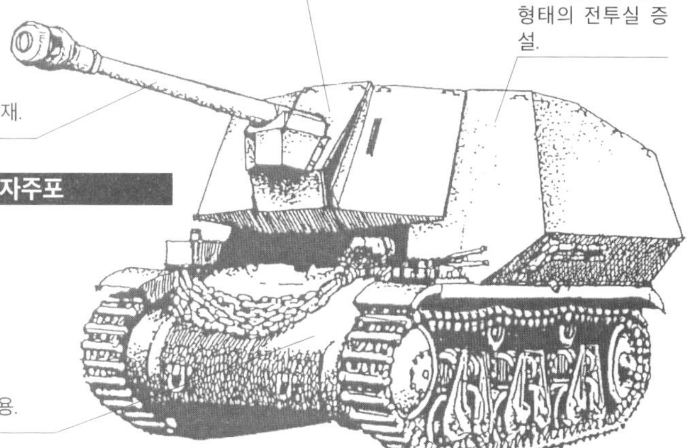

10.5cm leFH18 탑재 39H(f) 자주 곡사포

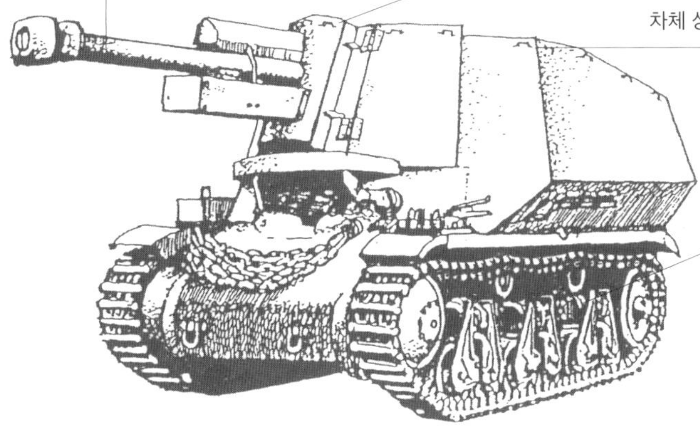
10.5cm 경 곡사포 leFH18을 탑재.
포방패는 차량 탑재용으로 설계된 것을 장착.
차체 상부를 덮는 형태의 전투실 증설.
호치키스 H39의 차체를 사용.

28/32cm 네벨베르퍼 장비 38H 735(f) 전차

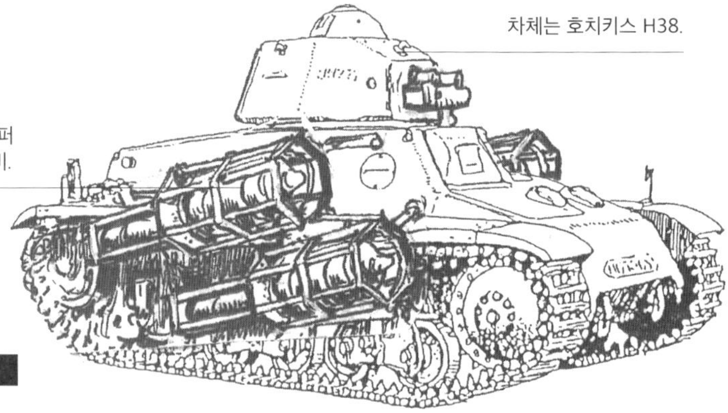
차체는 호치키스 H38.
차체 좌우 양측에 28/32cm 네벨베르퍼 (Nebelwerfer, 로켓탄 발사기)를 2기씩 장비.

38H 735(f) 탄약 운반차

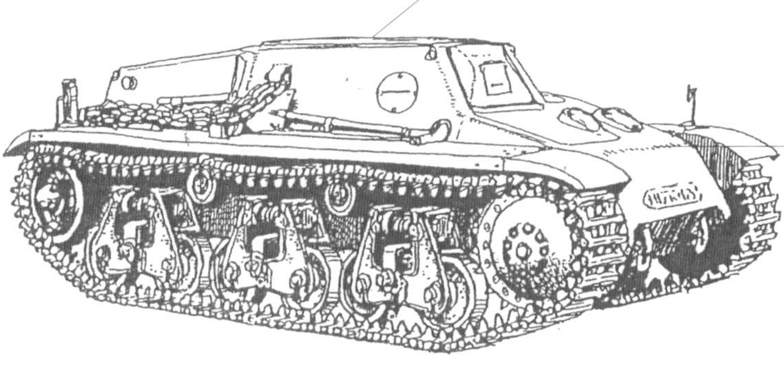
포탑을 철거하고 전투실 안에 포탄 수납대를 증설.
차체는 호치키스 H38.

7.5cm PaK40 탑재 FCM(f) 대전차 자주포

차체 상부를 덮는 형태의 전투실 증설.
차량 탑재용으로 설계된 포방패 장착.
7.5cm 대전차포 PaK40을 탑재.
FCM36의 차체를 사용했다.

전장: 4.77m 전폭: 2.1m 선고: 2.23m 중량: 12.8t 승무원: 4명 무장: 46구경장 7.5cm 대전차포 PaK40×1 최대 장갑 두께: 40mm 엔진: 베를리에 MDP(83hp) 최대 속도: 24km/h

10.5cm leFH16 탑재 FCM(f) 자주 곡사포

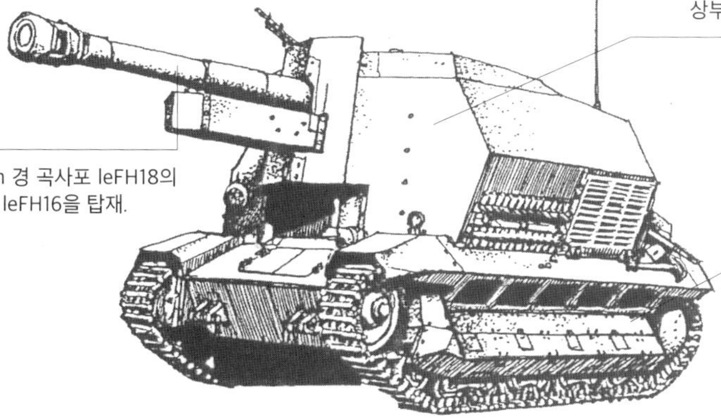

상부 개방형 전투실.

10.5cm 경 곡사포 leFH18의 전신인 leFH16을 탑재.

FCM36의 차체를 사용.

4.7cm PaK(t) 탑재 35R(f) 대전차 자주포

전장: 4.3m 전폭: 1.87m 전고: 2.11m 중량: 10.5t 승무원: 3명 무장: 43.4구경장 4.7cm PaK(t)×1 최대 장갑 두께: 32mm 엔진: 르노 447(82hp) 최대 속도: 19km/h

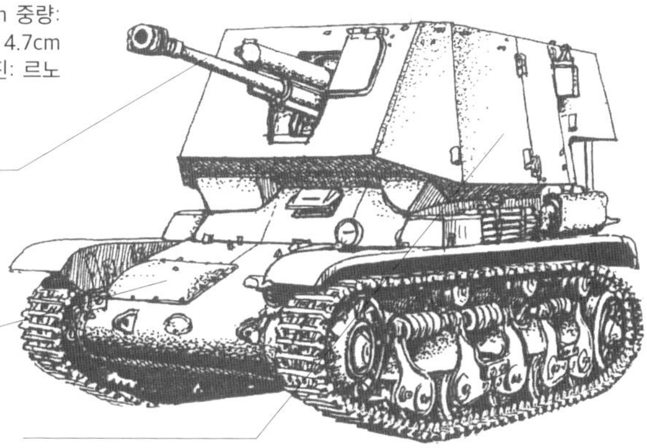

체코슬로바키아제 4.7cm 대전차포 PaK(t)를 탑재.

르노 R35의 차체를 기반으로 했다.

차체 상부에 전투실을 증설.

35R(f) 탄약 운반차

포탑을 제거한 르노 R35를 사용.

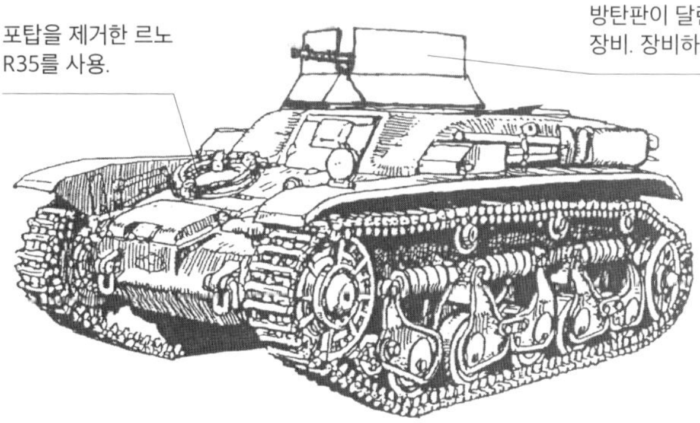

방탄판이 달린 MG34 7.92mm 기관총을 장비. 장비하지 않은 차량도 있었다.

AMR35(f) 정찰 전차

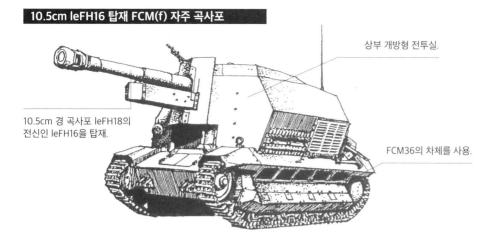

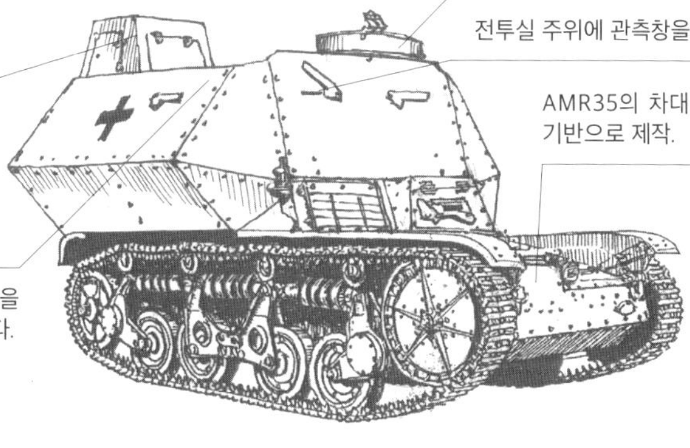

사령탑을 증설.

전투실 주위에 관측창을 설치.

전투실 후부에 장갑 캐빈을 증설.

AMR35의 차대를 기반으로 제작.

차체 상부와 기관실 상면판을 이어 붙여 전투실을 설치했다.

8cm sGrW34 탑재 AMR35(f) 정찰 전차

전장: 4.3m 전폭: 1.8m 전고: 1.8m 중량: 9t 승무원: 4명 무장: 8cm 중 박격포 sGrW34 ×1, MG34 7.92mm 기관총×1 최대 장갑 두께: 13mm 엔진: 르노 447(82hp) 최대 속도: 40.7km/h

전투실 안에 8cm 중 박격포 sGrW34를 탑재.

AMR35를 기반으로 제작.

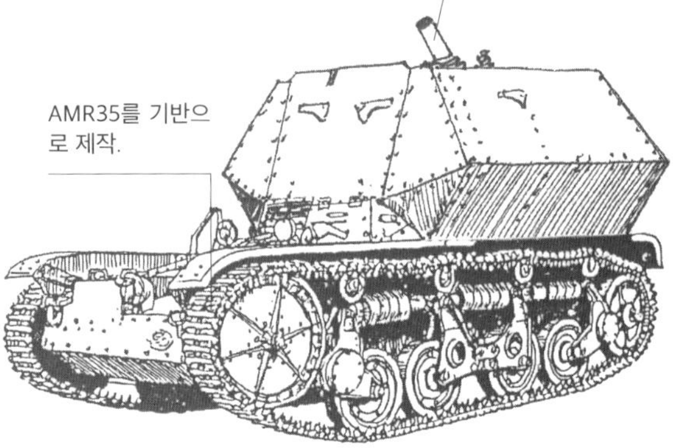

MG34 장비 UE 630(f) 경비 차량

우측의 승무원석에 장갑 커버를 추가.

MG34 7.92mm 기관총을 장비.

르노 UE 장갑 트랙터를 개조.

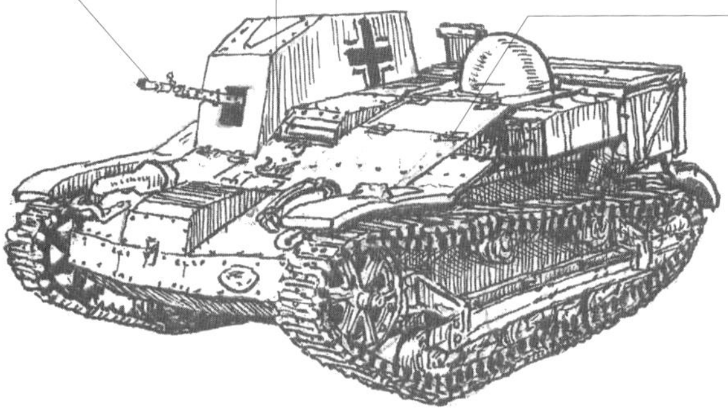

전장: 2.8m 전폭: 1.74m 전고: 1.27m 중량: 2.64t 승무원: 2명 무장: MG34 7.92mm 기관총×1 최대 장갑 두께: 9mm 엔진: 르노 85(38hp) 최대 속도: 30km/h

MG34 2정 장비 UE 630(f) 경비 차량

후방 짐칸에 장갑 캐빈을 증설.

MG34 7.92mm 기관총을 장비.

MG34 장비 장갑 커버.

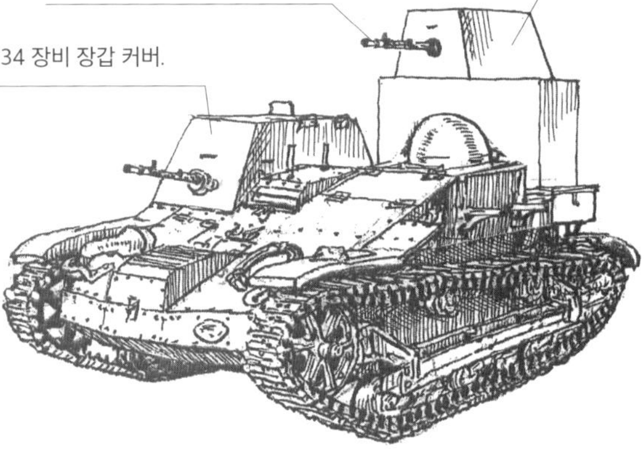

28/32cm 네벨베르퍼 탑재 UE 630(f) 보병용 견인차

후방 짐칸에 28/32cm 네벨베르퍼를 탑재.

차체는 르노 UE 장갑 트랙터.

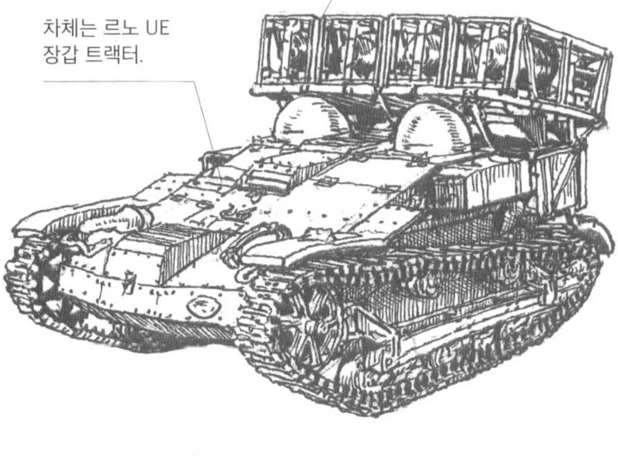

3.7cm PaK36 탑재 UE630(f) 대전차형

차체 상면 후방에 3.7cm 대전차포 PaK36을 탑재.

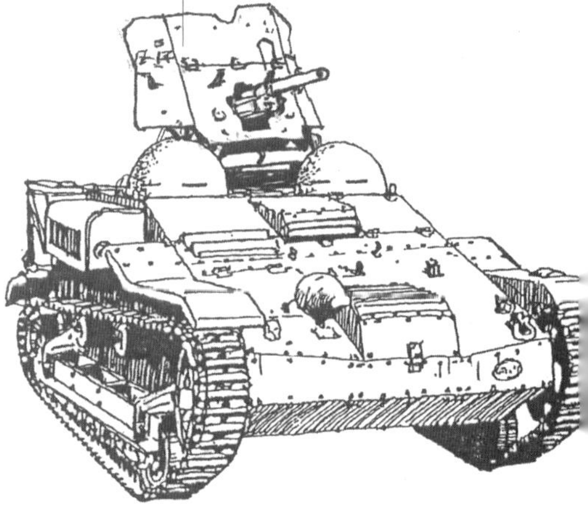

이탈리아제 전차

1943년 9월 8일, 이탈리아가 연합군에 항복함에 따라, 독일군은 신속하게 이탈리아 본토를 지배하에 두었다. 이탈리아군의 잔존 차량을 접수하고 생산 시설에 있던 자재를 활용하여 이탈리아군이 생산 준비를 하고 있던 신형 차량인 P40전차와 M43돌격포의 생산을 속행시켰다.

프랑스제 노획 전차에서 볼 수 있는 대폭적인 개수, 사양 변경은 실시하지 않았으며, 일부를 제외하고 대부분의 이탈리아제 전차는 그대로 사용되었다.

이탈리아 전차도 아래와 같이 독일군 제식 명칭이 부여되었다.

CV35 731(i) 전차
L3/33 732(i) 화염 방사 전차
L6/40 733(i) 전차
M13/40 735(i) 전차
M14/41 736(i) 전차
P40 737(i) 전차
M15/42 738(i) 전차
47/32 770(i) 지휘 전차
M41 771(i) 지휘 전차
M42 772(i) 지휘 전차
M40, M41 75/18 850(i) 돌격포
M42, M43 75/34 851(i) 돌격포
M42 75/46 852(i) 돌격포
M43 105/25 853(i) 돌격포

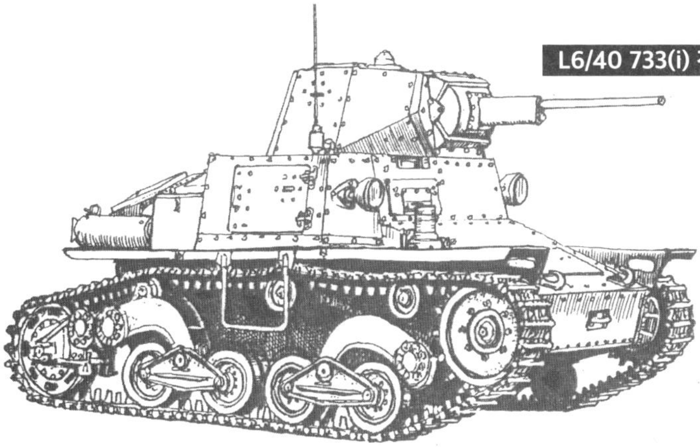

L6/40 733(i) 전차

전장: 3.78m 전폭: 1.92m 전고: 2.03m 중량: 6.8t 승무원: 2명 무장: 65구경장 20mm 기관포 M35×1, MG38(i) 8mm 기관총×1 최대 장갑 두께: 30mm 엔진: 피아트 18D(68hp) 최대 속도: 42km/h

M13/40과 M14/41의 외견상의 차이는 기관실 상면 그릴 형상뿐이다.

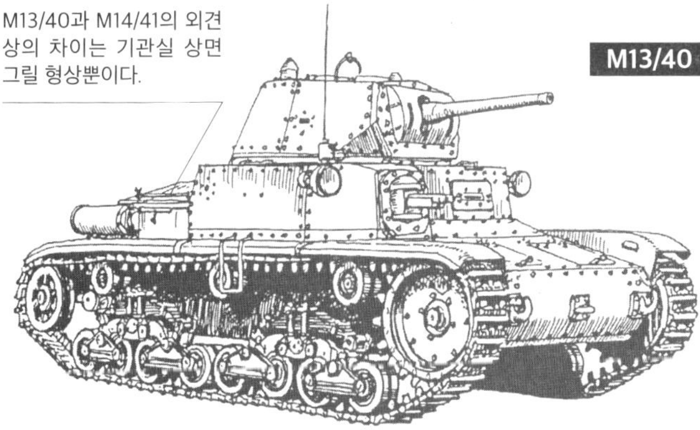

M13/40 735(i) 전차 M14/41 736(i) 전차

〔M13/40 735(i) 전차〕
전장: 4.92m 전폭: 2.17m 전고: 2.25m 중량: 13.7t 승무원: 4명 무장: 32구경장 4.7cm 전차포 KwK47/32(i)×1, MG38(i) 8mm 기관총×3 최대 장갑 두께: 37mm 엔진: 피아트 8TMD40(125hp) 최대 속도: 30.5km/h

〔M14/41 736(i) 전차〕
전장: 4.92m 전폭: 2.17m 전고: 2.25m 중량: 14.5t 승무원: 4명 무장: 32구경장 4.7cm 전차포 KwK47/32(i)×1, MG38(i) 8mm 기관총×3 최대 장갑 두께: 37mm 엔진: 피아트 15TM41(145hp) 최대 속도: 33km/h

차체는 M13/40, M14/41보다 약간 더 크다. 차체 우측에는 탈출용 해치가 설치되었다.

40구경장으로 장포신화되었다.

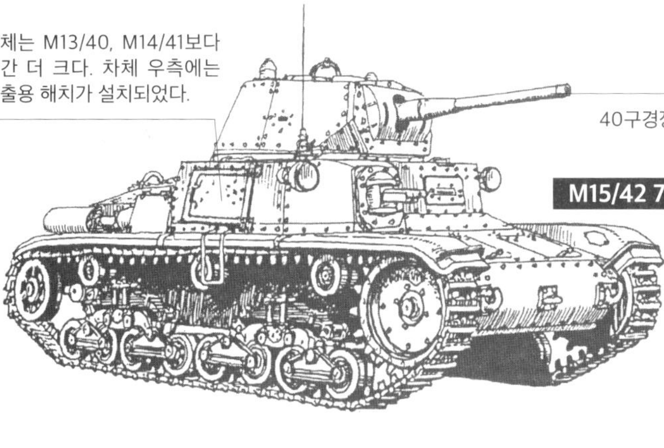

M15/42 738(i) 전차

전장: 5.04m 전폭: 2.23m 전고: 2.39m 중량: 15.5t 승무원: 4명 무장: 40구경장 4.7cm 전차포 KwK47/40(i)×1, MG38(i) 8mm 기관총×3 최대 장갑 두께: 45mm 엔진: 피아트 15TBM42(192hp) 최대 속도: 40km/h

M41 771(i) 지휘 전차

전장: 4.92m 전폭: 2.17m 전고: 1.82m 중량: 13.3t 승무원: 4명 무장: MG31(i) 13.2mm 기관총×1, MG38(i) 8mm 기관총×1 최대 장갑 두께: 37mm 엔진: 피아트 SPA 15TM41(145hp) 최대 속도: 40km/h

P40 737(i) 전차

전장: 5.795m 전폭: 2.80m 전고: 2.522m 중량: 26t 승무원: 4명 무장: 34구경장 7.5cm 전차포 KwK75/34(i)×1, MG38(i) 8mm 기관총×2 최대 장갑 두께: 60mm 엔진: 피아트 V-12(330hp) 최대 속도: 40km/h

CV35 731(i) 전차

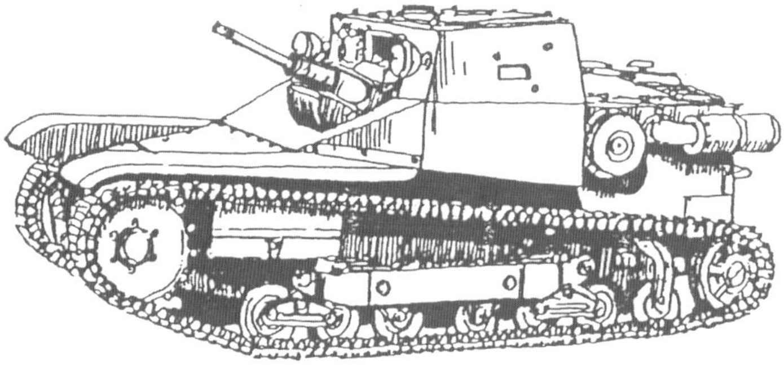

전장: 3.20m 전폭: 1.40m 전고: 1.28m 중량: 3.2t 승무원: 2명 무장: MG38(i) 8mm 기관총×2 최대 장갑 두께: 14mm 엔진: 피아트 SPA CV3-005(43hp) 최대 속도: 42km/h

47/32 770(i) 지휘 전차

전장: 3.80m 전폭: 1.86m 전고: 1.72m 중량: 6.7t 승무원: 3명 무장: 32구경장 4.7cm 전차포 KwK47/32(i)×1 최대 장갑 두께: 30mm 엔진: 피아트 18D(68hp) 최대 속도: 36km/h

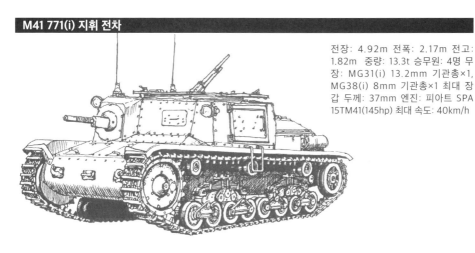

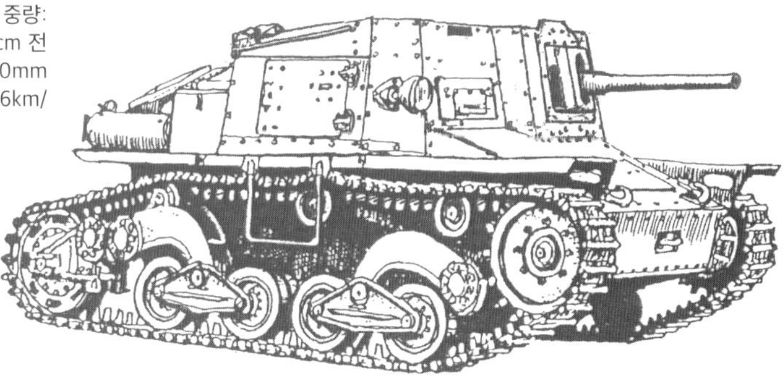

M40 75/18 850(i) 돌격포

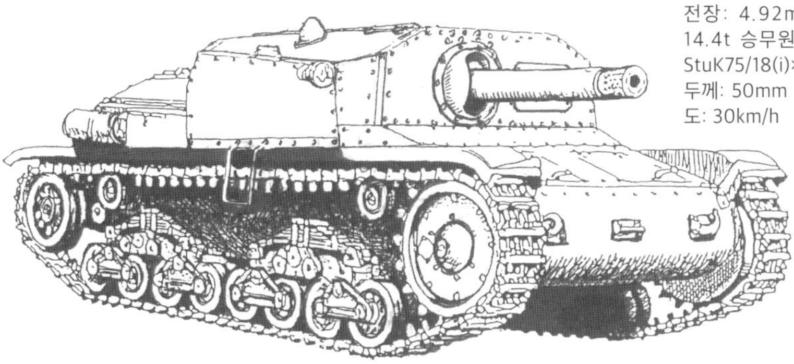

전장: 4.92m 전폭: 2.20m 전고: 1.80m 중량: 14.4t 승무원: 3명 무장: 18구경장 7.5cm 돌격포 StuK75/18(i)×1, MG38(i) 8mm 기관총×1 최대 장갑 두께: 50mm 엔진: 피아트 8TMD40(125hp) 최대 속도: 30km/h

M42 75/34 851(i) 돌격포

전장: 5.69m 전폭: 2.25m 전고: 1.80m 중량: 15t 승무원: 3명 무장: 34구경장 7.5cm 전차포 StuK75/34(i)×1, MG38(i) 8mm 기관총×1 최대 장갑 두께: 50mm 엔진: 피아트 15TBM42(192hp) 최대 속도: 38km/h

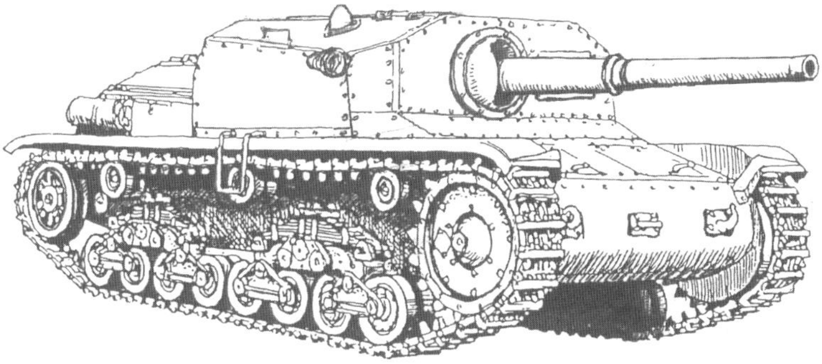

M43 105/25 853(i) 돌격포

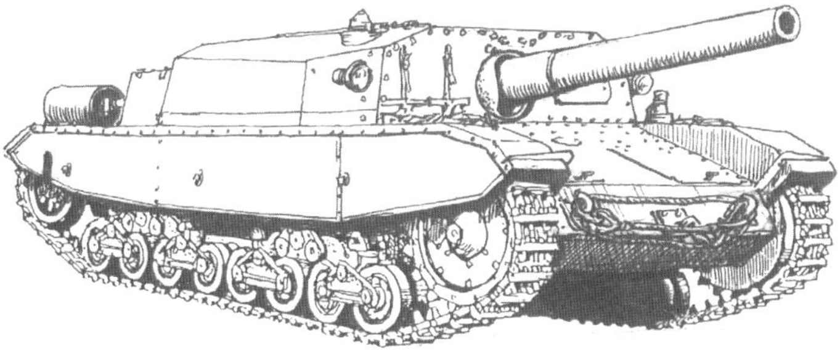

전장: 5.10m 전폭: 2.40m 전고: 1.75m 중량: 15.8t 승무원: 3명 무장: 25구경장 10.5cm 돌격포 StuK105/25(i)×1, MG38(i) 8mm 기관총×1 최대 장갑 두께: 75mm 엔진: 15TBM42(192hp) 최대 속도: 38km/h

M43 75/46 852(i) 돌격포

전장: 5.97m 전폭: 2.45m 전고: 1.74m 중량: 16t 승무원: 3명 무장: 46구경장 7.5cm 돌격포 StuK75/46(i)×1, MG38(i) 8mm 기관총×1 최대 장갑 두께: 50mm 엔진: 15TBM42(192hp) 최대 속도: 38km/h

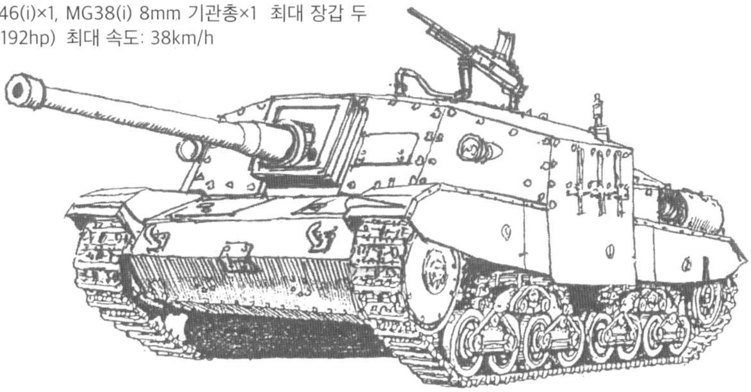

소련제 전차

바르바로사 작전 개시 후, 쾌속으로 진격해 들어갔던 독일군이었으나, 전력을 계속 소모하게 되면서 1943년 중반 이후 방어로 전환했을 즈음에는 편제 정수를 채운 기갑 사단이 전무한 상태였다. 그 때문에 동부 전선에서는 각각의 부대에서 노획한 소련제 전차를 활용하여 독자적으로 전력 보충을 실시했다.

노획 차량 중에는 구식 차량도 많았으나, T34나 KV 중전차와 같은 우수한 차량도 있었다. 독일군에서는 T-34 1940년형을 T-34A, 1941년형을 T-34B, 1941년 전시 간이형을 T-34C, 1942년형을 T-34D, 1943년형을 T-34E, 프레스 공법으로 제작된「포르모치카(Formochka)」포탑이 탑재된 1942년형을 T-34F라는 명칭을 부여하여 각 형식을 구분했다. 또한 KV 중전차의 경우에는 1939/1940/1941년형을 KW-1A, KV-1 1940년형 에크라나미(ekranami, KV-1E라고도 불렀다)를 KW-1B, 1942년형을 KW-1C라는 명칭을 붙여 식별했다. 소련제 전차에는 아래와 같은 독일군 제식명이 부여되었다.

T-37 731(r) 수륙 양용 전차
T-38 732(r) 수륙 양용 전차
T-40 733(r) 수륙 양용 전차
T-26A 737(r) 경전차
T-26B 738(r) 경전차
T-26 739(r) 화염 방사 전차
T-26C 740(r) 경전차
BT 742(r) 경전차 = BT-5, BT-7
T-28 746(r) 중형 전차
T-34 747(r) 중형 전차
T-35A 751(r) 중전차
T-35B 752(r) 중전차
KW-1A 753(r) 중전차 = KV-1 1939/1940/1941년형
KW-2 754(r) (돌격)전차 = KV-2
KW-1B 753(r) 중전차 = KV-1 에크라나미
KW-1C 753(r) 중전차 = KV-1 1942년형

T-26C 740(r) 경전차

전장: 4.62m 전폭: 2.455m 전고: 2.33m 중량: 10.3t 승무원: 3명 무장: 46구경장 45mm 전차포 20K×1, DT 7.62mm 기관총×2 최대 장갑 두께: 37mm 엔진: GAZ T-26(95hp) 최대 속도: 30km/h

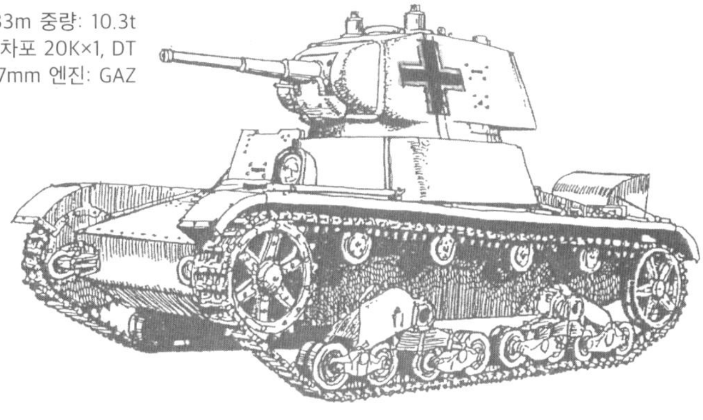

BT-7 742(r) 경전차

전장: 5.645m 전폭: 2.23m 전고: 2.40m 중량: 13t 승무원: 3명 무장: 46구경장 45mm 전차포 20K×1, DT 7.62mm 기관총×2 최대 장갑 두께: 20mm 엔진: M17T(450hp) 최대 속도: 52km/h

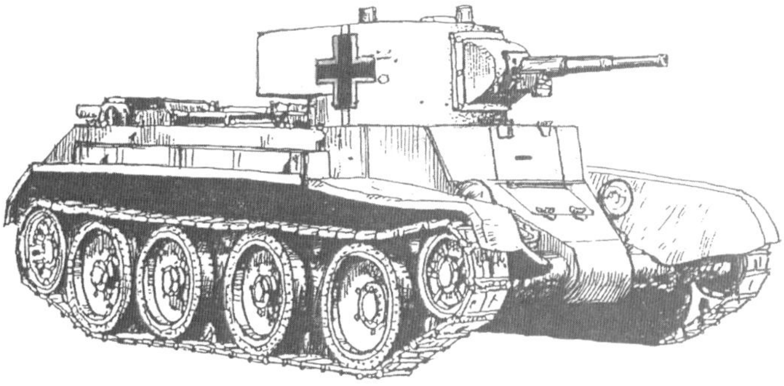

T-34B 747(r) 중형 전차

전장: 6.75m 전폭: 3.00m 전고: 2.45m 중량: 30t 승무원: 4명 무장: 41.5구경장 76.2mm 전차포 F-34×1, DT 7.62mm 기관총×2 최대 장갑 두께: 52mm 엔진: V-2-34(500hp) 최대 속도: 55km/h

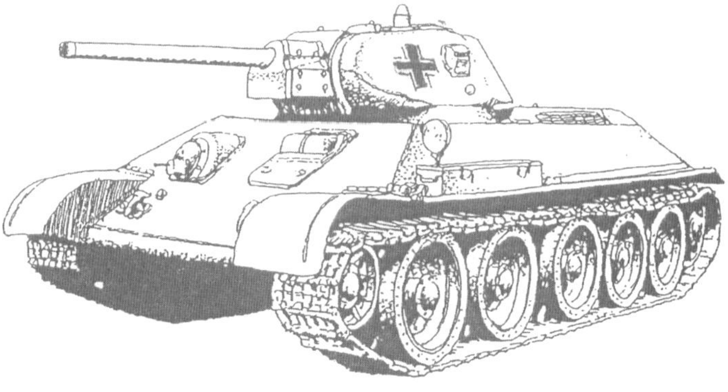

T-34D 747(r) 중형 전차

전장: 6.75m 전폭: 3.00m 전고: 2.65m 중량: 30.9t 승무원: 4명 무장: 41.5구경장 76.2mm 전차포 F-34×1, DT 7.62mm 기관총×2 최대 장갑 두께: 70mm 엔진: V-2-34(500hp) 최대 속도: 55km/h

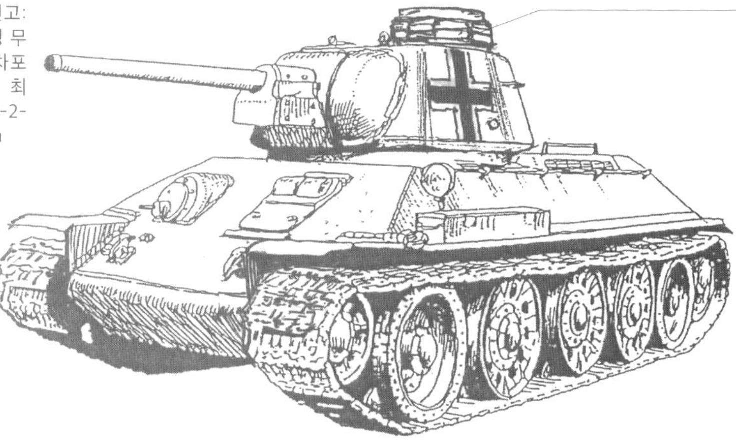

III/IV호 전차의 전차장용 큐폴라를 증설했다.

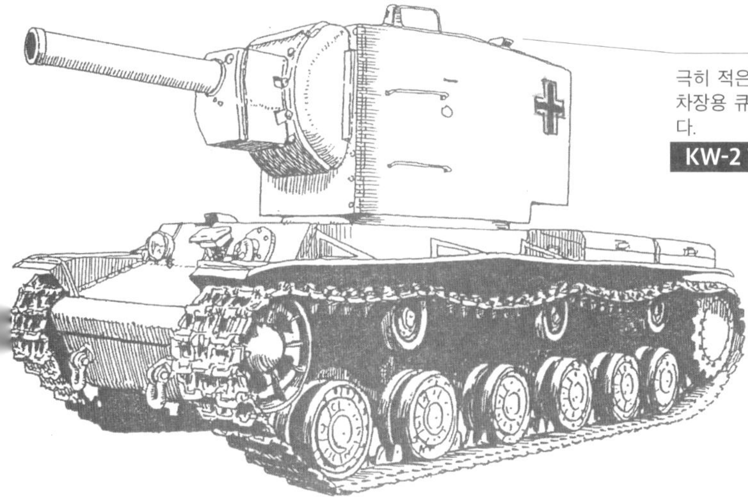

극히 적은 수였지만 III/IV호 전차의 전차장용 큐폴라를 증설한 차량도 존재했다.

KW-2 754(r) (돌격)전차

전장: 6.95m 전폭: 3.32m 전고: 3.24m 중량: 57t 승무원: 6명 무장: 20구경장 152mm 곡사포 M-10T×1, DT 7.62mm 기관총×3 최대 장갑 두께: 110mm 엔진: V-2-K(600hp) 최대 속도: 34km/h

3.7cm PaK36 탑재 630(r) 장갑 포병 견인차

3.7cm 대전차포 PaK36을 탑재.
포방패 좌우에 장갑판을 추가.
차체는 T-20 콤소몰레츠 견인차.

7.5cm PaK97/38 탑재 T-26 739(r) 경 대전차 자주포

포탑을 철거하고 7.5cm 대전차포 PaK97/38을 탑재. 이 포는 프랑스제 75mm 1897야포를 PaK38의 포가에 탑재한 독일군 개수형이다.

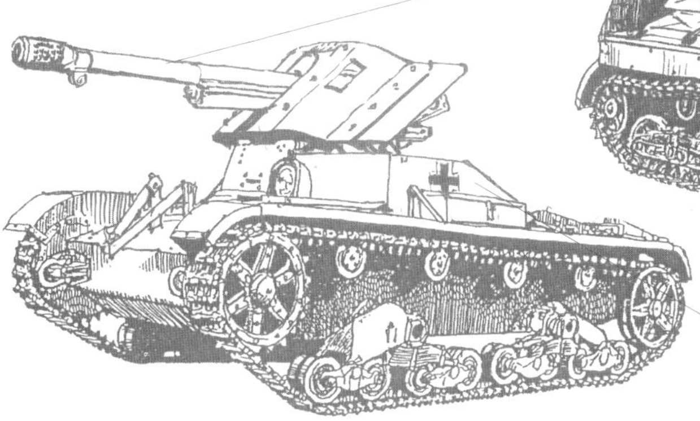

T-26경전차의 차체를 사용.

영국/미국제 전차

늘 전차가 부족했던 북아프리카 전선의 독일 아프리카 군단은 노획한 영국제 전차를 유효하게 활용했다. 또한 1940년 서방 전격전에서 노획된 일부 영국군 차량은 자주포나 견인차로 개조, 1944년 7월 이후의 노르망디 전투에서 사용되었는데, 그중에서도 유니버셜 캐리어는 매우 쓰기 편했기에 동부 전선의 부대에서도 애용되었다.

미군 차량도 소수 노획되어 현지 부대에서 사용되었으나, 국적 표식만 바꿔 칠했을 뿐, 특별한 개수를 하지 않은 채 그대로 사용했다.

영국/미국제 전차의 독일군 제식 명칭은 아래와 같다.

Mk.Ⅳ B 735(e) 경전차
Mk.Ⅳ C 736(e) 경전차
Mk.Ⅰ 741(e) 순항 전차
Mk.Ⅱ 742(e) 순항 전차
Mk.Ⅲ 743(e) 순항 전차
Mk.Ⅳ 744(e) 순항 전차
Mk.Ⅵ 746(e) 순항 전차 = 크루세이더
Mk.Ⅰ 747(e) 보병 전차 = 마틸다Ⅰ
Mk.Ⅱ 748(e) 보병 전차 = 마틸다Ⅱ
Mk.Ⅲ 749(e) 보병 전차 = 밸런타인
M3 747(a) 중형 전차 = M3
M4 748(a) 중형 전차 = M4

M4 748(a) 중형 전차

전장: 5.84m 전폭: 2.62m 전고: 2.74m 중량: 30.4t 승무원: 5명 무장: 37.5구경장 75mm 전차포 M3×1, M2 12.7mm 기관총×1, M1919A4 7.62mm 기관총×2 최대 장갑 두께: 76mm 엔진: 컨티넨탈 R-975-C1(400hp) 최대 속도: 38.6km/h

Mk. Ⅲ 749(e) 보병 전차

전장: 5.41m 전폭: 2.63m 전고: 2.27m 중량: 16t 승무원: 4명 무장: 50구경장 2파운드 전차포×1, Besa 7.92mm 기관총×1 최대 장갑 두께: 65mm 엔진: AEC A190(131hp) 최대 속도: 24.1km/h

Mk. Ⅱ 748(e) 보병 전차

전장: 5.613m 전폭: 2.59m 전고: 2.515m 중량: 26.9t 승무원: 4명 무장: 50구경장 2파운드 전차포×1, Besa 7.92mm 기관총×1 최대 장갑 두께: 78mm 엔진: 레일랜드 E148(190hp) 최대 속도: 24.14km/h

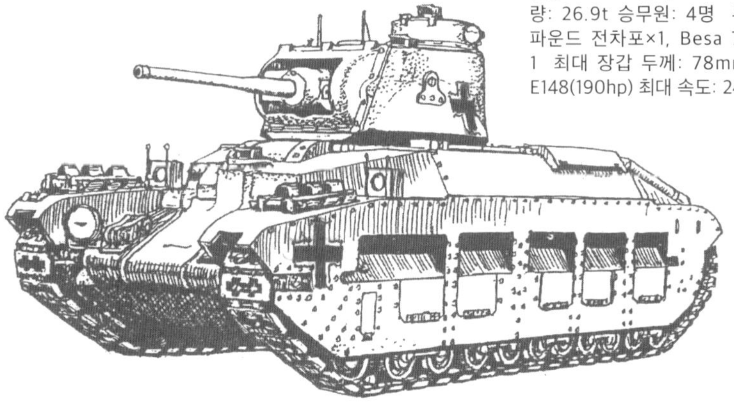

2cm FlaK38 탑재 장갑 운반차 브렌 731(e)

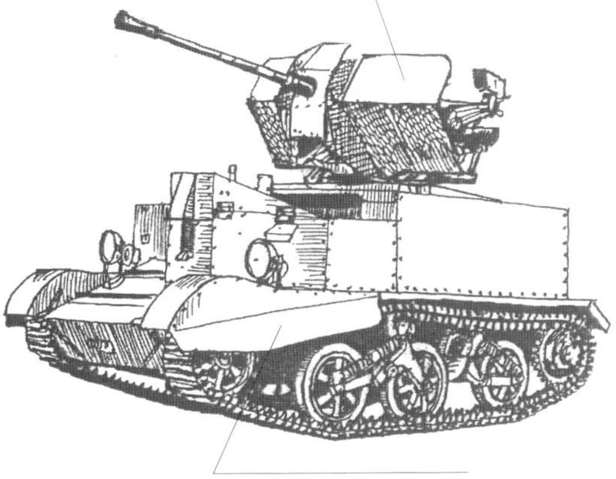

2cm 대공 기관포 FlaK38을 탑재.
유니버셜 캐리어를 사용.

판처뵉세 54 탑재 전차 구축차 브렌 731(e)

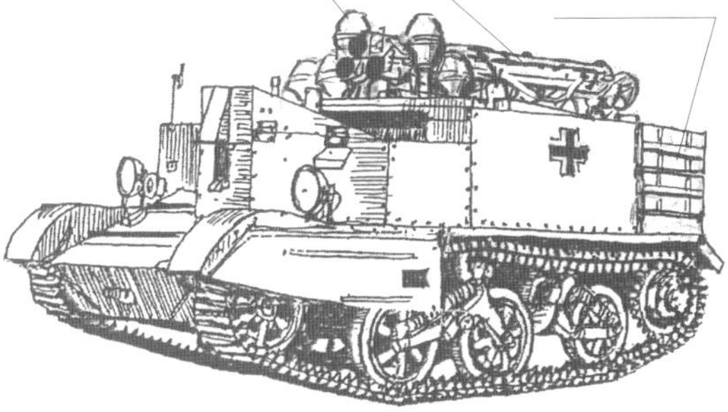

3.7cm PaK36 탑재 장갑 운반차 브렌 731(e)

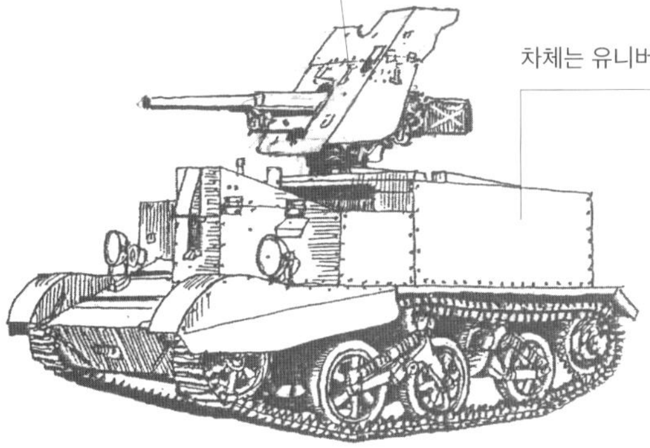

3.7cm 대전차포 PaK36을 탑재.
차체는 유니버셜 캐리어.

Mk. VI C 736(e) 탄약 운반차

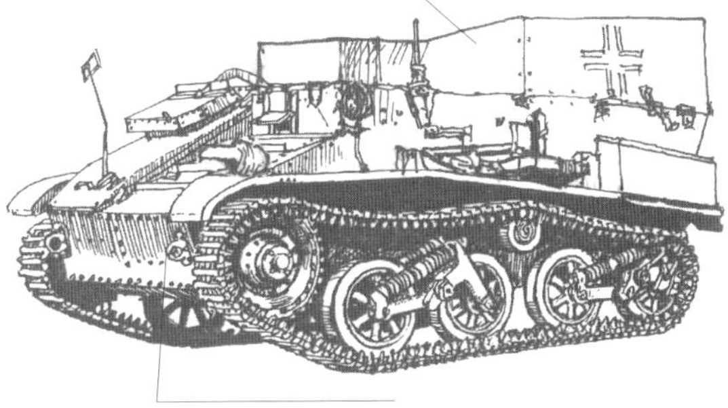

포탑 및 상면 장갑을 철거하고 그 주위에 장갑판을 증설. 전투실 내부는 탄약 수납 공간으로 사용했다.
Mk. VIC 경전차를 사용.

42구경장 5cm KwK 탑재 Mk. II 748(e) 자주포

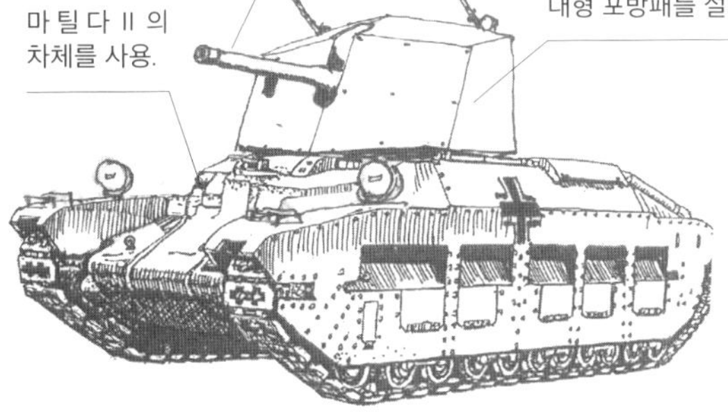

MG13 7.92mm 기관총을 전투실 양 측면에 장비.
III호 전차의 42구경장 5cm 전차포 KwK를 탑재.
포탑을 철거하고 대형 포방패를 설치.
마틸다 II의 차체를 사용.

10.5cm sFH16 탑재 Mk. VI C 736(e) 경 자주 곡사포

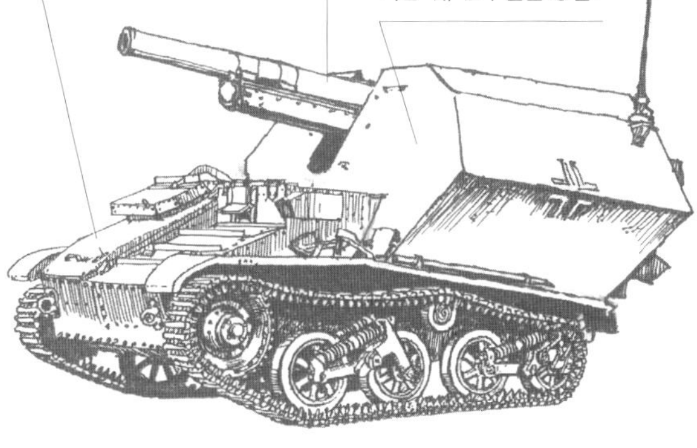

10.5cm 경 곡사포 sFH16을 탑재.
차체는 비커스 Mk. VIC 경전차를 사용.
포탑 및 상면 장갑을 철거한 뒤, 전투실을 증설.

2차 대전 당시 최고 수준을 자랑하다

독일 전차의 화력과 방어력

독일 전차의 차체 디자인과 장갑 두께의 변화

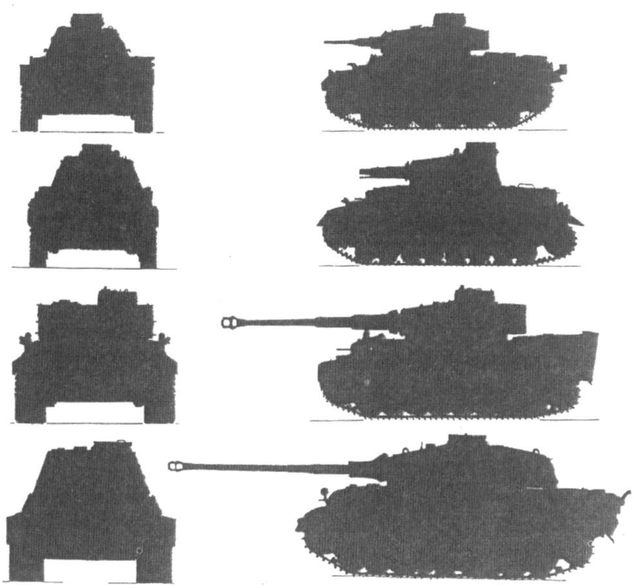

전면 측면

Ⅲ호 전차 J형 (1941년 3월 생산 개시)
■차체 장갑 두께 전면: 50mm/69°, 상부 전면: 50mm/81°, 측면: 30mm/90°
■포탑 장갑 두께 전면: 50mm/75°, 포방패: 50mm/곡면, 측면: 30mm/65°
※장갑은 아래 그림과 마찬가지로 수평면에 대한 경사각을 나타낸다.

Ⅵ호 전차 D형 (1939년 10월 생산 개시)
■차체 장갑 두께 전면: 30mm/76°, 상부 전면: 30mm/81°, 측면: 20mm/90°
■포탑 장갑 두께 전면: 30mm/80°, 포방패: 35mm/곡면, 측면: 20mm/65°

티거Ⅰ (1942년 6월 생산 개시)
■차체 장갑 두께 전면: 100mm/65°, 상부 전면: 100mm/81°, 측면: 80mm/90°
■포탑 장갑 두께 전면: 100mm/80°, 포방패: 100~145mm/90°, 측면: 80mm/90°

티거Ⅱ (1944년 1월 생산 개시)
■차체 장갑 두께 전면 상부: 150mm/40°, 전면 하부: 100mm/40°, 측면 상부: 80mm/65°, 측면 하부: 80mm/90°
■포탑 장갑 두께 전면: 180mm/80°, 측면: 80mm/70°

경사 장갑의 효과

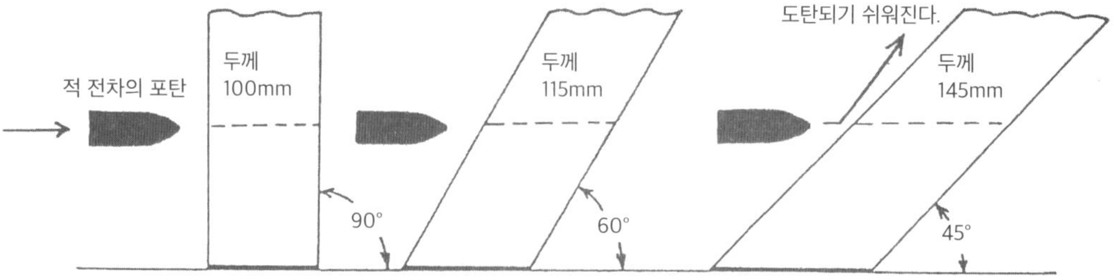

장갑 두께가 같더라도 경사를 줬을 경우 장갑 방어력이 향상되면서 쉽게 관통되지 않으며, 적 포탄을 흘려낼 수 있게 된다.

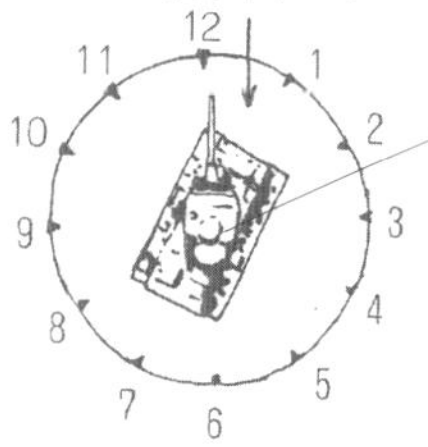

적 전차에 대한 배치

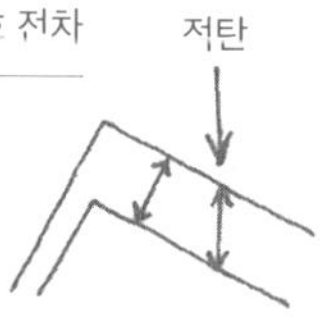

왼쪽 그림에서 볼 수 있는 장갑 두께의 변화.

Ⅲ호 전차, Ⅳ호 전차가 소련의 T-34를 상대할 경우, 장갑 방어력이 떨어지는 Ⅲ호 전차, Ⅳ호 전차는 T-34에 대하여 차체를 비스듬하게 대치, 피탄 경시를 발생시켜 장갑 방어력을 보다 높일 수 있었다.
동부 전선 초기, 숙련된 독일 전차병들은 이러한 방법으로 T-34에 대처했다.

철갑탄의 종류와 구조

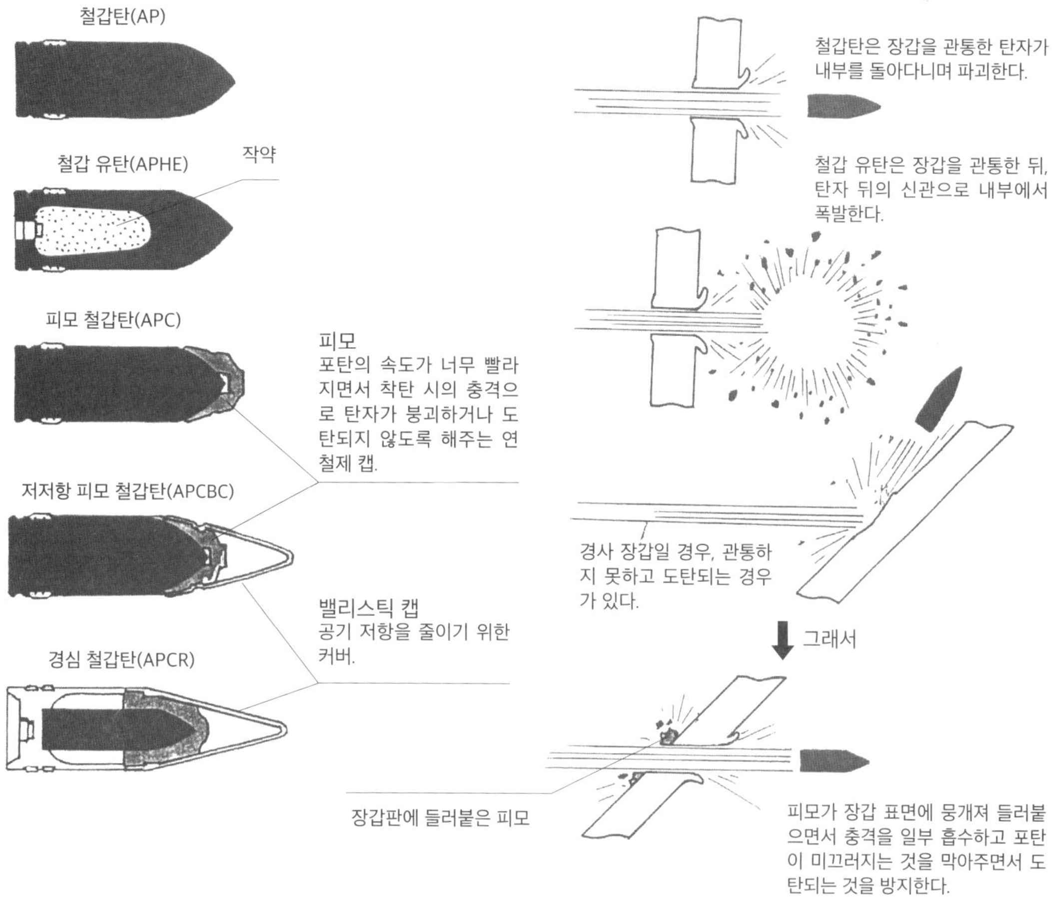

철갑탄(AP)
철갑 유탄(APHE)
작약
피모 철갑탄(APC)
피모
포탄의 속도가 너무 빨라지면서 착탄 시의 충격으로 탄자가 붕괴하거나 도탄되지 않도록 해주는 연철제 캡.
저저항 피모 철갑탄(APCBC)
밸리스틱 캡
공기 저항을 줄이기 위한 커버.
경심 철갑탄(APCR)
철갑탄은 장갑을 관통한 탄자가 내부를 돌아다니며 파괴한다.
철갑 유탄은 장갑을 관통한 뒤, 탄자 뒤의 신관으로 내부에서 폭발한다.
경사 장갑일 경우, 관통하지 못하고 도탄되는 경우가 있다.
그래서
장갑판에 들러붙은 피모
피모가 장갑 표면에 뭉개져 들러붙으면서 충격을 일부 흡수하고 포탄이 미끄러지는 것을 막아주면서 도탄되는 것을 방지한다.

독일 전차의 포탄

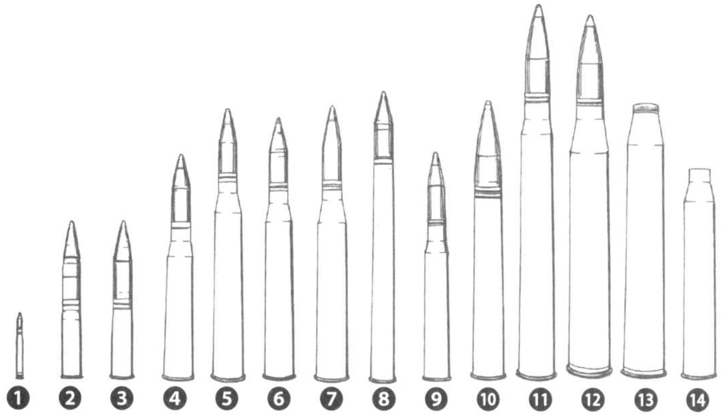

❶2cm KwK30용 철갑탄
❷24구경장 7.5cm KwK37용 철갑탄
❸24구경장 7.5cm KwK37용 유탄
❹7.5cm KwK40용 포탄
❺7.5cm KwK42용 포탄
❻7.5cm KwK42용 철갑탄
❼7.5cm KwK42용 유탄
❽7.5cm PaK40용 포탄
❾48구경장 7.5cm KwK40용 철갑탄/유탄
❿8.8cm FlaK18/36/37 및 KwK36용 포탄
⓫8.8cm FlaK41용 포탄
⓬8.8cm PaK43 및 KwK43용 포탄
⓭8.8cm KwK43용 탄피
⓮7.5cm KwK42용 탄피

독일 전차의 주포 관통력

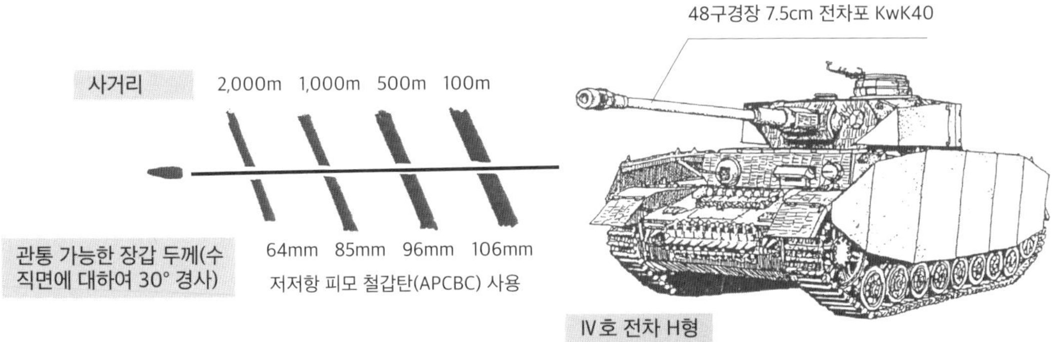

Ⅳ호 전차 H형

전차포의 구경장이란 포신의 길이를 나타낸다. 48구경장이라고 하면 포탄의 직경인 7.5cm의 48배임을 뜻하며, 사용 포탄이 같다면 이 수치가 클수록 관통력도 높아진다.

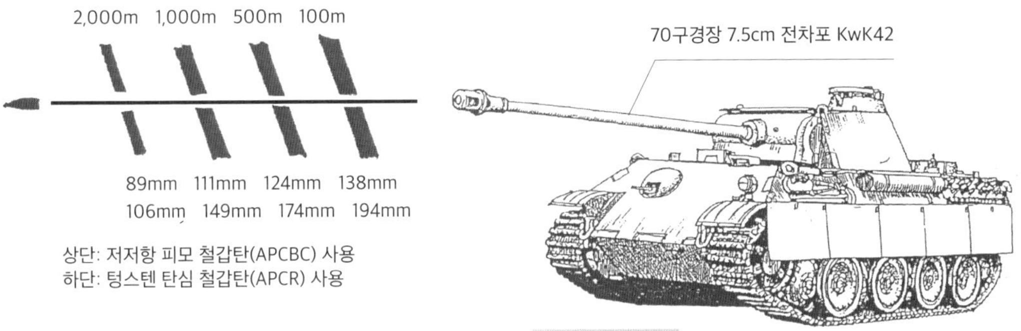

판터 G형

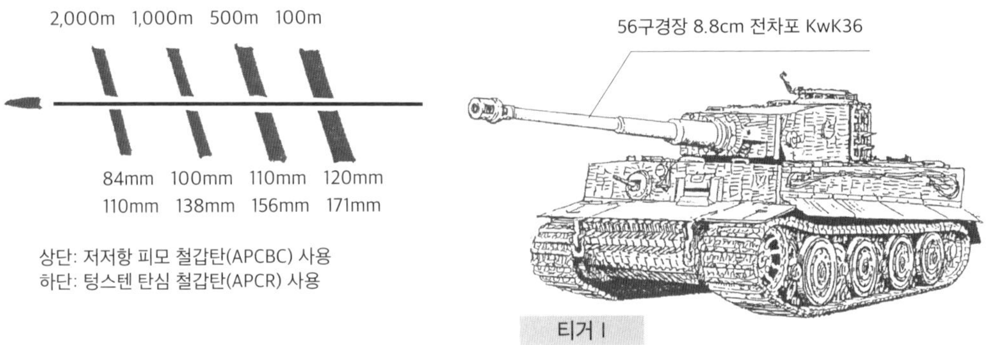

티거 I

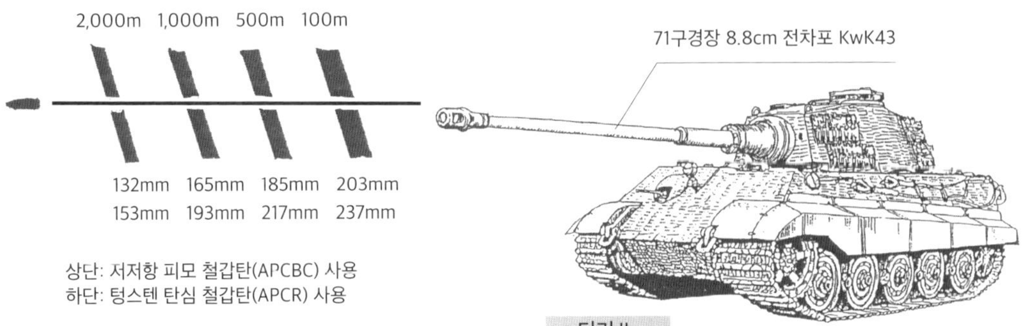

티거 II

소련 전차의 주포 관통력

41.6구경장 76.2mm 전차포 F-34
사거리
500m 1,000m
관통 가능한 장갑 두께
92mm 60mm
T-34 1941년형

54.6구경장 85mm 전차포 S-53
500m 1,000m
138mm 100mm
T-34-85

46.3구경장 122mm 전차포 D-25T
1,000m
145mm
JS-2

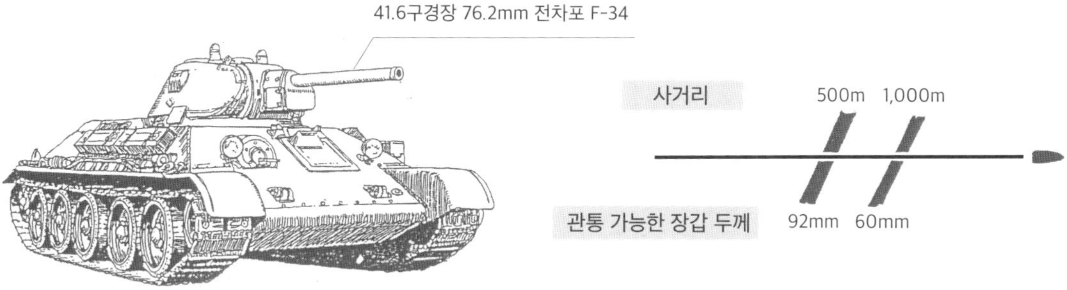

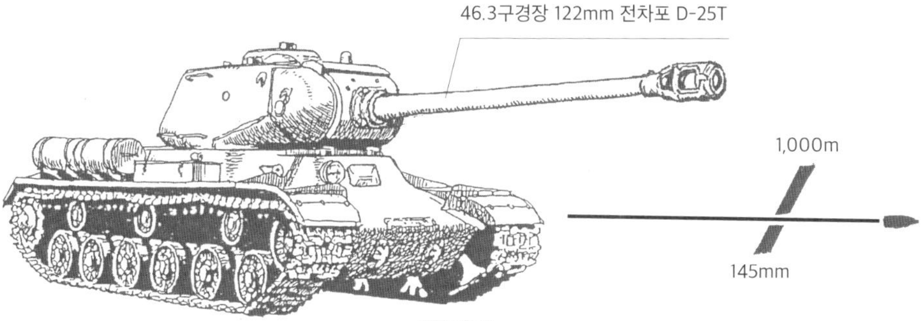

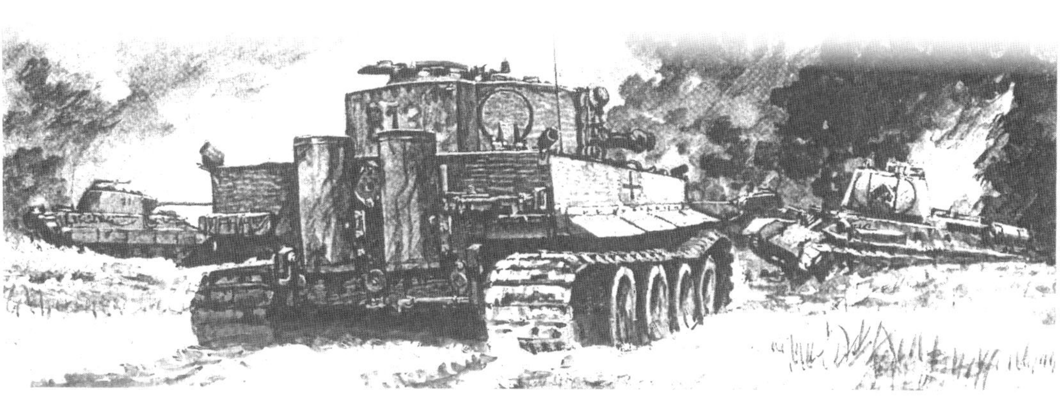

미국/영국 전차의 주포 관통력

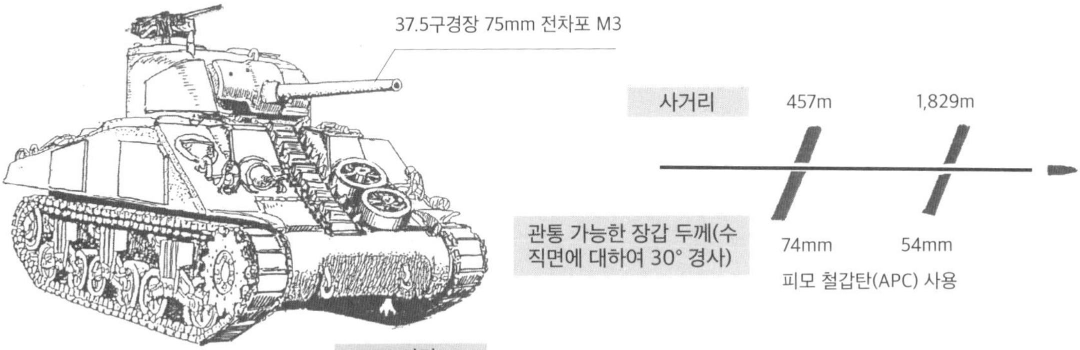

M4 셔먼

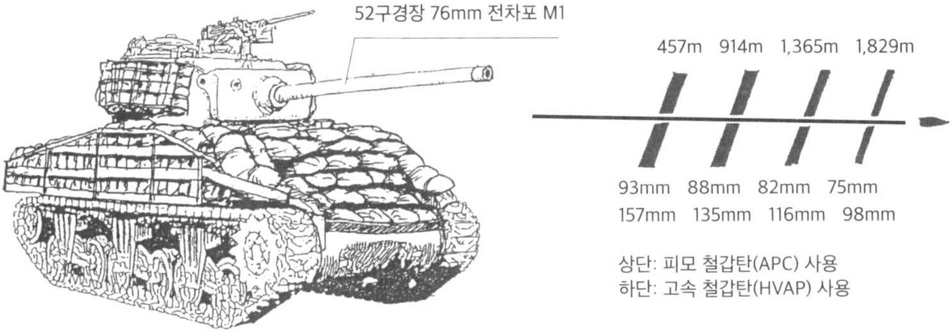

M4A3/76mm 포 탑재 셔먼

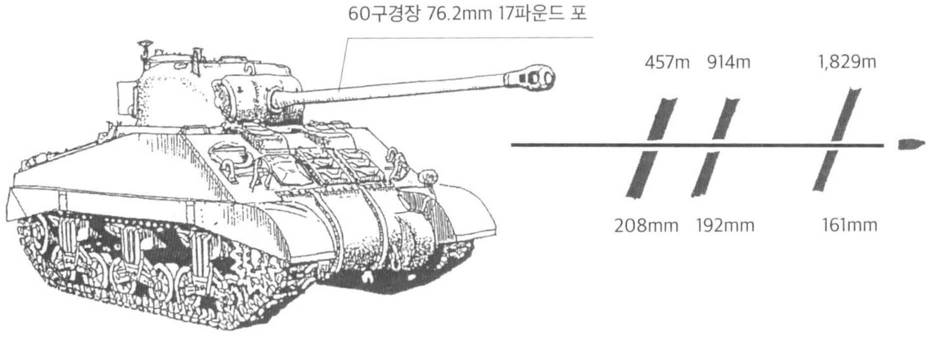

셔먼VC 파이어플라이

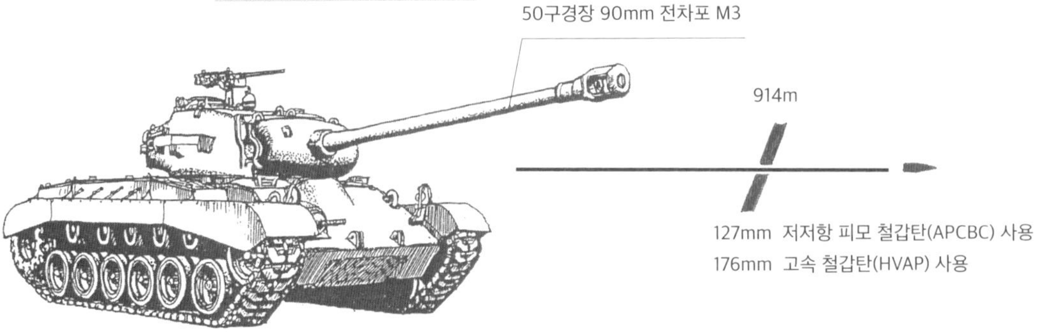

M26 퍼싱

철마를 모는 흑기사

독일 전차병

독일 전차병의 유니폼이라고 한다면 짧은 검정 재킷이 유명하지만, 전선이 확대되고, 전투도 점차 치열해지면서 독일 전차병의 복장도 위장복이나 오버올, 방한 재킷 등, 다종다양한 의복을 착용하게 되었다. 일단 여기서는 가장 표준적인 것들만을 다뤄보고자 한다.

판 처 재 킷

※일러스트는 육군(국방군)의 재킷

대전 초기에는 목깃 주위에도 병과를 나타내는 분홍색 테두리가 붙었으나, 1942년에 폐지되었다.

견장
계급장으로도 쓰였다.

금장(襟章)
검정 바탕에 해골 휘장이 배치되어 있다. 금장 주위에는 기갑 병과임을 뜻하는 병과색인 분홍색 테두리가 붙었다.

오른쪽 가슴에는 국가장인 독수리장이 붙었다.

차내 기기에 걸리지 않도록 단추가 가려지도록 되어 있다.

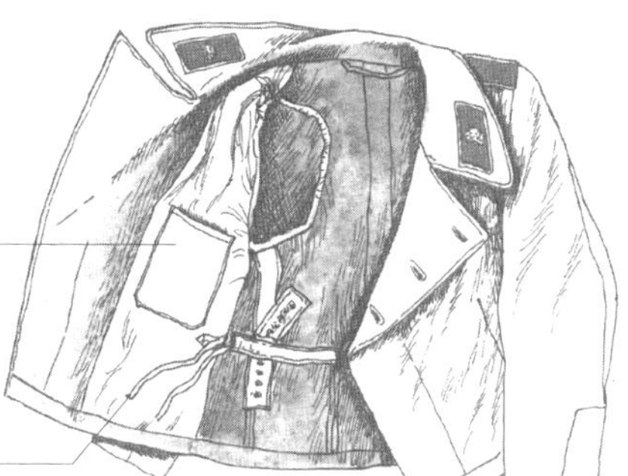

안주머니

조임끈

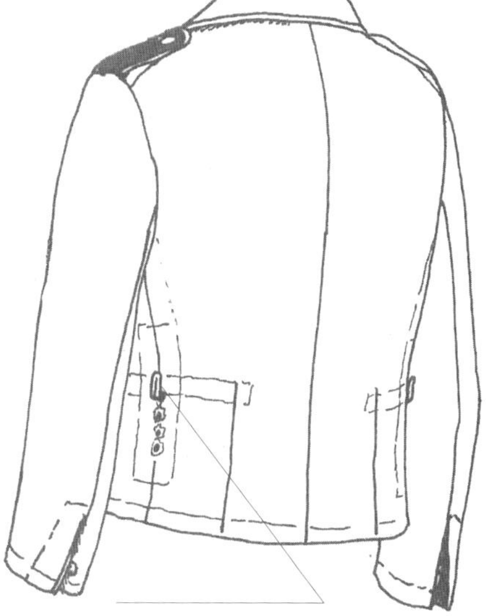

벨트를 지지해주는 고리가 있어, 임의의 위치에 부착할 수 있다.

전차병의 스타일

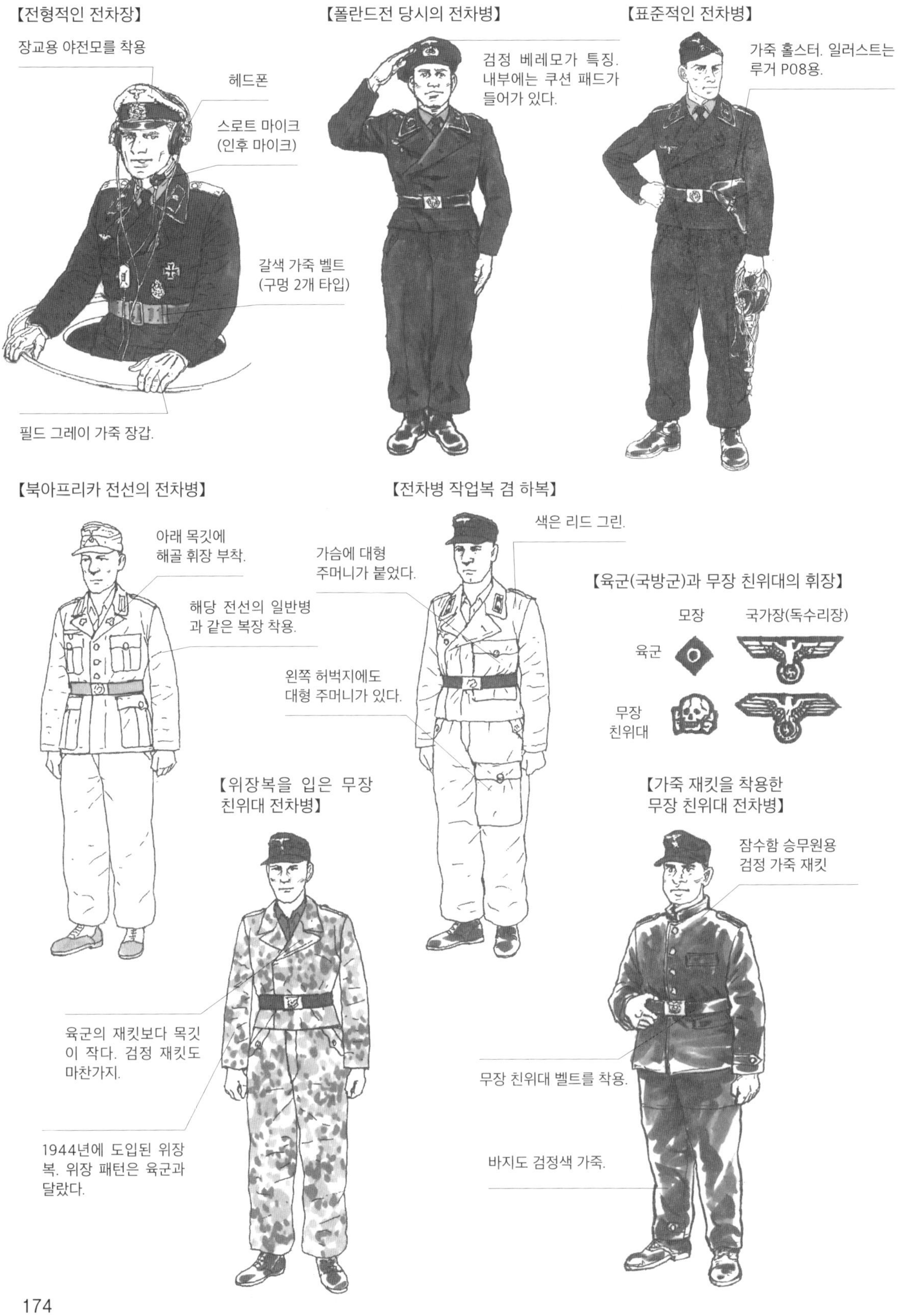
【전형적인 전차장】
장교용 야전모를 착용
헤드폰
스로트 마이크
(인후 마이크)
갈색 가죽 벨트
(구멍 2개 타입)
필드 그레이 가죽 장갑.
【폴란드전 당시의 전차병】
검정 베레모가 특징.
내부에는 쿠션 패드가
들어가 있다.
【표준적인 전차병】
가죽 홀스터. 일러스트는
루거 P08용.
【북아프리카 전선의 전차병】
아래 목깃에
해골 휘장 부착.
해당 전선의 일반병
과 같은 복장 착용.
【전차병 작업복 겸 하복】
색은 리드 그린.
가슴에 대형
주머니가 붙었다.
왼쪽 허벅지에도
대형 주머니가 있다.
【육군(국방군)과 무장 친위대의 휘장】
모장
국가장(독수리장)
육군
무장
친위대
【위장복을 입은 무장
친위대 전차병】
육군의 재킷보다 목깃
이 작다. 검정 재킷도
마찬가지.
1944년에 도입된 위장
복. 위장 패턴은 육군과
달랐다.
【가죽 재킷을 착용한
무장 친위대 전차병】
잠수함 승무원용
검정 가죽 재킷
무장 친위대 벨트를 착용.
바지도 검정색 가죽.

작업복을 착용한 전차병

오버올 작업복을 착용. 여러 종류가 있었다.

1943년부터 사용된 무장 친위대의 위장 무늬 오버올.

필드 그레이 전투복을 작업복으로 사용한 경우도 많았다. 견장은 전차병을 뜻하는 검정.

리드 그린 작업복(하복으로도 사용).

훈련복을 착용. 카키색으로 가슴 주머니는 없었다.

돌격포 승무원은 필드 그레이 재킷을 착용했다. 대전 중기 이후에는 전차 승무원들도 검정 재킷이 눈에 띈다는 이유로 필드 그레이 재킷이나 리드 그린 작업복을 입는 일이 많아졌다.

독일 전차병의 헤드폰

⊙헤드폰「푼크하우베(Funkhaube) A」

종전 시까지 사용된 표전
적인 전차병용 헤드폰.

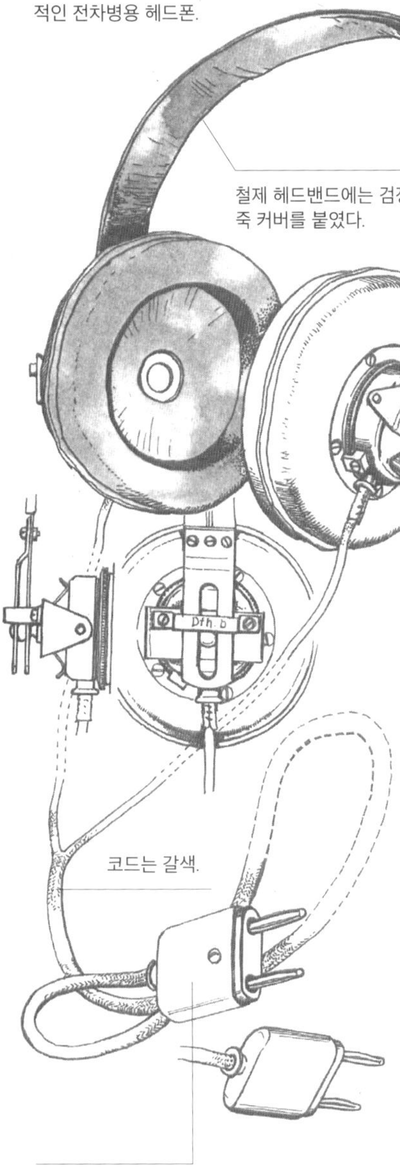

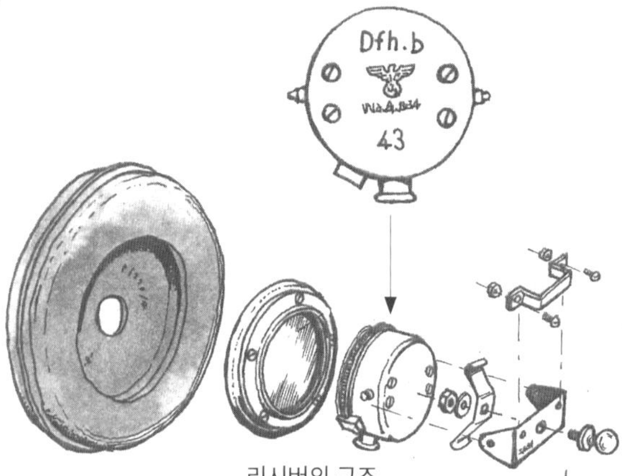

리시버의 구조

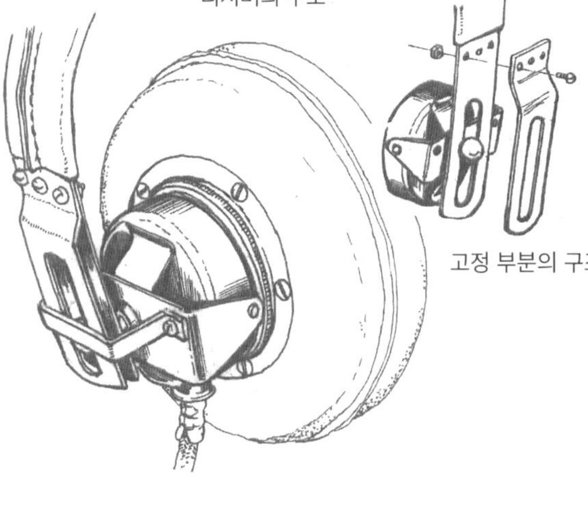
고정 부분의 구조

⊙헤드폰「코프하우베(Kopfhaube) A」와 스로트 마이크

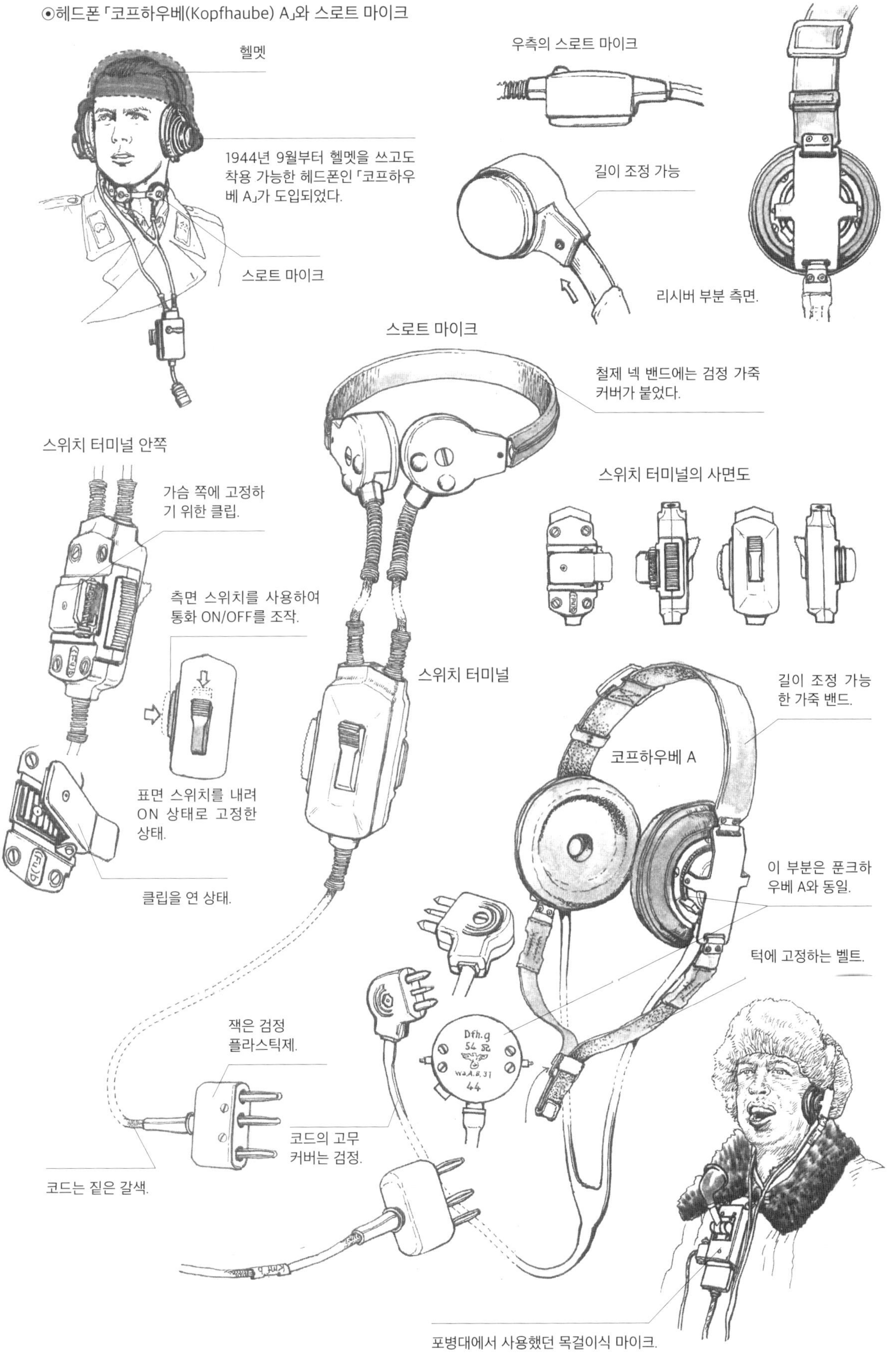

헬멧
1944년 9월부터 헬멧을 쓰고도 착용 가능한 헤드폰인「코프하우베 A」가 도입되었다.
스로트 마이크
우측의 스로트 마이크
길이 조정 가능
리시버 부분 측면.
스로트 마이크
철제 넥 밴드에는 검정 가죽 커버가 붙었다.
스위치 터미널 안쪽
가슴 쪽에 고정하기 위한 클립.
측면 스위치를 사용하여 통화 ON/OFF를 조작.
표면 스위치를 내려 ON 상태로 고정한 상태.
클립을 연 상태.
스위치 터미널의 사면도
스위치 터미널
길이 조정 가능한 가죽 밴드.
코프하우베 A
이 부분은 푼크하우베 A와 동일.
턱에 고정하는 벨트.
잭은 검정 플라스틱제.
코드의 고무 커버는 검정.
코드는 짙은 갈색.
포병대에서 사용했던 목걸이식 마이크.

휴 대 화 기 ※여기 실린 것 외의 권총도 사용했다.

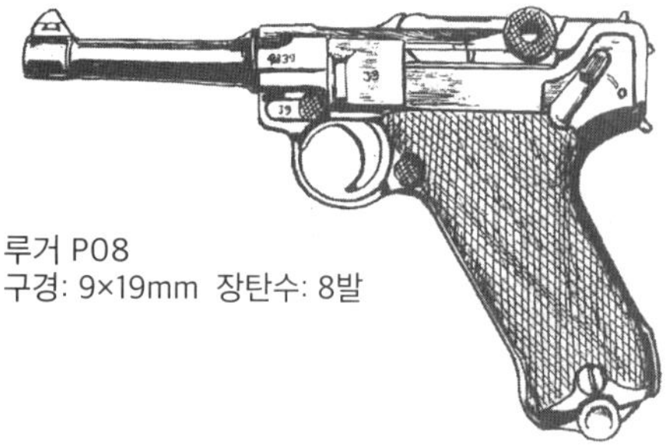

루거 P08
구경: 9×19mm 장탄수: 8발

【홀스터 착용 위치】

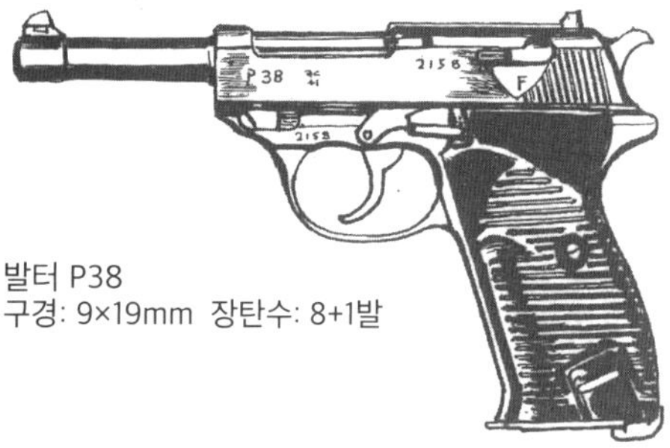

발터 P38
구경: 9×19mm 장탄수: 8+1발

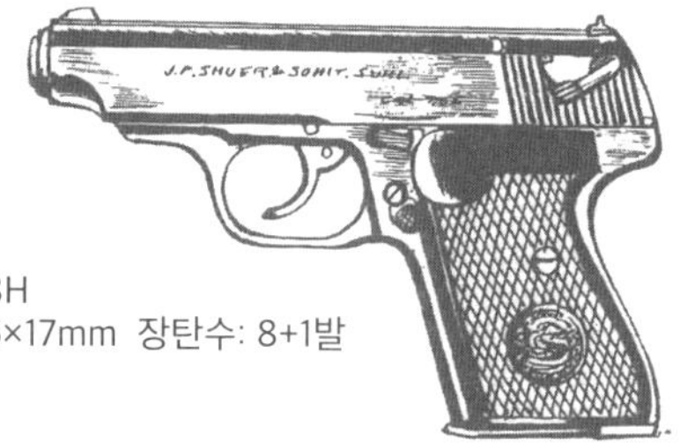

자우어 38H
구경: 7.65×17mm 장탄수: 8+1발

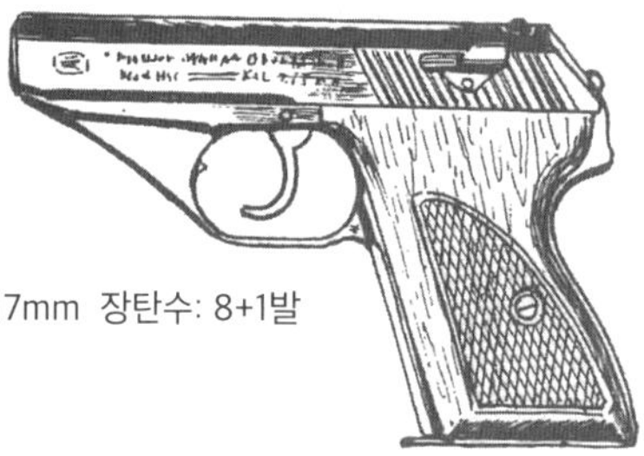

마우저 HSc
구경: 7.65×17mm 장탄수: 8+1발

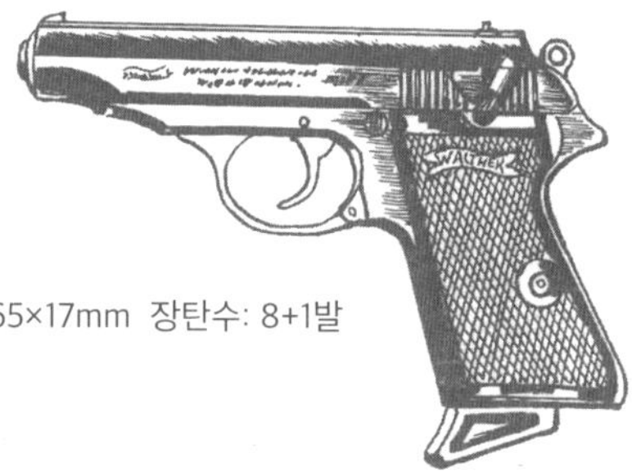

발터 PP
구경: 7.65×17mm 장탄수: 8+1발

【각종 홀스터】

루거 P08용

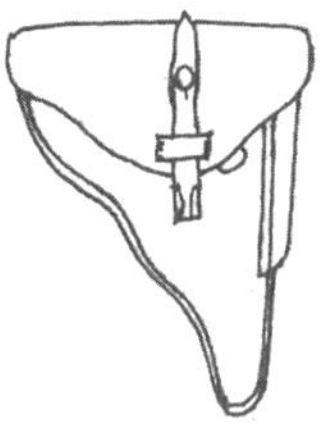

루거 P08용 후기형

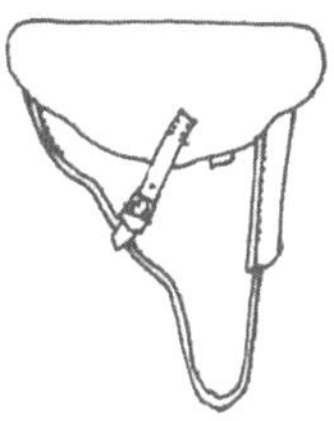

발터 P38용

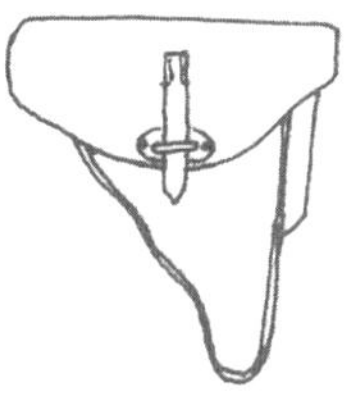

발터 P38용 후기형

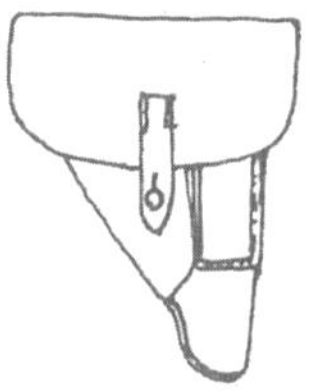

자우어 38H용

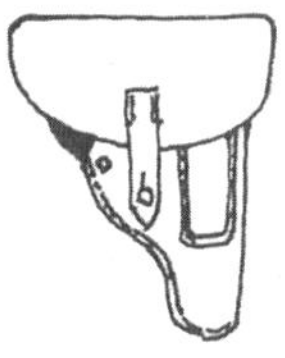

발터 PP용

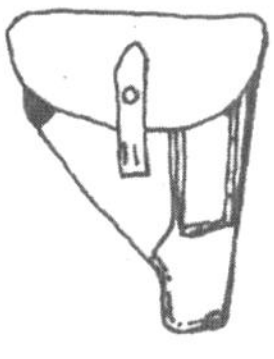

마우저 HSc용

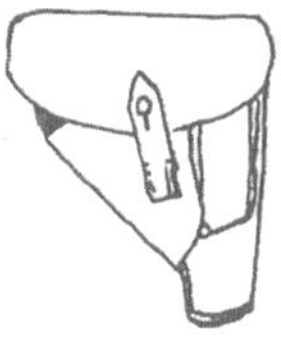

브라우닝 M1922용

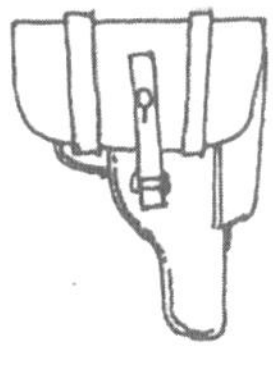

라돔 P35용

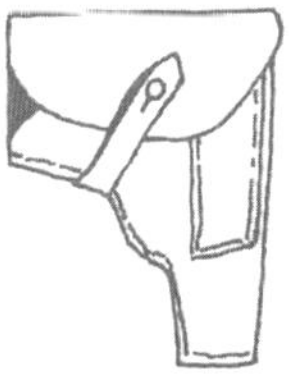

차내 장비 화기

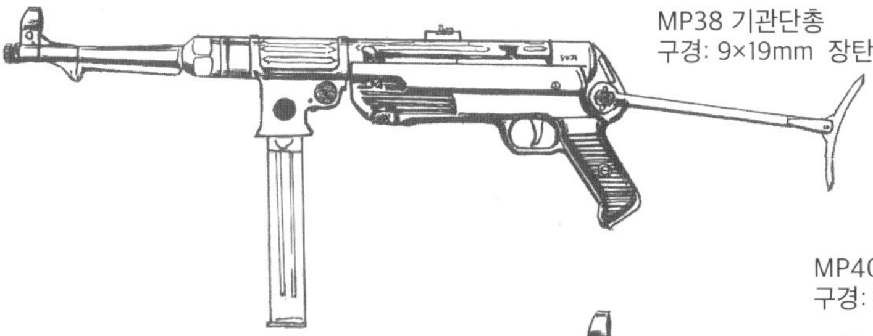

MP38 기관단총
구경: 9×19mm 장탄수: 32발

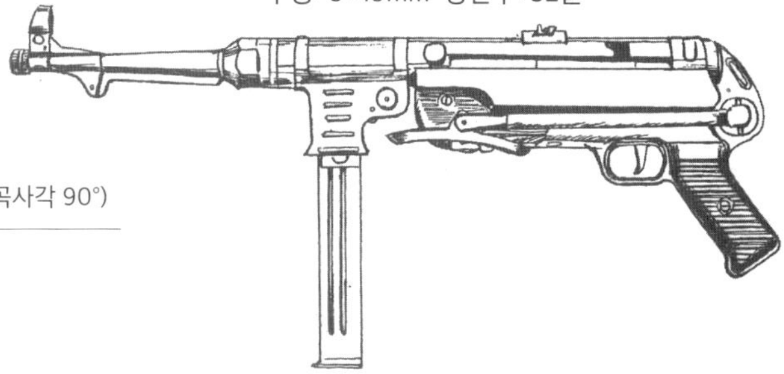

MP40 기관단총
구경: 9×19mm 장탄수: 32발

MP43 돌격소총(후에 MP44, StG44로 개칭)
구경: 7.92×33mm 장탄수: 30발

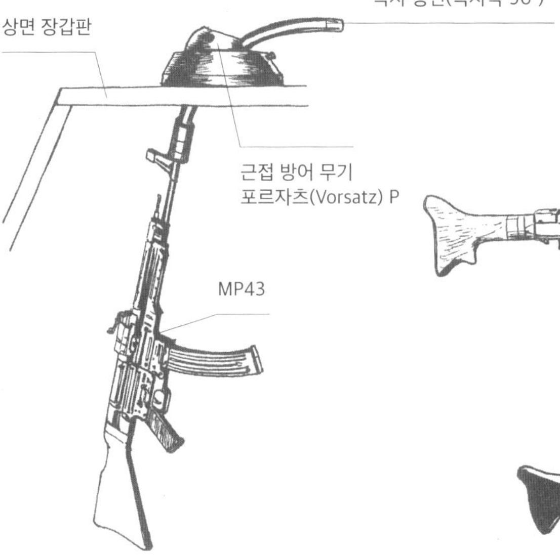

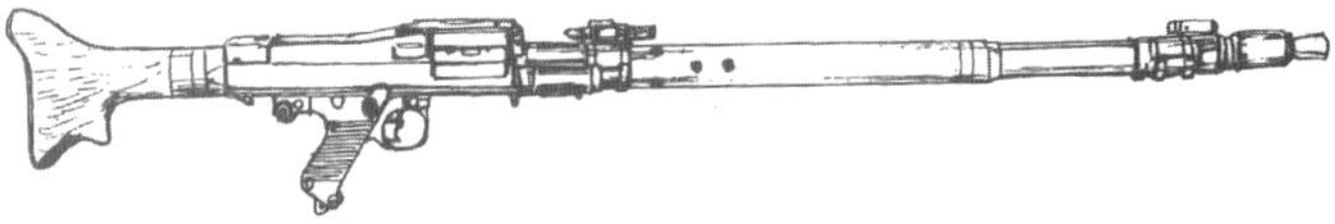

MG34 기관총 차량 탑재형
구경: 7.92×57mm 급탄 벨트 또는 드럼 탄창, 안장형 탄창

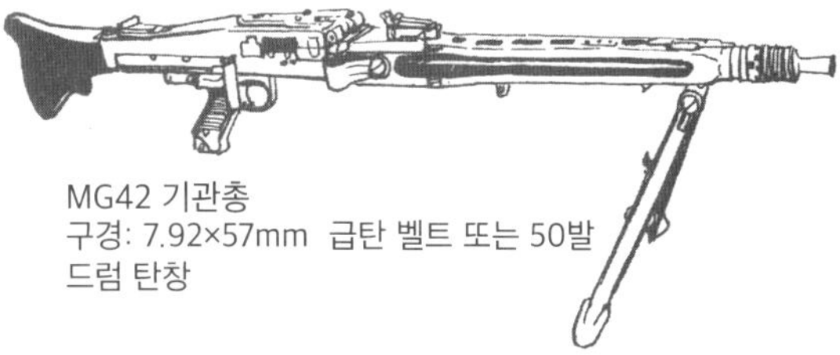

MG42 기관총
구경: 7.92×57mm 급탄 벨트 또는 50발
드럼 탄창

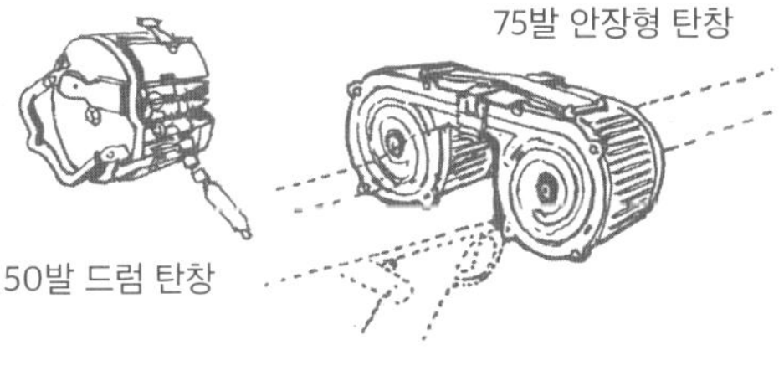

전차장용 큐폴라에 설치된 MG34

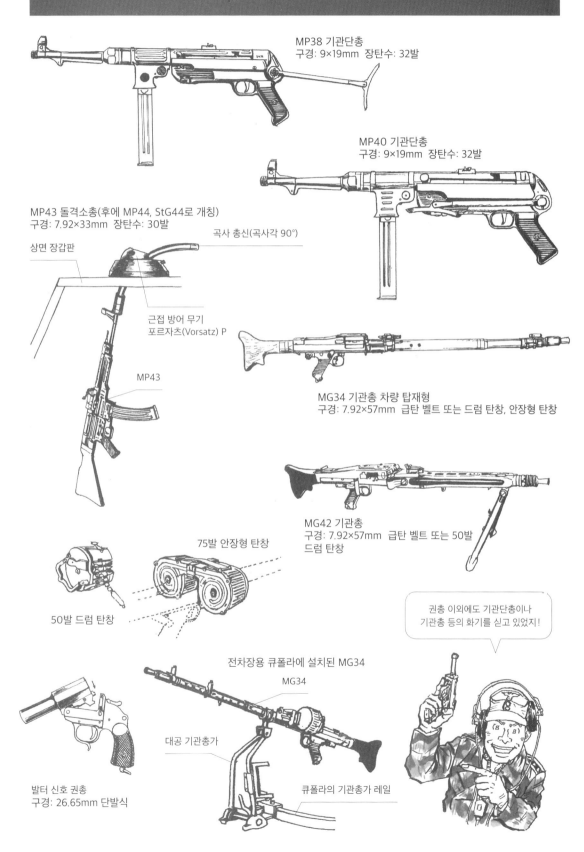

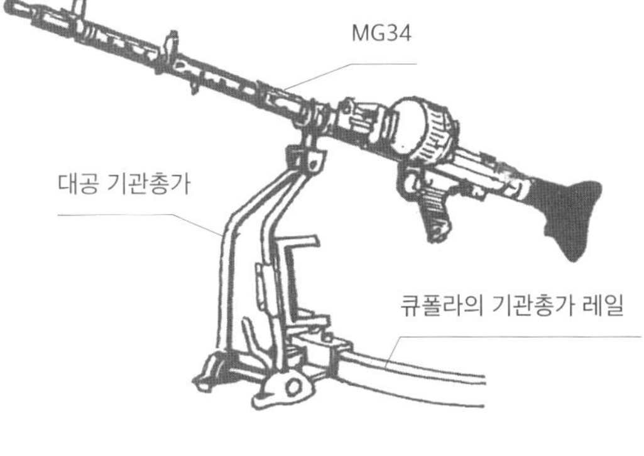

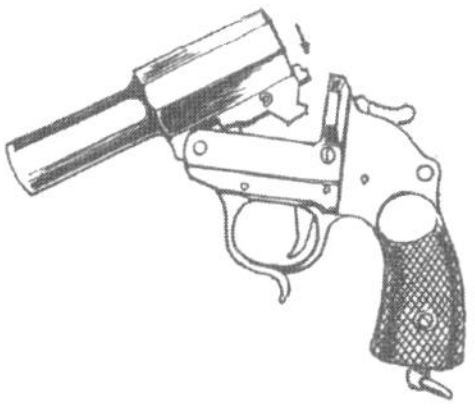

발터 신호 권총
구경: 26.65mm 단발식

독일 전차 vs 연합군 전차 주요 전장 개요도

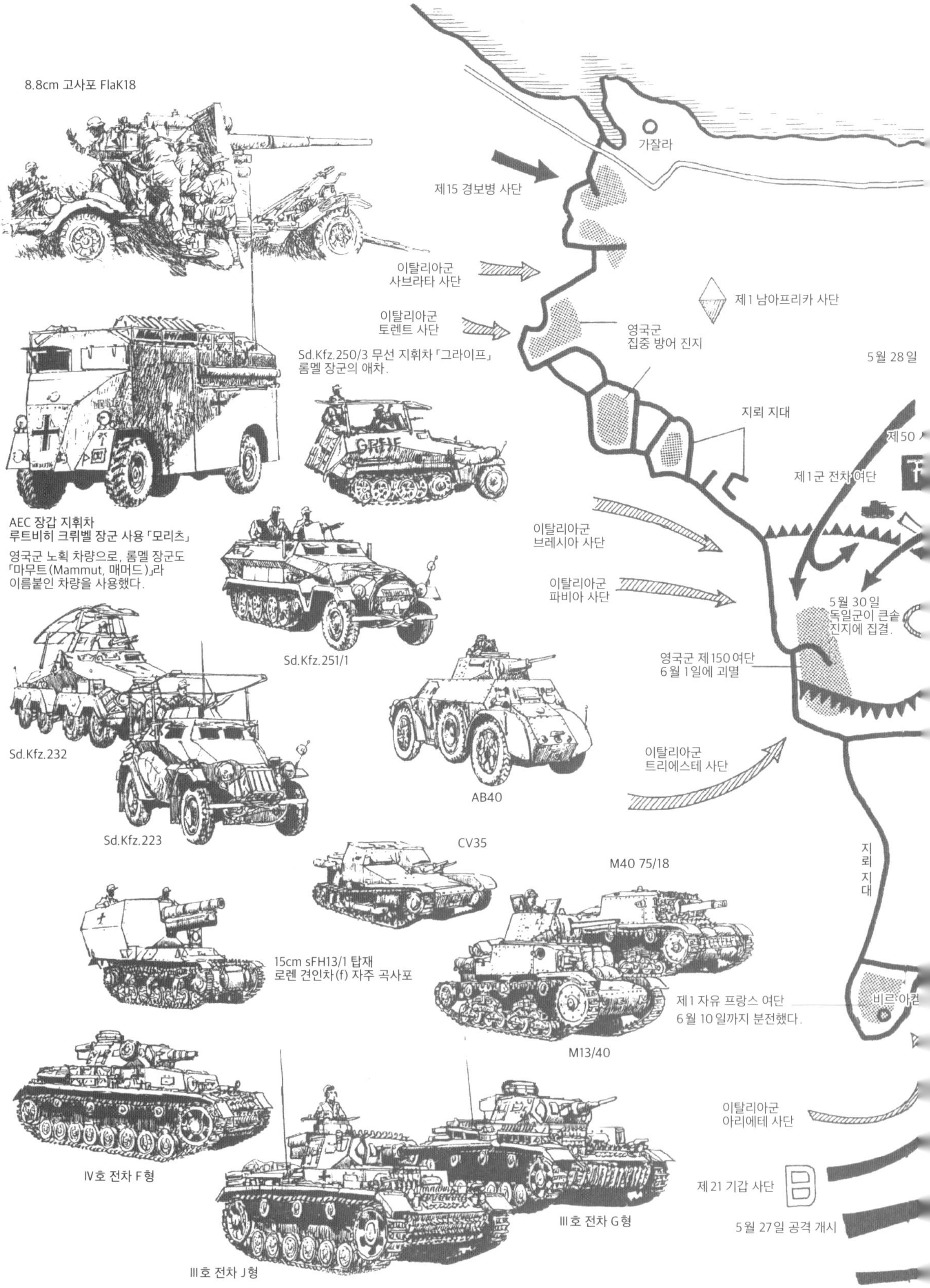

8.8cm 고사포 FlaK18
AEC 장갑 지휘차
루트비히 크뤼벨 장군 사용「모리츠」
영국군 노획 차량으로, 롬멜 장군도
「마무트(Mammut, 매머드)」라
이름붙인 차량을 사용했다.
Sd.Kfz.250/3 무선 지휘차「그라이프」
롬멜 장군의 애차.
Sd.Kfz.251/1
Sd.Kfz.232
Sd.Kfz.223
AB40
CV35
M40 75/18
15cm sFH13/1 탑재
로렌 견인차(f) 자주 곡사포
M13/40
Ⅳ호 전차 F형
Ⅲ호 전차 G형
Ⅲ호 전차 J형
가잘라
제15 경보병 사단
이탈리아군
사브라타 사단
이탈리아군
토렌트 사단
제1 남아프리카 사단
영국군
집중 방어 진지
5월 28일
지뢰 지대
제1군 전차 여단
이탈리아군
브레시아 사단
이탈리아군
파비아 사단
5월 30일
독일군이 큰솥
진지에 집결.
영국군 제150 여단
6월 1일에 괴멸
이탈리아군
트리에스테 사단
지뢰지대
제1 자유 프랑스 여단
6월 10일까지 분전했다.
이탈리아군
아리에테 사단
제21 기갑 사단
5월 27일 공격 개시

북아프리카 전선 가잘라 전투

1942년 5월 26일~6월 21일

북아프리카에서 고전을 면치 못하던 이탈리아군을 지원하기 위해 1941년 2월 14일에 롬멜 장군이 이끄는 독일 아프리카 군단(DAK, Deutsche Afrikakorps)이 리비아의 트리폴리에 상륙했다. 독일군은 미덥지 못했던 이탈리아군을 이끌고 3월부터 반격을 개시, 불과 2주 만에 키레나이카 일대를 탈환했으며, 그 뒤로도 일진일퇴의 공방전을 펼쳤다. 북아프리카 전선 초반의 승패를 가른 것은 토브룩 공방전이었는데, 제1차 공략전 실패 이후, 1942년 5월 26일에 독일과 이탈리아 추축군은 영국군의 가잘라 방위선에 공격을 개시, 6월 21일에는 요충지인 토브룩을 함락시켰다.

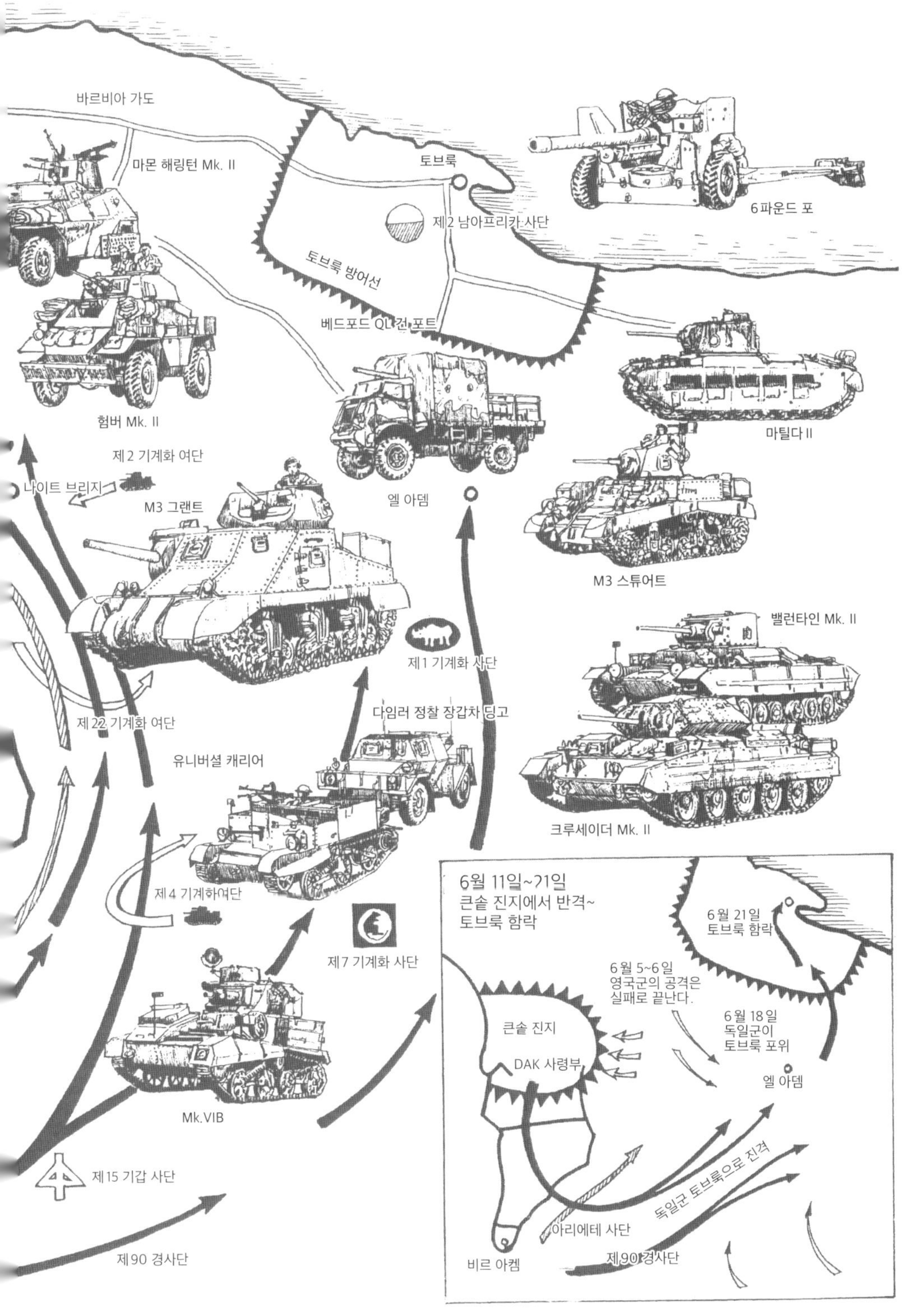

북아프리카 전선 엘 알라메인 전투

1942년 10월 23일~11월 4일

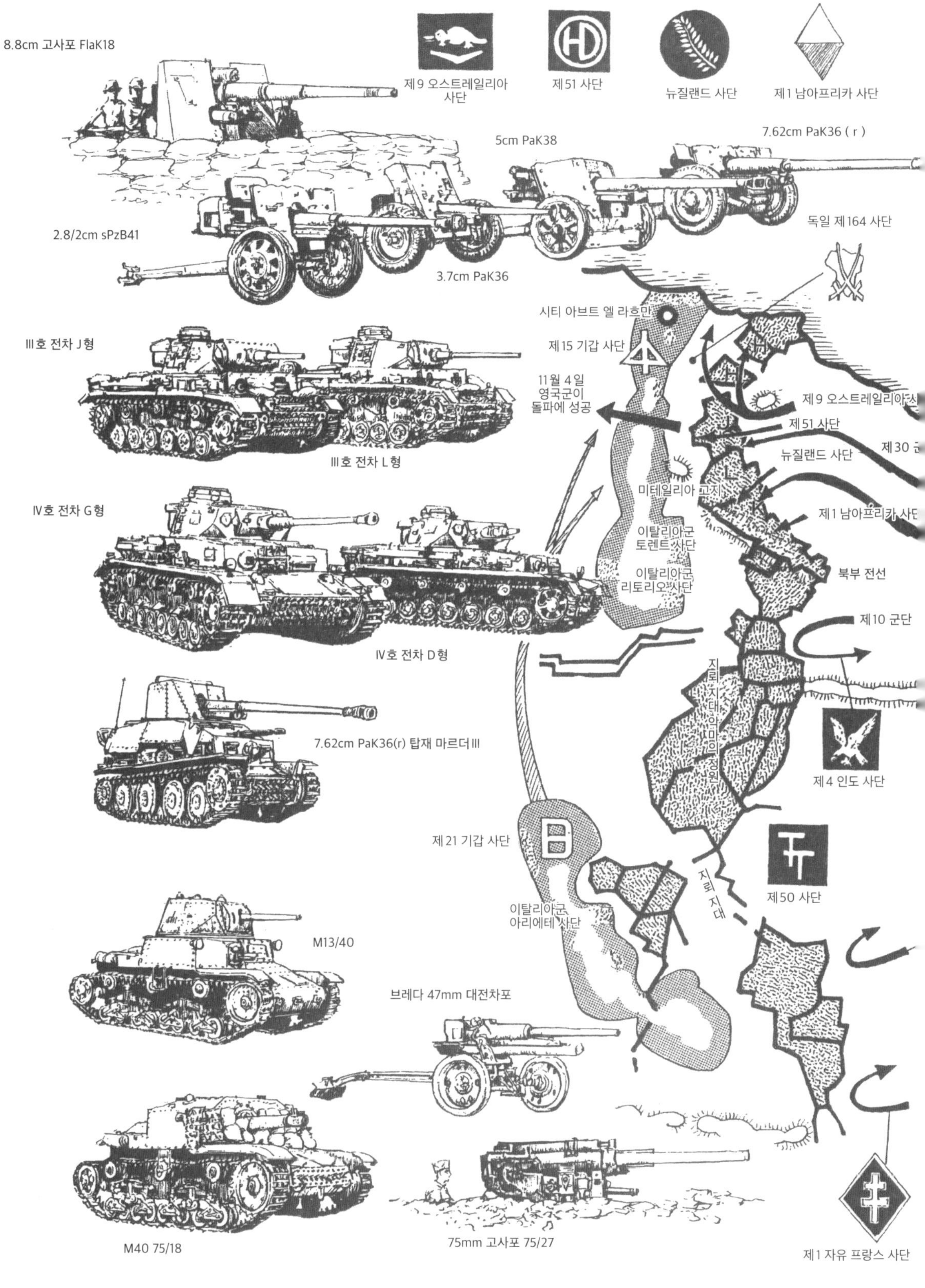

8.8cm 고사포 FlaK18
제9 오스트레일리아 사단
제51 사단
뉴질랜드 사단
제1 남아프리카 사단
5cm PaK38
7.62cm PaK36 (r)
2.8/2cm sPzB41
3.7cm PaK36
독일 제164 사단
시티 아브트 엘 라흐만
III호 전차 J형
제15 기갑 사단
11월 4일
영국군이
돌파에 성공
제9 오스트레일리아 사단
제51 사단
제30 군
뉴질랜드 사단
III호 전차 L형
미테일리아 고지
IV호 전차 G형
제1 남아프리카 사단
이탈리아군
토렌트 사단
이탈리아군
리토리오 사단
북부 전선
제10 군단
IV호 전차 D형
지뢰 지대 '악마의 정원'
7.62cm PaK36(r) 탑재 마르더III
제4 인도 사단
제21 기갑 사단
제50 사단
지뢰 지대
이탈리아군
아리에테 사단
M13/40
브레다 47mm 대전차포
M40 75/18
75mm 고사포 75/27
제1 자유 프랑스 사단

가잘라 전투에서 패하고 토브룩을 잃은 영국군은 그 후에도 계속 후퇴하여 엘 알라메인을 최종 방어선으로 삼았다. 영국군은 제1차 알라메인 전투를 치러낸 뒤, 미국으로부터 전차를 비롯한 대량의 물자를 받아 반격 준비를 갖췄다. 그 반면에 독일군은 원활한 보급을 받지 못한 상태에서 이미 상당한 전력을 소모한 상태였다. 1942년 10월 23일, 영국군이 1,000문 이상의 화포를 동원한 일제 포격을 개시하면서 제2차 엘 알라메인 전투가 시작되었다. 압도적인 물량 앞에 11월 4일에 독일군은 어쩔 도리 없이 철수해야만 했다. 엘 알라메인 전투의 승패는 북아프리카 전선의 전황을 반전시켰고, 이후 독일과 이탈리아군은 수세에 몰리게 되었다.

「악마의 정원」에는 50만개 이상의 지뢰, 폭탄 등이 매설되어 있었다.

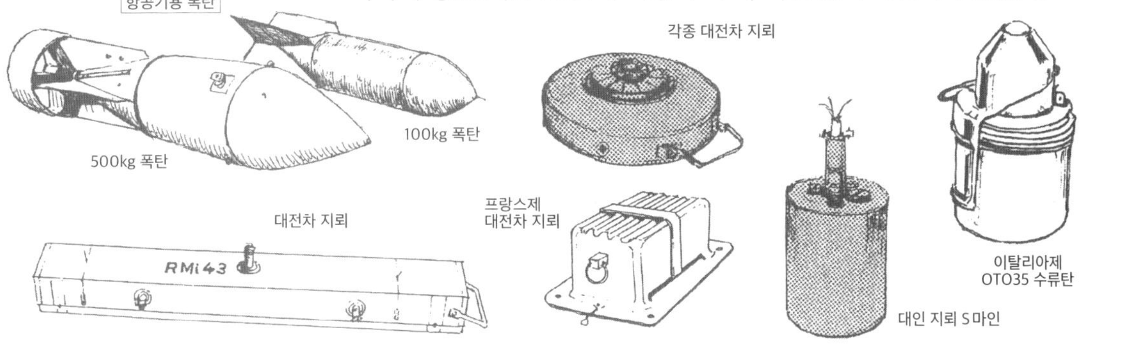

동부 전선 쿠르스크 전투 「프로호로프카 대전차전」

1943년 7월 12일

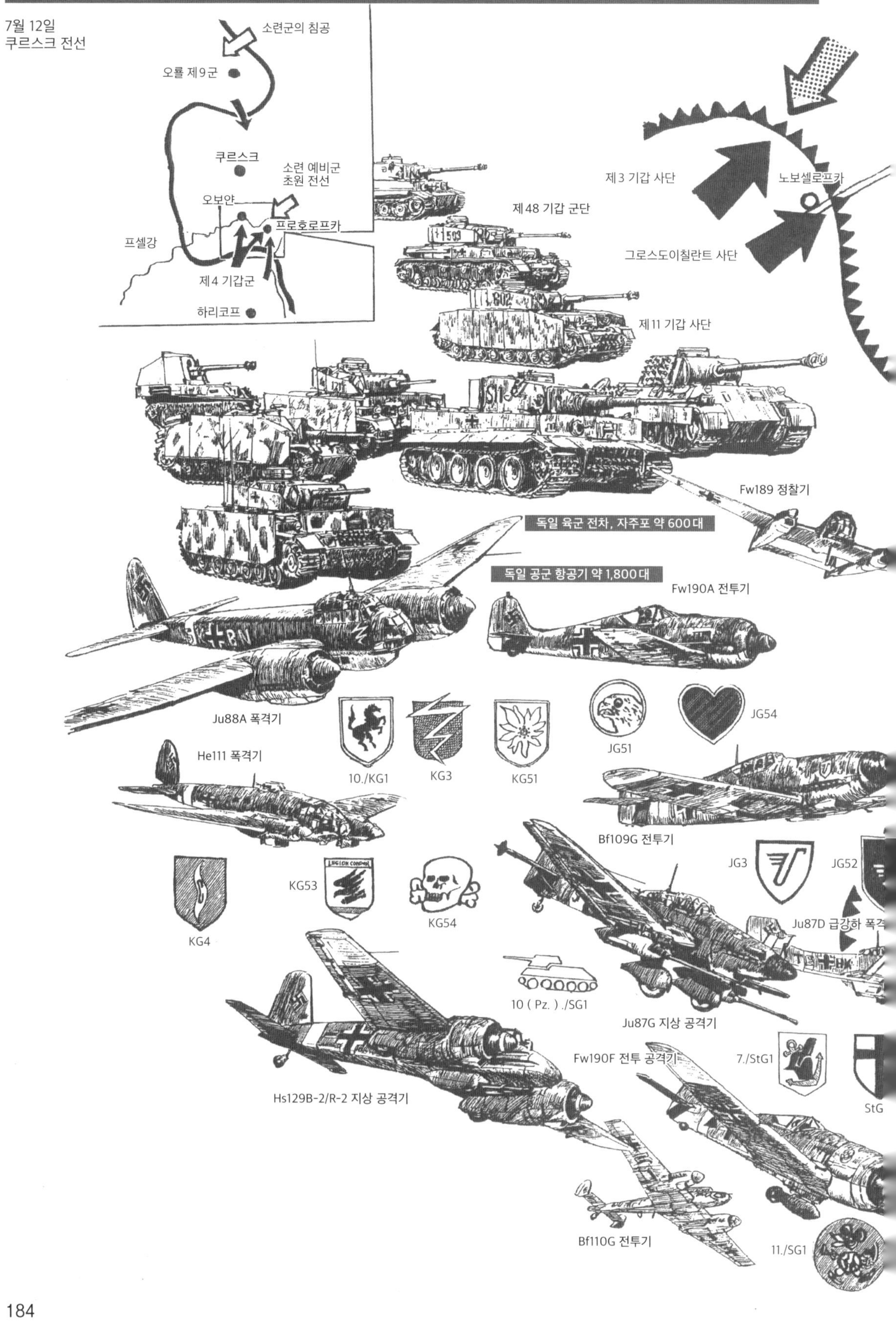
7월 12일
쿠르스크 전선
소련군의 침공
오룔 제9군
쿠르스크
소련 예비군
초원 전선
오보얀
프로호로프카
프셀강
제4 기갑군
하리코프
제3 기갑 사단
노보셀로프카
제48 기갑 군단
그로스도이칠란트 사단
제11 기갑 사단
Fw189 정찰기
독일 육군 전차, 자주포 약 600대
독일 공군 항공기 약 1,800대
Fw190A 전투기
Ju88A 폭격기
10./KG1
KG3
KG51
JG51
JG54
He111 폭격기
Bf109G 전투기
JG3
JG52
KG53
KG54
KG4
Ju87D 급강하 폭격
10 (Pz.)./SG1
Ju87G 지상 공격기
Fw190F 전투 공격기
7./StG1
StG
Hs129B-2/R-2 지상 공격기
Bf110G 전투기
11./SG1

1943년 7월 4일부터 시작된 쿠르스크 전투는 동부 전선 최대의 격전이었다. 독일군은 가진 병력 거의 대부분을 투입했으나, 이를 맞이하던 소련군의 병력은 이를 한참 웃돌았다. 쿠르스크 전투가 한창이던 7월 12일, 프로호로프카에서 펼쳐진 전투는 이른바 「사상 최대의 전차전」이라 불릴 정도로 유명하다. 이 전투에서 소련군의 손실은 독일군의 수 배 이상에 달했으나, 소련군에는 이를 메우고도 남을 만큼의 병력이 있었다. 하지만 독일군은 영미 연합군의 시칠리아 상륙으로 지중해 및 이탈리아 전선에도 병력을 보내야만 했기에 쿠르스크에서의 전투를 지속하기가 어려웠고, 결국 전투는 독일군의 패배로 끝났다. 쿠르스크 전투의 승패는 유럽 전선의 승패를 가른 결정적 계기라 해도 과언이 아니다.

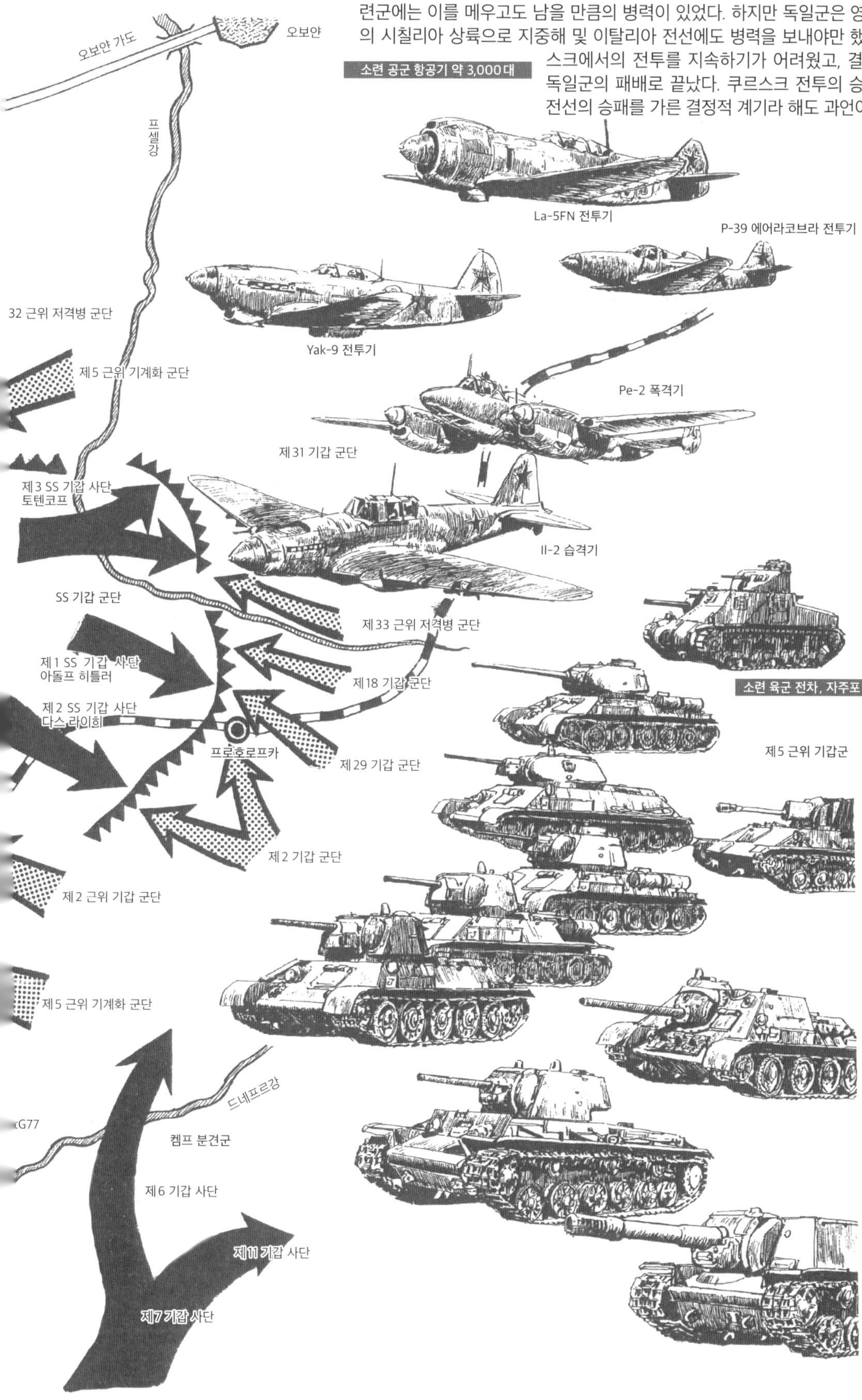

서부 전선 노르망디 전투

1944년 6월 11~12일

1944년 6월 6일, 노르망디 상륙 작전이 실시되면서 영국군은 골드 해변에 상륙했다. 영국군의 제1 목표는 요충지인 캉을 확보하는 것이었는데, 캉 전면에는 독일군의 정예인 기갑 교도 사단이 방어선을 구축하고 있었다. 영국 제7 기갑 사단은 정면 공격을 피하고 우회하여 포위하는 작전을 택하고, 6월12일에 제7 기갑 사단의 선봉 부대가 빌레르 보카주에 도착했다. 하지만 다음날인 13일, 무장 친위대 제101 중전차 대대의 전차 에이스 마하엘 비트만의 활약으로 영국군은 큰 피해를 입었다.

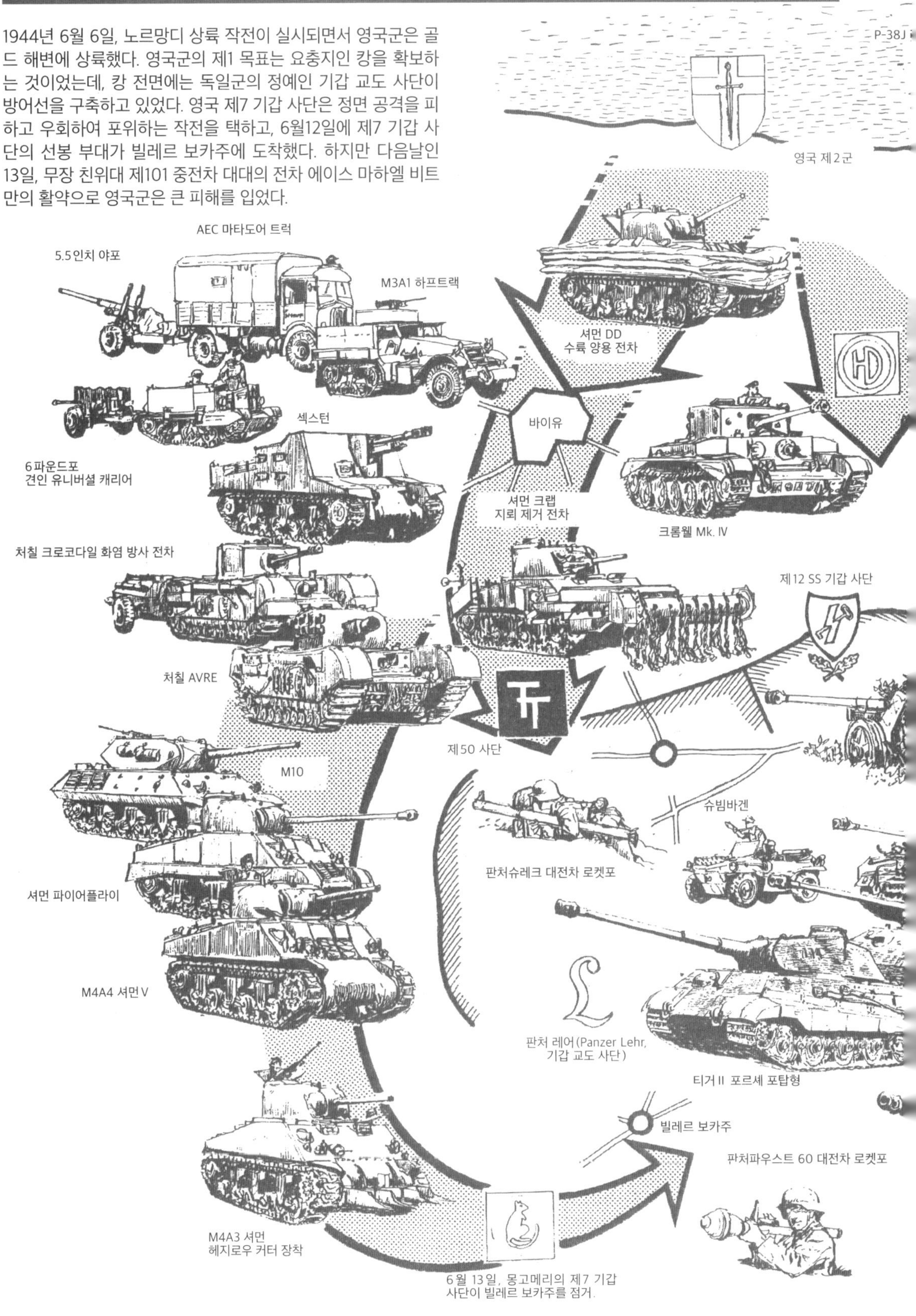

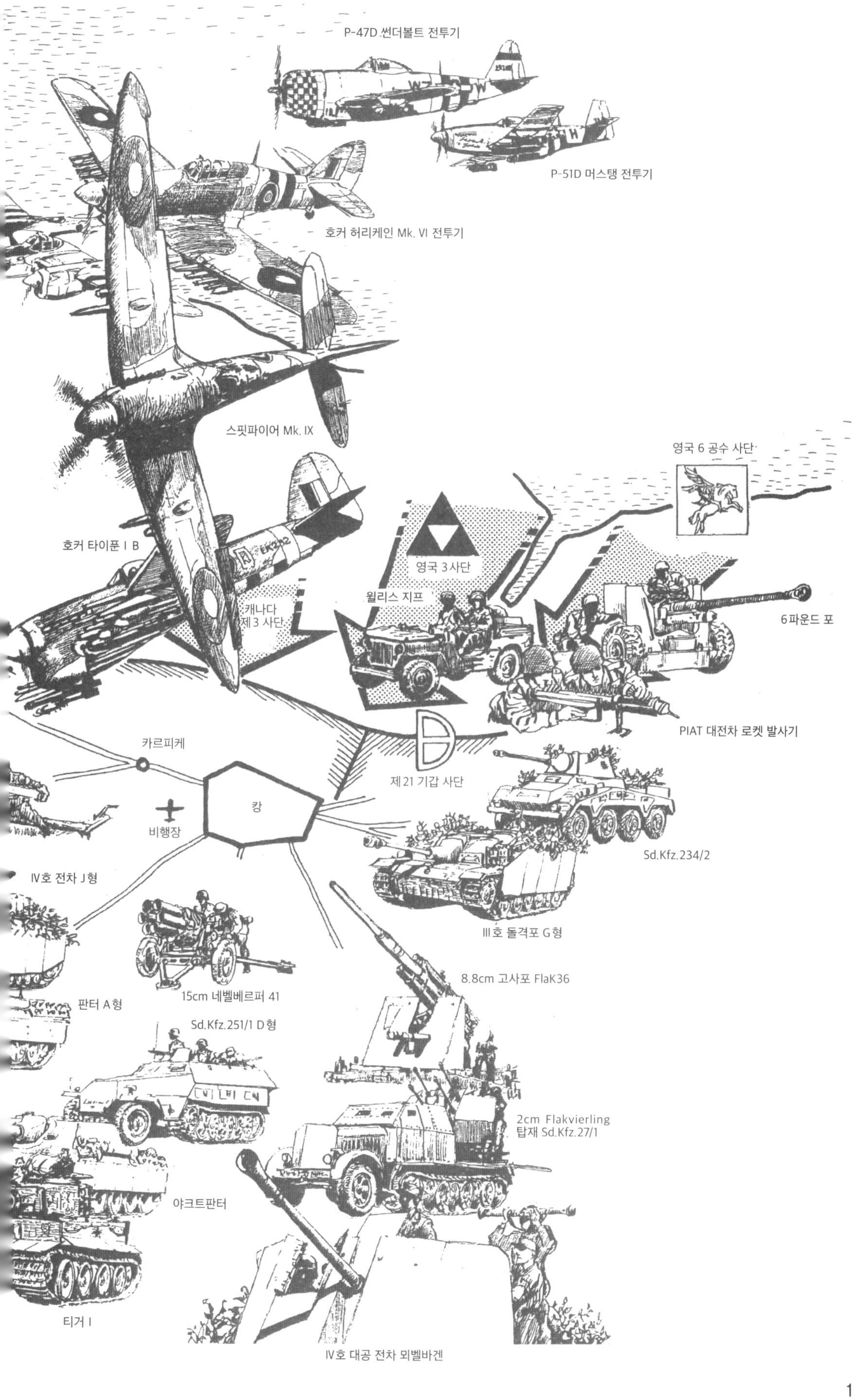
P-47D 썬더볼트 전투기
P-51D 머스탱 전투기
호커 허리케인 Mk. VI 전투기
스핏파이어 Mk. IX
영국 6 공수 사단
호커 타이푼 I B
영국 3사단
윌리스 지프
캐나다
제3 사단
6파운드 포
PIAT 대전차 로켓 발사기
카르피케
제21 기갑 사단
칸
비행장
Sd.Kfz.234/2
IV호 전차 J형
III호 돌격포 G형
8.8cm 고사포 FlaK36
15cm 네벨베르퍼 41
판터 A형
Sd.Kfz.251/1 D형
2cm Flakvierling
탑재 Sd.Kfz.27/1
야크트판터
티거 I
IV호 대공 전차 뫼벨바겐

서부 전선 아르덴 전투(벌지 전투)

1944년 12월 16일~1945년 1월 27일

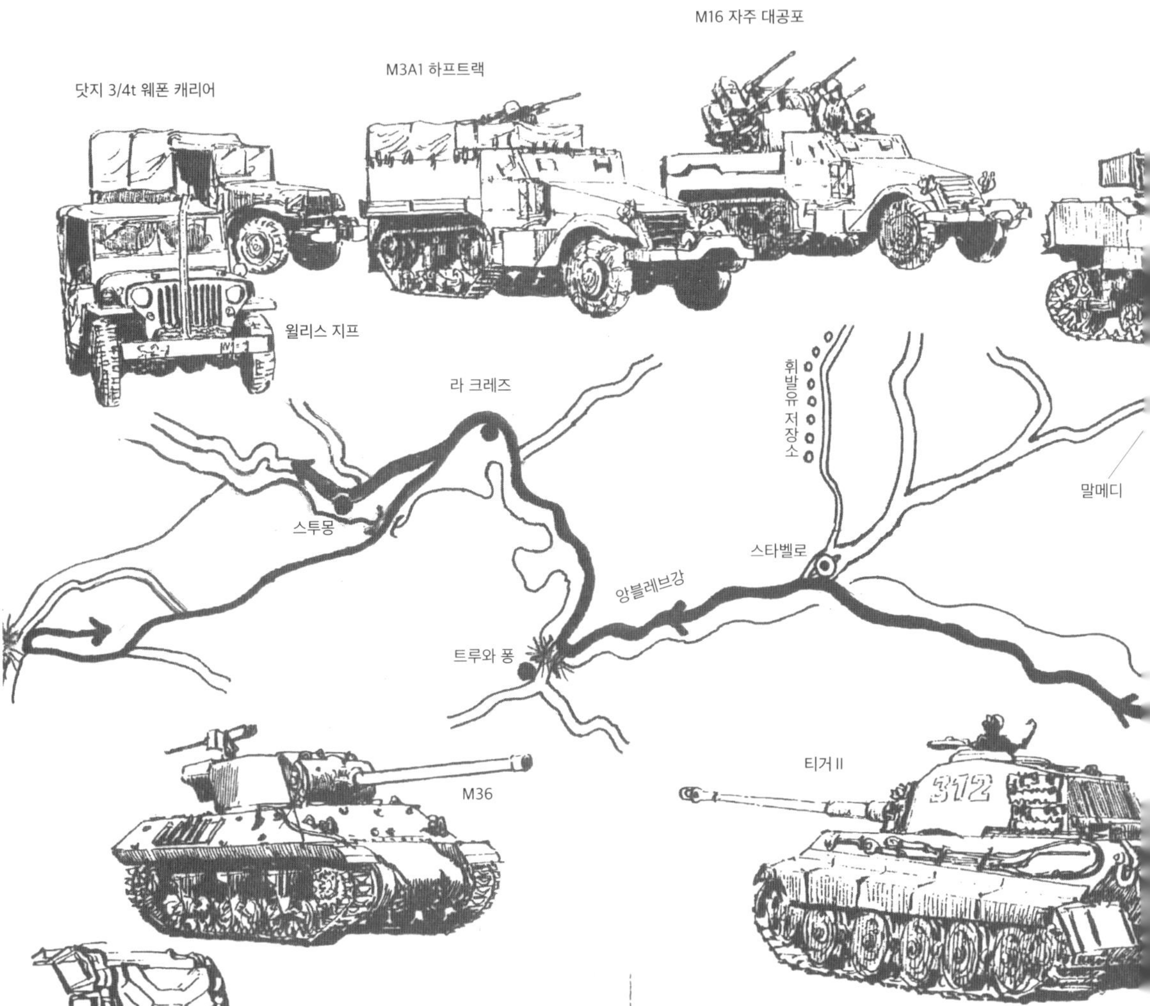

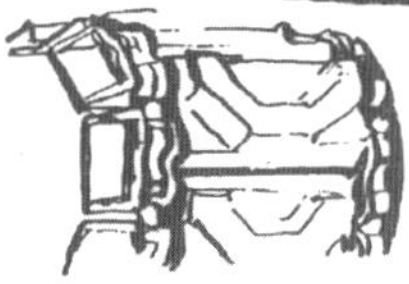

미군 전차는 궤도 바깥쪽에 덕빌이라 불리는 어댑터를 달아 접지압을 낮춰 눈 위에서의 주행에 대비했다.

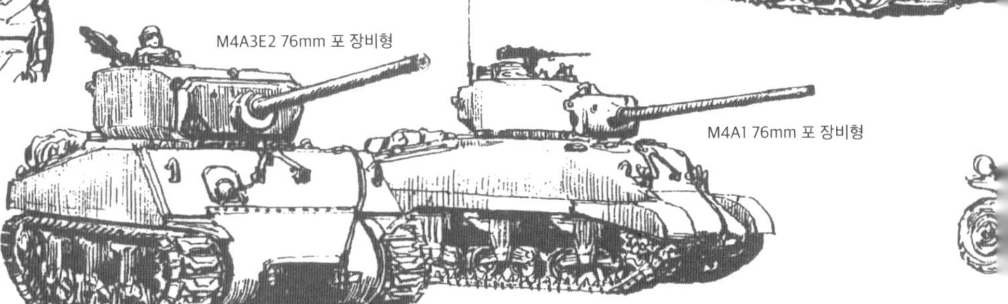

1944년 12월 16일, 독일군 최후의 반격 작전인 「라인을 수호하라」가 발동되었다. 작전 목표는 연합군의 병참 기지가 있는 벨기에의 안트베르펜을 공략하는 것으로, 악천후를 이용하여 독일군 기갑 부대는 아르덴의 깊은 숲으로 진격했다. 독일군은 차례차례 미군을 격파하고 진격을 계속했으나, 이러한 쾌속 진격은 오래 계속되지 못했다. 증원을 받고 계속 태세를 정비한 미군은 날씨가 좋아진 23일부터 항공 지원을 받으며 반격을 개시했다.

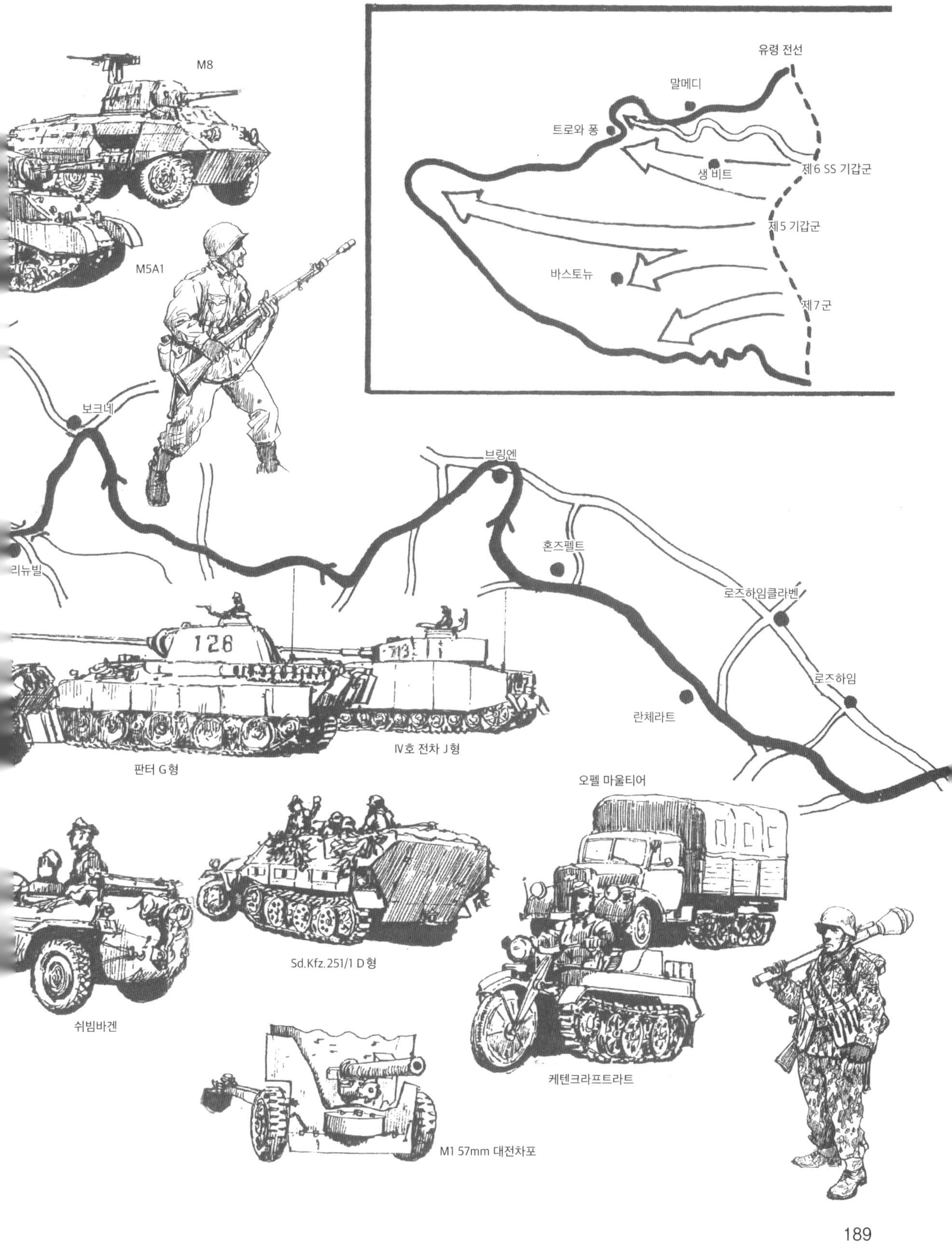

독일 본토 공방전 베를린 포위전

1945년 4월 말

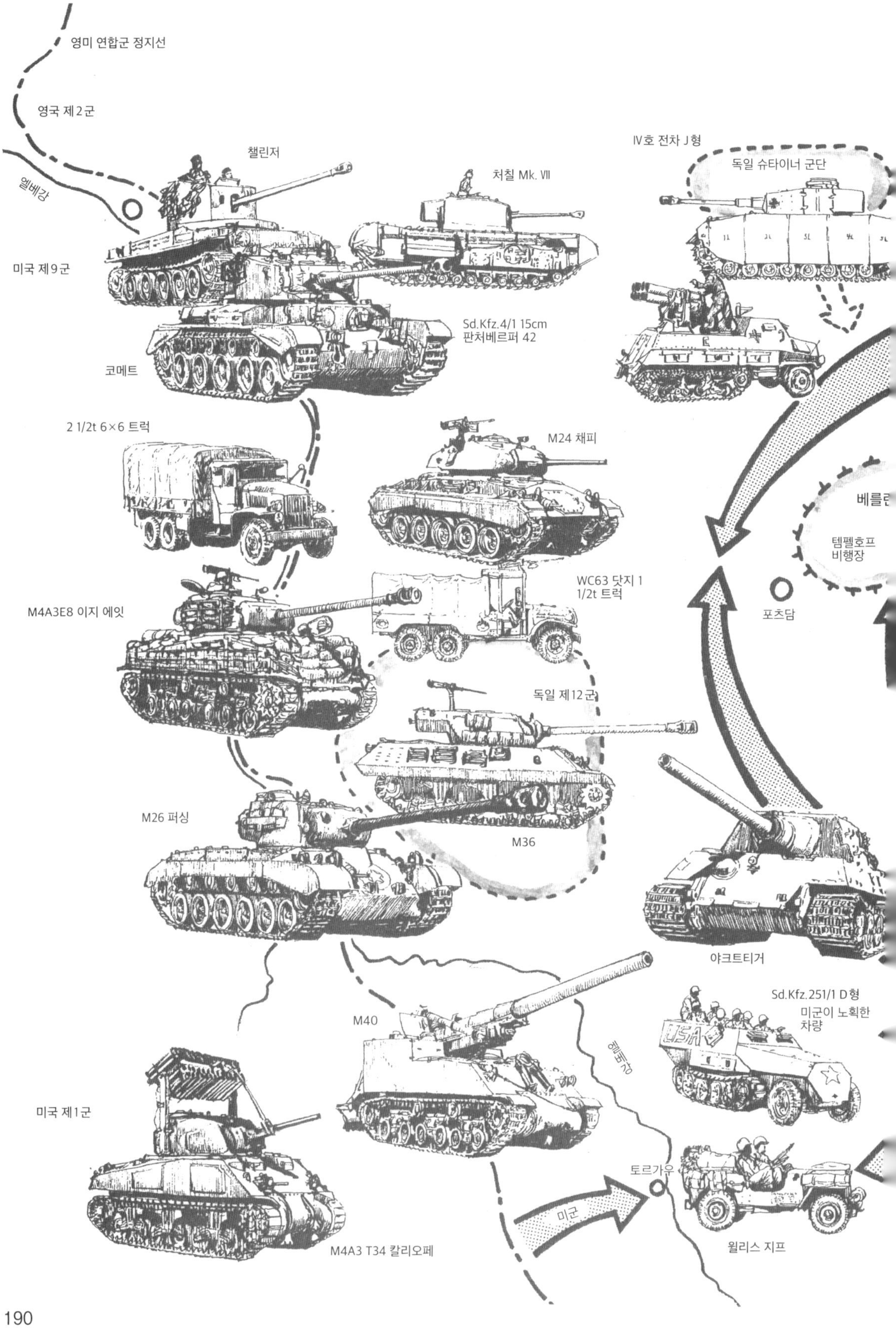

1945년 3월 말에 서방 연합군은 라인강을 도하, 영국군은 독일 북부로, 미군은 독일 중부와 남부에서 수도 베를린을 향해 진격했다. 한편, 소련군은 1945년에 동프로이센, 헝가리 등을 공략하고 4월 16일에 마침내 베를린 공격을 개시했다. 4월 25일에는 동진하던 미군과 서진하던 소련군이 베를린 남쪽에 위치한 엘베강 인근의 토르가우에서 합류(엘베의 맹세, Elbe day)했다. 이로써 베를린은 완전히 포위되었고, 독일 기갑 부대의 종언도 점차 가까이 다가오고 있었다.

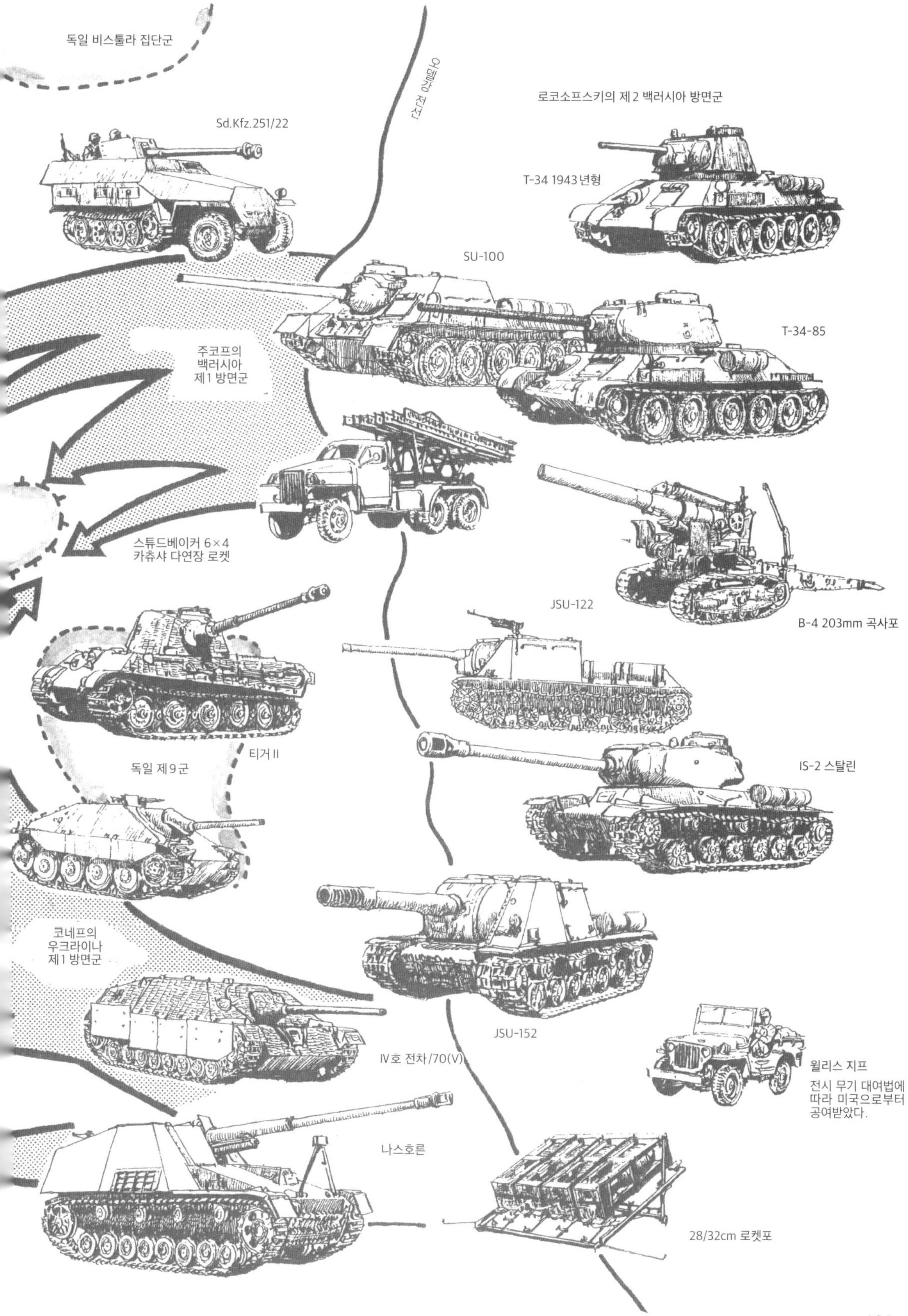

제2차 세계대전 독일 전차

초판 1쇄 인쇄 2020년 5월 10일
초판 2쇄 발행 2021년 6월 30일

저자 : 우에다 신
번역 : 오광웅

펴낸이 : 이동섭
편집 : 이민규, 탁승규
디자인 : 조세연, 김현승, 김형주, 김민지
영업 · 마케팅 : 송정환, 조정훈
e-BOOK : 홍인표, 서찬웅, 최정수, 심민섭, 김은혜
관리 : 이윤미

㈜에이케이커뮤니케이션즈
등록 1996년 7월 9일(제302-1996-00026호)
주소 : 04002 서울 마포구 동교로 17안길 28, 2층
TEL : 02-702-7963~5 FAX : 02-702-7988
http://www.amusementkorea.co.kr

ISBN 979-11-274-3279-9 03390

이 도서의 국립중앙도서관 출판예정도서목록(CIP)은 서지정보유통지원시스템 홈페이지(http://seoji.nl.go.kr)와 국가자료공동목록시스템(http://www.nl.go.kr/kolisnet)에서 이용하실 수 있습니다. (CIP제어번호: CIP2020016679)

창작을 위한 아이디어 자료
AK 트리비아 시리즈

-AK TRIVIA BOOK

No. 01 도해 근접무기

오나미 아츠시 지음 | 이창협 옮김 | 228쪽 | 13,000원

근접무기, 서브 컬처적 지식을 고찰하다!

검, 도끼, 창, 곤봉, 활 등 현대적인 무기가 등장하기 전에 사용되던 냉병기에 대한 개설서. 각 무기의 형상과 기능, 유형부터 사용 방법은 물론 서브컬처의 세계에서 어떤 모습으로 그려지는가에 대해서도 상세히 해설하고 있다.

No. 02 도해 크툴루 신화

모리세 료 지음 | AK커뮤니케이션즈 편집부 옮김 | 240쪽 | 13,000원

우주적 공포, 현대의 신화를 파헤치다!

현대 환상 문학의 거장 H.P 러브크래프트의 손에 의해 창조된 암흑 신화인 크툴루 신화. 111가지의 키워드를 선정, 각종 도해와 일러스트를 통해 크툴루 신화의 과거와 현재를 해설한다.

No. 03 도해 메이드

이케가미 료타 지음 | 코트랜스 인터내셔널 옮김 | 238쪽 | 13,000원

메이드의 모든 것을 이 한 권에!

메이드에 대한 궁금증을 확실하게 해결해주는 책. 영국, 특히 빅토리아 시대의 사회를 중심으로, 실존했던 메이드의 삶을 보여주는 가이드북.

No. 04 도해 연금술

쿠사노 타쿠미 지음 | 코트랜스 인터내셔널 옮김 | 220쪽 | 13,000원

기적의 학문, 연금술을 짚어보다!

연금술사들의 발자취를 따라 연금술에 대해 자세하게 알아보는 책. 연금술에 대한 풍부한 지식을 쉽고 간결하게 정리하여, 체계적으로 해설하며, '진리'를 위해 모든 것을 바친 이들의 기록이 담겨있다.

No. 05 도해 핸드웨폰

오나미 아츠시 지음 | 이창협 옮김 | 228쪽 | 13,000원

모든 개인화기를 총망라!

권총, 기관총, 어설트 라이플, 머신건 등, 개인 화기를 지칭하는 다양한 명칭들은 대체 무엇을 기준으로 하며 어떻게 붙여진 것일까? 개인 화기의 모든 것을 기초부터 해설한다.

No. 06 도해 전국무장

이케가미 료타 지음 | 이재경 옮김 | 256쪽 | 13,000원

전국시대를 더욱 재미있게 즐겨보자!

소설이나 만화, 게임 등을 통해 많이 접할 수 있는 일본 전국시대에 대한 입문서. 무장들의 활약상, 전국시대의 일상과 생활까지 상세히 서술, 전국시대에 쉽게 접근할 수 있도록 구성했다.

No. 07 도해 전투기

가와노 요시유키 지음 | 문우성 옮김 | 264쪽 | 13,000원

빠르고 강력한 병기, 전투기의 모든 것!

현대전의 정점인 전투기. 역사와 로망 속의 전투기에서 최신예 스텔스 전투기에 이르기까지, 인류의 전쟁사를 바꾸어놓은 전투기에 대하여 상세히 소개한다.

No. 08 도해 특수경찰

모리 모토사다 지음 | 이재경 옮김 | 220쪽 | 13,000원

실제 SWAT 교관 출신의 저자가 특수경찰의 모든 것을 소개!

특수경찰의 훈련부터 범죄 대처법, 최첨단 수사 시스템, 기밀 작전의 아슬아슬한 부분까지 특수경찰을 저자의 풍부한 지식으로 폭넓게 소개한다.

No. 09 도해 전차

오나미 아츠시 지음 | 문우성 옮김 | 232쪽 | 13,000원

지상전의 왕자, 전차의 모든 것!

지상전의 지배자이자 절대 강자 전차를 소개한다. 전차의 힘과 이를 이용한 다양한 전술, 그리고 그 독특한 모습까지. 알기 쉬운 해설과 상세한 일러스트로 전차의 매력을 전달한다.

No. 10 도해 헤비암즈

오나미 아츠시 지음 | 이재경 옮김 | 232쪽 | 13,000원

전장을 압도하는 강력한 화기, 총집합!

전장의 주역, 보병들의 든든한 버팀목인 강력한 화기를 소개한 책. 대구경 기관총부터 유탄 발사기, 무반동총, 대전차 로켓 등, 압도적인 화력으로 전장을 지배하는 화기에 대하여 알아보자!

No. 11 도해 밀리터리 아이템

오나미 아츠시 지음 | 이재경 옮김 | 236쪽 | 13,000원

군대에서 쓰이는 군장 용품을 완벽 해설!

이제 밀리터리 세계에 발을 들이는 입문자들을 위해 '군장 용품'에 대해 최대한 알기 쉽게 다루는 책. 세부적인 사항에 얽매이지 않고, 상식적으로 갖추어야 할 기초지식을 중심으로 구성되어 있다.

No. 12 도해 악마학

쿠사노 타쿠미 지음 | 김문광 옮김 | 240쪽 | 13,000원

악마에 대한 모든 것을 담은 총집서!

악마학의 시작부터 현재까지의 그 연구 및 발전 과정을 한눈에 알아볼 수 있도록 구성한 책. 단순한 흥미를 뛰어넘어 영적이고 종교적인 지식의 깊이까지 더할 수 있는 내용으로 구성.

No. 13 도해 북유럽 신화

이케가미 료타 지음 | 김문광 옮김 | 228쪽 | 13,000원

세계의 탄생부터 라그나로크까지!

북유럽 신화의 세계관, 등장인물, 여러 신과 영웅들이 사용한 도구 및 마법에 대한 설명! 당시 북유럽 국가들의 생활상을 통해 북유럽 신화에 대한 이해도를 높일 수 있도록 심층적으로 해설한다.

No. 14 도해 군함

다카하라 나루미 외 1인 지음 | 문우성 옮김 | 224쪽 | 13,000원

20세기의 전함부터 항모, 전략 원잠까지!

군함에 대한 입문서. 종류와 개발사, 구조, 제원 등의 기본부터, 승무원의 일상, 정비 비용까지 어렵게 여겨질 만한 요소를 도표와 일러스트로 쉽게 해설한다.

No. 15 도해 제3제국

모리세 료 외 1인 지음 | 문우성 옮김 | 252쪽 | 13,000원

나치스 독일 제3제국의 역사를 파헤친다!

아돌프 히틀러 통치하의 독일 제3제국에 대한 개론서. 나치스가 권력을 장악한 과정부터 조직 구조, 조직을 이끈 핵심 인물과 상호 관계와 갈등, 대립 등, 제3제국의 역사에 대해 해설한다.

No. 16 도해 근대마술

하니 레이 지음 | AK커뮤니케이션즈 편집부 옮김 | 244쪽 | 13,000원

현대 마술의 개념과 원리를 철저 해부!

마술의 종류와 개념, 이름을 남긴 마술사와 마술 단체, 마술에 쓰이는 도구 등을 설명한다. 겉핥기식의 설명이 아닌, 역사와 각종 매체 속에서 마술이 어떤 영향을 주었는지 심층적으로 해설하고 있다.

No. 17 도해 우주선

모리세 료 외 1인 지음 | 이재경 옮김 | 240쪽 | 13,000원

우주를 꿈꾸는 사람들을 위한 추천서!

우주공간의 과학적인 설명은 물론, 우주선의 태동에서 발전의 역사, 재질, 발사와 비행의 원리 등, 어떤 원리로 날아다니고 착륙할 수 있는지, 자세한 도표와 일러스트를 통해 해설한다.

No. 18 도해 고대병기

미즈노 히로키 지음 | 이재경 옮김 | 224쪽 | 13,000원

역사 속의 고대병기, 집중 조명!

지혜와 과학의 결정체, 병기. 그중에서도 고대의 병기를 집중적으로 조명, 단순한 병기의 나열이 아닌, 각 병기의 탄생 배경과 활약상, 계보, 작동 원리 등을 상세하게 다루고 있다.

No. 19 도해 UFO

사쿠라이 신타로 지음 | 서형주 옮김 | 224쪽 | 13,000원

UFO에 관한 모든 지식과, 그 허와 실.

첫 번째 공식 UFO 목격 사건부터 현재까지, 세계를 떠들썩하게 만든 모든 UFO 사건을 다룬다. 수많은 미스터리는 물론, 종류, 비행 패턴 등 UFO에 관한 모든 지식들을 알기 쉽게 정리했다.

No. 20 도해 식문화의 역사

다카하라 나루미 지음 | 채다인 옮김 | 244쪽 | 13,000원

유럽 식문화의 변천사를 조명한다!

중세 유럽을 중심으로, 음식문화의 변화를 설명한다. 최초의 조리 역사부터 식재료, 예절, 지역별 선호메뉴까지, 시대상황과 분위기, 사람들의 인식이 어떠한 영향을 끼쳤는지 흥미로운 사실을 다룬다.

No. 21 도해 문장

신노 케이 지음 | 기미정 옮김 | 224쪽 | 13,000원

역사와 문화의 시대적 상징물, 문장!

기나긴 역사 속에서 문장이 어떻게 만들어졌고, 어떤 도안들이 이용되었는지, 발전 과정과 유럽 역사 속 위인들의 문장이나 특징적인 문장의 인물에 대해 설명한다.

No. 22 도해 게임이론

와타나베 타카히로 지음 | 기미정 옮김 | 232쪽 | 13,000원

이론과 실용 지식을 동시에!

죄수의 딜레마, 도덕적 해이, 제로섬 게임 등 다양한 사례 분석과 알기 쉬운 해설을 통해, 누구나가 쉽고 직관적으로 게임이론을 이해하고 현실에 적용할 수 있도록 도와주는 최고의 입문서.

No. 23 도해 단위의 사전

호시다 타다히코 지음 | 문우성 옮김 | 208쪽 | 13,000원

세계를 바라보고, 규정하는 기준이 되는 단위를 풀어보자!

전 세계에서 사용되는 108개 단위의 역사와 사용 방법 등을 해설하는 본격 단위 사전. 정의와 기준, 유래, 측정 대상 등을 명쾌하게 해설한다.

No. 24 도해 켈트 신화

이케가미 료타 지음 | 곽형준 옮김 | 264쪽 | 13,000원

쿠 훌린과 핀 막 쿨의 세계!

켈트 신화의 세계관, 각 설화와 전설의 주요 등장인물들! 이야기에 따라 내용뿐만 아니라 등장인물까지 뒤바뀌는 경우도 있는데, 그런 특별한 사항까지 다루어, 신화의 읽는 재미를 더한다.

No. 25 도해 항공모함

노가미 아키토 외 1인 지음 | 오광웅 옮김 | 240쪽 | 13,000원

군사기술의 결정체, 항공모함 철저 해부!

군사력의 상징이던 거대 전함을 과거의 유물로 전락시킨 항공모함. 각 국가별 발달의 역사와 임무, 영향력에 대한 광범위한 자료를 한눈에 파악할 수 있다.

No. 26 도해 위스키

츠치야 마모루 지음 | 기미정 옮김 | 192쪽 | 13,000원

위스키, 이제는 제대로 알고 마시자!

다양한 음용법과 글라스의 차이, 바 또는 집에서 분위기 있게 마실 수 있는 방법까지, 위스키의 맛을 한층 돋아주는 필수 지식이 가득! 세계적인 위스키 평론가가 전하는 입문서의 결정판.

No. 27 도해 특수부대

오나미 아츠시 지음 | 오광웅 옮김 | 232쪽 | 13,000원

불가능이란 없다! 전장의 스페셜리스트!

특수부대의 탄생 배경, 종류, 규모, 각종 임무, 그들만의 특수한 장비, 어떠한 상황에서도 살아남기 위한 생존 기술까지 모든 것을 보여주는 책. 왜 그들이 스페셜리스트인지 알게 될 것이다.

No. 28 도해 서양화

다나카 쿠미코 지음 | 김상호 옮김 | 160쪽 | 13,000원

서양화의 변천사와 포인트를 한눈에!

르네상스부터 근대까지, 시대를 넘어 사랑받는 명작 84점을 수록. 각 작품들의 배경과 특징, 그림에 담겨있는 비유적 의미와 기법 등, 감상 포인트를 명쾌하게 해설하였으며, 더욱 깊은 이해를 위한 역사와 종교 관련 지식까지 담겨있다.

No. 29 도해 갑자기 그림을 잘 그리게 되는 법

나카야마 시게노부 지음 | 이연희 옮김 | 204쪽 | 13,000원

멋진 일러스트의 초간단 스킬 공개!

투시도와 원근법만으로, 멋지고 입체적인 일러스트를 그릴 수 있는 방법! 그림에 대한 재능이 없다 생각 말고 읽어보자. 그림이 극적으로 바뀔 것이다.

No. 30 도해 사케

키미지마 사토시 지음 | 기미정 옮김 | 208쪽 | 13,000원

사케를 더욱 즐겁게 마셔 보자!

선택 법, 온도, 명칭, 안주와의 궁합, 분위기 있게 마시는 법 등, 사케의 맛을 한층 더 즐길 수 있는 모든 지식이 담겨 있다. 일본 요리의 거장이 전해주는 사케 입문서의 결정판.

No. 31 도해 흑마술

쿠사노 타쿠미 지음 | 곽형준 옮김 | 224쪽 | 13,000원

역사 속에 실존했던 흑마술을 총망라!

악령의 힘을 빌려 행하는 사악한 흑마술을 총망라한 책. 흑마술의 정의와 발전, 기본 법칙을 상세히 설명한다. 또한 여러 국가에서 행해졌던 흑마술 사건들과 관련 인물들을 소개한다.

No. 32 도해 현대 지상전

모리 모토사다 지음 | 정은택 옮김 | 220쪽 | 13,000원

아프간 이라크! 현대 지상전의 모든 것!!

저자가 직접, 실제 전장에서 활동하는 군인은 물론 민간 군사기업 관계자들과도 폭넓게 교류하면서 얻은 정보들을 아낌없이 공개한 책. 현대전에 투입되는 지상전의 모든 것을 해설한다.

No. 33 도해 건파이트

오나미 아츠시 지음 | 송명규 옮김 | 232쪽 | 13,000원

총격전에서 일어나는 상황을 파헤친다!

영화, 소설, 애니메이션 등에서 볼 수 있는 총격전. 그 장면들은 진짜일까? 실전에서는 총기를 어떻게 다루고, 어디에 몸을 숨겨야 할까. 자동차 추격전에서의 대처법 등 건 액션의 핵심 지식.

No. 34 도해 마술의 역사

쿠사노 타쿠미 지음 | 김진아 옮김 | 224쪽 | 13,000원

마술의 탄생과 발전 과정을 알아보자!

고대에서 현대에 이르기까지 마술은 문화의 발전과 함께 널리 퍼져나갔으며, 다른 마술과 접촉하면서 그 깊이를 더해왔다. 마술의 발생시기와 장소, 변모 등 역사와 개요를 상세히 소개한다.

No. 35 도해 군용 차량

노가미 아키토 지음 | 오광웅 옮김 | 228쪽 | 13,000원

지상의 왕자, 전차부터 현대의 바퀴달린 사역마까지!!

전투의 핵심인 전투 차량부터 눈에 띄지 않는 무대에서 묵묵히 임무를 다하는 각종 지원 차량까지. 각자 맡은 임무에 충실하도록 설계되고 고안된 군용 차량만의 다채로운 세계를 소개한다.

No. 36 도해 첩보·정찰 장비

사카모토 아키라 지음 | 문성호 옮김 | 228쪽 | 13,000원

승리의 열쇠 정보! 정보전의 모든 것!

소음총, 소형 폭탄, 소형 카메라 및 통신기 등 영화에서나 등장할 법한 첩보원들의 특수장비부터 정찰 위성에 이르기까지 첩보 및 정찰 장비들을 400점의 사진과 일러스트로 설명한다.

No. 37 도해 세계의 잠수함

사카모토 아키라 지음 | 류재학 옮김 | 242쪽 | 13,000원

바다를 지배하는 침묵의 자객, 잠수함.

잠수함은 두 번의 세계대전과 냉전기를 거쳐, 최첨단 기술로 최신 무장시스템을 갖추어왔다. 원리와 구조, 승조원의 훈련과 임무, 생활과 전투방법 등을 사진과 일러스트로 철저히 해부한다.

No. 38 도해 무녀

토키타 유스케 지음 | 송명규 옮김 | 236쪽 | 13,000원

무녀와 샤머니즘에 관한 모든 것!

무녀의 기원부터 시작하여 일본의 신사에서 치르고 있는 각종 의식, 그리고 델포이의 무녀, 한국의 무당을 비롯한 세계의 샤머니즘과 각종 종교를 106가지의 소주제로 분류하여 해설한다!

No. 39 도해 세계의 미사일 로켓 병기

사카모토 아키라 | 유병준·김성훈 옮김 | 240쪽 | 13,000원

ICBM부터 THAAD까지!

현대전의 진정한 주역이라 할 수 있는 미사일. 보병이 휴대하는 대전차 로켓부터 공대공 미사일, 대륙간 탄도탄, 그리고 근래 들어 언론의 주목을 받고 있는 ICBM과 THAAD까지 미사일의 모든 것을 해설한다!

No. 40 독과 약의 세계사

후나야마 신지 지음 | 진정숙 옮김 | 292쪽 | 13,000원

독과 약의 차이란 무엇인가?

화학물질을 어떻게 하면 유용하게 활용할 수 있는가 하는 것은 인류에 있어 중요한 과제 가운데 하나라 할 수 있다. 독과 약의 역사, 그리고 우리 생활과의 관계에 대하여 살펴보도록 하자.

No. 41 영국 메이드의 일상

무라카미 리코 지음 | 조아라 옮김 | 460쪽 | 13,000원

빅토리아 시대의 아이콘 메이드!

가사 노동자이며 직장 여성의 최대 다수를 차지했던 메이드의 일과 생활을 통해 영국의 다른 면을 살펴본다. 『엠마 빅토리안 가이드』의 저자 무라카미 리코의 빅토리안 시대 안내서.

No. 42 영국 집사의 일상

무라카미 리코 지음 | 기미정 옮김 | 292쪽 | 13,000원

집사, 남성 가사 사용인의 모든 것!

Butler, 즉 집사로 대표되는 남성 상급 사용인. 그들은 어떠한 일을 했으며 어떤 식으로 하루를 보냈을까? 『엠마 빅토리안 가이드』의 저자 무라카미 리코의 빅토리안 시대 안내서 제2탄.

No. 43 중세 유럽의 생활

가와하라 아쓰시 외 1인 지음 | 남지연 옮김 | 260쪽 | 13,000원

새롭게 조명하는 중세 유럽 생활사

철저히 분류되는 중세의 신분. 그 중 「일하는 자」의 일상생활은 어떤 것이었을까? 각종 도판과 사료를 통해, 중세 유럽에 대해 알아보자.

No. 44 세계의 군복

사카모토 아키라 지음 | 진정숙 옮김 | 130쪽 | 13,000원

세계 각국 군복의 어제와 오늘!!

형태와 기능미가 절묘하게 융합된 의복인 군복. 제2차 세계대전에서 현대에 이르기까지, 각국의 전투복과 정복 그리고 각종 장구류와 계급장, 훈장 등, 군복만의 독특한 매력을 느껴보자!

No. 45 세계의 보병장비

사카모토 아키라 지음 | 이상언 옮김 | 234쪽 | 13,000원

현대 보병장비의 모든 것!

군에 있어 가장 기본이 되는 보병! 개인화기, 전투복, 군장, 전투식량, 그리고 미래의 장비까지. 제2차 세계대전 이후 눈부시게 발전한 보병 장비와 현대전에 있어 보병이 지닌 의미에 대하여 살펴보자.

No. 46 해적의 세계사

모모이 지로 지음 | 김효진 옮김 | 280쪽 | 13,000원

「영웅」인가, 「공적」인가?

지중해, 대서양, 카리브해, 인도양에서 활동했던 해적을 중심으로, 영웅이자 약탈자, 정복자, 야심가 등 여러 시대에 걸쳐 등장했던 다양한 해적들이 세계사에 남긴 발자취를 더듬어본다.

No. 47 닌자의 세계

야마키타 아츠시 지음 | 송명규 옮김 | 232쪽 | 13,000원

실제 닌자의 활약을 살펴본다!

어떠한 임무라도 완수할 수 있도록 닌자는 온갖 지혜를 짜내며 궁극의 도구와 인술을 만들어냈다. 과연 닌자는 역사 속에서 어떤 활약을 펼쳤을까.

No. 48 스나이퍼

오나미 아츠시 지음 | 이상언 옮김 | 240쪽 | 13,000원

스나이퍼의 다양한 장비와 고도의 테크닉!

아군의 절체절명 위기에서 한 끗 차이의 절묘한 타이밍으로 전세를 역전시키기도 하는 스나이퍼의 세계를 알아본다.

No. 49 중세 유럽의 문화

이케가미 쇼타 지음 | 이은수 옮김 | 256쪽 | 13,000원

심오하고 매력적인 중세의 세계!

기사, 사제와 수도사, 음유시인에 숙녀, 그리고 농민과 상인과 기술자들. 중세 배경의 판타지 세계에서 자주 보았던 그들의 리얼한 생활을 풍부한 일러스트와 표로 이해한다!

No. 50 기사의 세계

이케가미 이치 지음 | 남지연 옮김 | 232 쪽 | 15,000 원

중세 유럽 사회의 주역이었던 기사!

기사들은 과연 무엇을 위해 검을 들었는가. 지향하는 목표는 무엇이었는가. 기사의 탄생에서 몰락까지, 역사의 드라마를 따라가며 그 진짜 모습을 파헤친다.

No. 51 영국 사교계 가이드

무라카미 리코 지음 | 문성호 옮김 | 216쪽 | 15,000원

19세기 영국 사교계의 생생한 모습!

당시에 많이 출간되었던 「에티켓 북」의 기술을 바탕으로, 빅토리아 시대 중류 여성들의 사교 생활을 알아보며 그 속마음까지 들여다본다.

No. 52 중세 유럽의 성채 도시

가이하쓰샤 지음 | 김진희 옮김 | 232 쪽 | 15,000 원

견고한 성벽으로 도시를 둘러싼 성채 도시!

성채 도시는 시대의 흐름에 따라 문화, 상업, 군사 면에서 진화를 거듭한다. 궁극적인 기능미의 집약체였던 성채 도시의 주민 생활상부터 공성전 무기, 전술까지 상세하게 알아본다.

No. 53 마도서의 세계

쿠사노 타쿠미 지음 | 남지연 옮김 | 236쪽 | 15,000원

마도서의 기원과 비밀!

천사와 악마 같은 영혼을 소환하여 자신의 소망을 이루는 마도서의 원리를 설명한다.

No. 54 영국의 주택

야마다 카요코 외 지음 | 문성호 옮김 | 252쪽 | 17,000원

영국인에게 집은 「물건」이 아니라 「문화」다!

영국 지역에 따른 집들의 외관 특징, 건축 양식, 재료 특성, 각종 주택 스타일을 상세하게 설명한다.

No. 55 발효

고이즈미 다케오 지음 | 장현주 옮김 | 224쪽 | 15,000원

미세한 거인들의 경이로운 세계!

세계 각지 발효 문화의 놀라운 신비와 의의를 살펴본다. 발효를 발전시켜온 인간의 깊은 지혜와 훌륭한 발상이 보일 것이다.

No. 56 중세 유럽의 레시피

코스트마리 사무국 슈 호카 지음 | 김효진 옮김 | 164쪽 | 15,000원

간단하게 중세 요리를 재현!

당시 주로 쓰였던 향신료, 허브 등 중세 요리에 대한 풍부한 지식은 물론 더욱 맛있게 즐길 수 있는 요리법도 함께 소개한다.

No. 57 알기 쉬운 인도 신화

천축 기담 지음 | 김진희 옮김 | 228 쪽 | 15,000 원

전쟁과 사랑 속의 인도 신들!

강렬한 개성이 충돌하는 무아와 혼돈의 이야기를 담았다. 2대 서사시 「라마야나」와 「마하바라타」의 세계관부터 신들의 특징과 일화에 이르는 모든 것을 파악한다.

No. 58 방어구의 역사

다카히라 나루미 지음 | 남지연 옮김 | 244 쪽 | 15,000원

역사에 남은 다양한 방어구!

기원전 문명의 아이템부터 현대의 방어구인 헬멧과 방탄복까지 그 역사적 변천과 특색 · 재질 · 기능을 망라하였다.

No. 59 마녀사냥

모리시마 쓰네오 지음 | 김진희 옮김 | 244쪽 | 15,000원

마녀의 기원과 잔혹사!

마녀의 역사를 살펴보며 마녀에 대한 인식이 어떻게 바뀌어 가는지 변천 과정을 들여다본다. 또한 잔혹한 이단심문제도가 뿌리를 내리게 된 과정도 아울러 살펴본다.

환상 네이밍 사전

신키겐샤 편집부 지음 | 유진원 옮김 | 288쪽 | 14,800원

의미 없는 네이밍은 이제 그만!

운명은 프랑스어로 무엇이라고 할까? 독일어, 일본어로는? 중국어로는? 더 나아가 이탈리아어, 러시아어, 그리스어, 라틴어, 아랍어에 이르기까지. 1,200개 이상의 표제어와 11개국어, 13,000개 이상의 단어를 수록!!

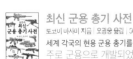

중2병 대사전

노무라 마사타카 지음 | 이재경 옮김 | 200쪽 | 14,800원

이 책을 보는 순간, 당신은 이미 궁금해하고 있다!

사춘기 청소년이 행동할 법한, 손발이 오그라드는 행동이나 사고를 뜻하는 중2병. 서브컬쳐 작품에 자주 등장하는 중2병의 의미와 기원 등. 102개의 항목에 대해 해설과 칼럼을 곁들여 알기 쉽게 설명 한다.

크툴루 신화 대사전

고토 카츠 외 1인 지음 | 곽형준 옮김 | 192쪽 | 13,000원

신화의 또 다른 매력, 무한한 가능성!

H.P. 러브크래프트를 중심으로 여러 작가들의 설정이 거대한 세계관으로 자리잡은 크툴루 신화. 현대 서브 컬처에 지대한 영향을 끼치고 있다. 대중 문화 속에 알게 모르게 자리 잡은 크툴루 신화의 요소를 설명하는 본격 해설서.

문양박물관

H. 돌메치 지음 | 이지은 옮김 | 160쪽 | 8,000원

세계 문양과 장식의 정수를 담다!

19세기 독일에서 출간된 H.돌메치의 『장식의 보고』를 바탕으로 제작된 책이다. 세계 각지의 문양 장식을 소개한 이 책은 이론보다 실용에 초점을 맞춘 입문서. 화려하고 아름다운 전 세계의 문양을 수록한 실용적인 자료집으로 손꼽힌다.

고대 로마군 무기·방어구·전술 대전

노무라 마사타카 외 3인 지음 | 기미정 옮김 | 224쪽 | 13,000원

위대한 정복자, 고대 로마군의 모든 것!

부대의 편성부터 전술, 장비 등, 고대 최강의 군대라 할 수 있는 로마군이 어떤 집단이었는지 상세하게 분석하는 해설서. 압도적인 군사력으로 세계를 석권한 로마 제국. 그 힘의 전모를 철저하게 검증한다.

도감 무기 갑옷 투구

이치카와 사다하루 외 3인 지음 | 남지연 옮김 | 448쪽 | 29,000원

역사를 망라한 궁극의 군장도감!

고대로부터 무기는 당시 최신 기술의 정수와 함께 철학과 문화, 신념이 어우러져 완성되었다. 이 책은 그러한 무기들의 기능, 원리, 목적 등과 더불어 그 기원과 발전 양상 등을 그림과 표를 통해 알기 쉽게 설명하고 있다. 역사상 실재한 무기와 갑옷, 투구들을 통사적으로 살펴보자!

최신 군용 총기 사전

토코이 마사미 지음 | 오광웅 옮김 | 564쪽 | 45,000원

세계 각국의 현용 군용 총기를 총망라!

주로 군용으로 개발되었거나 군대 또는 경찰의 대테러부대처럼 중무장한 조직에 배치되어 사용되고 있는 소화기가 중점적으로 수록되어 있으며, 이외에도 각 제작사에서 국제 군수시장에 수출할 목적으로 개발, 시제품만이 소수 제작되었던 총기류도 함께 실려 있다.

중세 유럽의 무술, 속 중세 유럽의 무술

오사다 류타 지음 | 남유리 옮김 |

각 권 672쪽~624쪽 | 각 권 29,000원

본격 중세 유럽 무술 소개서!

막연하게만 떠오르는 중세 유럽~르네상스 시대에 활약했던 검술과 격투술의 모든 것을 담은 책. 영화 등에서만 접할 수 있었던 유럽 중세시대 무술의 기본이념과 자세, 방어, 보법부터, 시대를 풍미한 각종 무술까지, 일러스트를 통해 알기 쉽게 설명한다.

초패미컴, 초초패미컴

타네 키요시 외 2인 지음 | 문성호 외 1인 옮김 |

각 권 360, 296쪽 | 각 14,800원

게임은 아직도 패미컴을 넘지 못했다!

패미컴 탄생 30주년을 기념하여, 1983년 『동키콩』 부터 시작하여, 1994년 『타카하시 명인의 모험도 IV』까지 총 100여 개의 작품에 대한 리뷰를 담은 영구 소장판. 패미컴과 함께했던 아련한 추억을 간직하고 있는 모든 이들을 위한 책이다.

초쿠소게 1,2

타네 키요시 외 2인 지음 | 문성호 옮김 |

각 권 224, 300쪽 | 각 권 14,800원

망작 게임들의 숨겨진 매력을 재조명!

『쿠소게クソゲ-』란 '똥-クソ'과 '게임-Game'의 합성어로, 어감 그대로 정말 못 만들고 재미없는 게임을 지칭할 때 사용되는 조어이다. 우리말로 바꾸면 망작 게임 정도가 될 것이다. 레트로 게임에서부터 플레이스테이션3까지 게이머들의 기대를 보란듯이 저버렸던 수많은 쿠소게들을 총망라하였다.

초에로게, 초에로게 하드코어

타네 키요시 외 2인 지음 | 이은수 옮김 |

각 권 276쪽, 280쪽 | 각 권 14,800원

명작 18금 게임 총출동!

에로게란 '에로-エロ'와 '게임-Game'의 합성어로, 말 그대로 성적인 표현이 담긴 게임을 지칭한다. '에로게 헌터'라 자처하는 베테랑 저자들의 엄격한 심사(?!)를 통해 선정된 '명작 에로게'들에 대한 본격 리뷰집!!

세계장식도 Ⅰ, Ⅱ

오귀스트 라시네 지음 | 이지은 옮김 | 각 권 160쪽 |

각 권 8,000원

공예 미술계 불후의 명작을 농축한 한 권!

19세기 프랑스에서 가장 유명한 디자이너였던 오귀스트 라시네의 대표 저서 「세계장식 도집성」에서 인상적인 부분을 뽑아내 콤팩트하게 정리한 다이제스트판. 공예 미술의 각 분야를 포괄하는 내용을 담은 책으로, 방대한 예시를 더욱 정교하게 소개한다.

세계의 전투식량을 먹어보다

키쿠즈키 토시유키 지음 | 오광웅 옮김 | 144쪽 | 13,000원

전투식량에 관련된 궁금증을 한권으로 해결!

전투식량이 전장에서 자리를 잡아가는 과정과, 미국의 독립전쟁부터 시작하여 역사 속 여러 전쟁의 전투식량 배급 양상을 살펴보는 책. 식품부터 식기까지, 수많은 전쟁 속에서 전투식량이 어떠한 모습으로 등장하였고 병사들은 이를 어떻게 취식하였는지, 흥미진진한 역사를 소개하고 있다.

민족의상 1,2

오귀스트 라시네 지음 | 이지은 옮김 |
각 권 160쪽 | 각 8,000원

화려하고 기품 있는 색감!!

디자이너 오귀스트 라시네의 『복식사』 전 6권 중에서 민족의상을 다룬 부분을 바탕으로 제작되었다. 당대에 정점에 올랐던 석판 인쇄 기술로 완성되어, 시대가 흘렀음에도 그 세세하고 풍부하고 아름다운 색감이 주는 감동은 여전히 빛을 발한다.

서양 건축의 역사

사토 다쓰키 지음 | 조민경 옮김 | 264쪽 | 14,000원

서양 건축사의 결정판 가이드 북!

건축의 역사를 살펴보는 것은 당시 사람들의 의식을 들여다보는 것과도 같다. 이 책은 고대에서 중세, 르네상스기로 넘어오며 탄생한 다양한 양식들을 당시의 사회, 문화, 기후, 토질 등을 바탕으로 해설하고 있다.

세계의 건축

코우다 미노루 외 1인 지음 | 조민경 옮김 | 256쪽 |
14,000원

고품격 건축 일러스트 자료집!

시대를 망라하여, 건축물의 외관 및 내부의 장식을 정밀한 일러스트로 소개한다. 흔히 보이는 풍경이나 딱딱한 도시의 건축물이 아닌, 고풍스러운 건물들을 섬세하고 세밀한 선화로 표현하여 만화, 일러스트 자료에 최적화된 형태로 수록하고 있다

지중해가 낳은 천재 건축가 -안토니오 가우디

이리에 마사유키 지음 | 김진아 옮김 | 232쪽 | 14,000원

천재 건축가 가우디의 인생, 그리고 작품

19세기 말~20세기 초의 카탈루냐 지역 및 그의 작품들이 지어진 바르셀로나의 지역사, 그리고 카사 바트요, 구엘 공원, 사그라다 파밀리아 성당 등의 작품들을 통해 안토니오 가우디의 생애를 본격적으로 살펴본다.

중세 유럽의 복장

오귀스트 라시네 지음 | 이지은 옮김 | 160쪽 | 8,000원

고품격 유럽 민족의상 자료집!!

19세기 프랑스의 유명한 디자이너 오귀스트 라시네가 직접 당시의 민족의상을 그린 자료집. 유럽 각지에서 사람들이 실제로 입었던 민족의상의 모습을 그대로 풍부하게 수록하였다. 각 나라의 특색과 문화가 담겨 있는 민족의상을 감상할 수 있다.

그림과 사진으로 풀어보는 이상한 나라의 앨리스

구와바라 시게오 지음 | 조민경 옮김 | 248쪽 | 14,000원

매혹적인 원더랜드의 논리를 완전 해설!

산업 혁명을 통한 눈부신 문명의 발전과 그 그늘. 도덕주의와 엄숙주의, 위선과 허영이 병존하던 빅토리아 시대는 「원더랜드」의 탄생과 그 배경으로 어떻게 작용했을까? 순진 무구한 소녀 앨리스가 우연히 발을 들인 기묘한 세상의 완전 가이드북!!

그림과 사진으로 풀어보는 알프스 소녀 하이디

지바 가오리 외 지음 | 남지연 옮김 | 224쪽 | 14,000원

하이디를 통해 살펴보는 19세기 유럽사!

『하이디』라는 작품을 통해 19세기 말의 스위스를 알아본다. 또한 원작자 슈피리의 생애를 교차시켜 『하이디』의 세계를 깊이 파고든다. 『하이디』를 읽을 사람은 물론, 작품을 보다 깊이 감상하고 싶은 사람에게 있어 좋은 안내서가 되어줄 것이다.

영국 귀족의 생활

다나카 료조 지음 | 김상호 옮김 | 192쪽 | 14,000원

영국 귀족의 우아한 삶을 조명한다

현대에도 귀족제도가 남아있는 영국. 귀족이 영국 사회에서 어떠한 의미를 가지고 또 기능하는지, 상세한 설명과 사진자료를 통해 귀족 특유의 화려함과 고상함의 이면에 자리 잡은 책임과 무게, 귀족의 삶 깊숙한 곳까지 스며든 '노블레스 오블리주'의 진정한 의미를 알아보자.

요리 도감

오치 도요코 지음 | 김세원 옮김 | 384쪽 | 18,000원

요리는 힘! 삶의 저력을 키워보자!!

이 책은 부모가 자식에게 조곤조곤 알려주는 요리 조언집이다. 처음에는 요리가 서툴고 다소 귀찮게 느껴질지 모르지만, 약간의 요령과 습관만 익히면 스스로 요리를 완성한다는 보람과 매력, 그리고 요리라는 삶의 지혜에 눈을 뜨게 될 것이다.

사육 재배 도감

아라사와 시게오 지음 | 김민영 옮김 | 384쪽 | 18,000원

동물과 식물을 스스로 키워보자!

생명을 돌보는 것은 결코 쉬운 일이 아니다. 꾸준히 손이 가고, 인내심과 동시에 책임감을 요구하기 때문이다. 그럴 때 이 책과 함께 한다면 어떨까? 살아있는 생명과 함께하며 성숙해진 마음은 그 무엇과도 바꿀 수 없는 보물로 남을 것이다.

식물은 대단하다

다나카 오사무 지음 | 남지연 옮김 | 228쪽 | 9,800원

우리 주변의 식물들이 지닌 놀라운 힘!

오랜 세월에 걸쳐 거목을 말려 죽이는 교살자 무화과나무, 딱지를 만들어 몸을 지키는 바나나 등 식물이 자신을 보호하는 아이디어, 환경에 적응하여 살아가기 위한 구조의 대단함을 해설한다. 동물은 흉내 낼 수 없는 식물의 경이로운 능력을 알아보자.

그림과 사진으로 풀어보는 마녀의 약초상자

니시무라 유코 지음 | 김상호 옮김 | 220쪽 | 13,000원

「약초」라는 키워드로 마녀를 추적하다!

정체를 알 수 없는 약물을 제조하거나 저주와 마술을 사용했다고 알려진 「마녀」란 과연 어떤 존재였을까? 그들이 제조해온 마법약의 재료와 제조법, 마녀들이 특히 많이 사용했던 여러 종의 약초와 그에 얽힌 이야기들을 통해 마녀의 비밀을 알아보자.

초콜릿 세계사 -근대 유럽에서 완성된 갈색의 보석

다케다 나오코 지음 | 이지은 옮김 | 240쪽 | 13,000원

신비의 약이 연인 사이의 선물로 자리 잡기까지의 역사!

원산지에서 「신의 음료」라고 불렸던 카카오. 유럽 탐험가들에 의해 서구 세계에 알려진 이래, 19세기에 이르러 오늘날의 형태와 같은 초콜릿이 탄생했다. 전 세계로 널리 퍼질 수 있었던 초콜릿의 흥미진진한 역사를 살펴보자.

초콜릿어 사전

Dolcerica 가가와 리카코 지음 | 이지은 옮김 | 260쪽 | 13,000원

사랑스러운 일러스트로 보는 초콜릿의 매력!

나른해지는 오후, 기력 보충 또는 기분 전환 삼아 한 조각 먹게 되는 초콜릿. 『초콜릿어 사전』은 초콜릿의 역사와 종류, 제조법 등 기본 정보와 관련 용어 그리고 그 해설을 유머러스하면서도 사랑스러운 일러스트와 함께 싣고 있는 그림 사전이다.